教育部高等学校电子信息类专业教学指导委员会规划教材

高等学校电子信息类专业系列教材

# 射频集成电路
# 设计与案例分析

徐雷钧 张长春 编著

清華大學出版社

北京

## 内 容 简 介

本书是根据电子信息发展的新形势及国家对新工科集成电路人才培养的新要求，以射频集成电路设计方法结合专业工具 ADS、Cadence 的使用为目标，力图通过浅显易懂的案例分析让读者步入射频集成电路设计的殿堂。内容按照“射频片上无源器件设计—射频单元电路设计—射频前端收发系统设计”的体系结构编写，其中射频单元电路设计的前仿真部分采用 ADS 和 Cadence 两种工具进行实例讲解，以使读者能够同时充分熟练掌握两种工具对射频集成电路的仿真方法，具有较强的实用性。

全书共 9 章，第 1 章绪论；第 2 章射频基础知识，阐述了 $S$ 参数、微波传输线理论和史密斯圆图的基础知识；第 3 章片上无源器件设计，通过实例分析讲解了射频片上无源器件的设计与仿真方法；第 4 章～第 8 章通过实例分析讲解了低噪声放大器、混频器、功率放大器、振荡器和锁相环的设计与仿真方法；第 9 章介绍了射频前端收发系统的分析与仿真方法。

本书自成体系，特别对射频集成电路单元的实例操作进行了细致的分步讲解，便于自学，可以用作高等学校工科微电子、无线电、通信与电子信息工程等专业高年级本科生或研究生的学习教材，也可作为射频电路或无线通信系统工程技术人员的参考书。



**图书在版编目(CIP)数据**

射频集成电路设计与案例分析/徐雷钧，张长春编著. —北京：清华大学出版社，2024.5
高等学校电子信息类专业系列教材
ISBN 978-7-302-66363-8

Ⅰ. ①射… Ⅱ. ①徐… ②张… Ⅲ. ①射频电路－集成电路－电路设计－高等学校－教材
Ⅳ. ①TN710

中国国家版本馆 CIP 数据核字(2024)第 107740 号

**责任编辑**：赵　凯
**封面设计**：李召霞
**责任校对**：韩天竹
**责任印制**：曹婉颖

**出版发行**：清华大学出版社
**网　　址**：https://www.tup.com.cn，https://www.wqxuetang.com
**地　　址**：北京清华大学学研大厦 A 座　　**邮　　编**：100084
**社 总 机**：010-83470000　　**邮　　购**：010-62786544
**投稿与读者服务**：010-62776969，c-service@tup.tsinghua.edu.cn
**质量反馈**：010-62772015，zhiliang@tup.tsinghua.edu.cn
**课件下载**：https://www.tup.com.cn，010-83470236
**印 装 者**：小森印刷霸州有限公司
**经　　销**：全国新华书店
**开　　本**：185mm×260mm　　**印　张**：18.75　　**字　　数**：496 千字
**版　　次**：2024 年 6 月第 1 版　　**印　　次**：2024 年 6 月第 1 次印刷
**印　　数**：1～1500
**定　　价**：69.00 元

产品编号：100411-01

# 前 言

射频集成电路是20世纪90年代中期以来随着集成电路工艺改进而出现的一种新型器件，当前已普遍存在于我们的日常无线通信类工具中，成为社会生活需求量最大的芯片之一。由于射频电路处理的信号频率高，涉及的理论知识深、实践性强，所以一直以来射频电路给人一种高深莫测的感觉，让初学者望而却步。

随着半导体技术的不断发展，先进的工艺制程更新迭代迅速，一方面CMOS工艺晶体管的截止频率不断提升，另外由于CMOS工艺的低成本以及适于片上系统集成的特性，采用CMOS工艺实现射频芯片已成为当前商业化发展的主流趋势。

目前市场上关于射频集成电路设计应用工程案例分析的书籍比较少，很多都是对射频集成电路原理的介绍，所涉及的案例简单且工程性不强，读者在学习的时候并不能很好地学以致用，实用性不高，动手操作性不强。当前，国内很多高校都设立了微电子工程专业，并成立了集成电路学院，射频集成电路作为关键高端芯片的一类，是现代通信(5G/6G)、雷达及传感器等系统的核心技术，学习射频集成电路的设计是集成电路专业人才培养过程中的重要内容，因此，迫切需要一本结合工程案例分析的、以射频集成电路设计为主要内容的教材。

本书从射频电路设计的基础知识入手，在介绍传输线理论和阻抗匹配的基础上，结合专业设计工具ADS和Cadence，循序渐进地讲授了从射频无源器件到有源电路的设计方法，通过具体工程案例详细介绍了设计射频收发系统的关键器件与单元电路的过程与步骤。本书的突出特点是：在讲解射频电路设计的过程中，尽量减少复杂的理论讲解，突出实战技巧，将理论融入实际案例分析中，使读者能够明白射频集成电路设计是科学和经验的有机结合，并快速掌握射频集成电路的设计方法。

全书共分为9章：第1章～第8章由江苏大学徐雷钧编写，第9章由南京邮电大学的张长春编写。本书可作为微电子、电子信息、通信工程等专业高年级本科生和研究生的教材，也可作为集成电路设计工程师的参考用书。

本书由江苏大学研究生教材建设专项基金资助。本书在编写过程中得到了江苏大学硕士研究生宗鹏鹏、殷鹏程、朱承同、姜高峰和赵心可的热心帮助，清华大学出版社的赵凯编辑在组织出版和编辑工作中给予了很大的支持，在此对以上人士表示衷心的感谢！

由于编者水平有限，书中缺点在所难免，敬请读者批评指正！

编 者

2024年3月

# 目 录

# 第1章

# 绪 论

近年来随着无线通信领域的爆发式增长，射频集成电路设计领域也得到了很大的发展。射频集成电路在各种通信系统和电子设备中扮演着重要的角色，所以射频集成电路的设计技术也就成为了行业关注的焦点。

## 1.1 射频电路的发展与应用

射频集成电路在当前已广泛应用于无线通信系统和消费类电子产品中，与传统的模拟集成电路相比，由于频率的提升，射频集成电路设计需要考虑更多的因素，如各种寄生参数和高频电磁场对电路性能的影响，因此射频集成电路的设计具有更大的难度与更高的挑战性。

早期的射频电路大多采用分立器件实现，美国无线电工程师埃德温·阿姆斯特朗是调频(FM)广播技术的发明者，他研究三极管并设计了反馈电路，可把信号放大上千倍，发明了超外差电路和超再生电路，奠定了现代无线电接收机的基础。图1-1是一个433MHz的射频接收电路板。从图中可以看到，电路板上大部分都是分立元件，其中电感线圈占据了较大的空间，而电感是射频电路中不可或缺的关键元件。然而，迄今为止，对电感的设计很难找到一个精准通用的模型，大多数情况下需要经验丰富的射频工程师在后期对电路进行调试优化以获得需要的性能指标。这是射频电路设计的难点，也是其魅力所在。

图1-1 433MHz射频接收电路板

这种由分立元件构成的射频电路一直到20世纪90年代还是工业界的主流，随着半导体技术的发展，射频电路逐步演变成由有源器件集成和片外无源器件混合的电路形式。图1-2是早期第一代全球移动通信系统(GSM)移动电话的电路板，可以看出，有源晶体管采用单管集成电路，无源电感仍然为印制电路板（PCB）上的铜线或铜丝缠绕线圈。射频前端使用砷化镓（GaAs）工艺，成本较高。

图 1-2　GSM 移动电话电路板

与昂贵的 GaAs 工艺相比，互补金属氧化物半导体（CMOS）工艺以其低成本、低功耗、高集成度的特点得到了迅速发展，成为数字集成电路设计的主流，而随着特征工艺尺寸的不断缩小，CMOS 器件开始取代双极型器件用于模拟集成电路设计。当工艺发展到了深亚微米时代，金属-氧化物半导体场效应晶体管（MOS）器件的速度已经达到高速和射频电路的要求，CMOS 射频集成电路设计吸引了世界各地研究人员，因为这样有可能把射频前端、中频模拟和基带数字电路集成在一块芯片上，从而实现单片收发芯片。这项工作在 20 世纪末得到了突破，CMOS 工艺被开始用于设计射频前端各个模块，如低噪声放大器（LNA）、混频器（Mixer）、功率放大器（PA）等，最终实现了 CMOS 射频前端与基带处理器的全集成，图 1-3 是发表于 2003 年 ISSCC 上的一款用于 IEEE 802.11b 无线局域网的 CMOS 射频与数字全集成收发芯片。

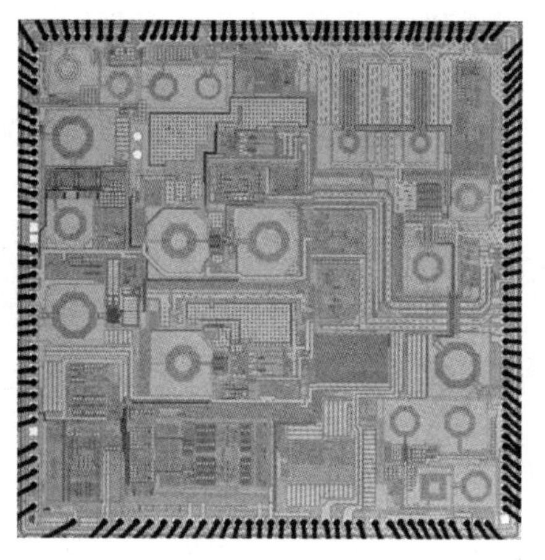

图 1-3　CMOS 射频与数字全集成收发器芯片

当前，射频集成电路已应用在我们生活的各个领域，它作为无线射频收发器的形式出现在以下无线通信技术中：

（1）无线局域网（WLAN）：IEEE 802.11 a/b/g、2.4G、5.2G/5.7GHz；

(2) 电视广播：DVB-C，DVB-T，DTMB，50-860MHz，DVB-S，ABS-S，925-2175MHz，Mobile TV(T-DMB，DVB-H，ISDB-T，MediaFLO，CMMB)；

(3) 射频标签(RF ID)：13.56MHz、900MHz 和 2.4GHz；

(4) 全球定位系统：GPS，Glonass，Galileo，北斗；

(5) 移动电话：GSM，GPRS，EDGE，CDMA，WCDMA200，WCDMA，TD-SCDMA，LTE；

(6) 个域网(PAN)：Bluetooth，ZigBee，WSN，WiMax，UWB。

射频究竟是指哪个频段范围？这个看似简单的问题长期以来一直未有严格的限定，从字面上理解，射频(RF)是 radio frequency 的缩写，表示可以辐射到空间的电磁频率，通常是指大于 300kHz 的高频交流电磁波。电磁频谱根据波长可分为长波、中波、短波、微波、毫米波、太赫兹波、红外和光波，一般意义上射频的范围涵盖毫米波及以下的电磁波频段。表 1-1 和表 1-2 分别给出了两种电磁波频谱的划分形式。

**表 1-1 按频率高低划分电磁频谱**

| 频率范围 | 波长范围 | 缩写 | 名称 |
|---|---|---|---|
| 3～30kHz | 100～10km | VLF | 甚低频 |
| 30～300kHz | 10～1km | LF | 低频 |
| 300kHz～3MHz | 1k～100m | MF | 中频 |
| 3～30MHz | 100～10m | HF | 高频 |
| 30～300MHz | 10～1m | VHF | 甚高频 |
| 0.3～3GHz | 10～1dm | UHF | 超高频 |
| 3～30GHz | 10～1cm | SHF | 特高频 |
| 30～300GHz | 10～1mm | EHF | 极高频 |

**表 1-2 微波毫米波频段划分**

| 频段名称 | 频率范围/GHz | 频段名称 | 频率范围/GHz |
|---|---|---|---|
| L | 1～2 | S | 2～4 |
| C | 4～8 | X | 8～12 |
| Ku | 12～18 | K | 18～26.5 |
| Ka | 26.5～40 | Q | 33～50 |
| U | 40～60 | V | 50～75 |
| E | 60～90 | W | 75～110 |
| F | 90～140 | D | 110～170 |
| G | 140～220 | | |

## 1.2 射频与模拟电路的联系与区别

经常有人对模拟电路和射频电路的设计要求及性能目标的差异性感到困惑。本质上，射频电路是在模拟电路的基础上发展出来的一个分支，射频电路设计也需要模拟电路的基础，但两者所处理的信号对象不同，模拟电路针对低频或直流信号，而射频电路处理的是高频信号。一旦涉及高频，则在设计中除了电路理论外，还需运用电磁场理论及传输线理论等知识，这是射频电路难以学精的一个重要因素。

从电路功能看，模拟电路通常包含运算放大器、滤波器、模数转换器(ADC)、数模转换器(DAC)等模块单元,一般一个模拟电路的设计要考虑到如功耗、摆幅、增益、带宽、温度、转换速率、噪声干扰等诸多因素;射频电路通常涵盖LNA、Mixer、PA、压控振荡器(VCO)、锁相环(PLL)等模块单元,射频电路的设计需要考虑到灵敏度、噪声、功率增益、匹配等因素。

从设计所考虑的参数看,模拟集成电路所需设计的参数包括晶体管的栅宽、栅长及电路的电容、电阻等,这些参数大部分集中在片上;射频集成电路需考虑的参数主要包括晶体管的尺寸、寄生电容、电感等,这些参数主要集中在片上晶体管和接口匹配处,有时对于尺寸较大的电感可能需采用片外电感。

另外电路的性能指标上两者也有区别,模拟电路设计中,如运算放大器要求输入阻抗尽可能大,输出阻抗尽可能小,而射频电路设计中则要求输入输出阻抗均为50Ω;模拟电路关注的是电压和电流的幅值、峰峰值等,而射频电路关注的是功率和增益;模拟电路中的噪声采用电压噪声衡量,而射频电路中的噪声则采用噪声系数衡量。在非线性指标上,模拟电路主要看谐波失真和限幅等,而射频电路主要看1dB压缩点和三阶交调点等指标。

射频工程师需要非常熟悉信号的功率单位的换算,瓦(W)与分贝毫瓦(dBm)。一个经验丰富的射频工程师可以非常快速地口算出信号功率dBm与功率W的对应转换。这里给出电压$V$、功率$P$(W)和分贝毫瓦(dBm)之间的转换公式:

$$V_{\text{rms}}=\frac{V_{\text{pp}}}{2\sqrt{2}}=\frac{V_{\text{A}}}{\sqrt{2}}=\frac{V_{\text{P}}}{\sqrt{2}}$$

$$P_{\text{watt}}=\frac{V_{\text{rms}}^2}{R}$$

$$P_{\text{dBm}}=10\lg\left(\frac{P_{\text{watt}}}{1\text{mW}}\right)$$

式中,$V_{\text{rms}}$是电压均方根值,$V_{\text{pp}}$是电压峰峰值,$V_{\text{A}}$是电压幅值,$V_{\text{P}}$是电压峰值。

电压与功率的对照见表1-3。

**表1-3 电压峰峰值、电压均方值、功率与dBm关系值对照**

| $V_{\text{pp}}$ | $V_{\text{rms}}$ | $P_{\text{watt}}$(50Ω) | $P_{\text{dBm}}$(50Ω) |
|---|---|---|---|
| 1nV | 0.3536nV | $2.5\times10^{-21}$W | −176 |
| 1μV | 0.3536μV | $2.5\times10^{-15}$W | −116 |
| 1mV | 353.6μV | 2.5nW | −56 |
| 10mV | 3.536mV | 250nW | −36 |
| 100mV | 35.35mV | 25μW | −16 |
| 632.4mV | 223.6mV | 1mW | 0 |
| 1V | 353.6mV | 2.5mW | +4 |
| 10V | 3.536V | 250mW | +24 |

## 1.3 射频集成电路设计方法

射频集成电路设计是一个多学科交叉领域,除了集成电路设计技术外,它还涉及微波理论、工艺及器件、无线通信、高频测试技术、高频封装技术、电子自动化设计(EDA)工具等不同领域(图 1-4)。无论哪一个领域都是高深且不易掌握的,所以具备扎实的基础知识是学好射频集成电路的必要条件。

图 1-4 射频集成电路涉及的技术领域

首先看一个无线通信系统的基本架构图(图 1-5)。对于典型的无线收发系统,信号发送时,数字基带发送信号到数模转换电路,随后经上变频电路调制到高频载波中,用功率放大器提高功率,然后通过天线发射。接收时,高频信号经过低噪声放大器进行放大,随后下变频去除高频载波得到纯正的信号,再经过模数转换电路处理为数字信号,送入数字基带。

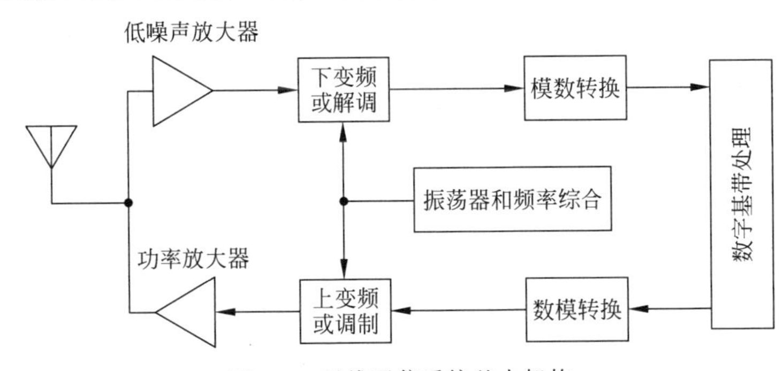


图 1-5 无线通信系统基本架构

我们知道,无线电信号在远距离传输中其功率电平是非常低的,例如全球定位系统的信号功率通常低于−130dBm。对于无线通信系统,我们所关注的重要指标是其接收灵敏度,这是系统设计的顶层目标,围绕该目标,需要考虑各模块的噪声和线性度指标,因为噪声决定了模块所能检测的最小信号,线性度决定了模块所能检测的最大信号,也决定了动态范围。这些指标反映到具体的模块设计如低噪声放大器、混频器、振荡器和功率放大器等,则需进一步考虑增益、带宽、频率、噪声系数、相位噪声等指标。当你的设计满足这些指标要求后,最后才考虑成本面积和功耗等的最优化。这是射频集成电路设计所需考虑的一般准则。

当前,射频集成电路设计面临的困境是人才的短缺和工具的限制。一方面射频设计工程师应须具备大量的专业知识和长期经验,包括熟练掌握系统、电路和器件等专业知识;另一方面,射频集成电路设计离不开专用的 EDA 工具和昂贵的测试设备。所以,射频集成电路设计成为无线通信系统发展的瓶颈。

用于射频集成电路设计所需的 EDA 工具当前仍然处于发展阶段,一般我们使用 ADS、Cadence 和 Spice 工具对射频电路进行建模与仿真,但是这些工具分析和综合的结果对设计者而言仅仅起到参考作用。这一点与数字电路的设计不同,数字电路的仿真与优化结果与其最终流片后测试的结果有很高的匹配度。但是在射频集成电路的设计过程中,由于射频器件的非线性、时变特性、电路的分布参数、不稳定性等方面缺乏精确的模型,设计是否成功在很大程度上取决于设计师的经验。通常一个射频集成电路的设计过程需要经历前仿真、后仿真(版图参数提取、RLC 提取)、工艺角与 PVT(工艺、电压、温度)仿真、流片、测试等环节。其中版图的设计与优化在很大程度上取决于设计师的经验水平,对于一个新手而言,很难在第一次画射频电路版图时把握好布局布线的最优。

对于低频模拟电路设计,基于时间域的 Spice 工具可以完成大部分的仿真任务,但是在射频电路设计中,Spice 工具已无法胜任射频电路的关键仿真。通常需要基于频率和时间域融合的谐波平衡仿真和包络仿真,以及 *S* 参数仿真、小信号和大信号仿真。常用的 EDA 工具软件有 ADS、HFSS、Cadence Spectre 等。

射频集成电路设计的一般流程如图 1-6 所示。

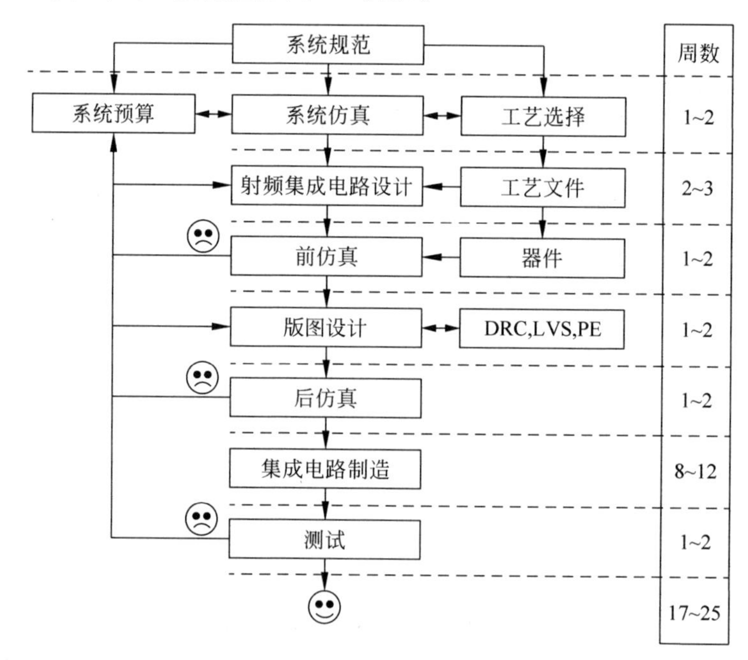


图 1-6 射频集成电路设计一般流程

# 第 2 章

# 射频基础知识

在射频集成电路的设计之前，需要掌握一些相关的基础知识，为之后的电路设计作铺垫。本章介绍的射频基础知识主要包括 $S$、$Y$、$Z$ 参数，微波传输线理论以及史密斯圆图与阻抗匹配，这些基础知识会在接下来的射频集成电路设计过程中得到运用。

## 2.1　*S*、*Y*、*Z* 参数

### 2.1.1　为什么需要阻抗匹配？

阻抗匹配就是为了电磁波能够更好地传播。我们总是希望有用的射频信号能够无衰减或者小衰减地传输到负载，如果阻抗不匹配的话，反映到系统的就是该器件的回波损耗差。回波损耗也是反射损耗。这个反射回去的射频信号，会对系统造成很大的影响，甚至烧坏某些器件。所以，为了满足最大功率传输，信号源与负载需要进行阻抗匹配，如图 2-1 所示。

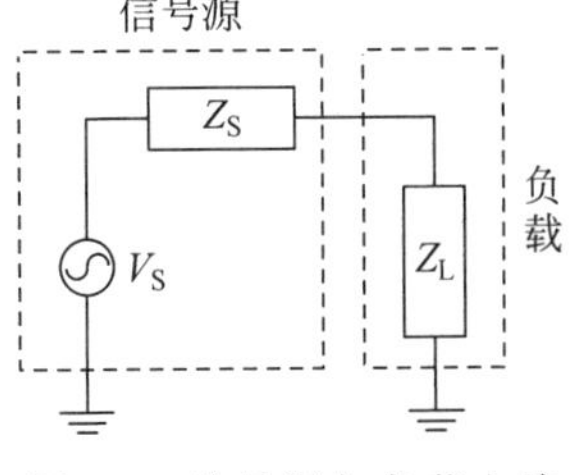


图 2-1　信号源与负载电路连接模型

假定信号源阻抗 $Z_S=R_S+jX_S$，负载阻抗 $Z_L=R_L+jX_L$，则负载吸收的平均功率为 $P_L=R_LI^2$。

电流有效值：$I=\dfrac{1}{|Z_S+Z_L|}V_S=\dfrac{V_S}{\sqrt{(R_S+R_L)^2+(X_S+X_L)^2}}$

负载功率：$P_L=R_LI^2=\dfrac{R_LV_S^2}{(R_S+R_L)^2+(X_S+X_L)^2}$

当 $R_L=R_S$，$X_L=-X_S$，负载吸收的功率最大，即 $Z_L=Z_S^*$，此时负载阻抗与信号源阻抗共轭匹配。

### 2.1.2　*S* 参数

在进行射频、微波等高频电路设计时，集总电路理论已不再适用，需采用分布参数电路分析方法。大多采用微波网络分析法来分析电路，对于一个网络，可用 $S$、$Y$、$Z$ 参数来进行测量和分析。$S$ 参数为散射参数（或散射系数），$Y$ 参数为导纳参数，$Z$ 参数为阻抗参数。

$Y$、$Z$ 参数主要用于集总电路，对集总电路分析非常有效，测试也比较方便。在处理高频网络时，等效电压和电流及有关的阻抗、导纳参数变得很抽象。$S$ 参数能更准确地表示入射波、反射波及传输波的概念。$S$ 参数的矩阵更适合于分布参数电路。$S$ 参数是建立在入射波、反射波关系基础上的网络参数，以元器件端口的反射信号及从该端口向另外一个端口发送信号的分散程度和分量大小来描述高频网络。$S$ 参数可以用网络分析仪来实际测量。

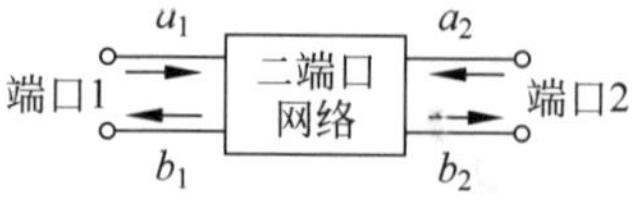

端口1 $a_1$ $b_1$ 二端口网络 $a_2$ $b_2$ 端口2

图 2-2　用反射波和入射波表示的二端口网络

二端口网络如图 2-2 所示，$a_1$ 为端口 1 的入射波，$b_1$ 为端口 1 的反射波，$a_2$ 为端口 2 的入射波，$b_2$ 为端口 2 的反射波。二端口网络有 4 个 $S$ 参数，以 $S_{ij}$ 表示，表示 $j$ 口注入，在 $i$ 口测得的能量。

$S_{11}$：端口 1 注入，端口 2 匹配时，端口 1 的反射系数。体现端口 1 的回波损耗。

$S_{22}$：端口 2 注入，端口 1 匹配时，端口 2 的反射系数。体现端口 2 的回波损耗。

$S_{12}$：端口 2 注入，端口 1 匹配时，端口 2 到端口 1 的反向传输系数。体现隔离度。

$S_{21}$：端口 1 注入，端口 2 匹配时，端口 1 到端口 2 的正向传输系数。体现插入损耗或增益。

$S$ 参数的定义公式如下：

$$S_{11}=\left.\frac{b_1}{a_1}\right|_{a_2=0},\quad S_{12}=\left.\frac{b_1}{a_2}\right|_{a_1=0}$$

$$S_{21}=\left.\frac{b_2}{a_1}\right|_{a_2=0},\quad S_{22}=\left.\frac{b_2}{a_2}\right|_{a_1=0}$$

二端口网络 $S$ 参数的矩阵形式表示如下：

$$\begin{bmatrix} b_1 \\ b_2 \end{bmatrix}=\begin{bmatrix} S_{11} & S_{12} \\ S_{21} & S_{22} \end{bmatrix}\begin{bmatrix} a_1 \\ a_2 \end{bmatrix}$$

$$[B]=[S][A]$$

## 2.1.3　Y 参数和 Z 参数

$Y$ 和 $Z$ 参数反映二端口网络的电压和电流关系。图 2-3 给出了以电压和电流表示的二端口网络。

端口1 $i_1$ + $V_1$ − 二端口网络 $i_2$ + $V_2$ − 端口2

图 2-3　以电压和电流表示的二端口网络

二端口网络 $Y$ 和 $Z$ 参数的定义公式如下：

$Y$ 参数

$$Y_{11}=\left.\frac{i_1}{v_1}\right|_{v_2=0},\quad Y_{12}=\left.\frac{i_1}{v_2}\right|_{v_1=0}$$

$$Y_{21}=\left.\frac{i_2}{v_1}\right|_{v_2=0},\quad Y_{22}=\left.\frac{i_2}{v_2}\right|_{v_1=0}$$

$Z$ 参数

$$Z_{11}=\left.\frac{v_1}{i_1}\right|_{i_2=0},\quad Z_{12}=\left.\frac{v_1}{i_2}\right|_{i_1=0}$$

$$Z_{21}=\frac{v_2}{i_1}\bigg|_{i_2=0},\quad Z_{22}=\frac{v_2}{i_2}\bigg|_{i_1=0}$$

二端口网络 $Y$ 和 $Z$ 参数的矩阵形式表示如下：

$$\begin{bmatrix} i_1 \\ i_2 \end{bmatrix}=\begin{bmatrix} Y_{11} & Y_{12} \\ Y_{21} & Y_{22} \end{bmatrix}\begin{bmatrix} v_1 \\ v_2 \end{bmatrix}$$

$$[I]=[Y][V]$$

$$\begin{bmatrix} v_1 \\ v_2 \end{bmatrix}=\begin{bmatrix} Z_{11} & Z_{12} \\ Z_{21} & Z_{22} \end{bmatrix}\begin{bmatrix} i_1 \\ i_2 \end{bmatrix}$$

$$[V]=[Z][I]$$

## 2.1.4　S、Y 和 Z 参数之间互换

用不同的双口矩阵描述相同的二端口网络，参数之间可以交叉转换，每个矩阵元素可用其他矩阵元素表达，如表 2-1 所示。

表 2-1　S、Z 和 Y 参数的互换关系表述

| | S | Z | Y |
|---|---|---|---|
| $S_{11}$ | $S_{11}$ | $\frac{(Z_{11}-Z_0)(Z_{22}+Z_1)-Z_{12}Z_{21}}{(Z_{11}+Z_0)(Z_{22}+Z_1)-Z_{12}Z_{21}}$ | $\frac{(Y_0-Y_{11})(Y_{22}+Y_0)+Y_{12}Y_{21}}{(Y_{11}+Y_0)(Y_{22}+Y_0)-Y_{12}Y_{21}}$ |
| $S_{12}$ | $S_{12}$ | $\frac{2Z_{12}Z_0}{(Z_{11}+Z_0)(Z_{22}+Z_0)-Z_{12}Z_{21}}$ | $\frac{-2Y_{12}Y_0}{(Y_{11}+Y_0)(Y_{22}+Y_0)-Y_{12}Y_{21}}$ |
| $S_{21}$ | $S_{21}$ | $\frac{2Z_{21}Z_0}{(Z_{11}+Z_0)(Z_{22}+Z_0)-Z_{12}Z_{21}}$ | $\frac{-2Y_{21}Y_0}{(Y_{21}+Y_0)(Y_{22}+Y_0)-Y_{12}Y_{21}}$ |
| $S_{22}$ | $S_{22}$ | $\frac{(Z_{11}+Z_0)(Z_{22}-Z_0)-Z_{12}Z_{21}}{(Z_{11}+Z_0)(Z_{22}+Z_0)-Z_{12}Z_{21}}$ | $\frac{(Y_0+Y_{11})(Y_0-Y_{22})+Y_{12}Y_{21}}{(Y_{21}+Y_0)(Y_{22}+Y_0)-Y_{12}Y_{21}}$ |
| $Z_{11}$ | $Z_0\frac{(1+S_{11})(1-S_{22})+S_{12}S_{21}}{(1-S_{11})(1-S_{22})-S_{12}S_{21}}$ | $Z_{11}$ | $\frac{Y_{22}}{Y_{11}Y_{22}-Y_{12}Y_{21}}$ |
| $Z_{12}$ | $Z_0\frac{2S_{12}}{(1-S_{11})(1-S_{22})-S_{12}S_{21}}$ | $Z_{12}$ | $\frac{-Y_{12}}{Y_{11}Y_{22}-Y_{12}Y_{21}}$ |
| $Z_{21}$ | $Z_0\frac{2S_{21}}{(1-S_{11})(1-S_{22})-S_{12}S_{21}}$ | $Z_{21}$ | $\frac{-Y_{21}}{Y_{11}Y_{22}-Y_{12}Y_{21}}$ |
| $Z_{22}$ | $Z_0\frac{(1+S_{22})(1-S_{11})+S_{12}S_{21}}{(1-S_{11})(1-S_{22})-S_{12}S_{21}}$ | $Z_{22}$ | $\frac{Y_{11}}{Y_{11}Y_{22}-Y_{12}Y_{21}}$ |
| $Y_{11}$ | $Y_0\frac{(1+S_{22})(1-S_{11})+S_{12}S_{21}}{(1+S_{11})(1+S_{22})-S_{12}S_{21}}$ | $\frac{Z_{22}}{Z_{11}Z_{22}-Z_{12}Z_{21}}$ | $Y_{12}$ |
| $Y_{12}$ | $Y_0\frac{-2S_{12}}{(1+S_{11})(1+S_{22})-S_{12}S_{21}}$ | $\frac{-Z_{12}}{Z_{11}Z_{22}-Z_{12}Z_{21}}$ | $Y_{12}$ |
| $Y_{21}$ | $Y_0\frac{-2S_{21}}{(1+S_{11})(1+S_{22})-S_{12}S_{21}}$ | $\frac{-Z_{21}}{Z_{11}Z_{22}-Z_{12}Z_{21}}$ | $Y_{21}$ |

续表

| | $S$ | $Z$ | $Y$ |
|---|---|---|---|
| $Y_{22}$ | $Y_0\dfrac{1-S_{22}(1+S_{11})+S_{12}S_{21}}{(1+S_{11})(1+S_{22})-S_{12}S_{21}}$ | $\dfrac{Z_{11}}{Z_{11}Z_{22}-Z_{12}Z_{21}}$ | $Y_{22}$ |

## 2.2 微波传输线理论

传输线理论是电磁场理论与电路理论之间的桥梁，与电路理论相比，传输线理论的主要区别是电长度。在电路理论中，由于工作频率低，电长度远远大于电路尺寸，因此认为电路中电压电流幅度和相位不变(可以理解为，地球表面是圆的，但是对于我们来说由于地球半径太大，所以我们看到的地球表面是平的)。而传输线理论中讨论的电长度与电路尺寸相当或小于电路尺寸，假设电路激励信号为正弦信号时，在电路上存在信号的幅度和相位的变化，故需要用分布参数理论来讨论。一般互连线的长度接近 $\lambda/20$ 时，即可视为传输线，需要考虑其传输线效应。传输线在微波电路中的作用在于以电磁场 TEM 模式或准 TEM 模式导行电磁波，因此至少包含 2 个导体。常用微波传输线结构如图 2-4 所示。

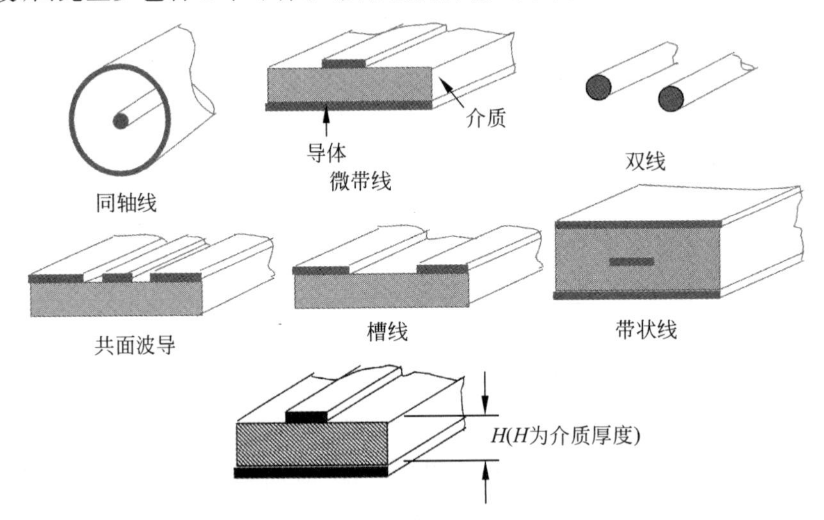


图 2-4 常用微波传输线结构

各种传输线结构都有其电磁波的传输主模，同轴线和带状线的传输主模是横电磁(TEM)波，微带线(MS)和共面波导(CPW)的传输主模是横磁(TM)波。

对于 PCB 中常用的 MS：当工作波长 $\lambda>10H$ 时，可以认为其电磁波传输模式为准 TEM 波。

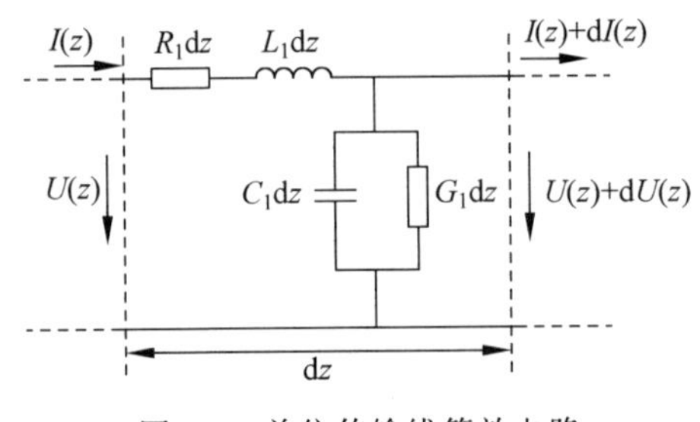


图 2-5 单位传输线等效电路

传输线的分布参数等效电路模型可以用图 2-5 表示，其中，$R$ 表示两根导体单位长度串联电阻，单位为 Ω/m；$L$ 表示两根导体单位长度串联电感，单位为 H/m；$C$ 表示两根导体单位长度并联电容，单位为 F/m；$G$ 表示两根导体单位长度并联电导，单位为 S/m。

由基尔霍夫电流、电压定律：

$$-U(z)+I(z)(R_1\mathrm{d}z+\mathrm{j}\omega L_1\mathrm{d}z)+U(z)+\mathrm{d}U(z)=0$$

$$-I(z)+[U(z)+\mathrm{d}U(z)](G_1\mathrm{d}z+\mathrm{j}\omega C_1\mathrm{d}z)+I(z)+\mathrm{d}I(z)=0$$

整理得(注意 $\mathrm{j}\omega C_1$ 是 $C_1$ 的电导,对于上面第 2 个式子整理得$\frac{\mathrm{d}I(z)}{\mathrm{d}(z)}=-[U(z)+\mathrm{d}U(z)](G_1+\mathrm{j}\omega C_1)$),$\mathrm{d}z$ 趋于 0,$\mathrm{d}U(z)=0$)

$$\frac{\mathrm{d}U(z)}{\mathrm{d}z}=-I(z)(R_1+\mathrm{j}\omega L_1)$$

$$\frac{\mathrm{d}I(z)}{\mathrm{d}z}=-U(z)(G_1+\mathrm{j}\omega C_1)$$

可以进一步整理,得到

$$\frac{\mathrm{d}U^2(z)}{\mathrm{d}z^2}=U(z)(R_1+\mathrm{j}\omega L_1)(G_1+\mathrm{j}\omega C_1)$$

记 $\gamma^2=(R_1+\mathrm{j}\omega L_1)(G_1+\mathrm{j}\omega C_1)$,有

$$\frac{\mathrm{d}U^2(z)}{\mathrm{d}z^2}-\gamma^2U(z)=0$$

解该齐次方程组可得

$$U(z)=U^+\mathrm{e}^{-\gamma z}+U^-\mathrm{e}^{\gamma z}$$

对上式求微分并除以$-(R_1+\mathrm{j}\omega L_1)$可以求出 $I$：

$$I(z)=\frac{\gamma}{R_1+\mathrm{j}\omega L_1}(U^+\mathrm{e}^{-\gamma z}-U^-\mathrm{e}^{\gamma z})$$

若记 $Z_0=\frac{R_1+\mathrm{j}\omega L_1}{\gamma}$,有

$$I(z)=\frac{U^+}{Z_0}\mathrm{e}^{-\gamma z}-\frac{U^-}{Z_0}\mathrm{e}^{\gamma z}$$

其中,$Z_0$ 记为该传输线的特征阻抗,$Z_0=\frac{R_1+\mathrm{j}\omega L_1}{\gamma}=\sqrt{\frac{R_1+\mathrm{j}\omega L_1}{G_1+\mathrm{j}\omega C_1}}$。

总结一下,分析传输线理论,我们可以定义出一个无穷小的长度 $\mathrm{d}z$,可以近似将该段长度的传输线运用电路理论进行分析,并且可以得到该段长度传输线电压以及电流的解为

$$U(z)=U^+\mathrm{e}^{-\gamma z}+U^-\mathrm{e}^{\gamma z}$$

$$I(z)=\frac{U^+}{Z_0}\mathrm{e}^{-\gamma z}-\frac{U^-}{Z_0}\mathrm{e}^{\gamma z}$$

特征阻抗为

$$Z_0=\frac{R_1+\mathrm{j}\omega L_1}{\gamma}=\sqrt{\frac{R_1+\mathrm{j}\omega L_1}{G_1+\mathrm{j}\omega C_1}}$$

传播常数 $\gamma=\alpha+\mathrm{j}\beta=\sqrt{(R_1+\mathrm{j}\omega L_1)(G_1+\mathrm{j}\omega C_1)}$。

也可以由 $I^+=\frac{U^+}{Z_0}$得出 $Z_0=\frac{U^+}{I^+}$,同理也可以得到 $Z_0=-\frac{U^-}{I^-}$。

一段长度的传输线可以认为是很多上述电路的级联,上述的分析结果也可以用麦克斯

韦方程组求出，无线传输线内的分布满足如下关系：

$$\Delta \times \bar{E} = -\mathrm{j}\omega\mu\bar{H}$$

$$\Delta \times \bar{H} = \mathrm{j}\omega\varepsilon\bar{E}$$

也可以得出

$$\frac{\partial^2 \bar{E}}{\partial t^2} + \omega^2\mu\varepsilon\bar{E} = 0$$

传播常数 $\gamma = \mathrm{j}\beta = \mathrm{j}\omega\sqrt{\mu\varepsilon}$，$\beta = \omega\sqrt{\mu\varepsilon}$。同时考虑对于无耗传输线来说 $R_1 = G_1 = 0$，有

$$\gamma = \mathrm{j}\beta = \sqrt{(R_1 + \mathrm{j}\omega L_1)(G_1 + \mathrm{j}\omega C_1)} = \sqrt{\mathrm{j}\omega L_1 \mathrm{j}\omega C_1} = \mathrm{j}\omega\sqrt{L_1 C_1}$$

由上述可知对于一段无耗传输线，满足如下关系：

$$U(z) = U^+ \mathrm{e}^{-\mathrm{j}\beta z} + U^- \mathrm{e}^{\mathrm{j}\beta z}$$

$$I(z) = \frac{U^+}{Z_0}\mathrm{e}^{-\mathrm{j}\beta z} - \frac{U^-}{Z_0}\mathrm{e}^{\mathrm{j}\beta z}$$

$$Z_0 = \frac{R + \mathrm{j}\omega L}{\gamma} = \sqrt{\frac{L}{C}}$$

$$\gamma = \mathrm{j}\beta = \sqrt{(R + \mathrm{j}\omega L)(G + \mathrm{j}\omega C)} = \sqrt{\mathrm{j}\omega L \mathrm{j}\omega C} = \mathrm{j}\omega\sqrt{LC}$$

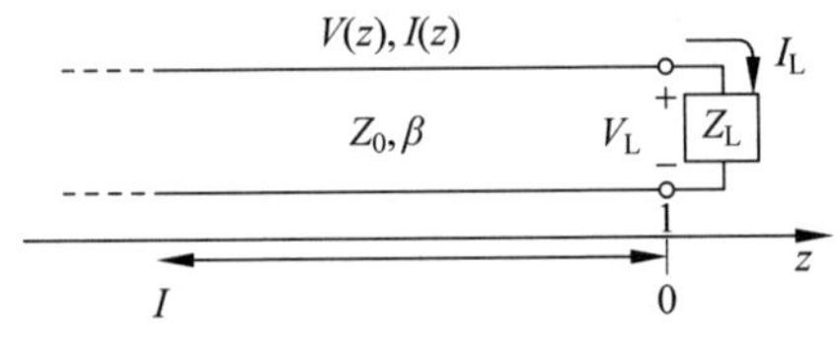

图 2-6 端接负载无耗传输线

上述关系式是分析传输线的基础，对于端接负载的无耗传输线如图 2-6 所示。

务必注意图中 $z$ 坐标，$Z_L$ 是在 $z=0$ 处，称 $U_i = U^+ \mathrm{e}^{-\mathrm{j}\beta z}$ 为该传输线的入射波，其时域表示为

$$U_i = U^+ \cos(\omega t - \beta z)$$

定义波速为波传播过程中的一个固定相位点的运动速度，也称相速，按此定义 $\omega t - \beta z =$ 常数。需要注意的是，对于有耗传输线，相速与工作频率非线性相关，这意味着有耗传输线上的电压或电流波具有色散效应。

$$v_p = \frac{\mathrm{d}z}{\mathrm{d}t} = \frac{\mathrm{d}(\omega t - \text{常数})}{\mathrm{d}t} \times \frac{1}{\beta} = \frac{\omega}{\beta} = \frac{1}{\sqrt{\mu\varepsilon}}$$

可以看出，$v_p > 0$，这也是 $U = U^+ \mathrm{e}^{-\mathrm{j}\beta z}$ 为该传输线的入射波的原因。另外定义波长 $\lambda$ 为波在一个确定的时刻，两个相邻的极大值之间的距离：

$$[\omega t - \beta z] - [\omega t - \beta(z + \lambda)] = 2\pi$$

因此，

$$\lambda = \frac{2\pi}{\beta}$$

现在讨论负载 $Z_L$ 处的电压与电流，由

$$U(z) = U^+ \mathrm{e}^{-\mathrm{j}\beta z} + U^- \mathrm{e}^{\mathrm{j}\beta z}$$

$$I(z) = \frac{U^+}{Z_0}\mathrm{e}^{-\mathrm{j}\beta z} - \frac{U^-}{Z_0}\mathrm{e}^{\mathrm{j}\beta z}$$

得

$$U(0) = U_0^+ + U_0^-$$

$$I(0)=\frac{U_0^+}{Z_0}-\frac{U_0^-}{Z_0}$$

从而,得

$$Z_L=\frac{U_0}{I_0}=Z_0\frac{U_0^++U_0^-}{U_0^+-U_0^-}$$

$$U_0^+=\frac{Z_L+Z_0}{Z_L-Z_0}U_0^-$$

若记 $\Gamma=\frac{U_0^-}{U_0^+}$ 为电压反射系数,则有

$$\Gamma=\frac{Z_L-Z_0}{Z_L+Z_0}$$

也可以得到

$$Z_L=\frac{1+\Gamma}{1-\Gamma}Z_0$$

于是

$$U(z)=U_0^+(\mathrm{e}^{-\mathrm{j}\beta z}+\Gamma\mathrm{e}^{\mathrm{j}\beta z})$$

$$I(z)=\frac{U_0^+}{Z_0}(\mathrm{e}^{-\mathrm{j}\beta z}-\Gamma\mathrm{e}^{\mathrm{j}\beta z})$$

一定要注意,此时 $\Gamma$ 是在 $z=0$ 处的反射系数,即 $\Gamma_L$,$U_0^+$ 也是 $z=0$ 处的值。从上述表达式可以看出,线上的电压(电流)是由入射电压(电流)和在 $z=0$ 处反射电压(电流)叠加而成的,电路设计中很多问题是由反射带来的。

考虑到传送到负载的功率可以由负载电流和电压计算得到:

$$P_{av}=\frac{1}{2}\mathrm{Re}[UI^*]=\frac{1}{2}\frac{|U_0^+|^2}{Z_0}\mathrm{Re}[1-\Gamma^*\mathrm{e}^{-2\mathrm{j}\beta z}+\Gamma^*\mathrm{e}^{2\mathrm{j}\beta z}+|\Gamma^2|]=\frac{1}{2}\frac{|U_0^+|^2}{Z_0}[1-|\Gamma^2|]$$

可以看出因为反射存在,并非所有的功率都传送给了负载,为了改善电路因为反射带来的问题,常常需要通过匹配进行解决,由公式可知 $Z_L=Z_0$ 时,$\Gamma=0$,为了满足这一条件通常需要设计匹配电路来完成。

当传输线存在反射时,并不是所有的功率都传送给了负载,有一部分功率反射回来,称该反射造成的这种损耗为回波损耗(RL,return loss),单位为 dB,定义为

$$\mathrm{RL}=-20\lg|\Gamma|$$

对 $U(z)=U_0^+(\mathrm{e}^{-\mathrm{j}\beta z}+\Gamma\mathrm{e}^{\mathrm{j}\beta z})$ 进一步分析

$$|U(z)|=|U_0^+||\mathrm{e}^{-\mathrm{j}\beta z}+\Gamma\mathrm{e}^{\mathrm{j}\beta z}|=|U_0^+||\mathrm{e}^{-\mathrm{j}\beta z}||1+\Gamma\mathrm{e}^{-\mathrm{j}2\beta z}|=|U_0^+||1+\Gamma\mathrm{e}^{-\mathrm{j}2\beta z}|$$

若记 $\Gamma=|\Gamma|\mathrm{e}^{\mathrm{j}\Phi}$,$\Phi$ 为反射系数的相位,则

$$|U(z)|=|U_0^+||1+|\Gamma|\mathrm{e}^{\mathrm{j}(\varphi-2\beta z)}|$$

由上式可得,当 $\varphi-2\beta z=0$ 时,

$$|U_{max}|=|U_0^+||1+|\Gamma||$$

当 $\varphi-2\beta z=\pi$ 时,

$$|U_{min}|=|U_0^+||1-|\Gamma||$$

可以看出，两个相邻电压最大值之间的距离是

$$[\varphi-2\beta z]-[\varphi-2\beta(z+1)]=2\pi$$

即

$$2\beta l=2\pi$$

$$l=\frac{\pi}{\beta}=\frac{\pi}{\frac{2\pi}{\lambda}}=\frac{\lambda}{2}$$

同理，两个相邻电压最大值与最小值之间的距离也可以求得

$$l=\frac{\lambda}{4}$$

定义电压驻波比(VSWR)为传输线上最大电压与最小电压之比，即

$$\mathrm{VSWR}=\frac{|U_{\max}|}{|U_{\min}|}=\frac{|U_0^+||1+|\Gamma||}{|U_0^+||1-|\Gamma||}=\frac{1+|\Gamma|}{1-|\Gamma|}$$

也可以计算任意位置反射系数：

$$\Gamma(z)=\frac{U_0^-\mathrm{e}^{\mathrm{j}\beta z}}{U_0^+\mathrm{e}^{-\mathrm{j}\beta z}}=\Gamma_{\mathrm{L}}\mathrm{e}^{-2\mathrm{j}\beta z}=\Gamma(0)\mathrm{e}^{-2\mathrm{j}\beta z}$$

有时候需要计算输入端 $z=1$ 处的输入阻抗 $Z_{\mathrm{in}}$，由定义可知

$$Z_{\mathrm{in}}=\frac{U(-l)}{I(-l)}=\frac{U_0^+(\mathrm{e}^{\mathrm{j}\beta l}+\Gamma\mathrm{e}^{-\mathrm{j}\beta l})}{\frac{U_0^+}{Z_0}(\mathrm{e}^{\mathrm{j}\beta l}-\Gamma\mathrm{e}^{-\mathrm{j}\beta l})}=Z_0\frac{\mathrm{e}^{\mathrm{j}\beta l}+\frac{Z_{\mathrm{L}}-Z_0}{Z_{\mathrm{L}}+Z_0}\mathrm{e}^{-\mathrm{j}\beta l}}{\mathrm{e}^{\mathrm{j}\beta l}-\frac{Z_{\mathrm{L}}-Z_0}{Z_{\mathrm{L}}+Z_0}\mathrm{e}^{-\mathrm{j}\beta l}}$$

利用欧拉公式进一步整理，得

$$Z_{\mathrm{in}}=Z_0\frac{Z_{\mathrm{L}}\cos\beta l+\mathrm{j}Z_0\sin\beta l}{Z_0\cos\beta l+\mathrm{j}Z_{\mathrm{L}}\sin\beta l}=Z_0\frac{Z_{\mathrm{L}}+\mathrm{j}Z_0\tan\beta l}{Z_0+\mathrm{j}Z_{\mathrm{L}}\tan\beta l}$$

最后对传输线理论进行简单小结：

(1) 对于无耗传输线

电压：$U(z)=U^+\mathrm{e}^{-\mathrm{j}\beta z}+U^-\mathrm{e}^{\mathrm{j}\beta z}$

电流：$I(z)=\frac{U^+}{Z_0}\mathrm{e}^{-\mathrm{j}\beta z}-\frac{U^-}{z_0}\mathrm{e}^{\mathrm{j}\beta z}$

特性阻抗 $Z_0=\frac{R+\mathrm{j}\omega L}{\gamma}=\sqrt{\frac{L}{C}}$

传播常数：$\gamma=\mathrm{j}\beta=\mathrm{j}\omega\sqrt{LC}$

波长：$\lambda=\frac{2\pi}{\beta}$

波速：$V_{\mathrm{p}}=\frac{\omega}{\beta}=\frac{1}{\sqrt{\mu\varepsilon}}$；空气中波速：$V_{\mathrm{p}}=\frac{\omega}{\beta}=\frac{1}{\sqrt{\mu_0\varepsilon_0}}=c$

(2) 端接负载的无耗传输线

电压：$U(z)=U_0^+(\mathrm{e}^{-\mathrm{j}\beta z}+\Gamma\mathrm{e}^{\mathrm{j}\beta z})$

电流：$I(z)=\frac{U^+}{Z_0}(\mathrm{e}^{-\mathrm{j}\beta z}-\Gamma\mathrm{e}^{\mathrm{j}\beta z})$

负载反射系数：$\Gamma=\frac{Z_L-Z_0}{Z_L+Z_0}$

负载阻抗：$Z_L=\frac{1+\Gamma}{1-\Gamma}Z_0$

传送到负载功率：$P_{av}=\frac{1}{2}\mathrm{Re}[U\times I^*]=\frac{1}{2}\frac{|U_0^+|^2}{Z_0}[1-|\Gamma^2|]$

回波损耗：$\mathrm{RL}=-20\lg|\Gamma|$

传输线上最大电压：$|U_{max}|=|U_0^+||1+|\Gamma||$

传输线最小电压：$|U_{min}|=|U_0^+||1-|\Gamma||$

电压驻波比：$\mathrm{VSWR}=\frac{|U_{max}|}{|U_{min}|}=\frac{|U_0^+||1+|\Gamma||}{|U_0^+||1-|\Gamma||}=\frac{|1+|\Gamma||}{|1-|\Gamma||}$

任意位置的反射系数：$\Gamma(z)=\frac{U_0^- \mathrm{e}^{\mathrm{j}\beta z}}{U_0^+ \mathrm{e}^{-\mathrm{j}\beta z}}=\Gamma_L \mathrm{e}^{-2\mathrm{j}\beta z}=\Gamma(0)\mathrm{e}^{-2\mathrm{j}\beta z}$

传输线输入阻抗：$Z_{in}=Z_0\frac{Z_L\cos\beta l+\mathrm{j}Z_0\sin\beta l}{Z_0\cos\beta l+\mathrm{j}Z_L\sin\beta l}=Z_0\frac{Z_L+\mathrm{j}Z_0\tan\beta l}{Z_0+\mathrm{j}Z_L\tan\beta l}$

## 2.3 史密斯圆图与阻抗匹配

### 2.3.1 史密斯圆图

史密斯圆图(Smith chart)是在反射系数平面上标绘有归一化输入阻抗(或导纳)等值圆图的计算图，主要用于传输线的阻抗匹配。史密斯圆图的巧妙之处在于用一个圆形表示一个无穷大的平面。

史密斯圆图的基本原理在于计算式：

$$\Gamma=\frac{Z_l-1}{Z_l+1}$$

式中，$\Gamma$ 代表其线路的反射系数(reflection coefficient)，即 $S$ 参数($S$-parameter)里的 $S_{11}$，$Z_l$ 是归一化负载值，即 $Z_L/Z_0$，其中，$Z_L$ 是线路本身的负载值，$Z_0$ 是传输线的特征阻抗(本征阻抗)值，通常会使用 50Ω。简单地说，史密斯圆图就是类似于数学用表一样，通过查找，可知道反射系数的数值。

为了可以让我们更容易地理解史密斯圆图的形成原理，可从直观图形变换的角度进行解释。对于直角坐标系表示的阻抗复平面，其中任意一点均有一个唯一的阻抗与它对应。若以常用的 50Ω 为特征阻抗 $Z_0$(当然也可以是其他值)，根据反射系数公式，可以得到

$$\Gamma=\frac{Z_L-Z_0}{Z_L+Z_0}=\frac{Z_L-50}{Z_L+50}$$

式中，$Z_L=R+\mathrm{j}X$ 是负载阻抗，可以表示为传输线本身阻抗或网络端口阻抗。定义归一化负载阻抗为：

$$z=\frac{Z_L}{Z_0}=\frac{R+\mathrm{j}X}{Z_0}=r+\mathrm{j}x$$

可得到负载反射系数公式为：

$$\Gamma_{\mathrm{L}}=\Gamma_{\mathrm{r}}+\mathrm{j}\Gamma_{\mathrm{i}}=\frac{Z_{\mathrm{L}}-Z_0}{Z_{\mathrm{L}}+Z_0}=\frac{(Z_{\mathrm{L}}-Z_0)/Z_0}{(Z_{\mathrm{L}}+Z_0)/Z_0}=\frac{z-1}{z+1}=\frac{r+\mathrm{j}x-1}{r+\mathrm{j}x+1}$$

将负载反射系数放在阻抗复平面上，我们惊讶地发现反射系数等于 1 时，在阻抗复平面上对应的点并非唯一，负载阻抗可以是 $Z_{\mathrm{L}}=\infty$、$Z_{\mathrm{L}}=\mathrm{j}\infty$、$Z_{\mathrm{L}}=-\mathrm{j}\infty$。如图 2-7(a)所示。即在复平面中，有 3 个点反射系数都为 1：横坐标的无穷大、纵坐标的正负无穷大。接着，将虚部的纵坐标上下两头朝横坐标弯曲，3 个点合成 1 个点，如图 2-7(b)所示，即构成史密斯阻抗圆图。

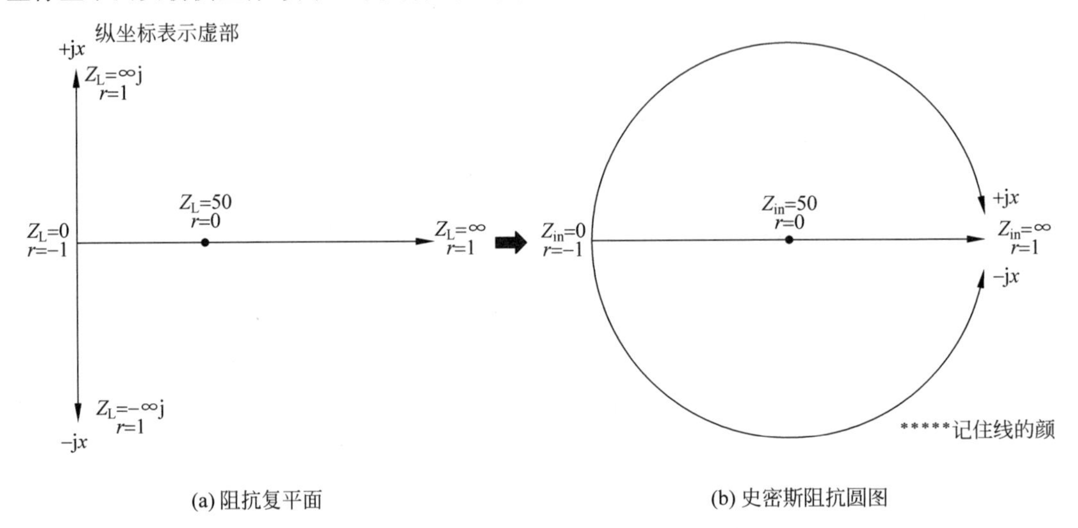


图 2-7 直角复平面到史密斯圆图的变换

若在阻抗复平面上新增 3 根线，分别为归一化阻抗的实部 $r=1$、归一化阻抗的虚部 $x=\pm1$，则可得到如图 2-8 的变换。不难发现，在圆图中，圆心是反射系数为 0 的点(归一化阻抗 $z=1$，负载阻抗等于特征阻抗为 50Ω)，横坐标是阻抗的实部，横坐标的最左端阻抗为 0，最右端阻抗为无穷大。外圈大圆上的点的阻抗实部为 0，过圆心并与外圈相切的小圆上的点的阻抗实部为 50Ω，与之类似的圆称为等电阻圆。

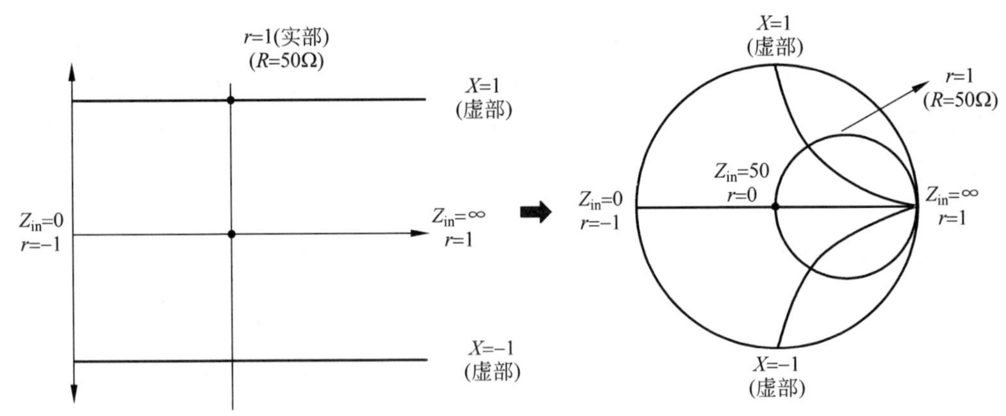


图 2-8 史密斯阻抗圆图的变换

史密斯圆图包含阻抗圆图和导纳圆图，将阻抗圆图旋转 180°即变为导纳圆图。通过史密斯圆图，反射系数可以直接以极坐标的形式读出，这种表示方式在阻抗匹配时非常有用。

在阻抗匹配时，串联元件用阻抗史密斯圆图较为方便，并联元件用导纳史密斯圆图较方便。

在射频电路中，我们希望反射系数越接近 0 越好，这样信号功率可以得到最大程度的传输。但是在实际应用中，反射系数不可能为理想的 0，一般在工程应用中，我们可以认为反射系数的模小于 1/3 就能接受，即反射系数落入史密斯圆图的灰色区域中，如图 2-9 所示。在中轴线上处于 25～100Ω 之间，即希望匹配后的阻抗落在 $Z_0/2$ 到 $2Z_0$ 之间的区域是可以接受的，所以在工程上通常需要回波损耗大于 10dB。

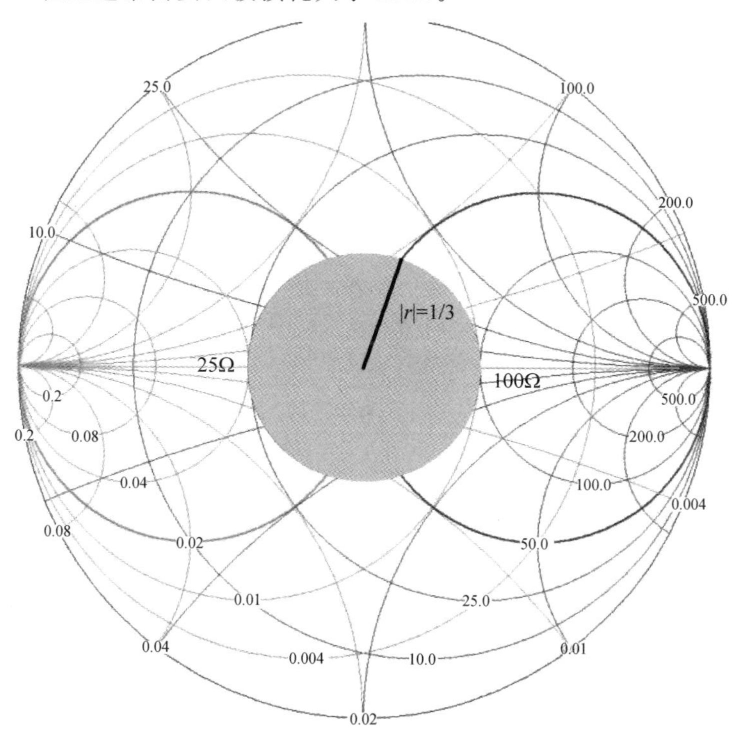


图 2-9　工程中期望的反射系数在史密斯圆图中的区域

在网上一个广为流传的记忆口诀或许能够帮助大家快速理解和记住史密斯圆图。

左导纳与右阻抗，上电感和下电容。

阻抗导纳四组切，小圆无穷大圆零。

串感并容顺时针，阻抗串联导纳并。

驻波反射同心圆，小圆行波大无穷。

史密斯圆图的左边是导纳圆图，右边是阻抗圆图。上面呈现感性，下面呈现容性。等电阻、等电抗、等电导、等导纳圆分别是 4 组相切的圆，切点坐标分别为(1,0)和(−1,0)。这 4 组相切的圆，小圆退化成点，代表着阻抗或者导纳无穷大，这时的反射系数为 1 或者−1。无论阻抗还是导纳圆图的最大圆都代表阻、导、抗、纳为零。圆图在使用时，串联电感或并联电容的操作，沿着等电阻圆或等电导圆顺时针旋转，而并联电感或串联电容的操作，则逆时针旋转。在串联操作时使用阻抗圆图，在并联操作时使用导纳圆图。等驻波比圆和等反射系数圆是以匹配点为圆心的同心圆。在匹配点和接近匹配点的小圆时基本处于行波状态，半径越大，驻波比越大，反射系数也越大，驻波比最大可以到无穷大，反射系数最大到 1。

总结一下，简单而言史密斯圆图具有 3 个特殊点、3 条特殊线、2 个特殊面、2 个旋转方向和 4 个参数，如表 2-2 所示。完整的史密斯圆图见图 2-10。

表 2-2 史密斯圆图快速记忆表

| **1. 3 个特殊点** | | |
|---|---|---|
| 匹配点 | 开路点 | 短路点 |
| 中心点(0,0) | 右边端点(1,0) | 左边端点(−1,0) |
| $\Gamma=0$<br>$\overline{Z}=1$<br>$\rho=1$ | $\Gamma=1$<br>$\overline{Z}=\infty$<br>$r=\infty, x=\infty$ | $\Gamma=-1$<br>$\overline{Z}=0$<br>$r=0, x=0$ |
| **2. 3 条特殊线** | | |
| (1) 实轴为纯电阻线;<br>(2) 左半实轴上的点为电压波节点,该直线段是电压波节线、电流波腹线。该直线段上某点归一化电阻 $r$ 的值为该点的 $K$ 值;<br>(3) 右半实轴上的点为电压波幅点,该直线段是电压波腹线、电流波节线。该直线段上某点归一化电阻 $r$ 的值为该点的 $\rho$ 值 | | |
| **3. 2 个特殊面** | | |
| (1) 上半圆,归一化电抗值 $x>0$,上半圆平面为感性区<br>(2) 下半圆,归一化电抗值 $x<0$,下半圆平面为容性区 | | |
| **4. 2 个旋转方向** | | |
| 因为已经规定负载端为坐标原点,当观察点向电源方向移动时,在圆图上要顺时针方向旋转;反之,当观察点向负载方向移动时,在圆图上要逆时钟方向旋转 | | |
| **5. 4 个参数** | | |
| 在圆图上任何一点都对应有 4 个参量:$\Gamma$、$x$、$\rho$(或$\lvert\Gamma\rvert$)和 $\varphi$ | | |

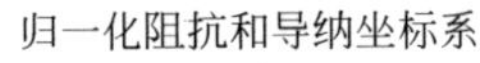


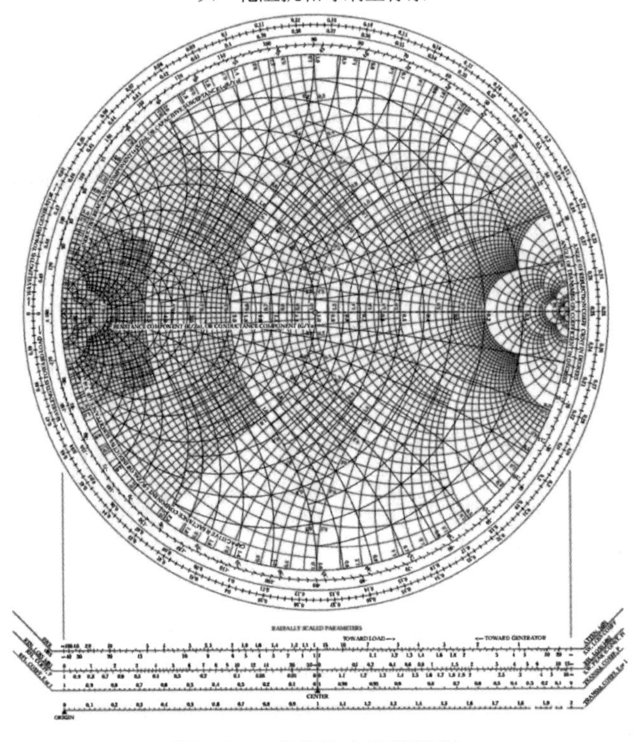


图 2-10 完整的史密斯圆图

## 2.3.2 阻抗匹配

在本章的开始就阐述了为什么要进行阻抗匹配，阻抗匹配在射频电路的设计过程中是不可或缺的重要环节。在了解了传输线理论和史密斯圆图这个工具的基础上，再来学习阻抗变换和阻抗匹配的方法就更为容易了。

首先我们需要明确阻抗匹配的目的是什么？阻抗匹配最重要的目的是向负载传输最大的功率，除此以外，阻抗匹配还能够改善放大器的噪声系数、降低电路的损耗、提高效率并延长电池寿命、提高滤波器和选频回路的性能、减少反射引起的失真。基于此，阻抗匹配网络在理论上应是无损耗的，即不使用电阻网络。

阻抗匹配网络通常采用集总参数的电抗元件或者分布参数的微带传输线构成，阻抗匹配网络可以是窄带匹配，也可以是宽带匹配。在史密斯圆图上可通过等 $Q$ 线辅助设计宽带匹配。

(1) 传输线阻抗变换

在由信号源及负载组成的射频系统中，如果传输线和负载不匹配，传输线上将形成驻波。驻波一方面使传输线功率容量降低，另一方面会增加传输线的衰减。如果信号源和传输线不匹配，既会影响信号源的频率和输出功率的稳定性，又会使信号源不能给出最大功率、负载不能得到全部的入射功率。传输线本身具有阻抗变换的特性，因此，利用传输线可以实现信号源和负载的匹配。

在图 2-11 所示的理想传输线简单示意图中，负载阻抗为 $Z_L$，传输线特征阻抗为 $Z_0$，传输线长度为 $l$，则负载通过连接传输线变换后的输入阻抗 $Z_{in}$ 为

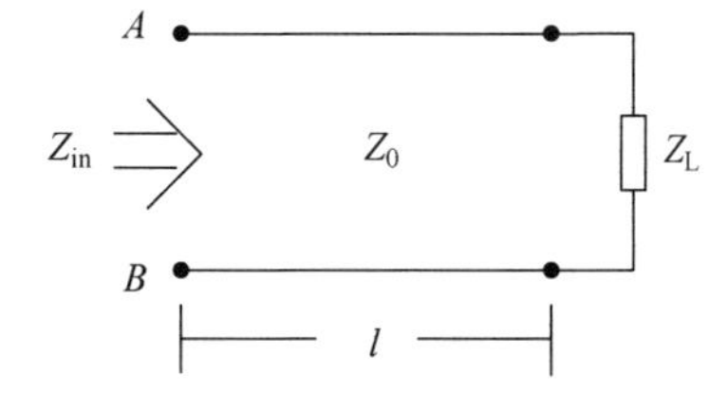


图 2-11　传输线与负载连接

$$Z_{in}=Z_0\frac{Z_L+jZ_0\tan\beta l}{Z_0+jZ_L\tan\beta l}=\frac{1+\Gamma_L e^{-2j\beta l}}{1-\Gamma_L e^{-2j\beta l}}=\frac{1+\Gamma_{in}}{1-\Gamma_{in}}$$

式中，$\Gamma_L$ 为 $Z_L$ 端的反射系数；$\beta=2\pi/\lambda$，$\lambda$ 为信号波长。

端口 $AB$ 处的反射系数为 $\Gamma_L e^{-2j\beta l}$，与负载端的反射系数相比，其模不变，只是相角增加了 $-2\beta l$。在史密斯圆图中，将归一化阻抗 $Z_L$ 绕着圆心，以 $|\Gamma_L|$ 为半径，顺时针旋转 $2\beta l$ 角度，对应的点即为归一化输入阻抗 $Z_{in}$。

例如，归一化的负载阻抗 $Z_L=(1+j)\Omega$，反射系数 $\Gamma_L=0.2+0.4j$，串联一段长度为 $1/8\lambda$ 的传输线后，其阻抗变换在史密斯圆图上可以该点至圆心的距离($|\Gamma_L|$)为半径，顺时针旋转 90°，即可得到变换后的阻抗，如图 2-12 所示。

对于长度为 $1/4\lambda$ 的传输线，$l=\lambda/4$，$2\beta l=\pi$；若负载开路，即 $Z_L=\infty$，则输入阻抗 $Z_{in}=0$；若负载短路，即 $Z_L=0$，则输入阻抗 $Z_{in}=\infty$。利用这一特性，$1/4\lambda$ 阻抗变换线可以采用串联或并联方式对传输线进行补偿或对负载进行阻抗变换，阻抗变换公式为

$$Z_{in}=\frac{Z_0^2}{Z_L}$$

例如，利用 $1/4\lambda$ 阻抗变换线对负载和传输线进行匹配，已知负载 $R_L$，传输线特性阻抗为 $Z_0$，在负载和传输线之间串联 $1/4\lambda$ 阻抗变换线，只需设计该阻抗变换线的特性阻抗为 $\sqrt{Z_0R_L}$，即可实现 $Z_0$ 和 $R_L$ 之间的匹配，如图 2-13 所示。

传输线阻抗匹配的另外一种常用方式是通过并联短截线对目标传输线或负载进行补

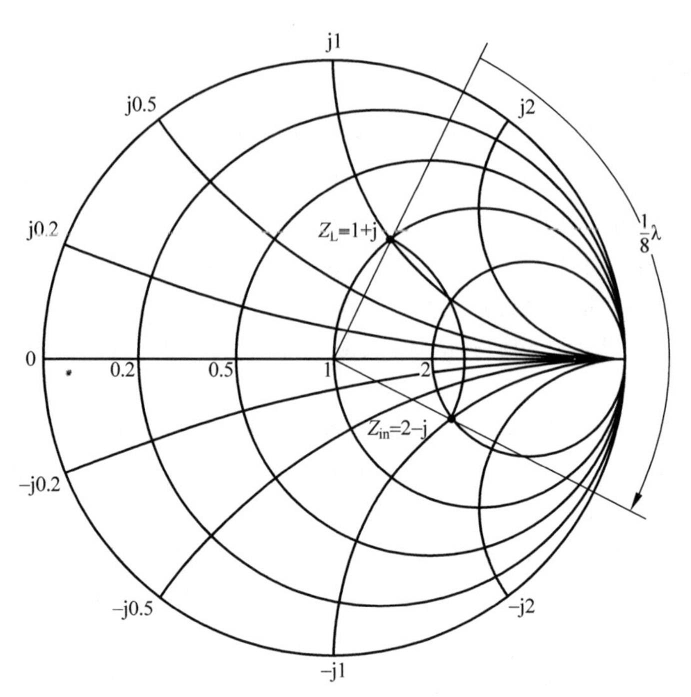


图 2-12 串联传输线在史密斯圆图上的变化轨迹

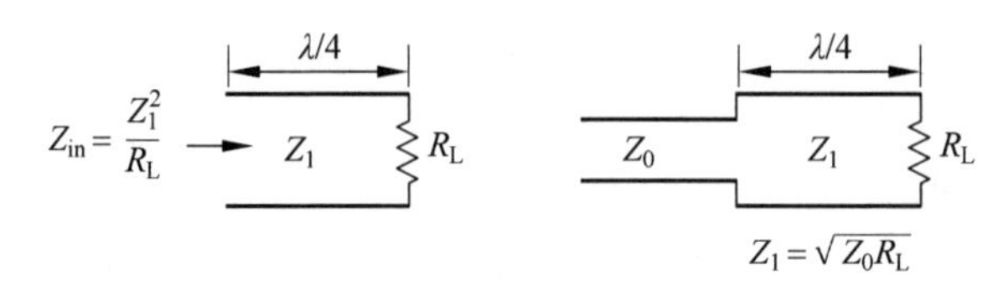


图 2-13 1/4λ 阻抗变换

偿，称为短截线阻抗变换器(stub tuner)。

如图 2-14 所示，在传输线 $AB$ 位置并联短路短截线或开路短截线均能改变传输线 $A$ 处的阻抗，进而可对负载阻抗进行补偿，实现与传输线的阻抗匹配。设计时，首先确定 $A$ 点位置，它与负载的距离应选择在负载阻抗的阻性部分与主线长度的阻抗变换器所作用的特性阻抗的阻性部分相等的点，短截线的长度要恰好能抵消表现出的负载的电抗部分，以导纳表示设计过程，则如图 2-15 所示。

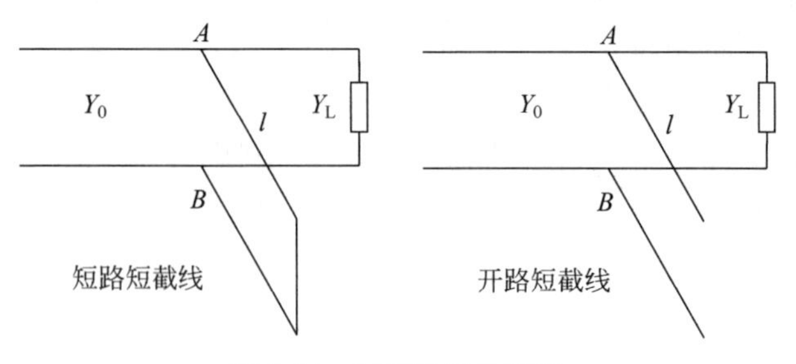


图 2-14 短截线阻抗变换

**例 2-1** 利用史密斯圆图设计一个单枝节并联匹配网络，使负载阻抗 $Z_L=(20+\mathrm{j}15)\Omega$ 与特性阻抗 $Z_0=50\Omega$ 的传输线匹配。

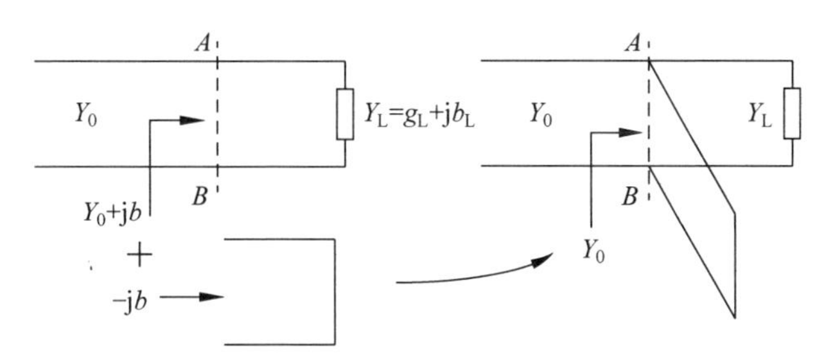


图 2-15　短截线匹配的设计思想

**解**：对于并联匹配使用导纳圆图较方便。

首先求出归一化负载阻抗 $\widetilde{Z_L}=(0.4+j0.3)\Omega$，并在圆图上找到该点标记为 $M1$，然后算出反射系数 $|\Gamma_L|=0.468$，驻波比 VSWR=2.763，画出等驻波比圆（过点 $M1$），该圆交于 $G=1$ 的等电导圆上有 2 个点，我们以其中一个交点 $M2$ 为设计中间点（另一个点可实现另一种匹配参数，此处略）。从负载端（$M1$）串联传输线（沿等驻波比圆顺时针）到点 $M2$，注意 $M2$ 点的归一化电导为 1，读出串联传输线的电长度为 0.0324λ，然后只需并联一段开路短截线抵消 $M2$ 点的虚部电纳，沿着 $G=1$ 的等电导圆顺时针到圆心（50Ω 匹配点），读取并联开路短截线的长度为 0.1298λ。完成匹配设计，如图 2-16 所示。

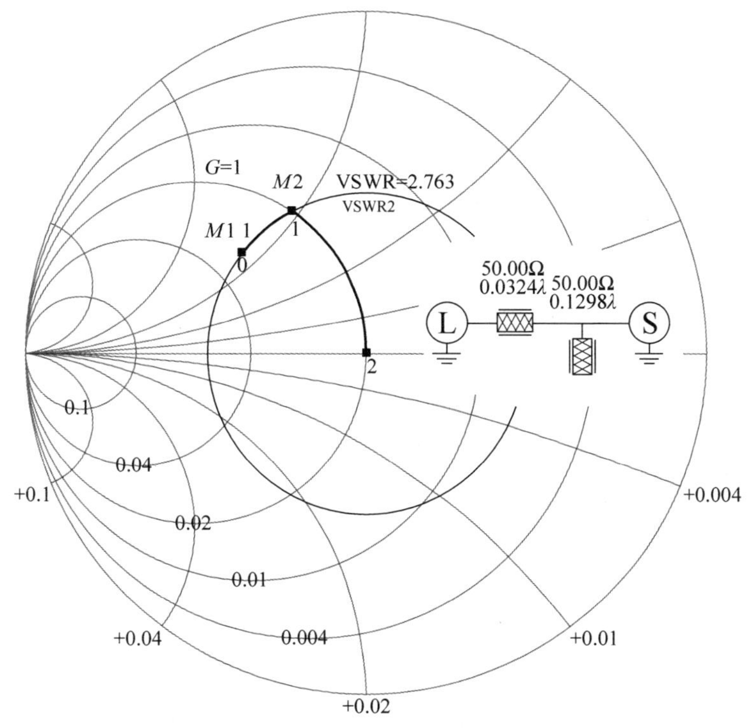


图 2-16　例 2-1 的传输线匹配设计过程

（2）集总元件阻抗匹配

使用集总元件电感和电容进行匹配的网络结构通常有 L 型匹配和 π 型匹配两类，L 型匹配采用 2 个元件，$Q$ 值固定，一般只能实现窄带匹配；π 型匹配采用 3 个元件，可调 $Q$ 值与带宽。另外还有多节 L 型匹配网络可实现宽带匹配等。

通过史密斯圆图我们可以快速方便地使用电感和电容实现任意阻抗到 50Ω 的变换。在史密斯圆图中，上半圆表示感性负载，下半圆表示容性负载，中间横线表示纯电阻。

匹配时，串联元件看阻抗图 2-17：

1）串联电感沿等电阻圆顺时针移动（增加感性）。

2）串联电容沿等电阻圆逆时针移动（增加容性）。

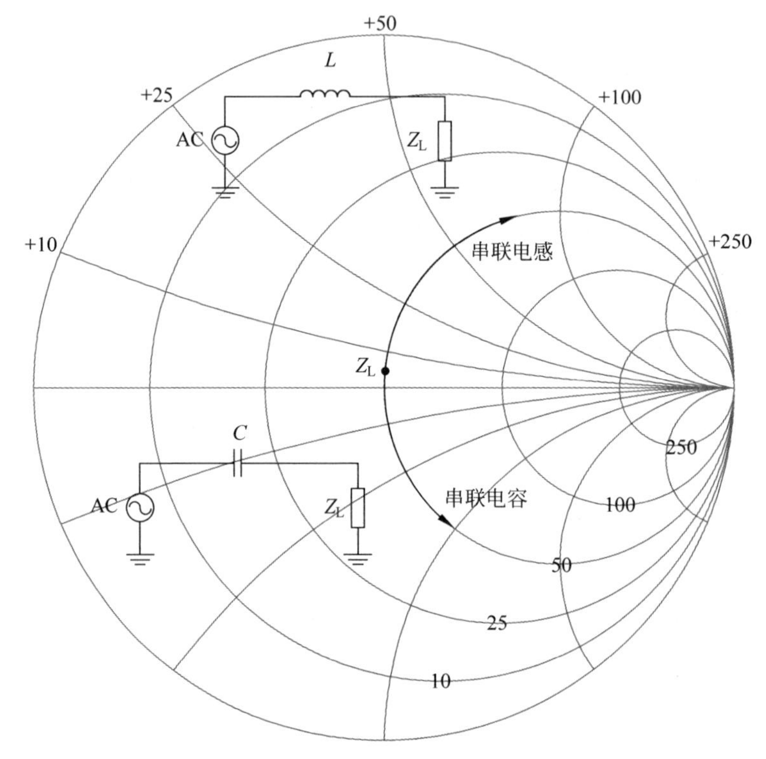


图 2-17　串联元件

并联元件看导纳图 2-18：

1）并联电感沿等电导圆逆时针移动（增加感性）。

2）并联电容沿等电导圆顺时针移动（增加容性）。

对于 L 型匹配网络，共有 8 种匹配结构，如图 2-19 所示。

若负载阻抗呈感性，位置在圆图的上半部分，对应有 4 种匹配网络结构可将其匹配到圆心；若负载阻抗呈容性，位置在圆图的下半部分，也对应有 4 种匹配网络结构可将其匹配到圆心，如图 2-20 所示。具体分析省略。

**例 2-2**　利用史密斯圆图设计一个 L 型匹配网络，使负载阻抗 $Z_L=(30+j75)\Omega$ 与信号源阻抗 $Z_S=50\Omega$ 匹配，信号频率为 1GHz。（要求采用 2 种不同匹配网络）。

**解**：首先在史密斯圆图上标出负载阻抗位置，第一种匹配网络结构采用先并联电容，后串联电容；第二种匹配网络结构采用先并联电容，后串联电感。

然后在史密斯圆图上读出串联和并联支路的电抗 $X$，根据频率和电抗计算出电容和电感的数值。匹配过程如图 2-21 所示。

理论上，L 型匹配网络的 3dB 带宽为

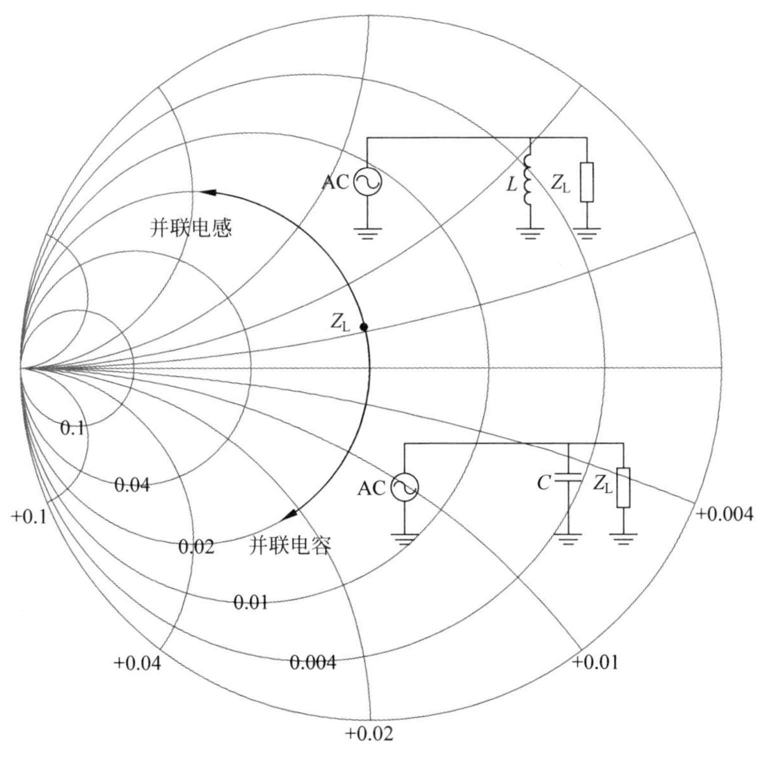


图 2-18　并联元件

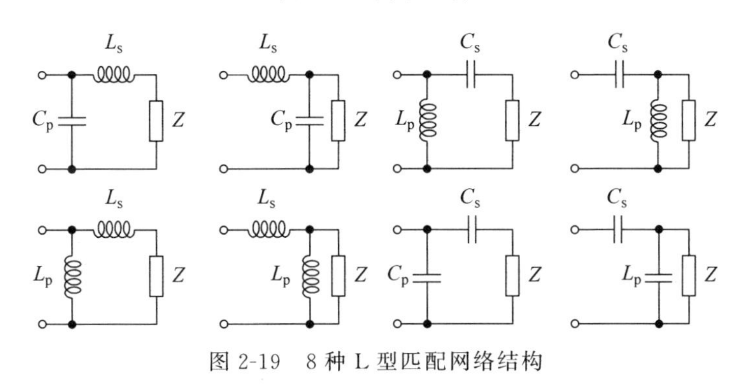


图 2-19　8 种 L 型匹配网络结构

$$B_{3dB} \approx \frac{f_0}{Q}$$

式中，$f_0$ 是工作频率，$Q$ 为网络的品质因数。所以 L 型匹配 $Q$ 值较高时仅仅是窄带匹配。宽带匹配理论上受到 Bode-Fano 准则的限制，在整个工作频段上不可能完全实现匹配。阻抗 $Q$ 值越高，越难以实现宽带匹配。

前面说过，两元件网络只能实现窄带匹配，$Q$ 值固定，若要实现宽带匹配，则在史密斯圆图上需要利用等 $Q$ 圆，采用 T 型、π 型或多节 L 型匹配网络，在多节 L 型匹配网络中，总带宽由 $Q$ 值最高的那一节决定。图 2-22 给出了一个 2 节 L 型匹配网络，其中第 1 节 L 型网络的 $Q$ 值是 3，第 2 节 L 型网络的 $Q$ 值是 1，最后总的 $Q$ 值是 3。

当其中某一节 L 型网络的 $Q \geqslant 3$ 时，只能实现窄带匹配；宽带匹配的必要条件是多个元件，但反之未必。

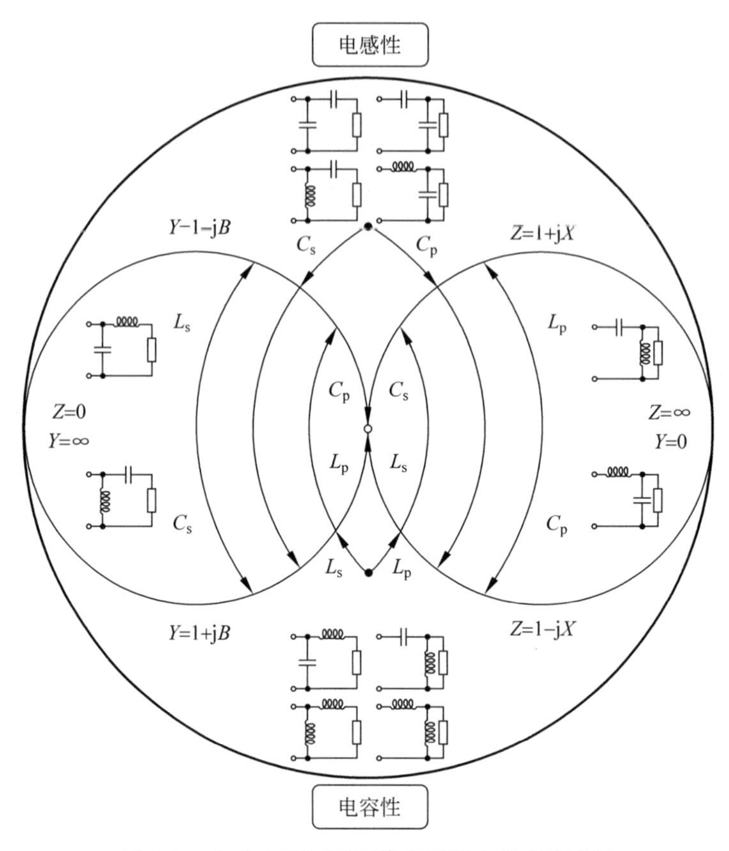


图 2-20 8 种 L 型匹配网络在圆图中的走线路径

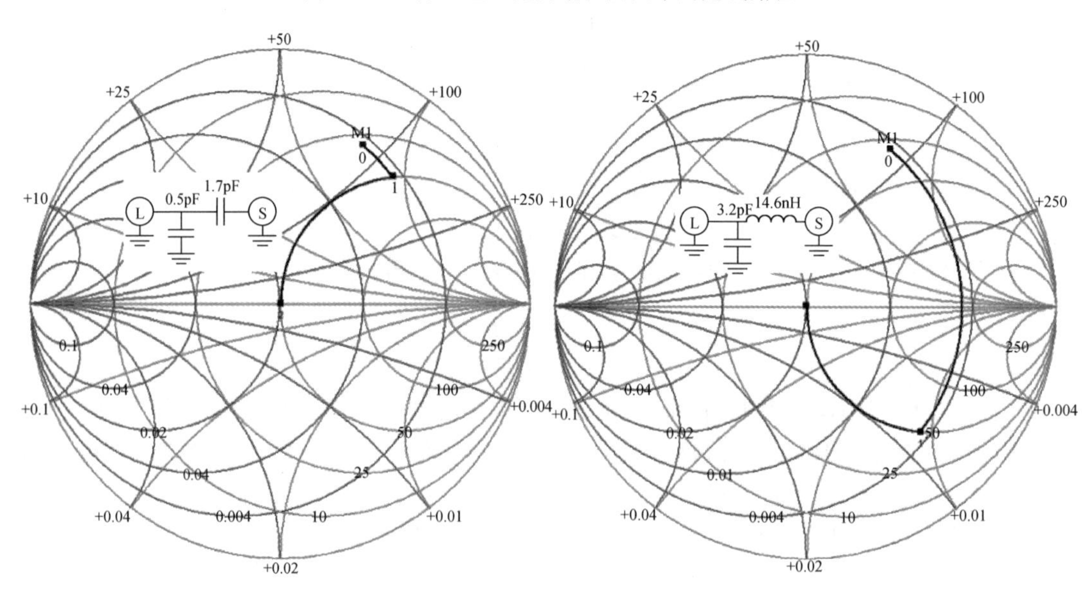


图 2-21 例 2-2 的匹配设计过程

宽带匹配时，在负载和信号源阻抗分别各自向中间阻抗匹配时，$Q$ 值相等。

**例 2-3** 将负载 10Ω 匹配到 50Ω，要求 $Q$ 小于 1.5。

**解**：首先需要找到中间阻抗值，采用 2 节 L 型匹配网络，令中间阻抗为 $Z_{\text{middle}}$，根据 $Q$

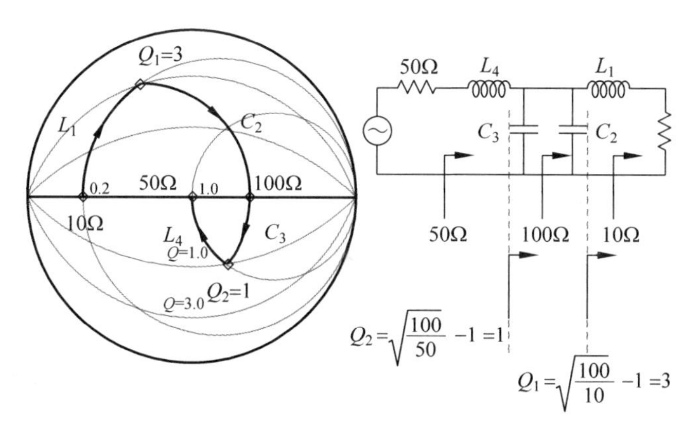


图 2-22 多节匹配网络

的计算公式,可得到 $Z_{\text{middle}}=22.36\Omega$,$Q=1.11$。

$$Q=\sqrt{\frac{50}{Z_{\text{middle}}}-1}=\sqrt{\frac{Z_{\text{middle}}}{10}-1}$$

$$Z_{\text{middle}}=\sqrt{50\times 10}=22.36\Omega$$

$$Q=1.11$$

从负载端 10Ω 先匹配到中间电阻 22.36Ω,然后再从中间电阻 22.36Ω 匹配到 50Ω,如图 2-23 所示。

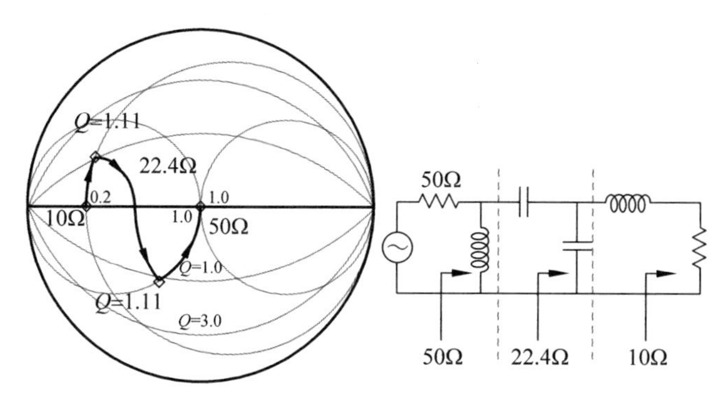


图 2-23 例 2-3 匹配过程及匹配电路

# 第3章

# 片上无源器件设计

无源器件是射频集成电路的重要组成部分之一，其性能对整个集成电路系统的性能表现有很大的影响。在射频集成电路系统中，无源器件主要包括3个器件：片上电感、片上变压器和片上巴伦。对于目前主流的工艺而言，其工艺库中提供的无源器件无法用于设计射频集成电路，所以无源器件需要利用电磁仿真软件单独进行设计。

## 3.1 片上无源器件的特点

在射频电路中，无源器件的使用非常多，所以我们在射频芯片中看到的版图大部分面积是被无源器件占用的。然而，在集成电路工艺发展早期，无源器件并不适合做在片上，尤其是射频电路必须用的电感，尺寸大、占用芯片面积大、成本高，并且集成电感的品质因素很难做高，因此在早期，并非所有工艺都适合设计射频电路。GaAs工艺因其半绝缘的衬底可以较好地满足射频电路的设计需求，CMOS工艺则因衬底损耗较大并不适合实现高品质电感等无源器件。

随着工艺的发展，当晶体管性能已经获得大幅度的提高，无源器件逐步成为电路集成的瓶颈时，改进工艺就显得有必要。例如CMOS工艺，目前有混合信号/射频CMOS工艺(mixed-signal/RF CMOS)，它们与传统(数字)CMOS工艺的主要区别在于提供了顶层厚金属($2\mu m$，$4\mu m$)，用于实现较高品质的无源器件，同时提供RF MOSFET。

对于集成无源器件的选择，需要考虑的因素主要有成本(占用面积小)、品质因数、工作频率、寄生参数、容差(tolerance)、匹配(matching)、稳定性(温度系数)、线性度(是否随电压变化)等。

**趋肤效应**

在导体中，信号传输的电流分布与信号的频率有关。对于直流信号来说，导线的全部横截面都用来传输电流，电流均匀分布于整个横截面。但在交流状态下，由于交流电流会产生磁场，根据法拉第电磁感应定律，此磁场又会产生电场，此电场的感生电流的方向将与原始电流相反。对于圆形导线，这种效应在导线的中心部位最强，造成中心部位的电阻增加，因而电流将趋向于导体的外表面，并且随着频率的增加，上述效应越来越强。这种随着频率的增加，电流趋向于导体表面的效应称为“趋肤效应(skin effect)”。

趋肤深度表示为

$$\delta = \frac{1}{\sqrt{\pi f \mu \sigma}} \tag{3-1}$$

式中，$f$ 是信号频率；$\mu = \mu_r \mu_0$，$\mu$ 是磁导率，$\mu_r$ 是相对磁导率，$\mu_0$ 为真空磁导率 $4\pi \times 10^{-7}$ H/m；$\sigma$ 是导体电导率。

趋肤深度 $\delta$ 的物理意义是表示电流密度降低到表面值的 $e^{-1}$(37%)时的深度。需要注意的是，导体中的场在传输一个趋肤深度的距离后，振幅并不是衰减为 0，而是衰减为原来幅度的 1/e，即 36.8%。也就是说，大约有 63%的电流在一个趋肤深度的距离流动，且电流密度将按指数衰减至导体的厚度。

对于铜，$\mu_r = 1$、$\sigma = 5.8 \times 10^7$ s/m，若频率 $f = 10$GHz，则趋肤深度 $\delta_{Cu} = 0.66\mu$m。随着频率的增加，趋肤深度减小，电阻变大，信号传输的损耗也会增加。

了解趋肤效应能够加深我们对射频无源器件的理解。在射频集成电路设计中，片上电感、传输线、变压器等无源器件的模型都需要考虑趋肤效应的影响，然而，传统的模型很难保证在一个较大的频率范围内尺寸等比例缩放的精准性，所以当前对无源器件的准确设计必须借助电磁场仿真工具进行建模与优化。能够对无源器件进行建模仿真的电磁场分析工具有很多，如 ADS、HFSS、CST 等著名商业化电磁场仿真工具软件。本书采用专业射频电路设计工具 ADS 对无源器件进行建模设计，ADS 软件自带的 2.5D 电磁场仿真工具 Momentum 具有丰富的版图设计功能和强大的电磁特性仿真能力，对平面及准平面的无源器件模型有较高的仿真精度。

## 3.2 衬底建模与设置

在使用 ADS Momentum 进行电磁场仿真之前必须首先对被仿真器件的衬底进行建模并设置参数，保证衬底参数与工艺提供的衬底材料一致。绝大多数工艺包都会提供衬底各层材料的参数，包括金属层厚度，电导率，介质材料厚度及介电常数。本章中的无源器件设计案例均采用 90nm 通用工艺 PDK 的衬底参数，表 3-1 是 gpdk 90nm 工艺包所提供的衬底材料参数表。

**表 3-1　gpdk 90nm 工艺衬底材料参数**

| 层名称 | 厚度(A) | 介电常数 | 层号 |
|---|---|---|---|
| Pass2 | 7000 | 7.9 | |
| Pass1 | 10000 | 4.2 | |
| M9 | 10000 | Cu | 42 |
| IMD8(Via8) | 6000 | 4.2 | 41 |
| M8 | 10000 | Cu | 40 |
| IMD7(Via7) | 6000 | 4.2 | 39 |
| M7 | 3600 | Cu | 38 |
| IMD6(Via6) | 3000 | 2.9 | 37 |
| M6 | 3600 | Cu | 35 |
| IMD5(Via5) | 3000 | 2.9 | 34 |
| M5 | 3600 | Cu | 33 |
| IMD4(Via4) | 3000 | 2.9 | 32 |
| M4 | 3600 | Cu | 31 |

续表

| 层名称 | 厚度(A) | 介电常数 | 层号 |
|---|---|---|---|
| IMD3(Via3) | 3000 | 2.9 | 30 |
| M3 | 3600 | Cu | 11 |
| IMD2(Via2) | 3000 | 2.9 | 10 |
| M2 | 3600 | Cu | 9 |
| IMD1(Via1) | 3000 | 2.9 | 8 |
| M1 | 3000 | Cu | 7 |

在衬底设置之前先根据 gpdk 工艺提供的层参数在 ADS 中进行层的设置。

(1) 在 ADS 主界面选择 Options-Technology-Technology setup,删除 ads_standard_layers,见图 3-1。

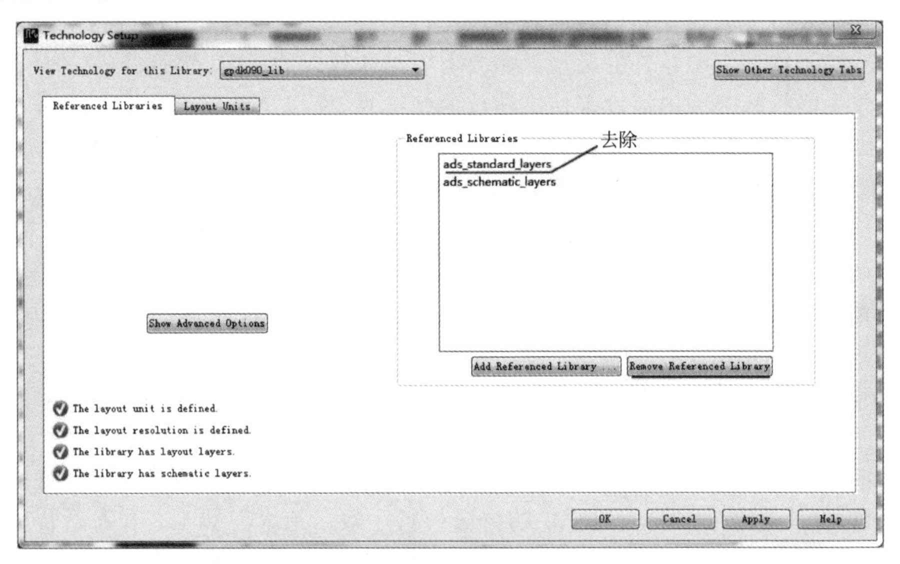


图 3-1 工艺参考库设置界面

(2) 在 ADS 主界面选择 Options-Technology-Layer Definitions,根据表 3-1 中给出的层号添加金属层 M1～M9,过孔 Via1～Via8,如图 3-2 所示。

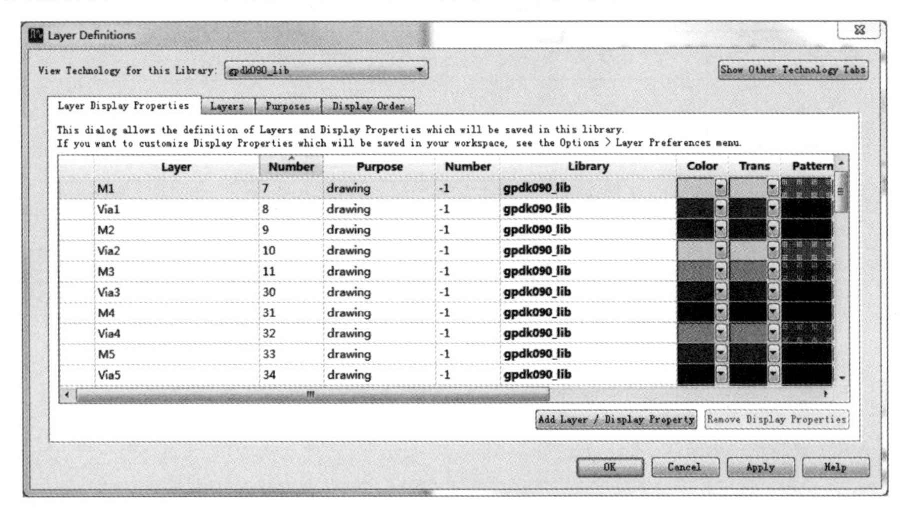


图 3-2 重新定义各层界面

（3）在 ADS 主界面选择 Options-Technology-Technology setup，在 Layout Units 面板中设置 Units（单位）为 micron，如图 3-3 所示。

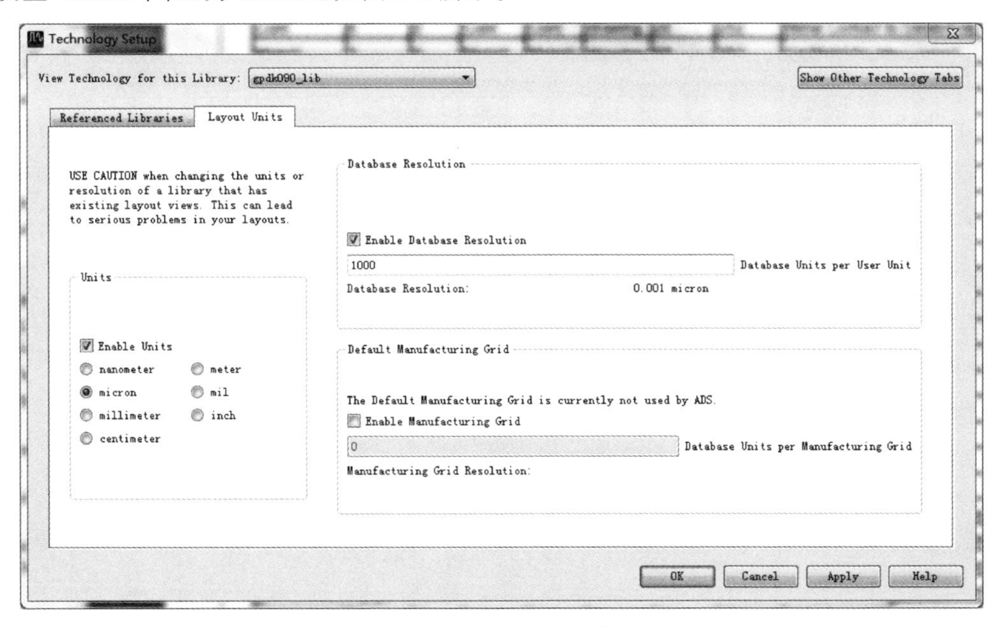


图 3-3　设置版图单位

### 3.2.1　衬底设置考虑

由于 ADS momentum 中衬底设置的复杂程度会直接影响仿真速度，所以通常在设置衬底时并不完全按照工艺给出的层数进行设置，可以根据仿真的实际情况和需要，将衬底中没有用到的介质层合并，这样可以简化衬底设置，也可以提高仿真速度。

一般而言，由于顶层金属相对其他层金属较厚，所以片上无源器件的设计通常采用最上面两层金属实现，较少使用中间层和下层金属。在本案例中选取第 1、7、8、9 层金属，将中间介质层（2～6 层）进行合并设置，读者在实际设计中可按相同方法根据需要增加或减少设置层。

### 3.2.2　衬底设置操作步骤

（1）在 ADS 主界面中单击 File-New-Substrate，出现对话框如图 3-4 所示，在 File Name 栏填写衬底文件名为 gpdk090，其余默认。

（2）鼠标点中最底层介质，在右边出现的 Material 栏中选择 Silicon，如没有该选项，则单击右边按钮进入 edit materials 界面，如图 3-5 所示。在 Semiconductors 面板中添加半导体材料 Silicon，注意设置介电常数为 11.9，电阻率为 10Ohm.cm。在 Conductors 面板中添加 Cu 导体，如图 3-6 所示。在 Dielectrics 面板中添加介质 IMD1 和 IMD2，这两种

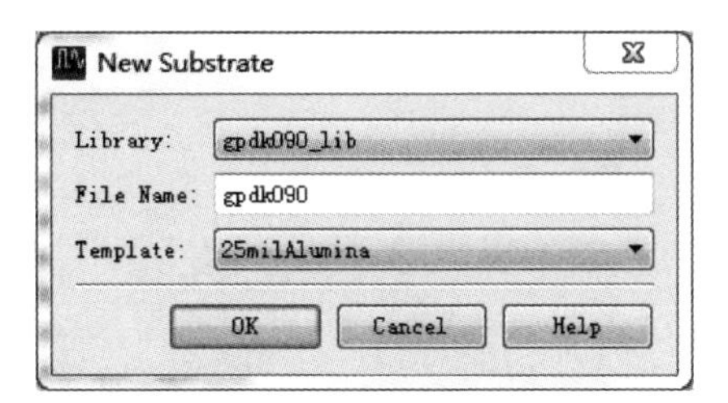


图 3-4　新建衬底输入

介质的属性需要自行设置，介电常数分别为 2.9 与 4.2，如图 3-7 所示。

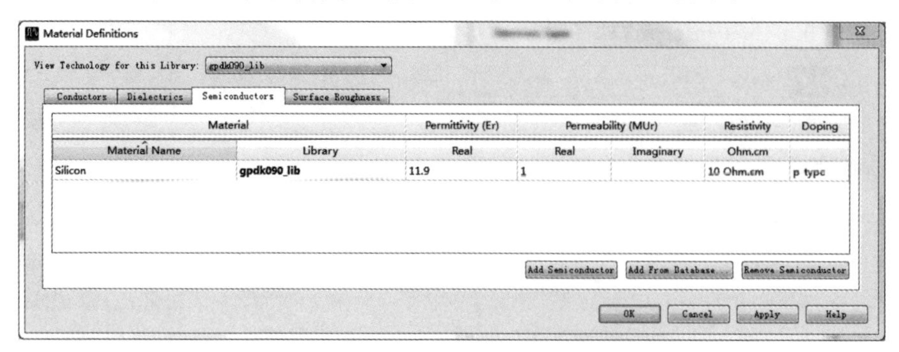


图 3-5 添加硅衬底材料

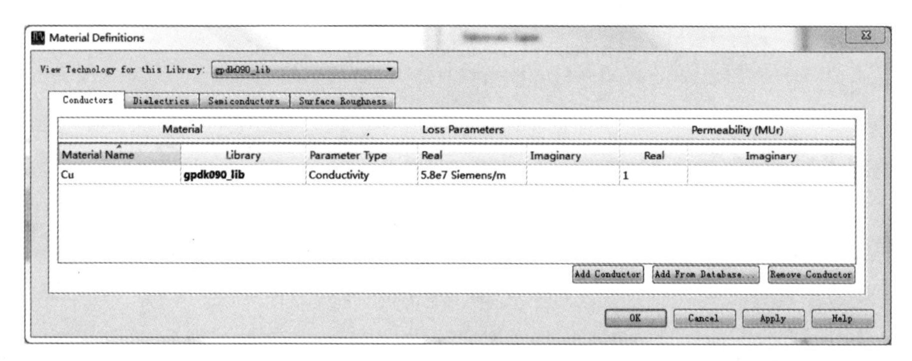


图 3-6 设置金属 Cu 属性

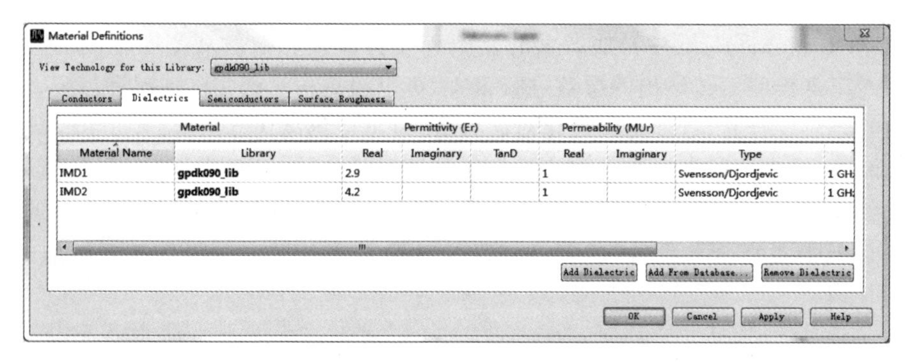


图 3-7 设置介质属性

然后返回衬底设置界面，在 Thickness 栏中设置厚度为 300μm，如图 3-8 所示。

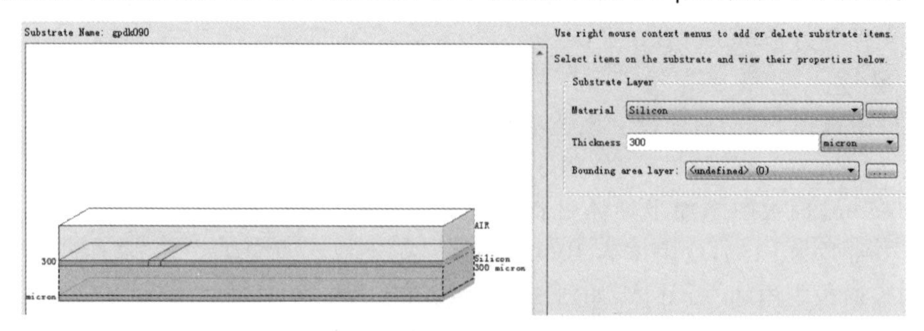


图 3-8 设置硅衬底材料与厚度

(3) 在衬底设置界面，鼠标选中衬底层上面的 interface 薄面，然后右键选择 map conductor layer，如图 3-9 所示。在右边面板中设置 Conductor Layer 为 M1，Material 为 Cu，Thickness 为 0.3μm，如图 3-10 所示。注意将多余的导体删掉。

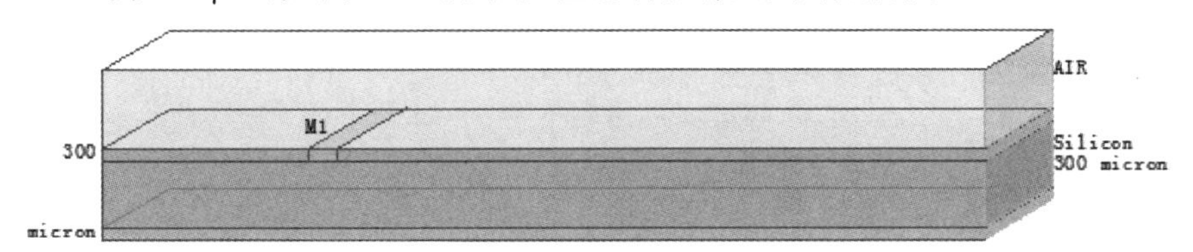


图 3-9　映射导体层

Use right mouse context menus to add or delete substrate items.

Select items on the substrate and view their properties below.

Conductor Layer

Layer　M1 (7)

Only pins and pin shapes from layer

Material　Cu

Operation　Sheet / Intrude into substrate / Expand the substrate

Position　Above interface / Below interface

Thickness　0.3　micron

Angle　90　degrees

Surface roughness model　Top <None>　Bottom <None>

Precedence　0

To move the conductor up or down on the substrate, just drag it up or down.

图 3-10　设置金属层 M1 属性

(4) 在衬底设置界面，鼠标选中硅衬底，右键选择 Insert Substrate Layer Above，在硅衬底上方增加一介质层 IMD1，设置 Material 为 IMD1，Thickness 为 3.3μm(将第 2 层～第 6 层的金属层厚度与介质层厚度合并计算得到)，如图 3-11 所示。

(5) 在衬底设置界面，鼠标选中 IMD1 介质层上面的 interface 薄面，然后右键选择 map conductor layer，在右边面板中设置 Conductor Layer 为 M7，Material 为 Cu，Thickness 为 0.36μm。接下来设置 M1～M7 之间的过孔 Via1，在衬底设置界面，鼠标选中 IMD1 介质层，右键选择 Map Conductor Via，设置 Conductor Via 为 Via1，Material 为 Cu。

(6) 在衬底设置界面，鼠标选中 IMD1 介质层，右键选择 Insert Substrate Layer Above，在硅衬底上方增加一新介质层 IMD2，设置 Material 为 IMD2，Thickness 为 0.6μm。然后按照步骤(5)设置 M8 和 Via2，其中 M8 厚度为 1μm。在 M8 上方再次新增介质层

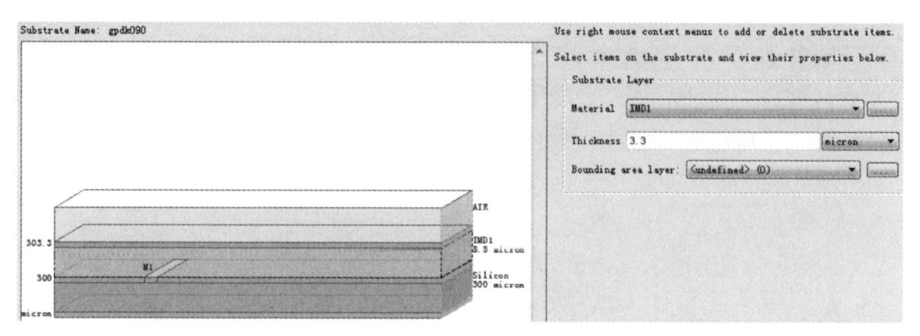


图 3-11　设置中间介质层 IMD1

IMD2，设置 Material 为 IMD2，Thickness 为 0.6μm。然后按照步骤(5)设置 M9 和 Via3，其中 M9 厚度为 1μm。最后衬底模型如图 3-12 所示。

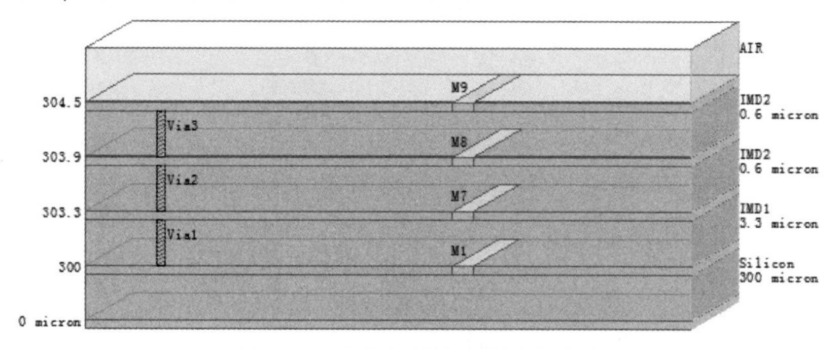


图 3-12　合并介质层后的衬底模型

## 3.3　片上电感设计

片上集成电感是实现射频集成电路模块如低噪声放大器、压控振荡器和匹配网络等必不可少的元件。一般片上集成电感主要采用平面螺旋形，利用标准 CMOS 工艺的最上两层或多层可以实现电感元件，其中最顶层用作螺旋线圈，另一层用作中间跨接互连线及引线。

### 3.3.1　电感技术指标

(1) 螺旋电感的品质因素。前面我们已经多次提到螺旋电感的品质因素，它描述了电感的性能。在射频电路设计中，我们总是希望能使用高品质的螺旋电感，然而由于 CMOS 工艺中衬底的高损耗，如何设计高品质的螺旋电感已经成为 CMOS 射频集成电路设计的一个瓶颈。在现有的 CMOS 工艺基础上，目前主要使用屏蔽层(PGS)以及对称电感来提高螺旋电感的品质因素。此外，运用多边形的螺旋电感也能提高电感的品质因素。螺旋电感品质因素的定义为

$$Q = -\frac{\mathrm{Im}(Y_{11})}{\mathrm{Re}(Y_{11})} \tag{3-2}$$

(2) 螺旋电感的电感值。螺旋电感主要表现为电感特性，因此其电感值是一个重要的参数。不同的几何尺寸能得到不同的电感值，一般地，相同面积的非对称性电感比对称性电感具有更大的电感值，但是 $Q$(品质因素)值较小，因此选择合适的电感时要综合考虑面积和品质因素。

螺旋电感的等效输入电感值可以定义为

$$L = \mathrm{imag}(1/Y_{11})/\omega \tag{3-3}$$

螺旋电感的等效串联电感可以定义为

$$L_s = \mathrm{imag}(-1/Y_{12})/\omega \tag{3-4}$$

(3) 螺旋电感的等效串联电阻。螺旋电感的等效串联电阻代表了组成电感的螺旋金属线的损耗。为了能得到高品质的在片螺旋电感,可以使用厚金属、高电导率金属来绕制螺旋电感。螺旋电感的等效串联电阻可以定义为

$$R_s = \mathrm{real}(-1/Y_{12}) \tag{3-5}$$

(4) 螺旋电感的衬底导纳。如何减小螺旋电感的 CMOS 衬底损耗是螺旋电感中的一个重要研究课题,电感衬底导纳可以从测试数据中分离出,可以表示为

$$Y_{sub} = Y_{11} + Y_{12} \tag{3-6}$$

### 3.3.2 片上集成电感类型

常见的平面螺旋电感的类型有方形、八角形、圆形和对称结构 4 种,如图 3-13 所示。其中,方形电感结构最为简单,也是最常用的一种形式。圆形电感具有较高的品质因子,但是由于一般工艺给出的设计规则并不支持弧形走线,所以常采用正六边形和正八边形等形状近似圆形。由于对称结构的电感线圈沿着一条对称轴互绕,端口分布在对称轴两侧,方便与其他电路互连,而且几何中心与电中心重合,可提供一个中心引出端(虚地,常用于直流馈电),非常适用于传输差分信号。

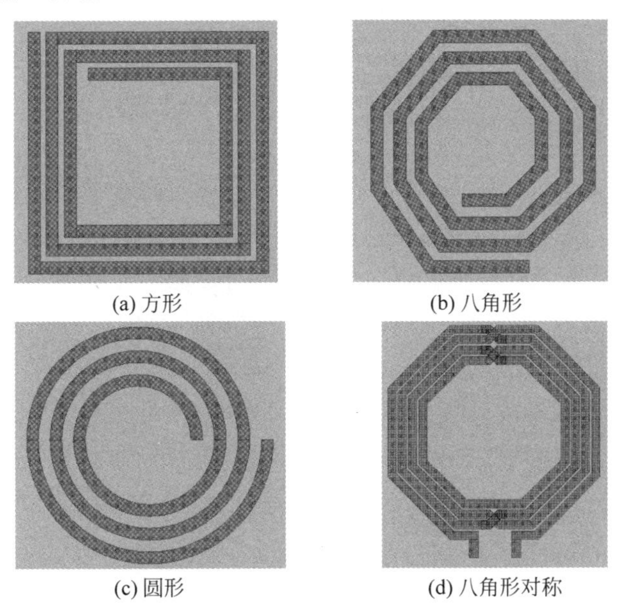


图 3-13　常见平面螺旋电感类型

### 3.3.3 电感设计案例分析

设计指标如下:

频率:3GHz;

电感：3nH；

$Q$ 值：10。

**1. 版图设计**

螺旋电感的物理参数主要包括匝数($N$)、外径($d_{out}$)/内径($d_{in}$)、间距($S$)和线宽($W$)。线圈的 $N$ 直接影响到螺旋电感的磁链大小，因而对于相同 $d_{out}$ 的螺旋电感来说，$N$ 越大，自感值($L$)越大。同时，$N$ 的增加会导致寄生电容增大，使得自谐振频率($f_{SR}$)不可避免地下降。$d_{out}$ 的大小同样直接影响到螺旋电感的磁链大小，因而对于相同 $N$ 的螺旋电感来说，$d_{out}$ 越大，$L$ 越大。一方面，$d_{out}$ 增大也会导致寄生电容增大，使得 $f_{SR}$ 下降。螺旋电感的 $S$ 越小，线间寄生电容就越大，存储在寄生电容里的电场能量就越大；另一方面，片上螺旋电感的相邻金属线中的电流方向一致，若 $S$ 越小，则相邻线间的正互感越大，整体电感的 $L$ 就越大。$W$ 增加使线圈欧姆损耗变小，在一定程度上可以提高电感的 $Q$ 值。但这并不意味着 $W$ 越大越好，首先，在高频下趋肤效应的存在使得电流分布在金属的边缘，当 $W$ 已经大于趋肤深度时，一味增大 $W$ 将无助于有效降低欧姆损耗；其次，磁场穿过金属将在金属中产生涡流损耗，$W$ 越大，则截获的磁场越多，产生的损耗也就越大。例如对于工艺 TSMC 0.18μm 1P6M RF CMOS 而言，根据实际设计经验，$W=8\mu m$ 是螺旋电感金属线宽的优选值。掌握以上规律将有助于对螺旋电感的优化设计。

本案例中，首先新建版图取名为 cell_2，然后在版图中进行电感的设计。电感形状采用八角形对称结构，采用顶层金属 M9 和 M8，线圈匝数 $N=3$，外径 $d_{out}=230\mu m$，线宽 $W=9\mu m$，间距 $S=2\mu m$。在版图设计界面中首先选择 M9 层，然后单击菜单或图标 insert path，设置对话框如图 3-14 所示。画这种对称螺旋电感时先画一半，然后复制为另一半，在中心交叉部位通过 M8 层和过孔进行连接。在两个输出端采用"Insert Pin"(通过按钮或菜单)添加端口 P1 和 P2。画好后的版图如图 3-15 所示。

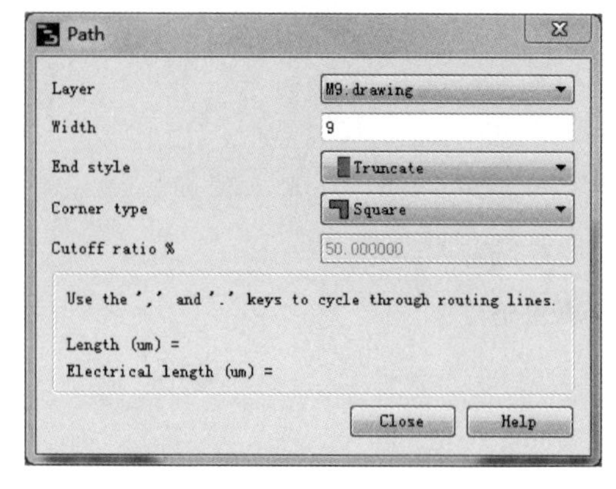


图 3-14 插入 Path 设置

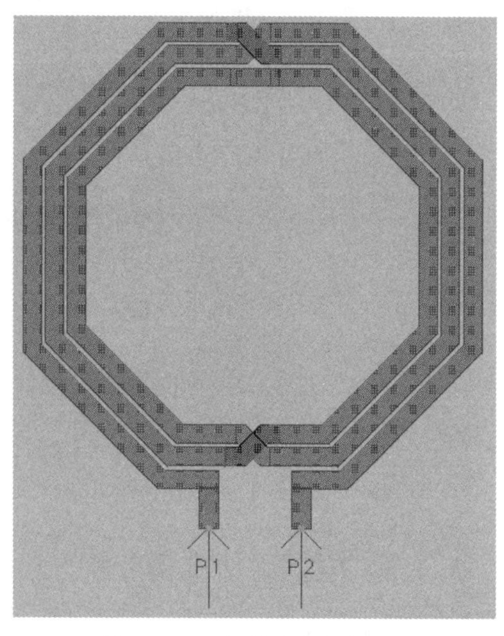


图 3-15 八角形对称电感版图

### 2. 仿真设置

在版图中单击菜单 EM—Simulation Setup(或工具栏中图标 ),在仿真设置主界面中设置 Setup Type 为 EM Simulation/Model,EM Simulator 为 Momentum Microwave,如图 3-16 所示。然后在左栏 Substrate 设置中,选择衬底文件 gpdk090,如图 3-17 所示。在左栏 Ports 设置中,可以看到出现两个端口 1 和 2,默认端口 1 中正极性端为 P1,负极性端为 Gnd,端口 2 中正极性端为 P2,负极性端为 Gnd,两个端口默认的参考点均为地平面,该地平面位于衬底背面。图 3-18 给出了端口位置三维示意,端口方向从地平面指向电感。选择左栏 Frequency plan 项,设置频率扫描类型 type 为 Adaptive,起始频率 Fstart 为 0GHz,终止频率 Fstop 为 10GHz,仿真点数 Npts 为 50,Enabled 项前面打钩。其余设置默认。仿真设置完成后,单击菜单 EM—Simulate 或工具栏中图标 ,运行 EM 仿真。如果为第一次仿真,软件会先对衬底进行计算,需要消耗较多时间,以后只要衬底不作修改,每次仿真均会跳过衬底计算过程,直接进入器件仿真。

图 3-16　EM 仿真设置界面

### 3. 仿真结果处理

仿真结束后自动出现结果显示界面,内容默认为 $S$ 参数曲线,如图 3-19 所示。仿真数据包括离散和拟合的 $S$ 参数,离散数据保存在 cell_2_MomUW. ds 文件中,拟合的数据保存在 cell_2_MomUW_a. ds 文件中。显然 EM 仿真并不能直接得到电感值和 $Q$ 值,因此还需要进一步对仿真数据进行处理才能获得所需的电感值和 $Q$ 值。

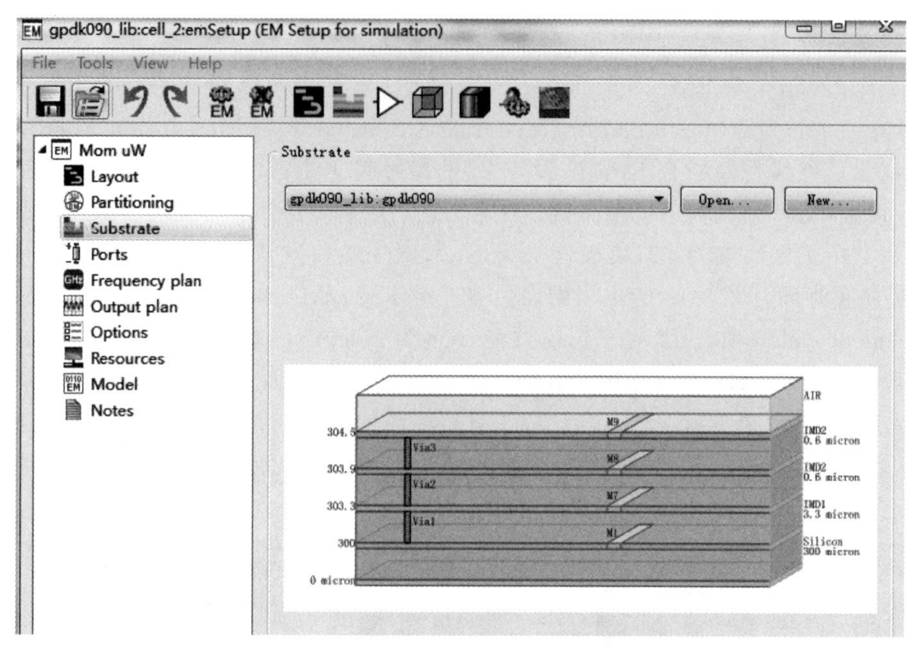


图 3-17 衬底设置

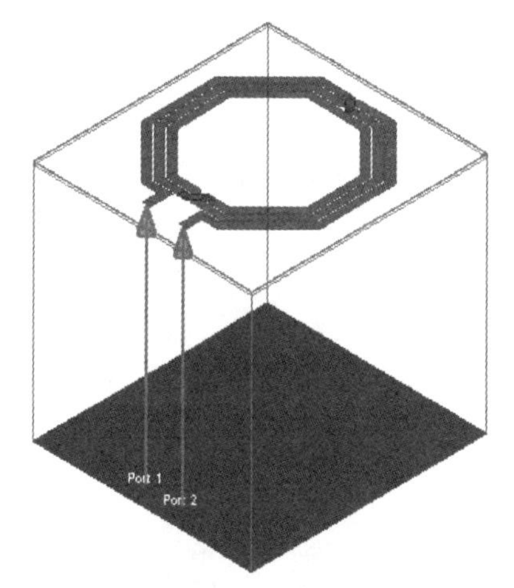


图 3-18 端口及电感三维示意

首先在 cell_2 单元中新建一个原理图 schematic，在原理图中放置一个 S2P 组件(在左栏 Data Items 项中选择)，然后在左栏选择 Simulation-S_Param 项，选择 SP 组件和 2 个端口 Term 组件放置在原理图中。如图 3-20 所示。

在 S2P 组件属性中设置 File Name 为 cell_2_MomUW_a. ds，File Type 为 Dataset，其余默认。S_Param 仿真组件 Frequency 属性中设置 Sweep Type 为 Linear，起始频率 Start 为 0GHz，终止频率 Stop 为 10GHz，步进 Step-size 为 0. 1GHz。Parameters 属性面板中 Calculate 类型同时选择 S-parameters，Y-parameters 和 Z-parameters，其余默认。设置完成后在原理图中运行仿真。仿真结束后弹出数据结果显示界面，默认仿真结果显示文件还是 cell_2. dds，在结果显示界面中单击左栏 Eqn 图标进行电感 $L$ 和品质因数 $Q$ 的公式输入，以 $Y$ 参数为数据源，输入电感计算公式 L1=im(1/Y(1,1))/(2 * pi * freq) * 1e9，品质因数计算公式 Q1=im(1/Y(1,1))/re(1/Y(1,1))。然后在结果显示界面左栏中单击 Rectanglar Plot 图标，在弹出的对话框中 Datasets and Equations 栏选择 Equations，然后选择 L1 并添加(Add)到右边栏中，单击 OK 按钮后显示电感曲线。按照同样方法显示品质因数 $Q$。结果如图 3-21 所示。

添加 mark。选中相应曲线，在工具栏上单击图标 ，将鼠标移动到所要观察的曲线上，可以看到在频率 3GHz 处，设计的电感值为 3. 3nH，品质因数 $Q$ 为 10.7。

除了通过 $Y$ 参数获得电感和 $Q$ 值外，我们也可以通过 $Z$ 参数计算电感和 $Q$ 值。在原

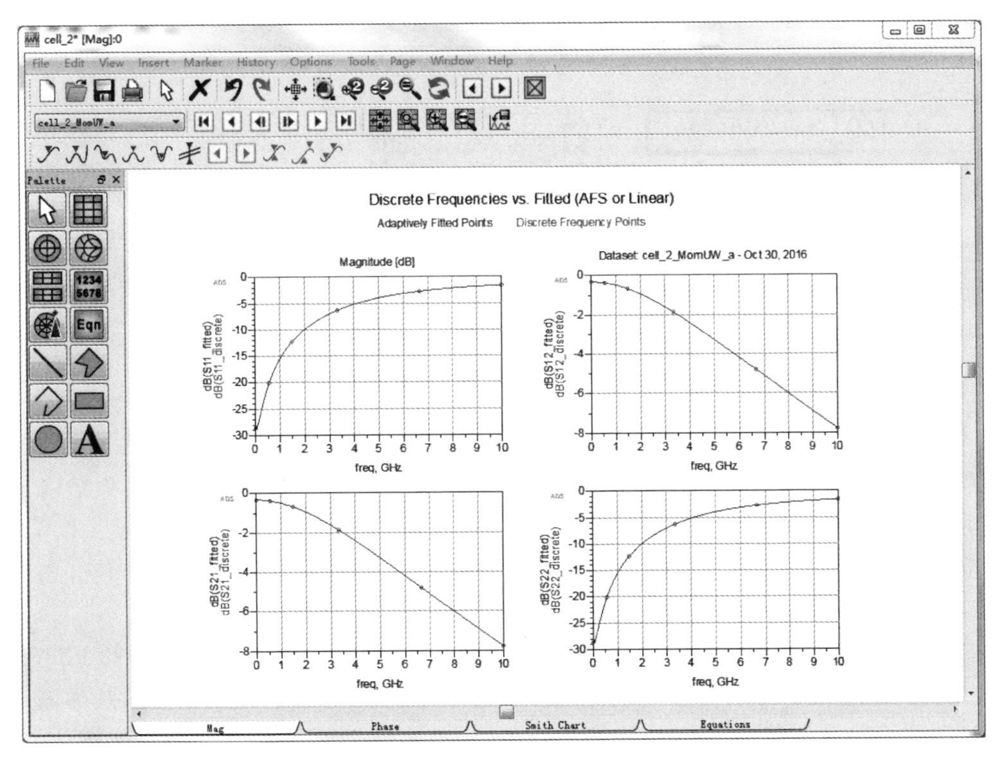


图 3-19　EM 仿真结果显示

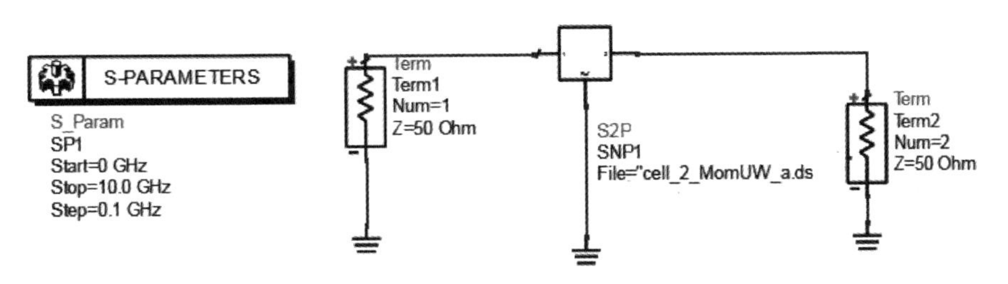


图 3-20　电感仿真原理图

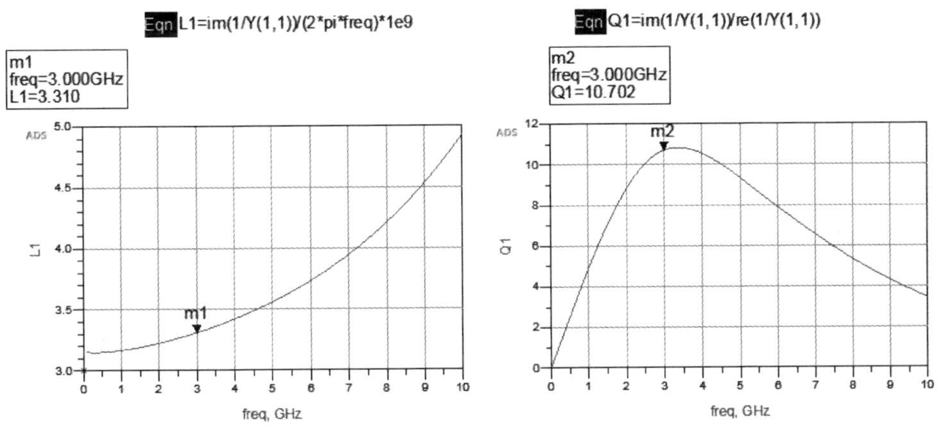


图 3-21　电感和 $Q$ 值仿真曲线

理图中将 S2P 组件的第 2 端口直接接地，如图 3-22 所示。在仿真结果显示界面中分别输入公式 L=im(Z(1,1))/(2 * pi * freq) * 1e9 和 Q=im(Z(1,1))/re(Z(1,1))，所得结果与 Y

参数计算一致。

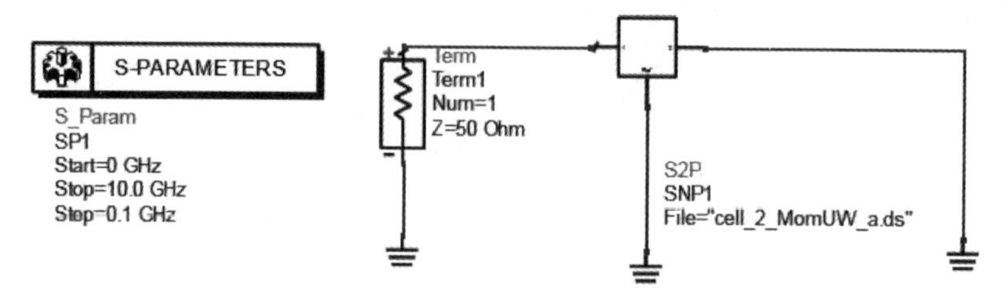


图 3-22 基于 $Z$ 参数的电感仿真原理图

### 3.3.4 差分电感的仿真

在差分射频电路中，如低噪声放大器和振荡器等，电路往往设计为完全对称结构，此时差分电感为普遍采用的形式，对差分电感的仿真与普通电感在设置上有所区别。以前面仿真的电感为例，在版图中进行 EM 设置时，需要对 Ports 的设置进行调整，将 P1 和 P2 这两个端口合并为一个差分端口，具体操作如下：

（1）在版图界面单击 EM 仿真设置，进入 Ports 设置界面，默认显示为 P1 和 P2 两个端口，单击 Ports 界面中的 Edit，弹出 Port Editor 对话框，如图 3-23(a)所示，用鼠标拖动 P2 往上移动到 1 端口的负极性位置替换 Gnd，这样就形成了一个差分端口。如图 3-23(b)所示。

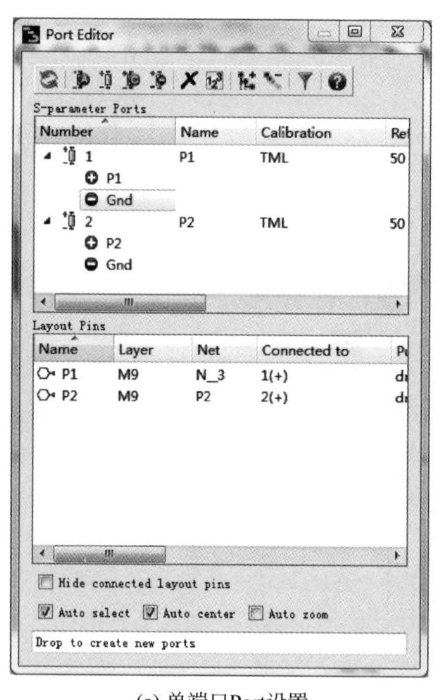

(a) 单端口Port设置

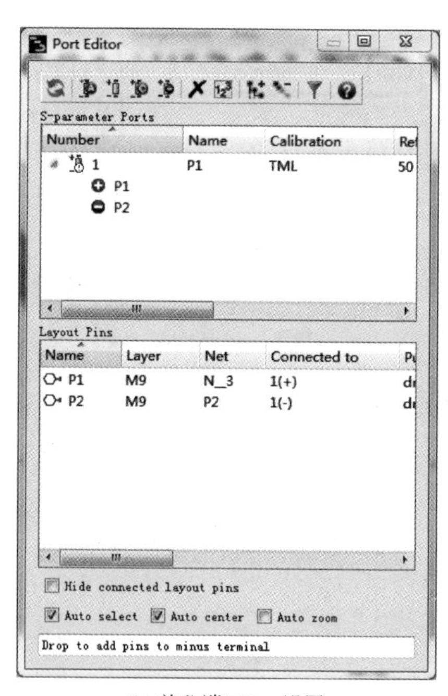


(b) 差分端口Port设置

图 3-23 差分端口设置与单端口设置区别

（2）运行 EM 仿真。然后在原理图中放置 1 个 S1P 组件（在 Data Items 项中选择）、1 个 S_Param 仿真组件和一个端口 Term，设置 S1P 组件属性 File Name 为 cell_2_MomUW_a.ds，File Type 为 Dataset。S_Param 仿真组件 Frequency 属性中设置 Sweep Type 为

Linear,起始频率 Start 为 0 GHz,终止频率 Stop 为 10GHz,步进 Step-size 为 0.1GHz。Parameters 属性面板中 Calculate 类型同时选择 S-parameters,Y-parameters 和 Z-parameters,其余默认。设置完后在原理图中运行仿真。在仿真结果显示界面中,单击左栏 Eqn 图标,输入电感计算公式 L1=im(1/Y(1,1))/(2×pi×freq)×1e9,品质因数计算公式 Q1=im(1/Y(1,1))/re(1/Y(1,1))。然后在结果显示界面中单击左栏 Rectanglar Plot 图标,在弹出的对话框中 Datasets and Equations 栏选择 Equations,选择 L1 并添加(Add)到右边栏中,单击 OK 后显示电感曲线。按照同样方法显示品质因数 $Q$。结果如图 3-24 所示。

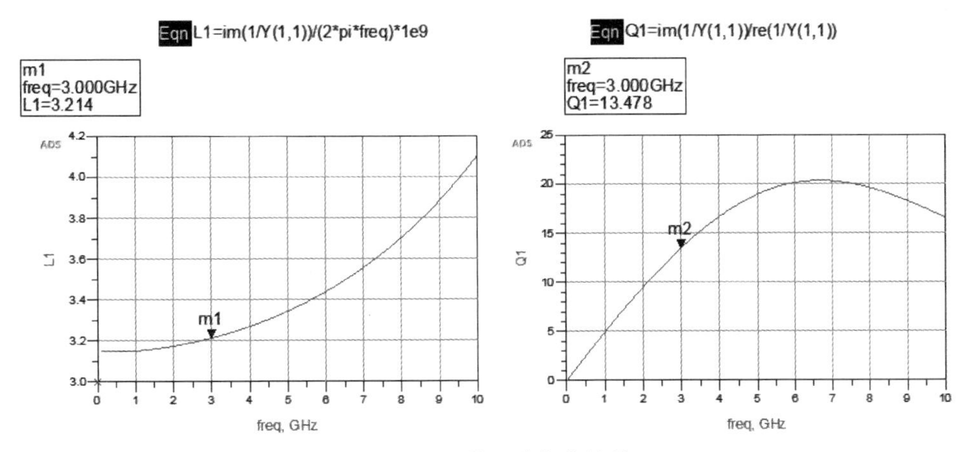


图 3-24　差分电感仿真结果

对于同样的电感版图结构,比较之前的单端电感与差分电感仿真结果,可以发现两者电感在数值上相差不大,分别为 3.3nH 和 3.2nH,但是差分电感的品质因数 $Q$ 明显要高于单端电感的 $Q$(10.7),为 13.4。

# 3.4　片上变压器设计

片上集成变压器是由两个相互耦合的电感组合而成,两个电感之间的相对位置不同,则变压器的性能就会有所差异。根据硅基工艺所具有的多层平面型的结构特点,可以将组成变压器的两个电感放置在同一层面或不同层面上,从而形成两种类型的片上变压器:平面式和层叠式。

## 3.4.1　片上集成变压器技术指标

(1) 自感、品质因数和自谐振频率

片上变压器的自感指的是当其他线圈开路的情况下端口处的自感量,分别用 $L_p$ 和 $L_s$ 表示片上变压器初级和次级的自感。它们的大小由片上变压器初、次级线圈的几何形状、外径大小、线圈匝数所决定,而与片上变压器中的电流大小无关。将片上变压器看作二端口网络(初、次级线圈分别有一个端子接地),片上变压器的自感和 $Q$ 值可以直接用二端口网络的 $Z$ 参数定义为

$$L_p = \mathrm{Im}(Z_{11})/(2\pi f) \tag{3-7}$$

$$L_s = \text{Im}(Z_{22})/(2\pi f) \tag{3-8}$$

$$Q_p = \text{Im}(Z_{11})/\text{Re}(Z_{11}) \tag{3-9}$$

$$Q_s = \text{Im}(Z_{22})/\text{Re}(Z_{22}) \tag{3-10}$$

如果将片上变压器看作四端口网络，可以在其四端口 $Y$ 参数矩阵中将初、次级线圈需要接地的端子对应的行与列去除，将剩下的 2×2 规模的 $Y$ 参数矩阵转换为对应的 $Z$ 参数矩阵，这样就可以直接用上面的公式求出片上变压器线圈的自感和 $Q$ 值了。

变压器的自谐振频率 $f_{SR}$ 可以定义为其自感或 $Q$ 值减小到 0 时所对应的频率，当工作频率低于 $f_{SR}$ 时变压器的初、次级线圈表现为感性；当工作频率高于 $f_{SR}$ 时变压器的初、次级线圈将表现为容性。

(2) 互感和磁耦合系数

由于变压器的初、次级线圈紧密缠绕在一起，因而一个线圈产生的磁场必然通过对方的回路区域，初级线圈中的电流变化会引起次级线圈回路中磁通量的变化，从而在次级线圈中产生感应电动势，反之亦然。这种由磁场的相互耦合而产生感应电动势的现象即为互感效应，互感效应的大小由互感系数(简称互感)$M$ 来衡量。

对互感的定义与计算主要限于直流或低频情况，对于高频下的互感可以仿照自感的方式由二端口网络 $Z$ 参数直接提取：

$$M = \text{Im}(Z_{12})/(2\pi f) = \text{Im}(Z_{21})/(2\pi f) \tag{3-11}$$

互感值的大小仅能表示初、次级线圈之间磁耦合能力的绝对大小，但不能表现其磁耦合效率。磁耦合效率通常用互感 $M$ 对自感 $L_p$ 和 $L_s$ 的归一化(即磁耦合系数 $k$)来表示：

$$k = \sqrt{\frac{\text{Im}(Z_{12})\text{Im}(Z_{21})}{\text{Im}(Z_{11})\text{Im}(Z_{22})}} \tag{3-12}$$

(3) 插入损耗和带宽

插入损耗(IL，insertion loss)是用来衡量信号经过变压器后功率损耗大小的指标，在数值上 IL 等于变压器二端口 $S$ 参数中的前向传输系数 $S_{21}$ 的幅值(通常用分贝表示)，即

$$\text{IL} = 20\lg(|S_{21}|) \tag{3-13}$$

变压器的工作带宽(BW，band width)可以定义为：以最小插入损耗 $\text{IL}_{\min}$ 为基准，IL 增加一定量值(比如 1dB)所对应的频率变化范围。

### 3.4.2 片上集成变压器类型

(1) 平面式片上变压器

平面式片上变压器初、次级线圈的两个螺旋电感均位于同一平面层内，一般选用顶层金属层来尽量减小变压器的金属损耗和变压器到衬底的寄生电容。为了在电感间得到最大的磁耦合，通常将两个螺旋线圈紧密绕制在一起，根据绕制方式的不同可以形成多种形式的平面式变压器，如图 3-25 所示。

图 3-25(a)是平行互绕式变压器(也称 Shibata 结构)的结构图，这种结构的特点为：变压器的初、次级线圈相互平行，用类似于双绞线的方式将两者按同一绕向紧密缠绕。虽然这种结构具有较高的磁耦合能力，但存在以下明显缺点：初、次级线圈的长度不相等且两者不具有任何对称性；初、次级线圈端口紧靠在一起，能量容易在端口处相互泄漏。

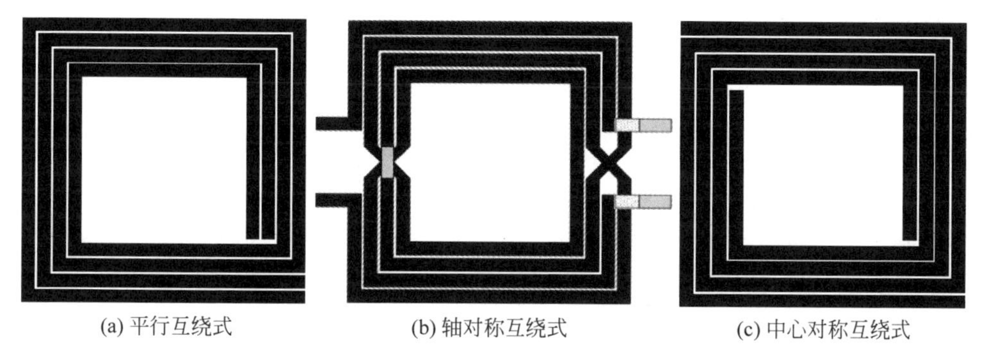

(a) 平行互绕式　(b) 轴对称互绕式　(c) 中心对称互绕式

图 3-25　平面式片上变压器结构

图 3-25(b)是轴对称互绕式变压器(也称 Rabjohn 结构)的结构图,这种结构的一个显著特点是具有轴对称性,因而可以确定初、次级线圈几何中心点的准确位置。如果将初、次级线圈的几何中心点均接地,则此变压器便适合传输差分信号;如果只将初、次级线圈的几何中心接地,则此变压器就可以实现单端和差分信号的转换,即构成了一个巴伦元件。需要注意的是,Rabjohn 结构并不是绝对轴对称的,对称轴附近的低层过渡段并非使用同一层金属,使用不同金属层的过渡段的金属厚度、垂直高度、需要的过孔种类均有所差异,因而造成轴对称性下降,但通过合理的设计可以将这种不对称性降到最低。

图 3-25(c)是中心对称互绕式变压器(也称 Frlan 结构)的结构图,这种结构的初、次级线圈分别从变压器左右两边按中心对称方式互相缠绕,可以保证初、次级线圈特性完全一致,提供理想的 1∶1 的圈数比。另外,Frlan 结构能够使得初、次级线圈的端口分布在元件的两侧,便于片上变压器与前后级电路的连接。

(2) 层叠式片上变压器

层叠式片上变压器(也称 Finlay 结构)的三维结构图如图 3-26 所示,其初、次级线圈的两个螺旋电感分别位于不同的平面层内。对于平面式片上变压器而言,初(或次)级线圈的相邻线属于次(或初)级,而层叠式片上变压器在一个层面内仅包含初(或次)级线圈,其初(或次)级线圈的相邻线之间可以靠得更近,层叠式变压器的初(或次)级线圈与平面式相比具有更高的品质因数。另外,与平面式结构中的侧壁耦合情况不同,层叠式结构能够提供垂直方向上的宽边耦合,因而具有更高的磁耦合性能。层叠式片上变压器不可避免地也存在一些缺点,如初、次级线圈之间较大的寄生电容导致变压器的自谐振频率较低;由于不同层的金属层厚度不同且下层线圈对上层线圈具有电屏蔽作用,因而初、次级线圈之间不具有对称性。

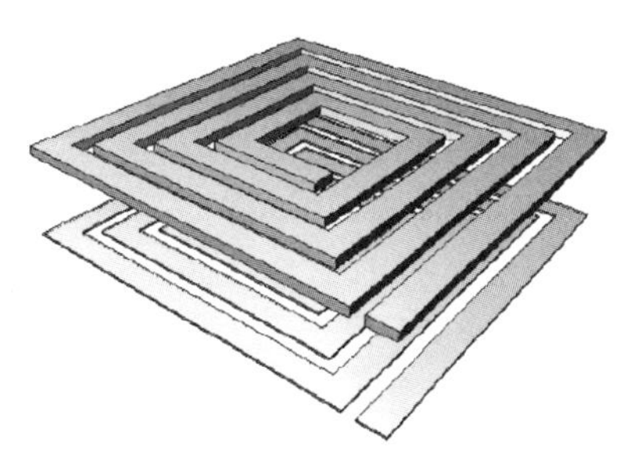

图 3-26　层叠式片上变压器结构

### 3.4.3　片上螺旋变压器设计案例分析

设计指标如下:

频率:8GHz;

自感值:1.8nH;

$Q$ 值:>10;

耦合系数：0.7；

插入损耗：−3.5dB。

**1. 版图设计**

变压器采用平面轴对称互绕式，其中变压器的一次侧和二次侧线圈匝数为2，线宽均为10μm，线间距为2μm，变压器线圈外径为236μm。在ADS版图设计中提供了功能丰富的画版图途径。对于该螺旋变压器版图，由于结构完全对称，可以先画一半，然后再复制镜像获得另一半。首先在界面单击菜单Options-Preference，在Entry/Edit面板下选择Entry Mode为45 degree angle only，表示在版图中的走线角度限制在45°。然后在版图界面中单击菜单Insert—Trace或单击图标，在弹出的对话框中选择Layer or Line name为M9，Width为9，如图3-27所示。

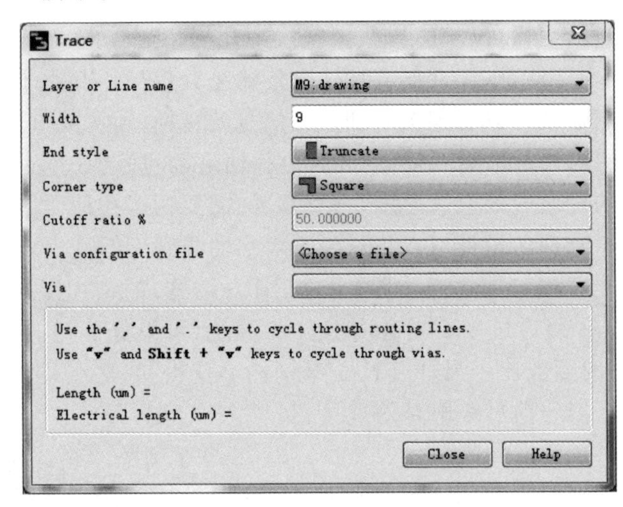


图3-27 设置走线参数

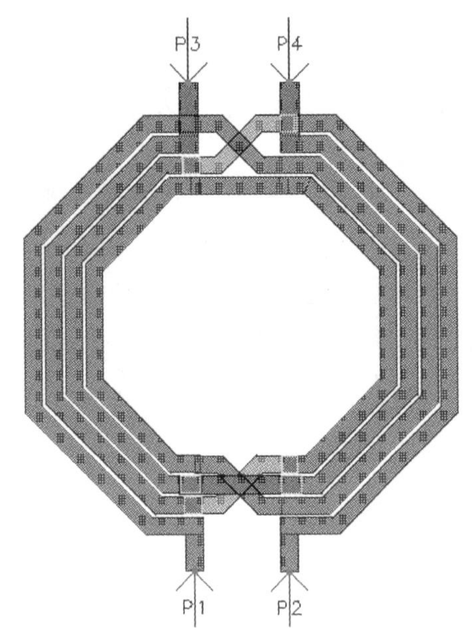


图3-28 变压器版图

此处给出一种画法，画八角形一半图形时先画最里面的走线，每条边的长度为56μm（走45°斜线段时$x$和$y$的位移正好为40μm），最里面的半圈走线画完后，直接复制该线段，然后放置在距离内圈2μm处，再用鼠标点住线段的调整点往外拖，直至每条边均距离内圈间距为2μm，注意调整时需借助插入ruler观察是否达到2μm间距要求。按上述方法画完4个半圈形状后，然后复制镜像到右半边，最后画中间连接部分。在原边和副边两个线圈输出端采用"Insert Pin"（通过按钮或菜单）添加端口P1、P2、P3和P4。完成后如图3-28所示。

**2. 仿真设置**

在版图中单击菜单EM—Simulation Setup（或工具栏中图标EM），在仿真设置主界面中设置Setup Type为EM Simulation/Model，EM Simulator

为 Momentum Microwave。然后在左栏 Substrate 设置中，选择衬底文件 gpdk090。在左栏 Ports 设置中，可以看到出现 4 个端口 1、2、3 和 4，默认端口 1 中正极性端为 P1，负极性端为 Gnd，端口 2 中正极性端为 P2，负极性端为 Gnd，两个端口默认的参考点均为地平面，参照 3.3.4 节差分端口设置方式，将 P1 和 P2 设置为一对差分端口，P3 和 P4 设置为一对差分端口，如图 3-29 所示。图 3-30 给出了变压器端口位置 3D 示意图。选择左栏 Frequency plan 项，设置频率扫描类型 type 为 Adaptive，起始频率 Fstart 为 1GHz，终止频率 Fstop 为 20GHz，仿真点数 Npts 为 50，Enabled 项前面打钩。其余设置默认。仿真设置完成后，单击菜单 EM—Simulate 或工具栏中图标，运行 EM 仿真。

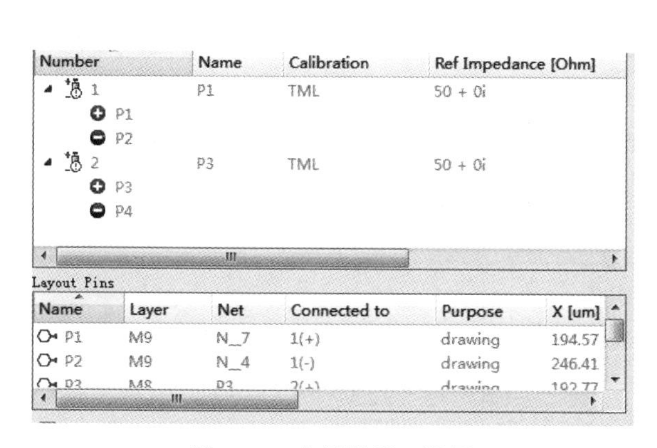


图 3-29　变压器端口设置

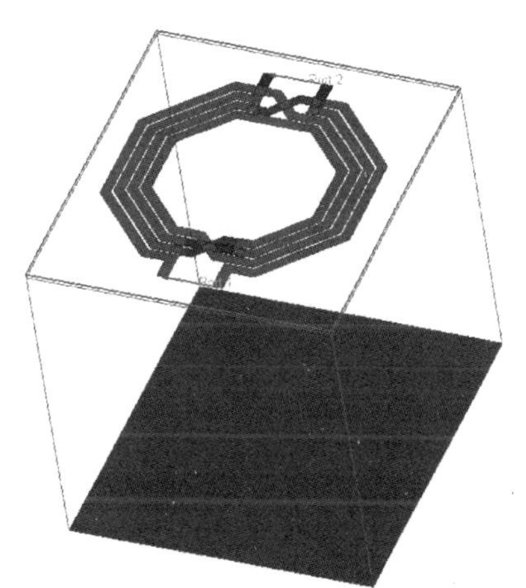

图 3-30　变压器端口 3D 示意图

### 3. 仿真结果处理

根据仿真的 $S$ 参数获取变压器原边线圈与副边线圈电感 $L1$、$L2$，品质因数 $Q1$、$Q2$，互感 $M$、耦合系数 $k$ 以及插入损耗 IL。在仿真结果显示界面中，单击左边栏公式图标 Eqn，输入公式：

```
Eqn L1=im(Z(1,1))/(2*pi*freq)*1e9
Eqn L2=im(Z(2,2))/(2*pi*freq)*1e9
Eqn Q1=im(Z(1,1))/re(Z(1,1))
Eqn Q2=im(Z(2,2))/re(Z(2,2))
Eqn M=im(Z(1,2))/(2*pi*freq)*1e9
Eqn k=sqrt((im(Z(1,2))*im(Z(2,1)))/(im(Z(1,1))*im(Z(2,2))))
Eqn IL=20*log(mag(S(2,1)))
```

图 3-31 为变压器原边线圈与副边线圈的仿真结果，可以看出自谐振频率在 15GHz，两个线圈电感在 8GHz 时为 1.8nH。图 3-32 为变压器线圈的品质因数，在 8GHz 时品质因数接近最大值。随着频率的继续增大，由于线圈的寄生电容越发明显，品质因数呈现下降趋势。图 3-33 为变压器互感，图 3-34 为变压器耦合系数，在 8GHz 时耦合系数为 0.738。图 3-35 为变压器的插入损耗曲线，在 8GHz 时插入损耗为 −3.49dB。变压器的插入损耗是损耗与磁耦合共同作用的结果，在低频时由于线圈之间的磁场耦合不紧密，因此耦合系数 $k$

较低，插入损耗也较大，随着频率的增大，磁耦合效率明显提高，插入损耗也显著减小，但频率增大到一定程度后，寄生效应和趋肤效应增大，导致损耗增大，所以插入损耗并非随着耦合系数的减小而单调增加。

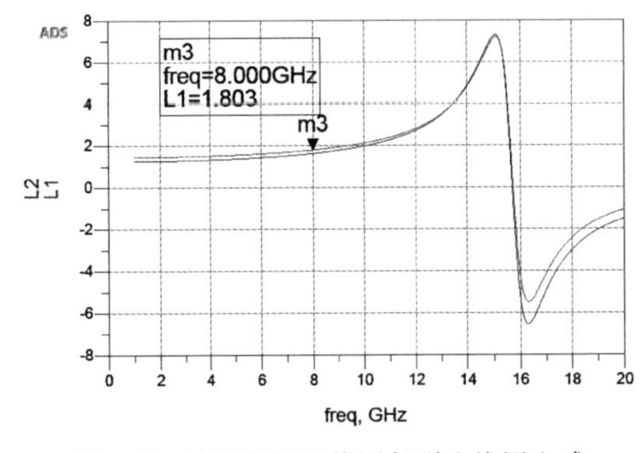


图 3-31 变压器原边线圈与副边线圈电感

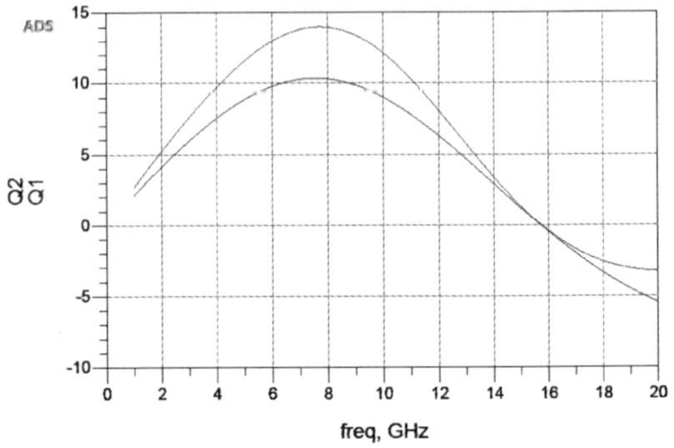

图 3-32 变压器原边线圈与副边线圈品质因数

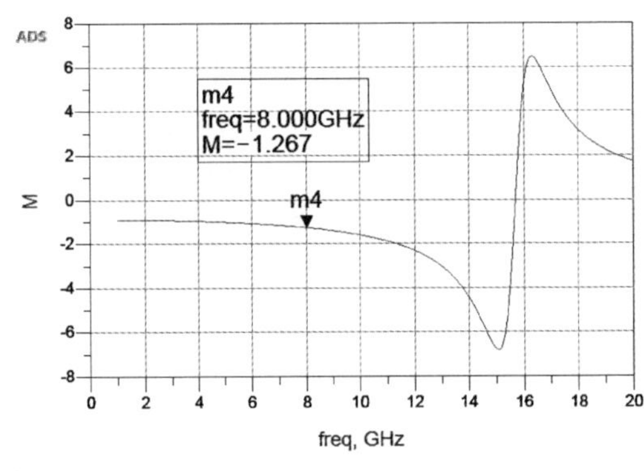


图 3-33 变压器互感

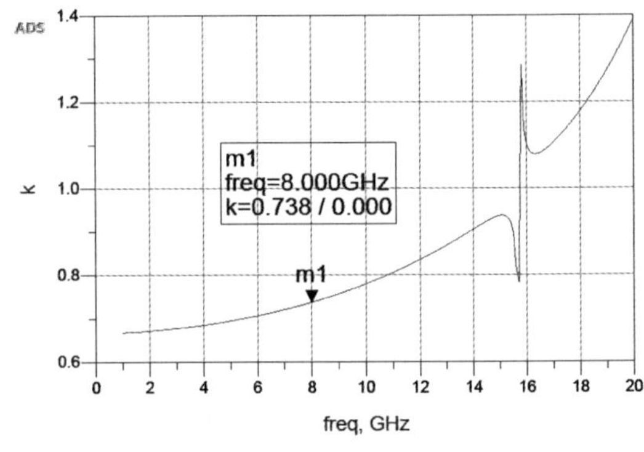


图 3-34 变压器耦合系数

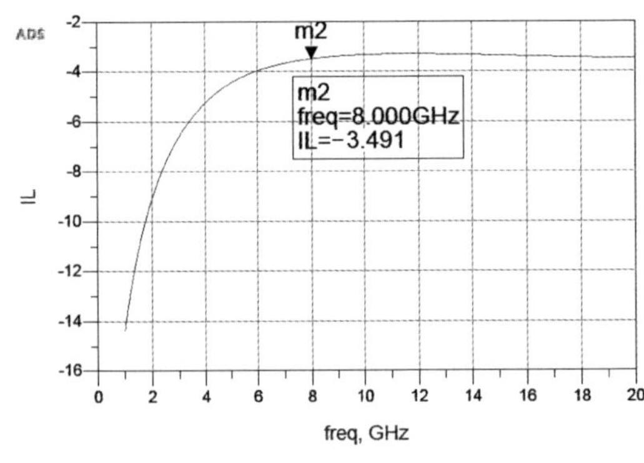


图 3-35 变压器插入损耗

通常在低 GHz 频段射频集成电路应用中，变压器的设计遵循如下规律：

平面螺旋变压器的磁耦合强度与匝数和直径成正比，与线宽和线间距成反比，线圈自感的变化趋势与 $k$ 类似。通带内的最小插入损耗由耦合强度和损耗共同决定。在版图设计上，线间距应该取尽可能小的值。直径越大插入损耗越小，配合相应的最优线宽可以实现最小的插入损耗。频率特性主要受到直径的影响。直径越大，自谐振频率越低。在相同外径下自谐振频率随着线宽增大而提高，较大的外径最优线宽也较大，在一定程度上对频率起到了补偿作用。在相同内径下，自谐振频率随着线宽增大而降低。线间距对频率特性的影响可以忽略。峰值频率和自谐振频率的下降趋势基本是一致的。在目前的标准 CMOS 工艺下，在低 GHz 频段能够实现的片上螺旋变压器的插入损耗在 2.3dB 左右，这个性能可以满足一般的射频工作要求。使用多层金属并联方法可以进一步减小插入损耗，并联层次越多，插入损耗越小，代价是线圈自感和自谐振频率也更低。而使用接近圆形的多边形版图可以获得更大的带宽。如果需要用作差分电感时，则根据上面的设计规律和仿真结果选择耦合系数尽可能大和线圈自感适当的设计即可。

## 3.5 片上巴伦设计

巴伦是在差分信号和单端信号之间实现平衡到不平衡转换的重要器件，其英文名称为Balun，来源于英语 balanced-to-unbalanced。它在射频集成电路中具有广泛的应用，例如双平衡混频器、推拉式放大器、倍频器、功率放大器等。目前已经有很多种集总元件或者分布元件的无源巴伦电路被实现。Marchand 巴伦就是最常用的传输线巴伦结构。在此基础上还衍生出耦合微带线、Lange 耦合器、螺旋微带线、多层耦合结构等其他的实现方法。它们的优点是带宽较大，设计方法成熟；缺点是它们需要的版图尺寸通常在信号波长的数量级，所以在低于 15GHz 的频率范围需要消耗极大的芯片面积。而变压器结构的巴伦具有较宽的工作带宽和较小的芯片面积，因而相对于另外两种结构来说更为常用。

### 3.5.1 片上巴伦技术指标

与变压器相比，巴伦的原边为单端输入信号，副边为双端输出差分信号，当它采用抽头变压器结构时，可以将其看作特殊的三端口变压器。因此巴伦具有与变压器类似的高耦合、低损耗的设计目标，除此以外，对称性的要求在巴伦设计中非常重要，它的两路输出必须具有相等的幅度和 180°的相位差。因此幅度不平衡度($\zeta$)和相位不平衡度($\theta$)是巴伦的重要性能指标，它们可以通过 $S$ 参数计算得到：

$$\zeta = -20\lg\left|\frac{S_{21}}{S_{31}}\right| \tag{3-14}$$

$$\theta = 180 - \left|\arctan\left(\frac{\mathrm{Im}(S_{21})}{\mathrm{Re}(S_{21})}\right) - \arctan\left(\frac{\mathrm{Im}(S_{31})}{\mathrm{Re}(S_{31})}\right)\right| \tag{3-15}$$

当信号通过巴伦元件时，首先巴伦自身会消耗或者存储一部分能量，其次在不平衡端口处的相位不平衡同样会导致能量的损耗，因此，片上巴伦的插入损耗的定义必须考虑传输损耗和相位不平衡损耗两方面的影响。

$$\mathrm{IL} = -10\lg(|S_{21}|^2 + |S_{31}|^2) - 10\lg\left(\frac{|S_{21}|^2 + |S_{31}|^2 + 2|S_{21}||S_{31}|\cos\theta}{|S_{21}|^2 + |S_{31}|^2 + 2|S_{21}||S_{31}|}\right) \tag{3-16}$$

当相位不平衡很小时可以忽略上式中的第二项，得

$$\mathrm{IL} = -10\lg(|S_{21}|^2 + |S_{31}|^2) \tag{3-17}$$

### 3.5.2 片上巴伦类型

在射频集成电路中使用最多的两种片上巴伦类型为变压器巴伦和 Marchand 巴伦。

(1) 变压器巴伦

将变压器原边的一端接地,副边引出中心抽头作为输出参考地,即构成变压器巴伦结构。其原理与版图如图 3-36 所示。

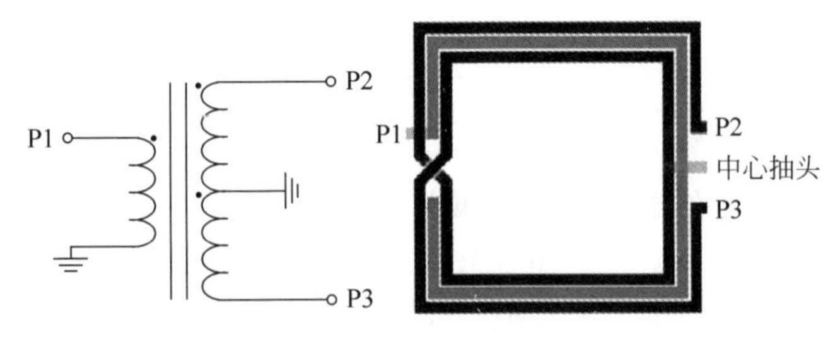


图 3-36　变压器巴伦原理图与版图结构

使用中心抽头螺旋变压器结构的巴伦的几何参数同样包括线宽、线间距、线圈直径以及匝比和匝数等。当线间距减小时,磁场和电场的耦合都会增大。从减小损耗的角度考虑,在一般射频工作条件下应当尽可能使用最小线间距。而根据变压器耦合系数 $k$ 的定义,自感的增大会导致 $k$ 减小。所以巴伦的设计一般采用 $N:(N+1)$ 的匝比和初、次级线圈相间的互绕方式,从而使初、次级线圈之间的互耦尽可能大,每级线圈的自耦较小。由于差分对称结构都需要交叉跨接部分,匝数越少越能够保证对称性。

(2) Marchand 巴伦

Marchand 巴伦的优点在于带宽较大,设计方法成熟;缺点是所需版图尺寸通常与信号波长可相比拟,所以在低于 15GHz 的频率范围内这些结构需要占用较大的芯片面积。因而,早期 Marchand 巴伦在分立元件微波电路和 CaAs 单片微波集成电路中应用较多。然而,随着硅基射频集成电路的工作频率越来越高,在硅基射频集成电路中以传输线结构实现巴伦也逐渐成为可能。基本 Marchand 巴伦的原理图如图 3-37 所示。基本 Marchand 结构由 4 段 $\lambda/4$ 传输线组成。当 Marchand 结构作为巴伦使用时,端口 1 为单端端口,而端口 2 与端口 3 为差分端口。与 $B$、$B'$连接的传输线右端开路。由于 $\lambda/4$ 传输线阻抗变化作用,使 $B$、$B'$的输入阻抗为零,即 $B$、$B'$之间相当于短路。因此,差分端口 3 与图中 $A$ 点之间相当于短路连接。从形式上看,Marchand 结构显得有些冗余。但实际上,这正是 Marchand 结构性能优于一般传输线结构的关键。首先,与 $B$、$B'$连接的传输线提供了第二谐振点,拓展了巴伦的带宽;其次,在芯片上集成实现时,与 $A'$、$B'$连接的传输线与作为“地”的金属层之间分别形成双线传输线,且它们与“地”之间的阻抗为偶模阻抗。这两个双线传输线一端分别与差分端口相连,另一端分别接地,因此这两个双线传输线分别形成了 $\lambda/4$ 短路传输线。由于 $\lambda/4$ 传输线的阻抗变换作用,差分端口的偶模输入阻抗为高阻,相应偶模电流分量很小。

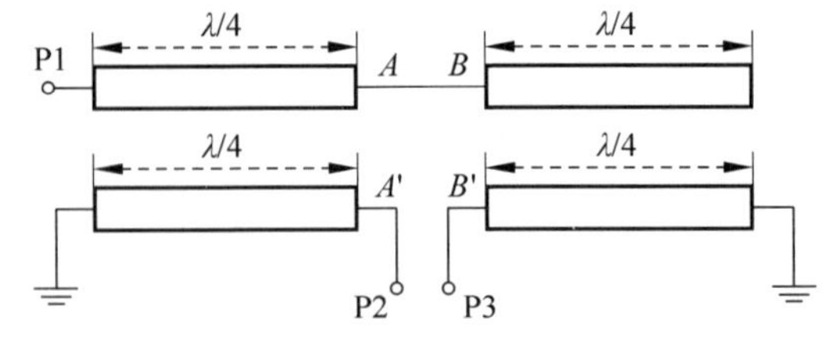


图 3-37　基本 Marchand 巴伦原理图

在 Marchand 巴伦中，由于所需传输线的总长度达到 $\lambda/2$，因此如果直接按照基本结构进行版图设计，可能使得巴伦的最终版图形成一种狭长形结构，而这种结构在版图设计中应当尽量避免。此外，在基本 Marchand 结构中，与差分端口相连的两条传输线接“地”点分别在端口两边，没有中心抽头点。而在电路设计中，常常需要通过中心抽头点向电路中的有源器件提供直流偏置。为此提出了各种改进结构的 Marchand 巴伦。在这些改进结构中，图 3-38 所示的叠层耦合线结构 Marchand 巴伦最适合以具有多层加厚金属的硅基工艺实现。

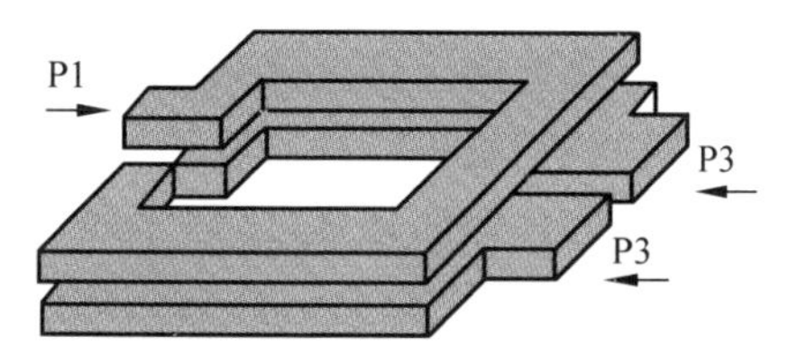


图 3-38　叠层耦合线结构 Marchand 巴伦示意图

### 3.5.3　巴伦设计案例分析

设计指标如下。

频率范围：8～12GHz；

插入损耗：小于 2dB；

幅值不平衡度：小于 1dB；

相位不平衡度：小于 5°。

#### 1. 版图设计

本案例中变压器巴伦仍采用中心对称互绕式结构，其中一次侧和二次侧线圈匝数为 3，线宽为 10μm，线间距为 2μm，变压器外径为 280μm。在线圈的交叉跨接部分使用更低的 M8 和 M7 金属层进行过渡，在二次侧线圈中心点处通过孔连接到 M7 金属层引出中心抽头，设置端口 P5；P1 和 P2 为一次侧线圈端口，属性为 M9 金属层；P3 和 P4 为二次侧线圈端口，属性为 M7 金属层。变压器巴伦的版图结构如图 3-39 所示。

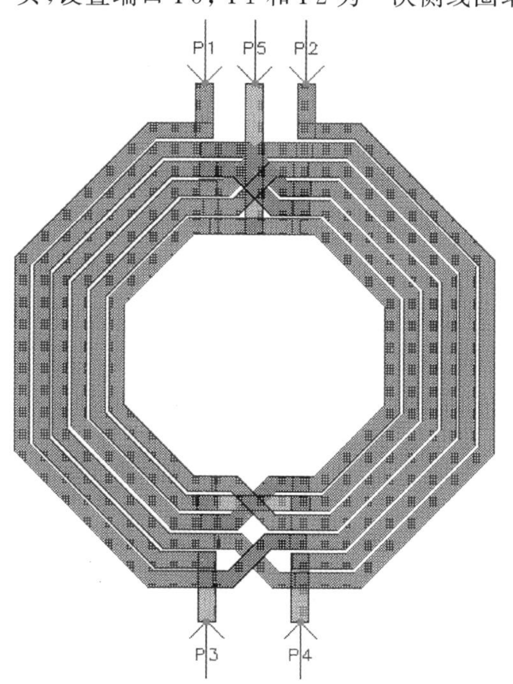


图 3-39　变压器巴伦版图

#### 2. 版图仿真设置

在版图中单击菜单 EM—Simulation Setup（或工具栏中图标 EM），在仿真设置主界面中设置 Setup Type 为 EM Simulation/Model，EM Simulator 为 Momentum Microwave，然后在左栏 Substrate 设置中，选择衬底文件 gpdk090。在左栏 Ports 设置中，可以看到出现 5 个端口 1、2、3、4 和 5，默认端口 1 中正极性端为 P1，负极性端为 Gnd，端口 2 中正极性端为 P2，负极性端为 Gnd，其余端口类似，端口默认的参考点均为地平面。在左栏 Frequency plan 设置中，选择频率扫描类型 type 为 Adaptive，起始频率 Fstart 为 0GHz，终止频率 Fstop 为 20GHz，仿真点数 Npts 为 50，Enabled 项前面打钩。其余设置默认。仿真设置完成后，单击菜单 EM—

Simulate 或工具栏中图标，运行 EM 仿真。

**3. 原理图协同仿真**

因为版图中并未将一次侧终端接地，所以版图仿真后得到的 5 端口 *S* 参数并不能用于直接得到三端口巴伦的性能参数，需要在原理图中使用 S5P 组件将端口进行正确连接后才能获得巴伦的性能参数。在原来的工程单元中新建原理图，在左栏 Data Items 面板中调入 S5P 组件，设置属性 File 为版图仿真数据文件，Filetype 为 Dataset。将 S5P 的端口 2 接地，中心抽头端口 5 接地。在原理图中插入 *S* 参数仿真器，设置起始频率 Start 为 1GHz，终止频率 Stop 为 20GHz，步进频率 Step 为 0.1GHz。原理图如图 3-40 所示。仿真结果见图 3-41 和图 3-42。

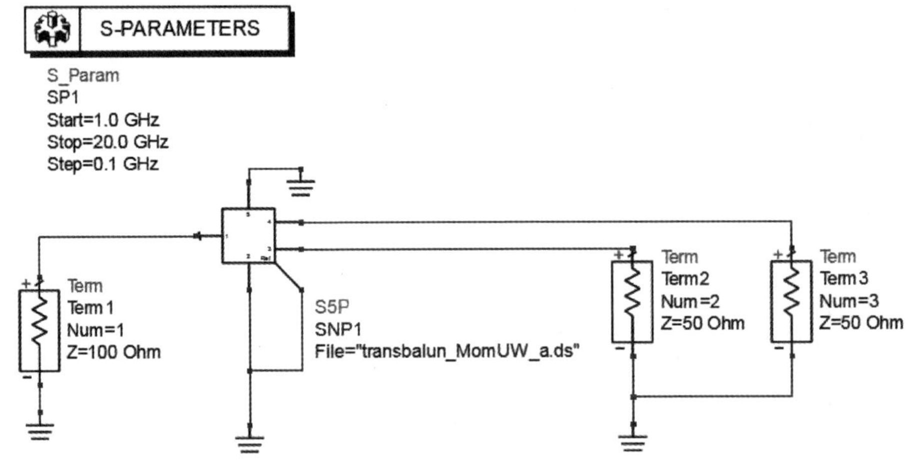


图 3-40　巴伦仿真原理图

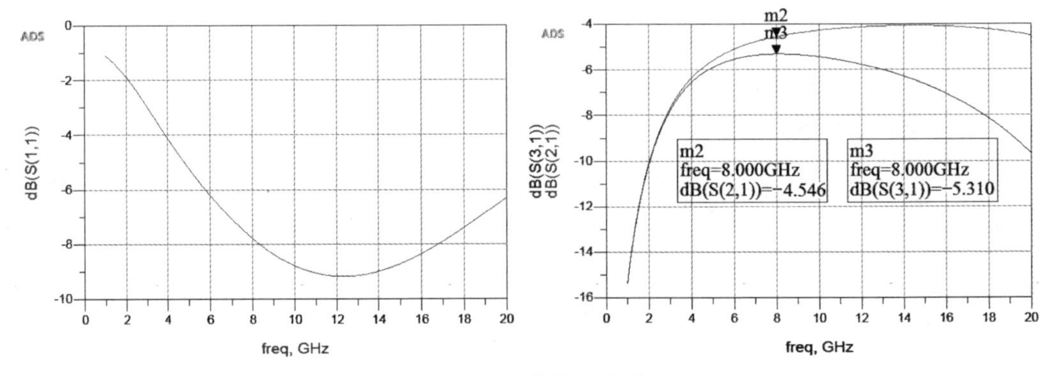


图 3-41　巴伦的 *S* 参数

通过图 3-41 和图 3-42 的仿真结果可以看出，所设计的巴伦基本能够达到指标要求，两个输出端口的幅度之差在 8GHz 时为 0.76dB，插入损耗在 8～12GHz 内小于 2dB，相位差在 8GHz 时为 179.9°，相位不平衡度小于 1°。

在实际的变压器巴伦设计中需要注意接地方式的影响，变压器巴伦的一个重要优点就在于能够通过其差分次级中心抽头为电路中的有源器件提供直流偏置。因此，变压器巴伦的差分次级中心抽头点实际上是交流信号接“地”点。变压器巴伦差分次级中心抽头和单端初级的交流信号接“地”点之间应当是交流等电位，实际都等于零电位。然而，需要注意的

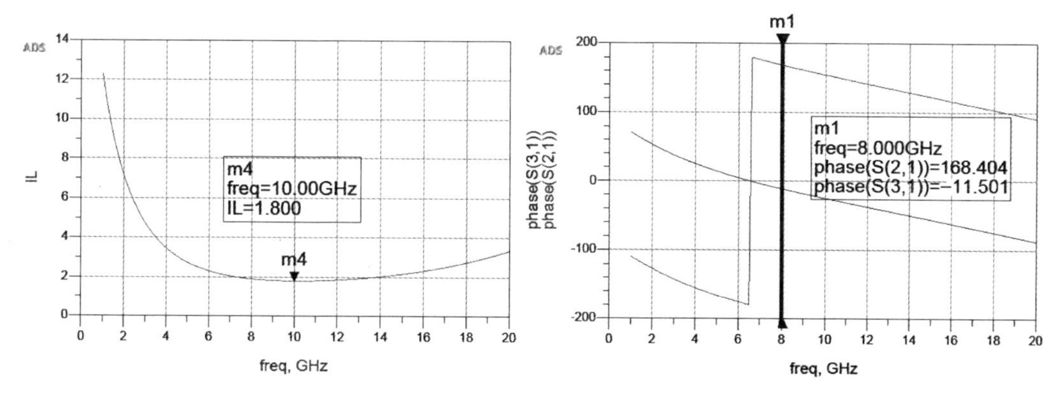


图 3-42 插入损耗与相位

是,在芯片上中心抽头接“地”点与单端接“地”点之间虽然等电位,但这二者之间不能在芯片上直接短路连接。用电路分析的术语表述,也就是说中心抽头与单端接“地”点之间不能共“地”。二者之间共“地”将会导致片上集成变压器巴伦性能出现恶化。出现上述现象的原因在于,共“地”与不共“地”两种方式中,信号电流的回流路径不同。所谓回流路径是指信号电流从“地”返回至信号源的路径。

# 第4章

# 低噪声放大器设计

低噪声放大器(LNA)是接收机第一级有源电路,一般用作各类无线电接收机的高频或中频前置放大器,以及高灵敏度电子探测设备的放大电路。在放大微弱信号的场合,为后级电路提供较低噪声以及足够抑制后级电路噪声影响的增益。以提高输出的信噪比。为了防止信号阻塞,LNA 本身还应具有一定量的线性度。

## 4.1 低噪声放大器设计理论

### 4.1.1 主要技术指标

LNA 是一类特殊的电子放大器,主要用于将通信系统中接收自天线的信号放大,以便于后级的电子设备处理。

LNA 的主要性能指标有:噪声系数、输入/输出匹配、增益、输入三阶交调点等。一般来说,LNA 设计中最为关键的指标是噪声系数,其次是增益、功耗和线性度。这些指标都是相互关联甚至相互矛盾的,它们不仅取决于电路的结构,还取决于集成电路的工艺技术,在实际设计过程中要进行折中考虑,才能实现设计要求。

**1. 噪声系数**

噪声系数(NF)的物理含义是:信号通过放大器之后,由于放大器产生噪声,使信噪比变坏,信噪比下降的倍数就是噪声系数。

放大器的噪声系数 NF 定义如下:

$$\mathrm{NF}=\frac{S_{\mathrm{in}}/N_{\mathrm{in}}}{S_{\mathrm{out}}/N_{\mathrm{out}}}$$

式中,$S_{\mathrm{in}}$、$N_{\mathrm{in}}$ 分别为输入端的信号功率和噪声功率;$S_{\mathrm{out}}$、$N_{\mathrm{out}}$ 分别为输出端的信号功率和噪声功率。

通常,噪声系数用分贝表示,此时

$$\mathrm{NF(dB)}=10\lg(\mathrm{NF})$$

LNA 的噪声系数自然是越低越好,一般应小于 6dB。对共栅型 CMOS LNA 来说,理论上最小的噪声系数为 2.2dB。

**2. 功率增益**

增益是 LNA 的另一个重要的指标参数，放大器的功率增益有很多种，如资用功率增益、工作功率增益、转换功率增益等。功率增益的定义为输出功率和输入功率的比值，一般用 dB 值来表示。

$$G_{\mathrm{dB}}=10\lg(P_{\mathrm{o}}/P_{\mathrm{i}})$$

对于低噪放，增益要适中，过大的增益会使接收系统下一级模块的输入过大而产生失真，而为了抑制后面各级的噪声对系统的影响，其增益又不能太小。在实际的设计中，一般取值在 15～20dB 较为合适。

在微波设计中，增益($G$)通常被定义为传输给负载 $Z_{\mathrm{L}}$ 的平均功率($P_{\mathrm{L}}$)与信号源的最大资用功率($P_{\mathrm{Z}}$)之比：

$$G=\frac{P_{\mathrm{L}}}{P_{\mathrm{Z}}}$$

增益通常是在阻性信号源和阻性负载端接地的情况下定义的，这就表明了信号源的资用功率都提供给了负载。放大器的资用功率经输出口适当匹配提供给终端，且增益的值通常是在固定的频点上测到的，又由于大多数放大器的增益-频率曲线的不平坦性，因此还必须说明增益的平坦度。

LNA 都是按照噪声最佳匹配进行设计的，噪声最佳匹配点并非最大增益点，因此增益 $G$ 要下降。噪声最佳匹配情况下的增益称为相关增益。通常，相关增益比最大增益大概低 2～4dB。

**3. 稳定性指标**

对于 LNA，首先要保证它能稳定工作，不产生自激振荡，其次才是达到指标，所以稳定性对射频电路来说非常重要。从反射系数的角度考虑，只有当反射系数的模小于 1 时，系统才是稳定的。

$$|\Gamma_{\mathrm{L}}|<1$$

$$|\Gamma_{\mathrm{S}}|<1$$

$$|\Gamma_{\mathrm{in}}|=\left|S_{11}+\frac{S_{21}S_{12}\Gamma_{\mathrm{L}}}{1-S_{22}\Gamma_{\mathrm{L}}}\right|<1$$

$$|\Gamma_{\mathrm{out}}|=\left|S_{22}+\frac{S_{21}S_{12}\Gamma_{\mathrm{L}}}{1-S_{11}\Gamma_{\mathrm{L}}}\right|<1$$

令 $\Delta=S_{11}S_{22}-S_{21}S_{12}$。

由上式，可得绝对稳定的充要条件为

$$k=\frac{1-|S_{11}|^2-|S_{22}|^2+|\Delta|^2}{2|S_{21}||S_{12}|}>1 \quad 且\ |\Delta|<1$$

式中，$k$ 为稳定性因子。

实际设计时，为了保证 LNA 稳定工作，还要注意使 LNA 避开潜在不稳定区。

对于潜在不稳定的 LNA，至少有 2 种可选择的途径。

引入电阻匹配元器件，使 $K\geqslant1$ 和 $G_{\mathrm{MAX}}\approx G_{\mathrm{ns}}$。

引入反馈，使 $K\geqslant1$ 和 $G_{\mathrm{MAX}}\approx G_{\mathrm{ns}}$。

**4. 功耗**

功耗是指 LNA 在工作中消耗的功率，它与供电电压和供电电流的大小紧密相关。在现代无线通信中，对低功耗的要求越来越强烈，因此不管是在整体的系统级设计还是具体的模块及电路设计中我们都应使功耗尽量最小。一般要求 LNA 的功耗控制在 20mW 以下，供电电压控制在 3V 以下。

**5. 输入输出驻波比**

LNA 的输入输出驻波比表征了其输入输出回路的匹配情况。我们在设计 LNA 的匹配电路时，为获得最小噪声，输入匹配网络一般设计为接近最佳噪声匹配网络而不是最佳功率匹配网络，而输出匹配网络一般是为获得最大功率和最低驻波比而设计的，所以 LNA 的输入端总是存在某种失配，这种失配在某些情况下会使系统不稳定。一般情况下，为了减小 LNA 输入端失配所引起的端口反射对系统的影响，可用插入损耗很小的隔离器等其他措施来解决。

## 4.1.2 设计方法

下面给出 LNA 的一般设计方法供读者参考。

**1. 拓扑结构的选取**

国内外研究的 LNA 拓扑结构主要有 4 种，分别是具有并联输入电阻的共源放大器、并联-串联放大器、共栅放大器、电感负反馈的共源放大器。

MOS 管共源放大器具有电压增益大和输入电阻输入电容较高的特点，在共源放大器的输入端并联一个接地的 50Ω 电阻即可以简单地实现射频系统的阻抗匹配，电路结构如图 4-1 所示。

结论：尽管具有并联输入电阻的共源放大器结构比较简单，在一些要求不高的低频设计场合中可以被使用，但并不能称得上是一种性能和噪声较理想的 LNA 拓扑结构。

并联-串联放大器是能提供宽带实时输入阻抗的一个电路。它可以提供一定的输入输出阻抗，调节合适的输入输出阻抗值即可实现设计 LNA 阻抗匹配的目的。由于没有含噪声的衰减器使信号减小，所以可以预见它的噪声系数比图 4-1 的电路明显要好。并联-串联放大器结构如图 4-2 所示。

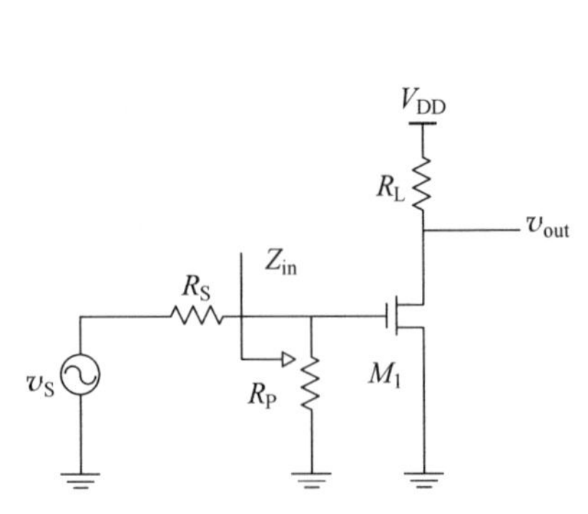


图 4-1 输入端并联电阻共源放大器结构

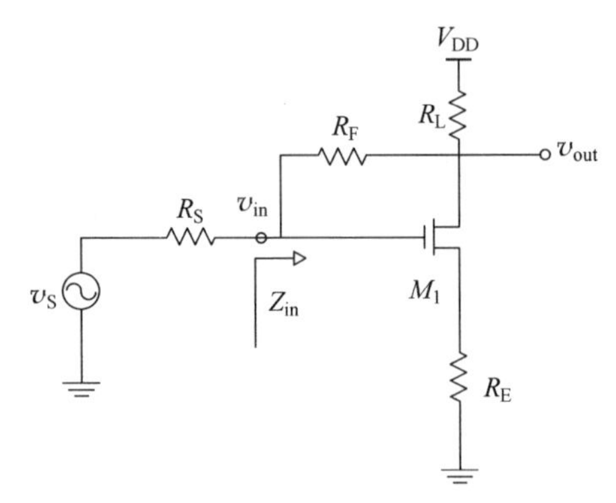


图 4-2 并联-串联放大器结构

结论：并联-串联放大器无须使用集成较为困难的电容和电感，仅使用可以方便集成的电阻就可以实现，工作频带较宽，提高了线性度范围，尽管其噪声性能略差，但是在一些对噪声性能要求不很高并且要求宽带应用（如超宽带（UWB））场合，具有很重要的实用价值。

实现电阻性输入阻抗的另一种方法是采用共栅结构。共栅放大器具有电压增益大、输入电阻输入电容小和输出电阻大的特点。由于从信号源输入端看放大器的输入阻抗为 $1/g_m$，只要在设计时选择合适的偏置电流和器件尺寸即可提供所希望的 50Ω 的电阻。共栅放大器结构如图 4-3 所示。

结论：共栅放大器用作 LNA 具有结构简单的优点，可以应用于一些性能要求不是很高的场合。

实际射频设计中应用较为广泛的 LNA 结构是电感源极负反馈放大器，它是一种具有选频功能的窄带放大器，结构如图 4-4 所示。

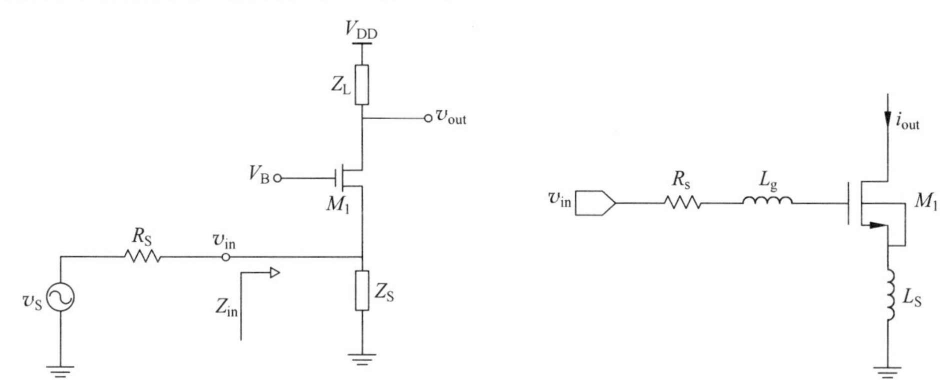


图 4-3　共栅放大器结构　　　　图 4-4　电感源极负反馈放大器结构

结论：该电路结构的一个重要优点是可以通过选择合适的源极电感来控制输入阻抗实数部分的值从而实现很好的阻抗匹配，因此具有优越的噪声性能和较低的功耗。

**2. 晶体管的选取**

作为 LNA 设计的前期工作，晶体管的选取至关重要，它直接关系到设计的成败与效率，合理选取 LNA 需要的晶体管是一项复杂的工作，它需要设计者拥有一定的设计经验，并且对于各个晶体管厂家生产的晶体管型号比较熟悉，另外还需要设计人员对于晶体管的各项指标比较熟悉，这样才能够准确地选取设计需要的晶体管，达到快速完成设计的目的。只有器件选择合适，整个设计过程才能顺利进行，放大电路的设计指标才能够达到，倘若器件选择不合适就可能会遇到由于器件本身的限制而引起的各种问题，例如，设计指标难以达到，设计指标中各个重要指标难以权衡达到要求，最后可能因有些器件可靠性不太好导致设计的电路可靠性不好，此时只有不得不放弃原来选择的器件，再去选择其他型号的器件，由于选型不力不但会增加研制的成本，而且还会延长设计的周期。下面的内容给出了小信号晶体管的选取主要遵循的原则，根据下面的原则选取合适的晶体管，可以使设计达到事半功倍的效果。

（1）常见的晶体管主流生产厂家主要是国外的安华高公司、Hittite 公司、英飞凌公司，对于模块设计，根据设计指标的要求选择合适的晶体管。

（2）晶体管的数据手册比较详细地介绍了晶体管的各种性能，例如工作频段、最大可用增益、噪声、工作时推荐的偏置电压与电流，仔细研究晶体管的封装信息、各种偏置条件下的性能参数、应用实例等。

(3) 在满足指标的大前提下，选择性价比高的器件进行设计。

根据前面分析的 LNA 的设计指标，增益最小 22dB、最大噪声系数 2dB，一般情况下单级设计的时候很难满足设计要求，单级晶体管可以从管子资料中查询到，小信号可用增益难以达到 20dB，并且晶体管一般情况下需要稳定措施，这时又会损失一定的增益，因此本次设计需要采用两级晶体管级联的结构来达到增益的指标要求。

## 4.2 ADS 设计 LNA 实例

为简化设计过程，使读者能尽快掌握一般 LNA 的设计方法，本案例以 2.4GHz LNA 的设计为例讲解使用 ADS 和 Cadence 的仿真方法。

设计指标如下。

(1) 电源电压=1.2V；

(2) $R_{in}=R_{out}=50\Omega$；

(3) 工作频率：2.4GHz；

(4) 输入匹配 $S_{11}$：$S_{11}<-10$dB；

(5) 输出匹配 $S_{22}$：$S_{22}<-10$dB

(6) 噪声系数 NF：最小值<2dB；

(7) 电压增益：最大值>20dB；

(8) 在满足指标要求基础上，功耗尽可能低。

### 4.2.1 直流分析

(1) 在 ADS 中新建原理图，并插入“FET_curve_tracer”，这是一个专门用于对 MOSFET 进行直流工作点扫描的模板，会有系统预先设好的组件和控件。对 MOSFET 进行工作点扫描的过程就是一个直流仿真的过程，因此模板中的仿真控制器为直流仿真控制器，而扫描的变量是 MOSFET 的栅极电压 VGS 和漏极电流 VDS，如图 4-5 所示。

(2) 本次设计采用的是 gpdk090 工艺，在元件库列表调用“Data Items”器件包，在“Data Items”面板中调用网表控件，如图 4-6 所示。进入网表控件，导入工艺器件文件保存的路径。导入完成后，就可以调用所需的器件，如电容、电阻、MOS 管，具体见图 4-7。

(3) 插入 MOSFET_NMOS 管，并与原来原理图窗口中的 FET_curve_tracer 模板原理图连接。修改该器件的参数。调用的模型为 gpdk090_nmos1v，栅长为 100nm，栅宽为 50μm。

(4) DC 控制器的属性修改为：SweepVar="VDS"，Start=0，Stop=5，Step=0.1。

(5) 参数扫描控件的属性修改为：SweepVar="VGS"，SimInstanceName[1]="DC1"，Start=0，Stop=1，Step=0.1。

设置好后的直流工作点扫描电路如图 4-8 所示。

单击工具栏中的图标进行仿真，仿真结束后，系统弹出数据显示窗口，由于使用的

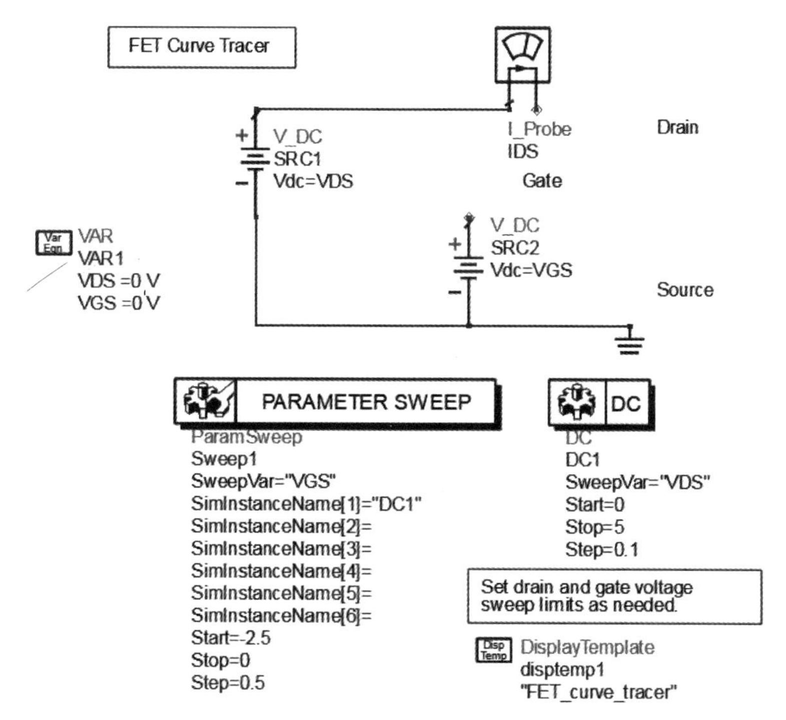


图 4-5　直流分析模板

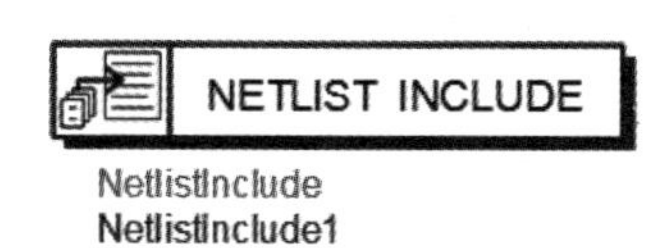


图 4-6　网表控件

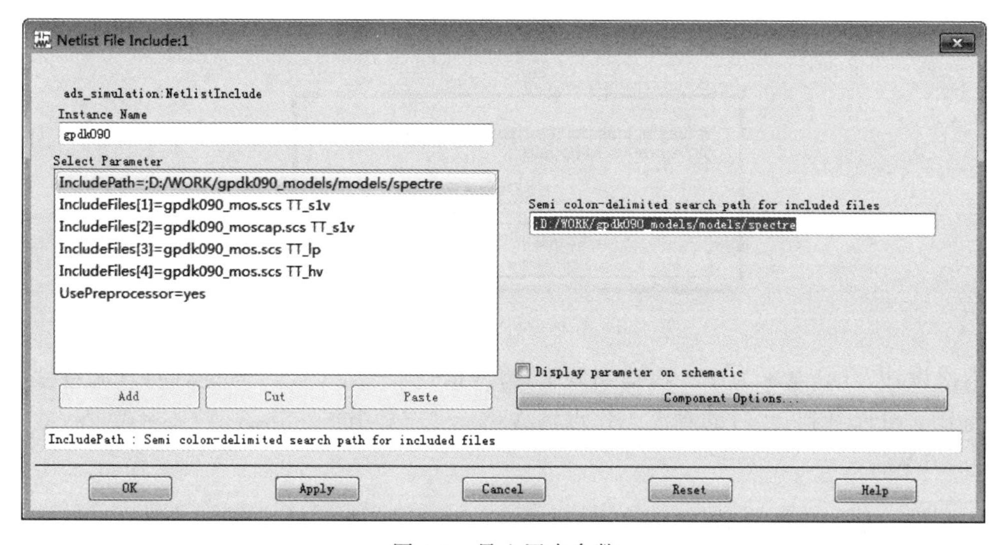


图 4-7　导入网表参数

是仿真模板，需要的仿真结果已经出现在窗口中，图 4-9 中就是 MOS 管的直流工作点扫描曲线以及 MOS 的直流工作点和功耗。

从图 4-9 中可以看出，直流工作点为 VDS=3.0V，IDS=19mA，VGS=0.4V。

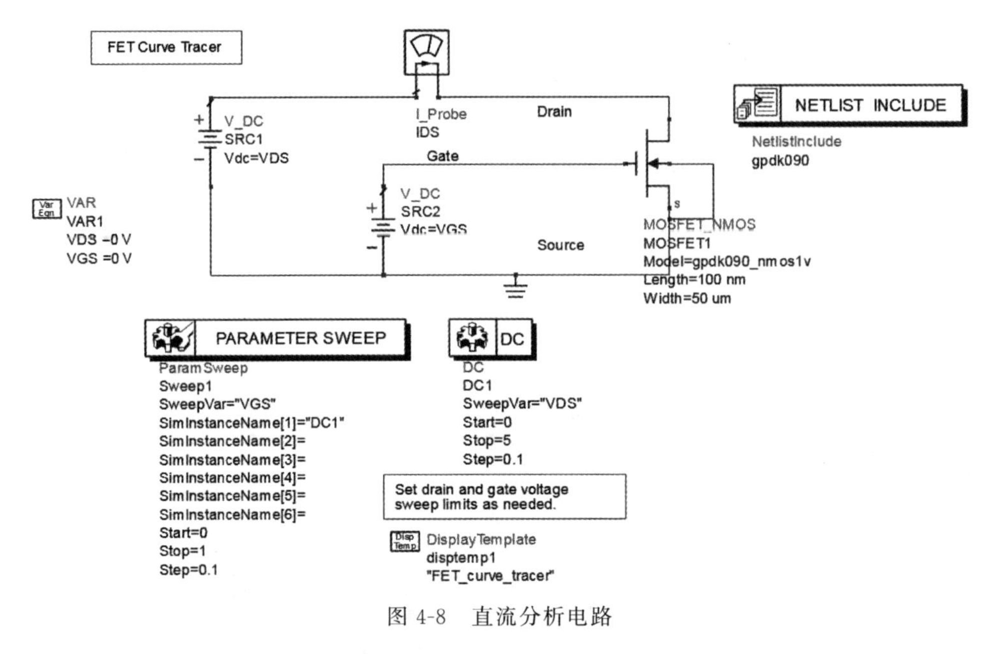


图 4-8　直流分析电路

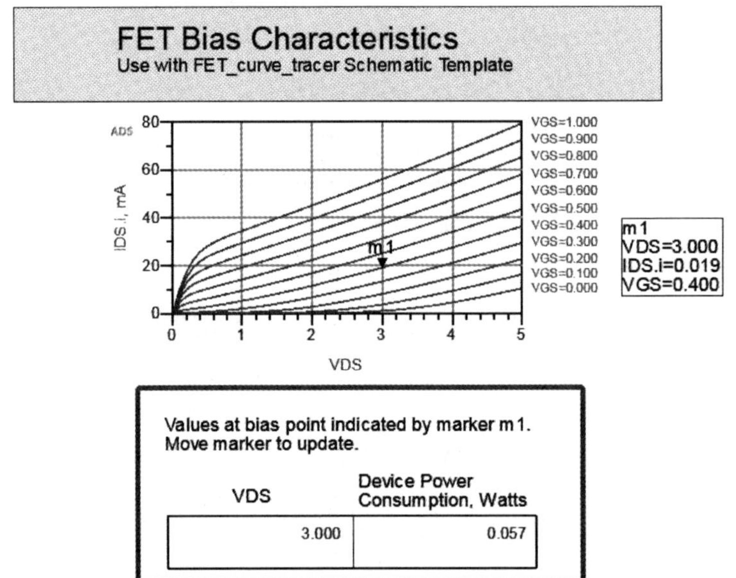


图 4-9　直流特性曲线

本次设计 VDS 电压为 1.2V，适当调整，将 VDS 调整到 1.2V，调整后的直流特性曲线见图 4-10。可以看到，此时的直流工作点为 VDS=1.2V，IDS=6mA，VGS=0.4V，此时的功耗为 8mW。

### 4.2.2　稳定性系数仿真

采用 Cascode 源端负反馈的经典结构，在 ADS 中新建 LNA 电路原理图，如图 4-11 所示。

其中共源 MOS 管 M3 为主放大管，M1 和 M2 为 Cascode 放大管。共栅方式连接的晶

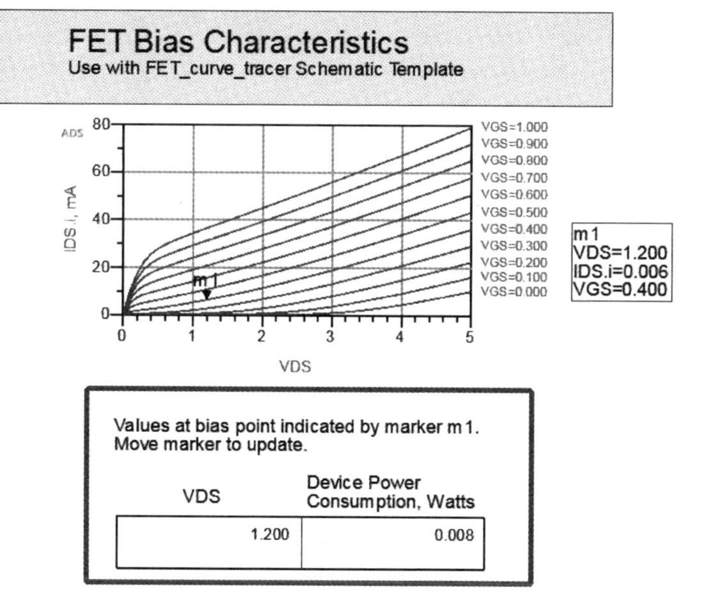


图 4-10　调整后的直流特性曲线

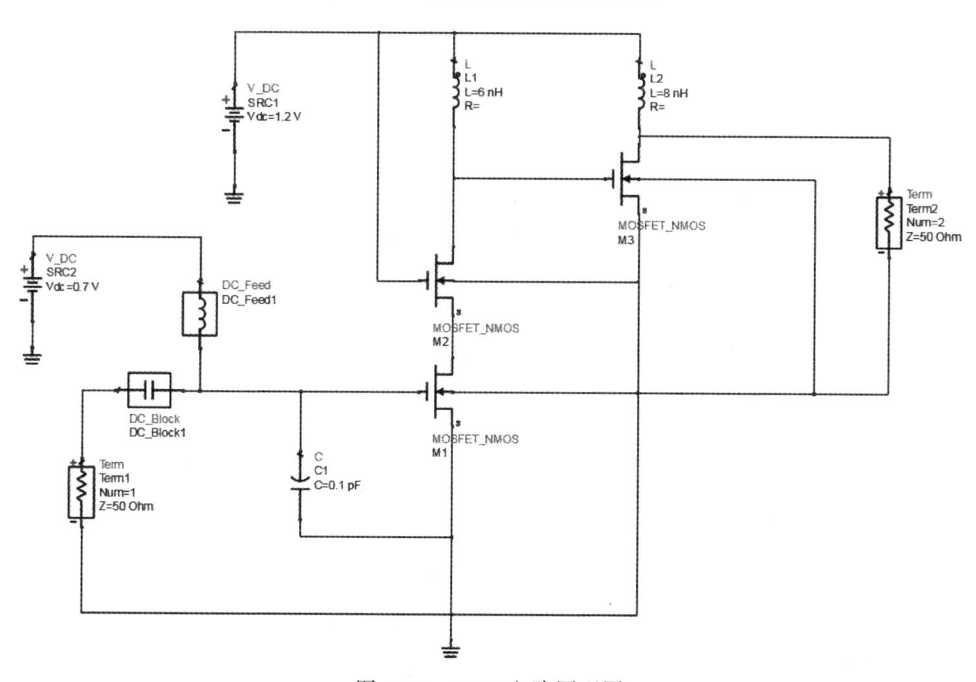


图 4-11　LNA 电路原理图

体管 M2 还能减少调谐输出与调谐输入之间的相互作用，以及减少 M1 的密勒电流所引起的密勒效应。

各元件设置如下：

(1) Netlist Include：来自 Data Items 面板，设置 gpdk090 工艺中 MOS 管子的 spectre 模型文件，见图 4-12。

(2) MOS 管 M1 和 M2(MOSFET_NMOS)：来自 Devices-MOS 面板。属性 model 设

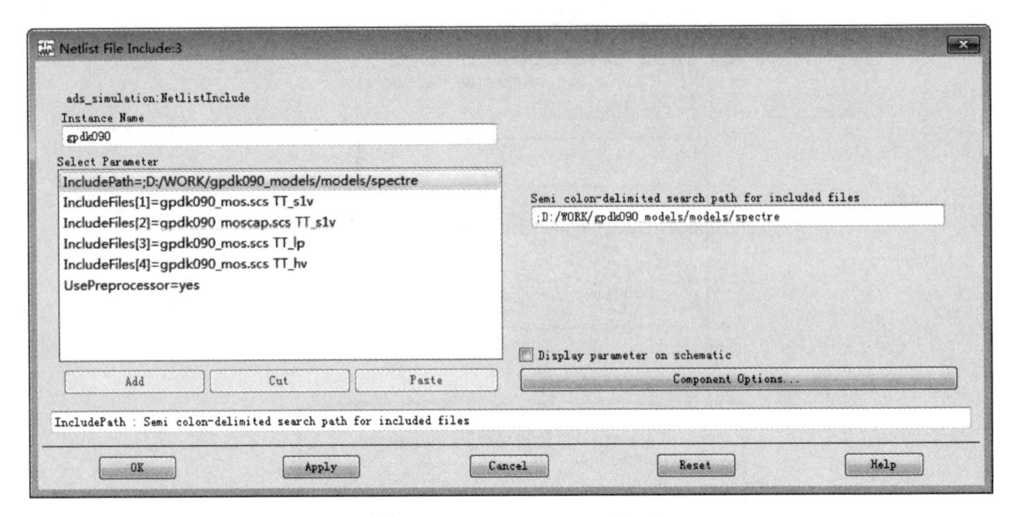


图 4-12 Netlist Include 属性设置

置为 gpdk090_nmos1v，栅长(Length)设置为 100nm，栅宽(Width)设置为 40μm。

(3) MOS 管 M3(MOSFET_NMOS)：来自 Devices-MOS 面板。属性 model 设置为 gpdk090_nmos1v，栅长(Length)设置为 100nm，栅宽(Width)设置为 10μm。

(4) 电感(C)：来自 Lumped-Components 面板，C1 设置为 0.1pF。

(5) 电感(L)：来自 Lumped-Components 面板，L1 设置为 6nH，L2 设置为 8nH。

(6) 直流电源(V_DC)：来自 Sources-Freq Domain 面板，SRC1 的 vdc 设置为 1.2V，SRC2 的 vdc 设置为 0.7V。

(7) 源端口和负载端口(Term)：来自 Simulation-S_Parameter 面板，设置阻抗 $Z$ 为 50Ω。

仿真设置如下：

(1) 稳定性控件(StabFact)，来自 Simulation-S_Param 面板。

(2) $S$ 参数仿真控件(S-PARAMETERS)：来自 Simulation-S_Param 面板，设置 $S$ 仿真参数如图 4-13 所示。

(3) DC 仿真参数控件(DC)：来自 Simulation-DC 面板，设置 DC 仿真参数如图 4-14 所示。

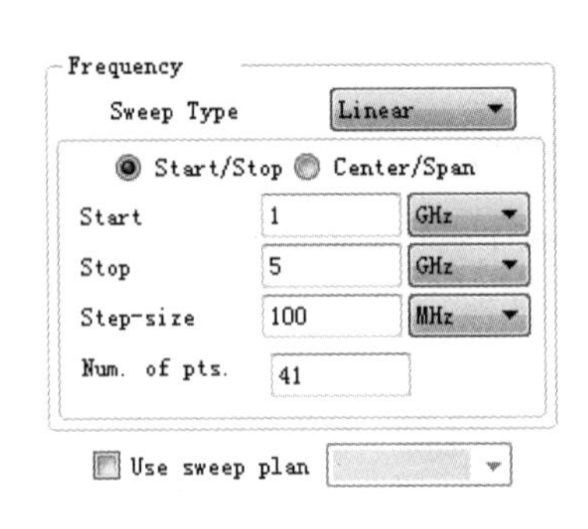


图 4-13 $S$ 参数仿真控件属性设置

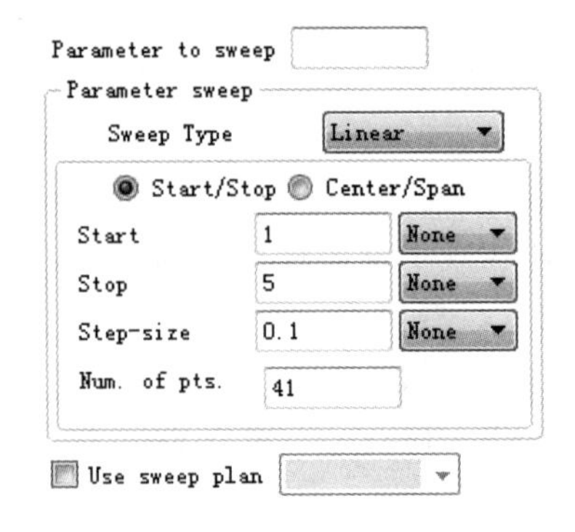


图 4-14 DC 仿真参数设置

(4) 稳定系数测量控件(StabFact),来自 Simulation-S_Param 面板。

(5) 最大增益控件(MaxGain),来自 Simulation-S_Param 面板。

单击图标,仿真结束后,回到原理图界面,在菜单 Simulate 中选择 Annotate DC Solution(图 4-15),此时各个节点的电压和电流将会标注在原理图上(图 4-16)。

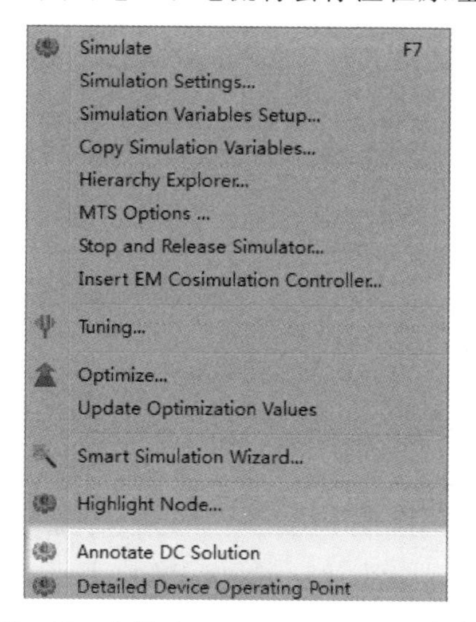


图 4-15 执行 Annotate DC Solution 命令

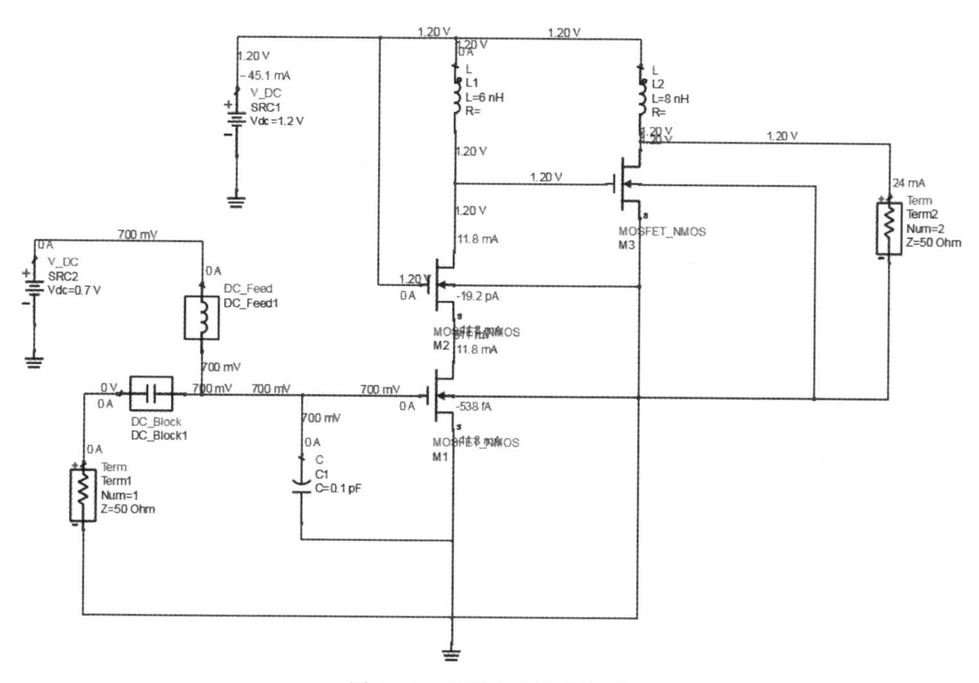


图 4-16 查看电压电流分布

从图中可以看到,M1、M2、M3 三个 NMOS 管均满足 $V_{DS}>V_{GS}-V_{th}$,所以都工作在饱和区。单击菜单 Simulate—Clear DC Annotation 可以清除这些电压和电流。

返回仿真后弹出的仿真窗口,单击数据显示窗口中的矩形图标,选择 StabFact1(图 4-17)。同样再选择 MaxGain1,得到稳定性系数 $K$ 和最大增益曲线如图 4-18 所示。

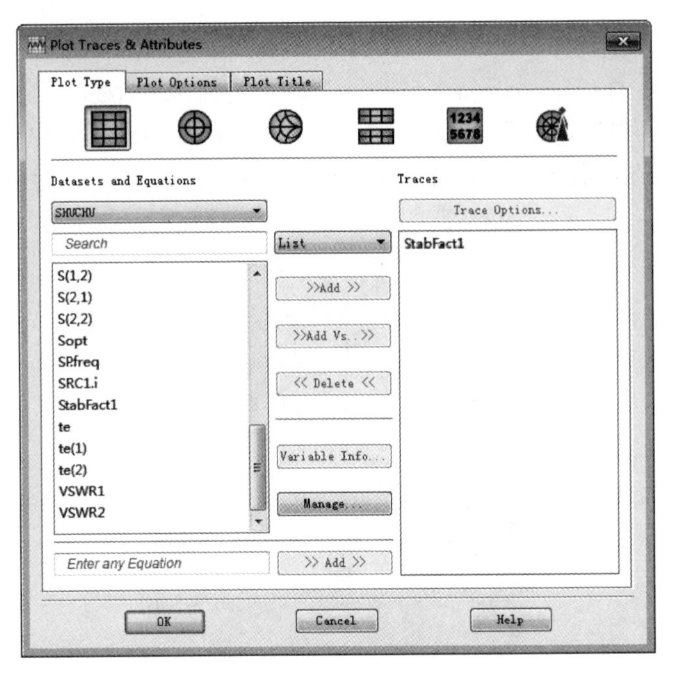


图 4-17 显示稳定性曲线

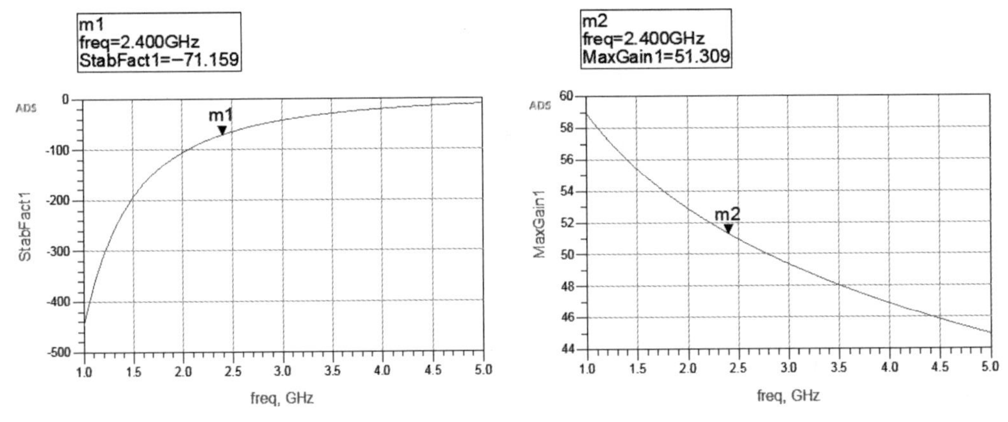


图 4-18 稳定性系数和最大增益曲线

从图中可以看到，在 2.4GHz 时，最大增益为 51.309dB，稳定性系数 $K=-71.159$，小于 1。由晶体管放大器理论可知，只有绝对稳定性系数 $K>1$，放大器电路才会稳定，$K<1$，即系统不稳定。

使系统稳定的最常用的办法就是加负反馈，我们采用在 NMOS 管 M1 的源极加一个小电感作为负反馈，如图 4-19 所示。添加变量控件，为了便于调节参数，把电感的值设成变量 Ls，通过 VAR1 赋值。

单击 (Tune)图标，进入调谐模式，选择需要调谐的电路参数 Ls，如图 4-20 所示。

进入 Tune Parameters 界面，可以对参数的范围和步长进行选择，在参数调谐时可以清楚地看到调整后的结果，如图 4-21 所示。

通过反复调节反馈电感值，使其在工作频率范围内稳定，最终在 Ls = 0.4 nH 时，得到仿真结果如图 4-22 所示。

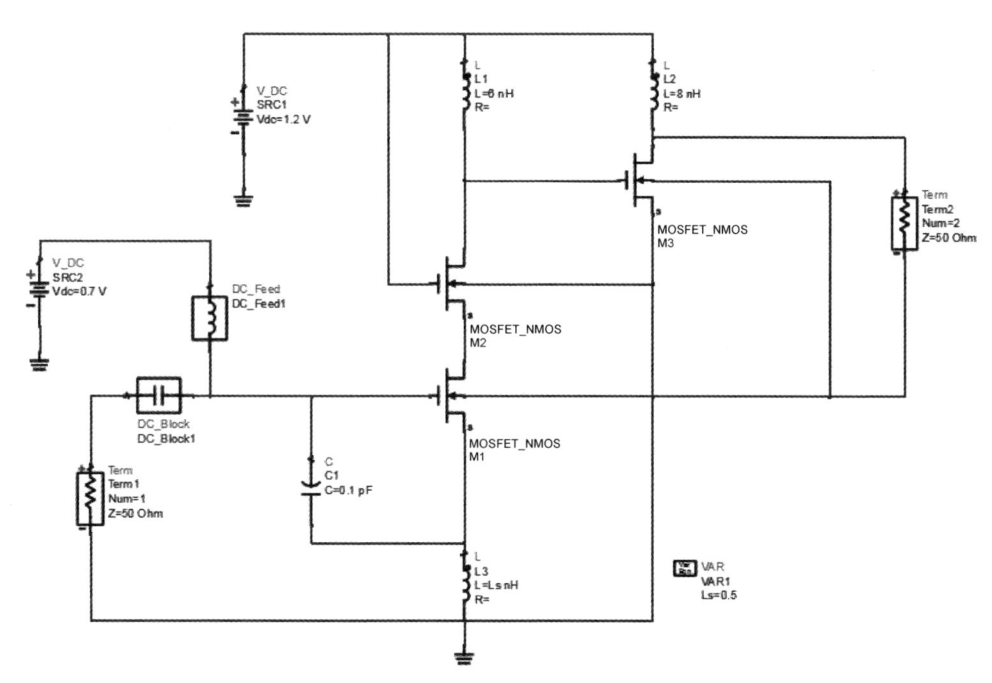


图 4-19　加入串联负反馈

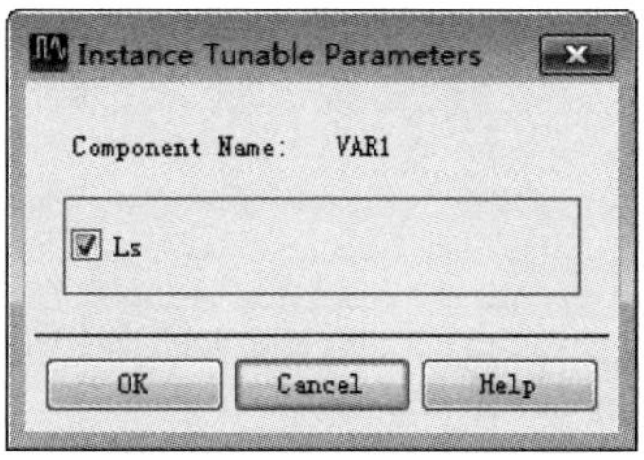

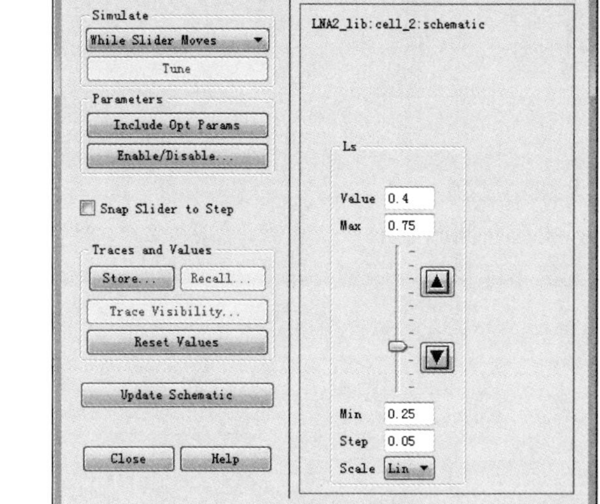


图 4-20　选择 Ls 变量　　　　图 4-21　调节电感

查看输入驻波比与输出驻波比：

(1) 在 Simulation-S_Param 元件板中选择两个驻波比测量控件 VSWR，并插入原理图中，其中一个参数不变，另一个的测量方程改为 VSWR2＝vswr($S_{22}$)；

(2) 单击 Simulate，等待仿真结束；

(3) 仿真结束后，插入一个 VSWR1 和 VSWR2 的矩形图，见图 4-23。

由 VSWR1 和 VSWR2 的测量方程可以知道，它们分别是放大器的输入驻波比和输出驻波比，在频率为 2.4GHz 时，输入驻波比为 59.737，输出驻波比为 10.041。VSWR 越大，

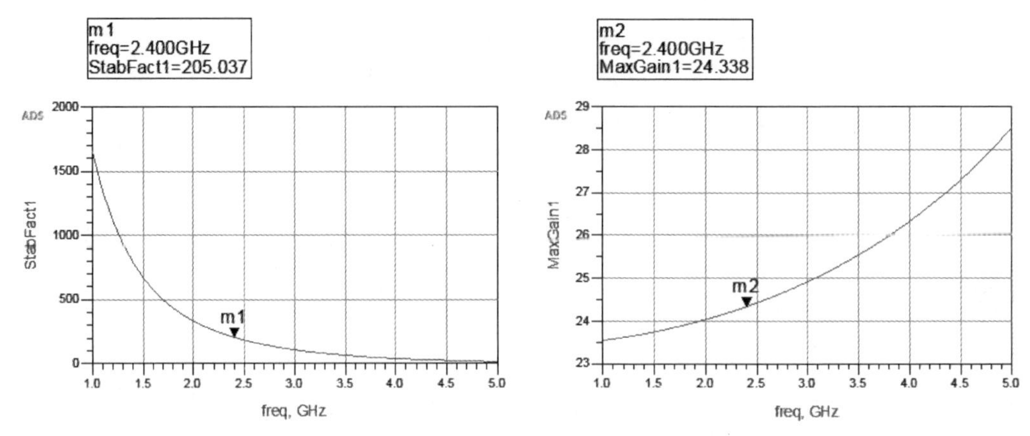


图 4-22 调节电感后稳定性系数和最大增益曲线

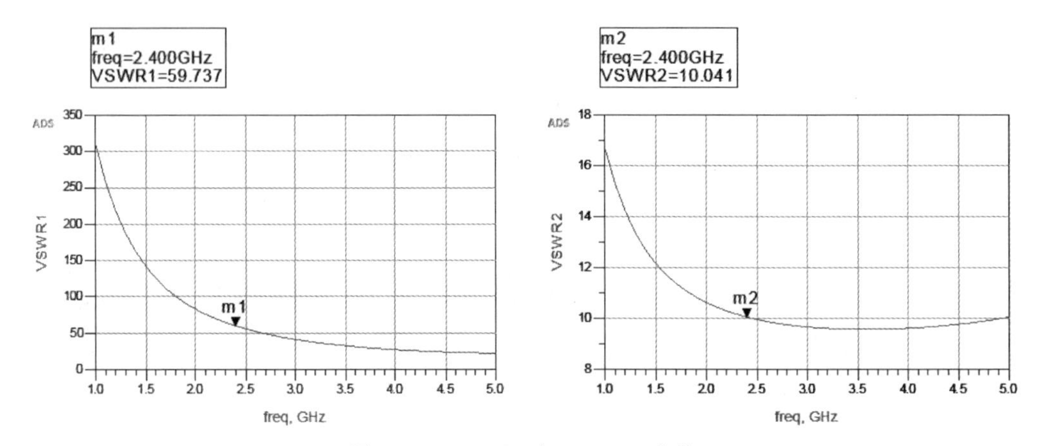


图 4-23 VSWR1 和 VSWR2 曲线

反射越大，匹配越差。

选择史密斯圆图显示 $S_{11}$ 和 $S_{22}$（图 4-24），查看匹配情况，从图中可以看到，电路输入输出匹配都不好。

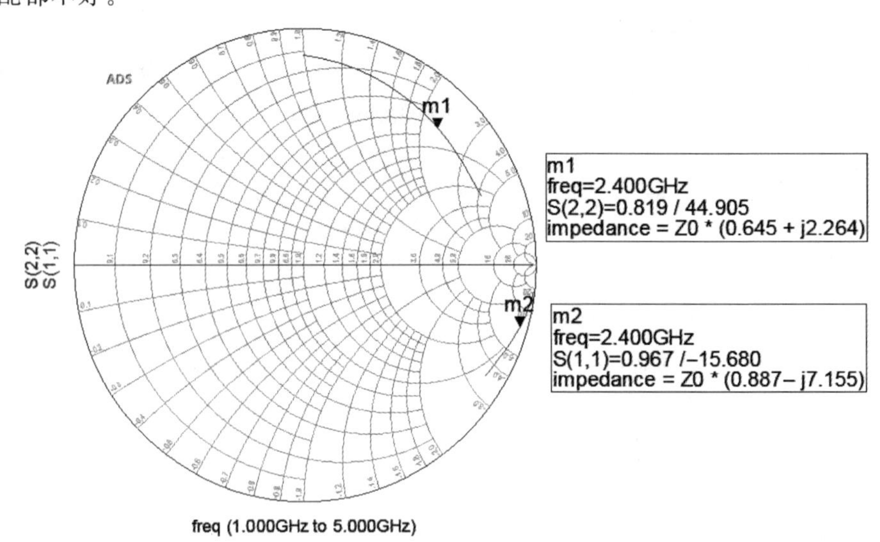


图 4-24 $S_{11}$ 和 $S_{22}$ 参数曲线

## 4.2.3　噪声分析与输入匹配设计

### 1. 噪声分析

MOSFET 在本质上是电压控制的电阻，所以同样具有热噪声。特别是在三极管（线性）区，漏源沟道可以用一个线性电阻表示，因此其噪声是与电阻值相对应的。MOS 管的噪声主要是由沟道电流形成的沟道热噪声。栅噪声也是引起沟道电荷的热激励的另外一个重要的因素。波动的沟道电势通过电容耦合到栅端，引起栅噪声电流。尽管这一噪声在低频时可忽略，但在射频时却占主要地位。

仿真 S 参数的时候，需要在 S 参数仿真控件中把计算噪声的功能打开，如图 4-25 所示。运行仿真，仿真结束后用矩形图显示最小噪声函数以及端口 2 的噪声系数，如图 4-26 所示。

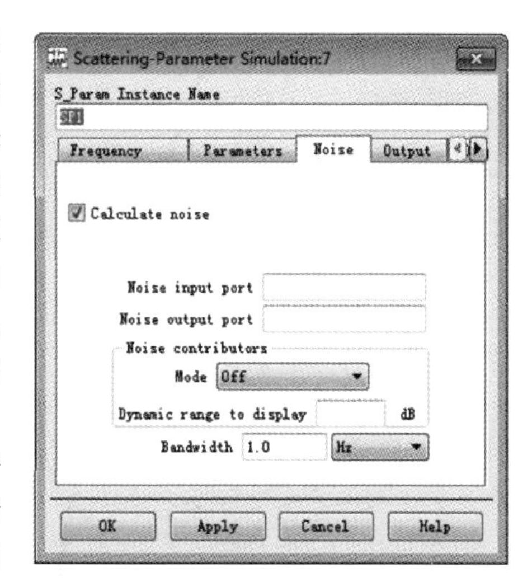


图 4-25　噪声参数设置

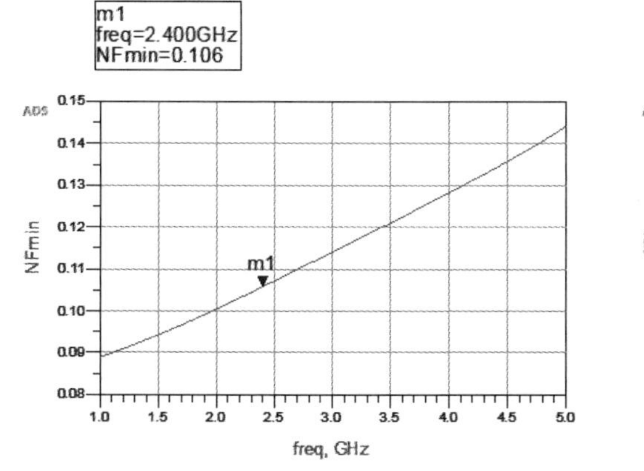


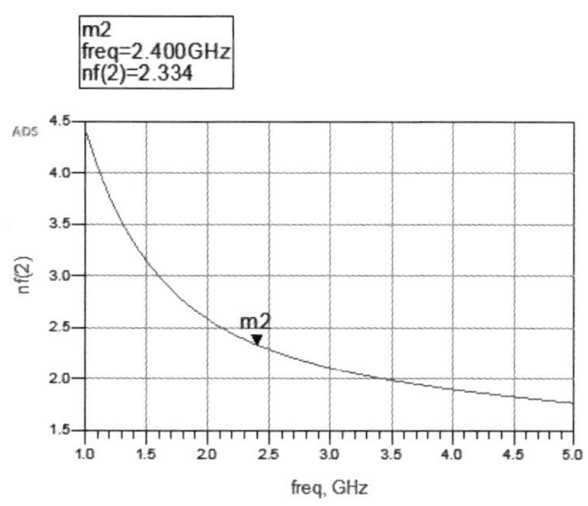


图 4-26　最小噪声系数及端口 2 的噪声系数

从图中可以看出，在 2.4GHz 时最小噪声系数为 0.106dB。接下来就要设计一个适当的输入匹配网络来达到这个最小噪声。

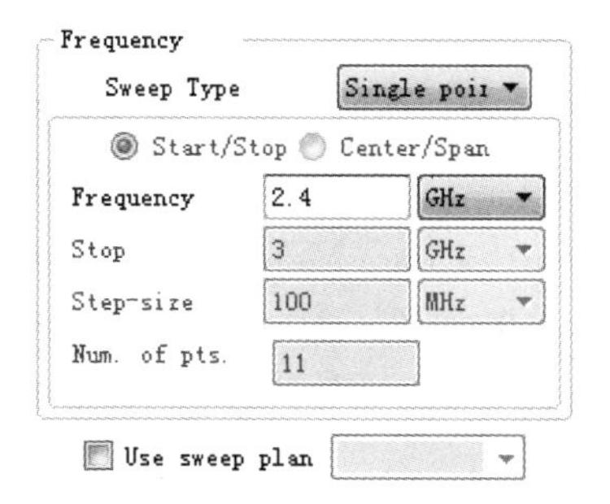


图 4-27　S-PARAMETERS 仿真控件设置

### 2. 输入匹配设计

对原理图进行修改：

（1）设置 S-PARAMETERS 仿真控件为单频点仿真，频点为 2.4GHz，如图 4-27 所示。

（2）插入 GaCircle 器件，来自 Simulation-S_Param 面板。修改等式 GaCircle1＝ga_circle(S,51,6,0.2)，返回该频率的 maxgain，Maxgain-0.2dB，…，Maxgain-1.0dB 的 6 个等增益圆。

（3）插入 NsCircle 器件，来自 Simulation-S_Param 面

板。修改等式 NsCircle1＝ns_circle(NFmin,Sopt,Rn/50,51,10,0.02),返回该频率的 NFmin,NFmin＋0.02dB,…,NFmin＋0.18dB 的 10 个等噪声圆。

单击仿真按钮,仿真结束后,在新打开的窗口中添加等增益(资用功率增益,Available Gain)圆和等噪声圆的图,见图 4-28。

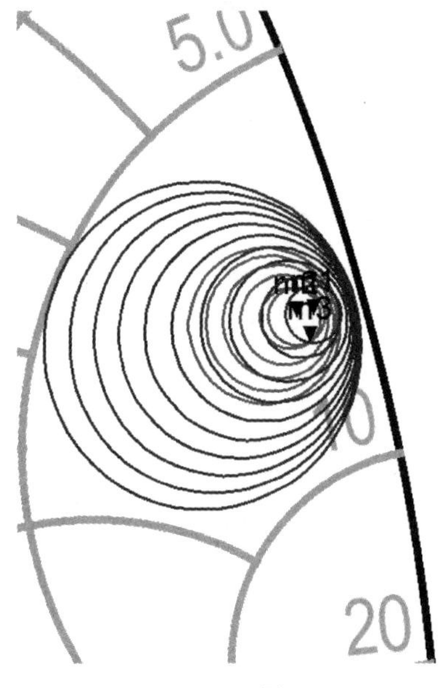


图 4-28　NsCircle1 和 GaCircle1 的史密斯圆图

图 4-28 中,M1 为 LNA 有最小噪声系数时的输入端阻抗,此时可获得最小噪声指数为 0.106dB,M2 是 LNA 有最大增益时的输入端阻抗,此时可获得增益约为 24.338dB。一般来说,最小噪声系数和最大增益所需要的 $\Gamma_S$ 是不同的,噪声系数越小,我们得到的最小噪声系数等噪声系数圆越小。增益越大,得到的等增益圆越大。根据设计要求在增益和噪声之间进行折中,可以得到相应的反射系数。

综合考虑,在等噪声圆和等增益圆的交点处,选择 M3 作为输入端阻抗,为 $Z_0\times(0.881+j*7.538)$,其中 $Z_0$ 为 50Ω,输入端阻抗就为(44.05＋j＊376.9)Ω。为了达到最优结果,需要在晶体管的输入端加一个 $\Gamma_{opt}$,而整个电路的输入阻抗为 $Z_0=50\Omega$,所以需要输入匹配网络把 $\Gamma_{opt}^*$(M3 处阻抗的共轭,即 40.05－j＊376.9)变换到输入阻抗 50Ω。

这里我们使用史密斯圆图匹配工具 DA_SmithChartMatch,来自 Smith Chart Matching 面板,在原理图中的输入端插入一个史密斯圆图,如图 4-29 所示。

在 Tool 工具栏中选择 Smith Chart Utility,弹出 Smith Chart Utility 对话框,如图 4-30 所示。

在 SmartComponent 项中,软件会自动选择当前的这个 Smith Chart Matching 控件,即 DA_SmithChartMatch1。选择 ZL 项,并修改为 40.05－j＊376.9,如图 4-31 所示。

在 Smith Chart Utility 对话框的最下方,单击 Auto 2-Element Match ,弹出选择匹配网络窗口,如图 4-32 所示。

这里我们选择第 4 种 L 型匹配网络,单击之后,出现效果如图 4-33 所示。

在 Smith Chart Utility 对话框的最下方,单击 Build ADS Circuit ,生成对应的匹配网络,选择

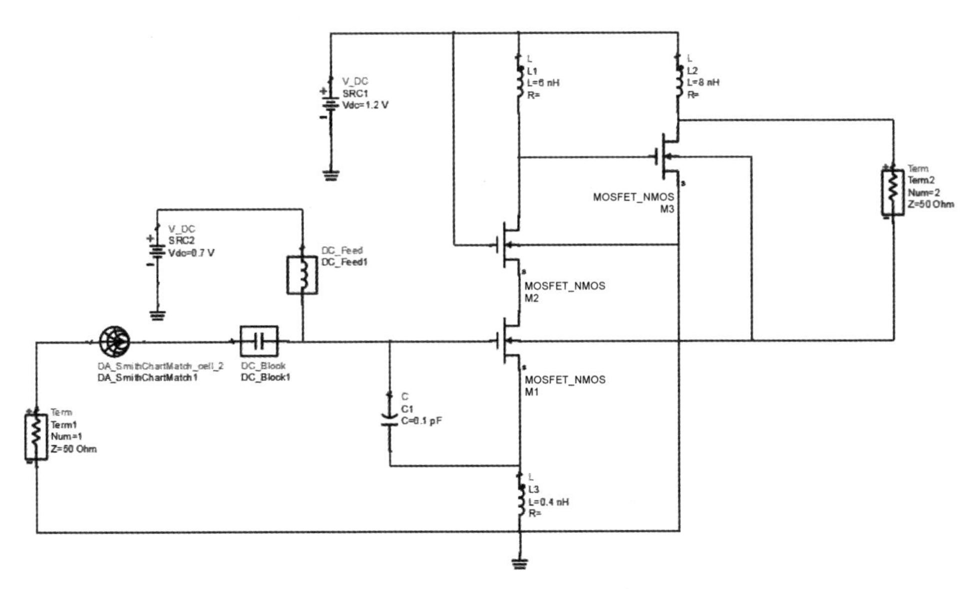


图 4-29　加入史密斯圆图器件

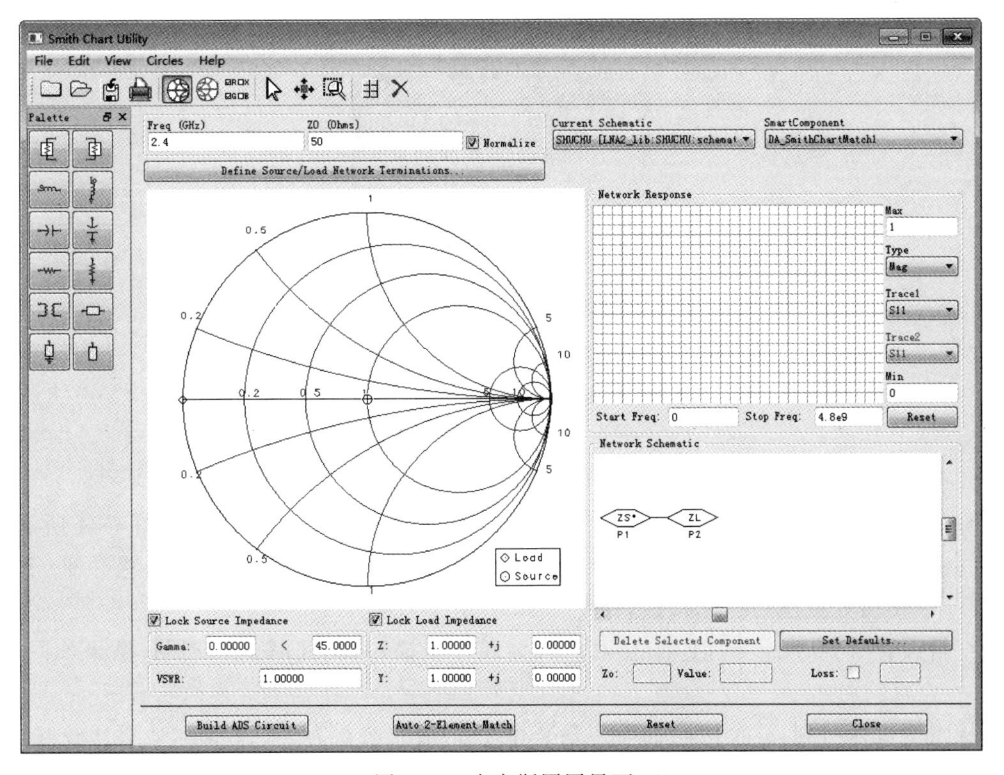


图 4-30　史密斯圆图界面

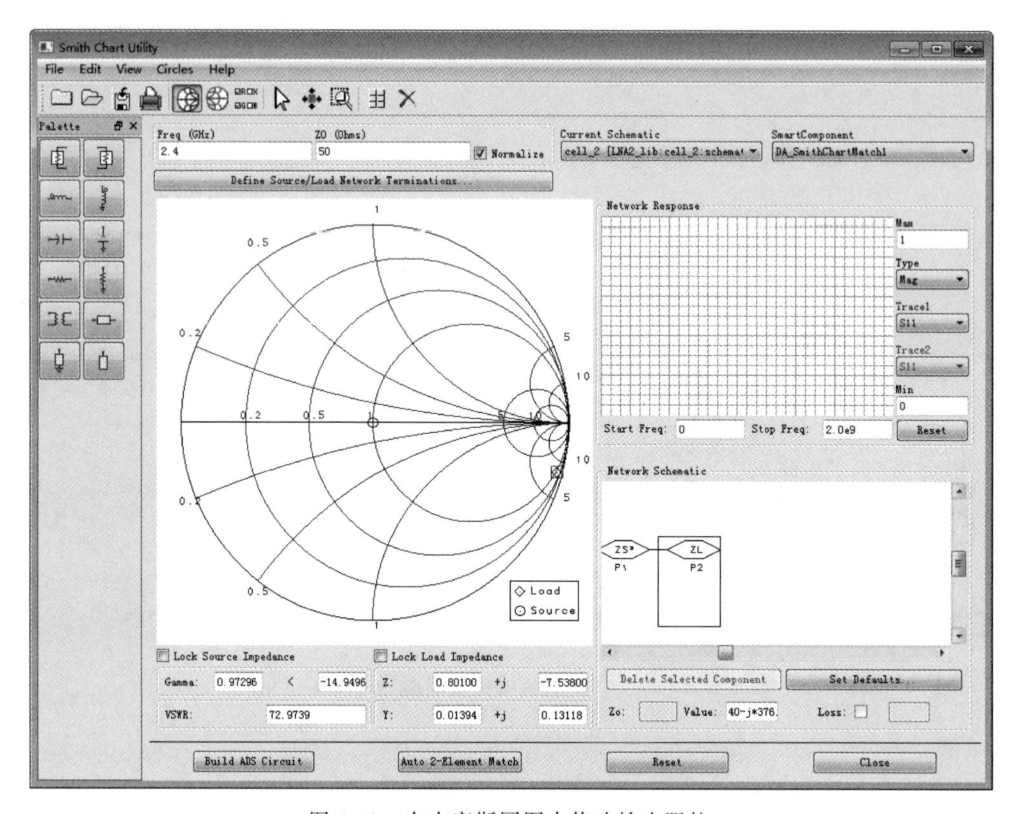


图 4-31　在史密斯圆图中修改输出阻抗

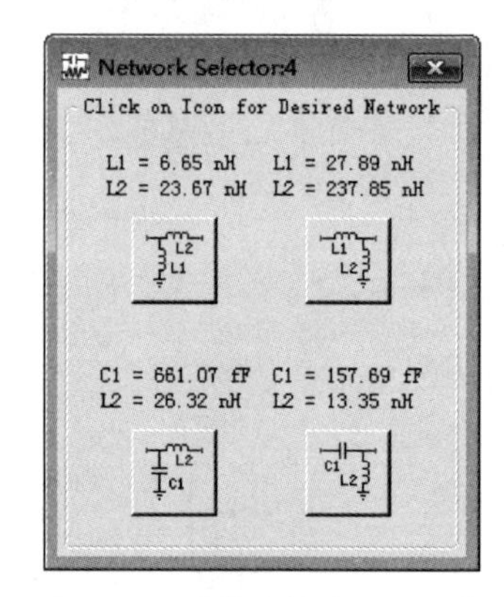


图 4-32　可供选择的匹配网络

DA_SmithChartMatch1，单击菜单栏上的图标，查看匹配子电路，结果如图 4-34 所示。

将输入匹配子电路复制到原理图中，替代原来的理想电容和理想电感并重新设置 S-Parameter 仿真控件为扫描模式，如图 4-35 所示。

重新设置 S-PARAMETERS 仿真控件为线性扫描，仿真此时的原理图，结果如图 4-36 所示。

从图中可以看到，整个电路的噪声系数小于 1，最大增益为 24.338dB，效果比较好。

查看 $S_{11}$ 和 VSWR1 曲线如图 4-37 所示，从图中可以看到输入匹配得到了一个较小的输入反射系数，匹配效果较好。

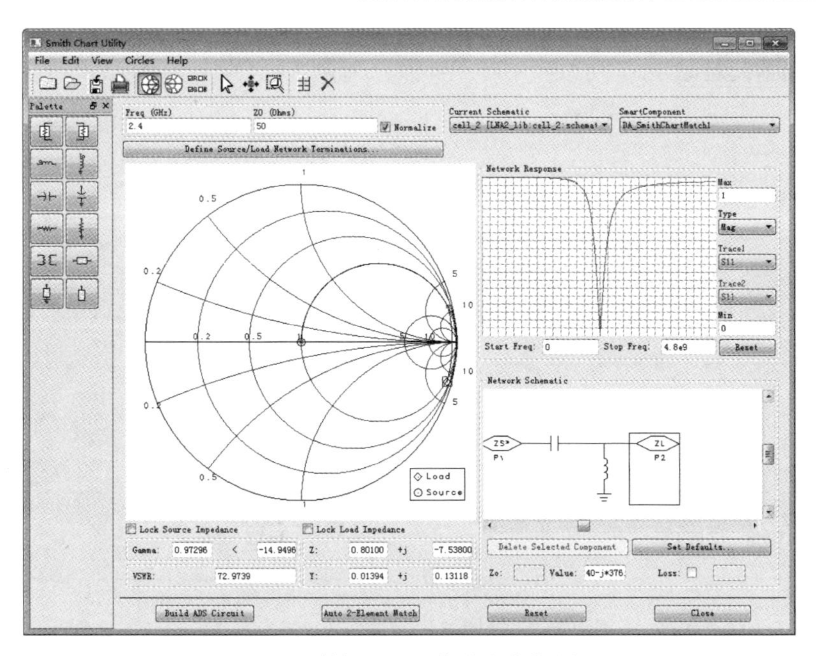


图 4-33　做好匹配网络的史密斯圆图

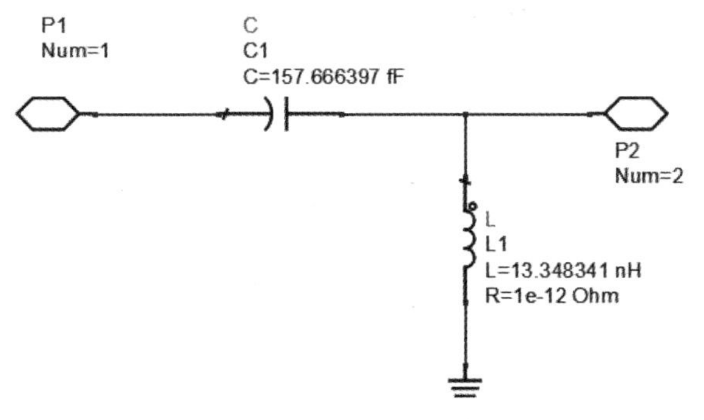


图 4-34　匹配子电路

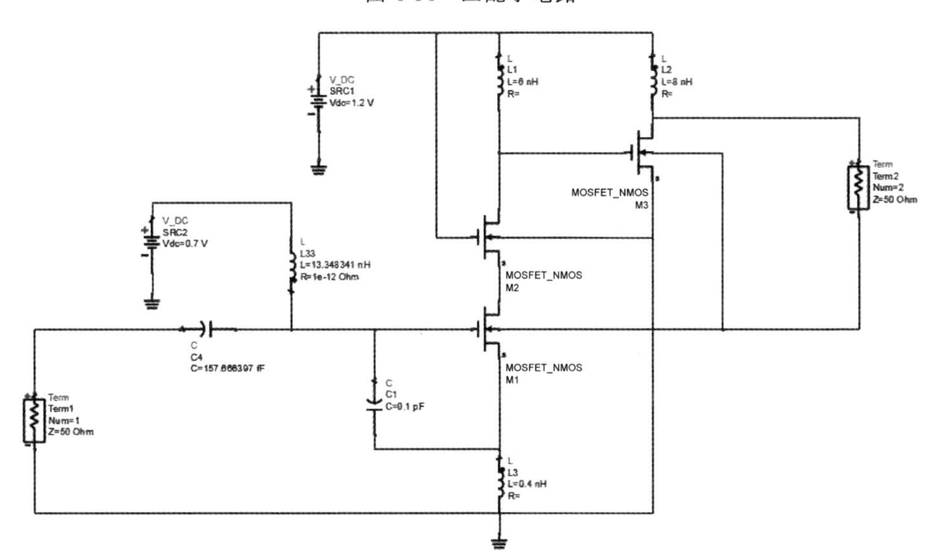


图 4-35　加入输入匹配子电路的电路原理图

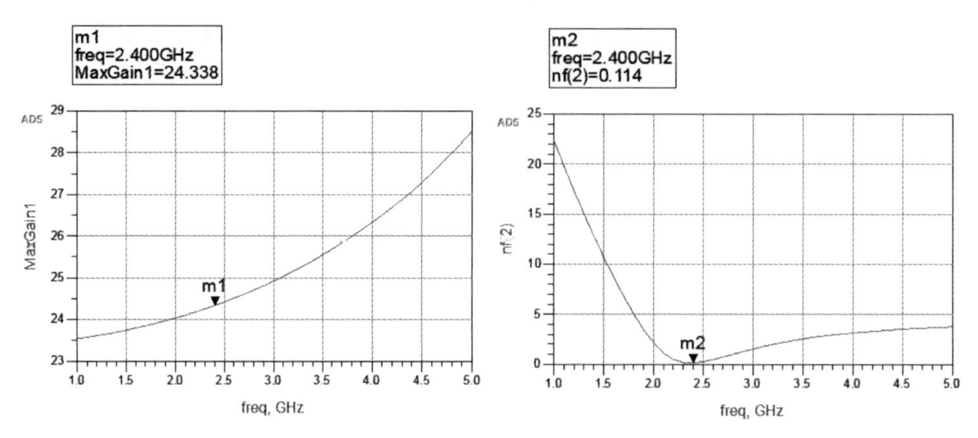


图 4-36　加入输入匹配的最大增益和噪声系数曲线

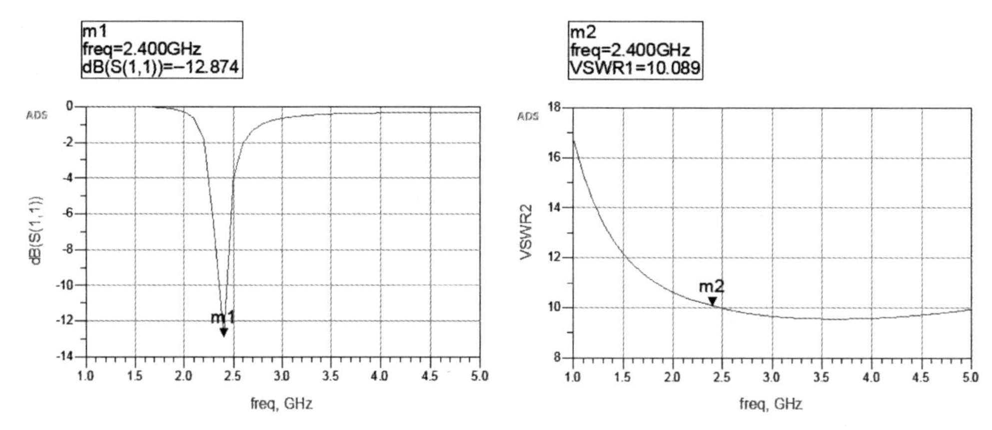


图 4-37　$S_{11}$ 和 VSWR1 参数曲线

## 4.2.4　输出匹配设计

在一个 LNA 设计中，只有输入匹配电路对噪声系数有影响，输出匹配电路对噪声系数没有影响。所以，在输出匹配中，主要考虑增益。

在原理图中添加 Zin 控件，来自 Simulation-S_Param 面板，设置 Zin 控件属性，如图 4-38 所示。

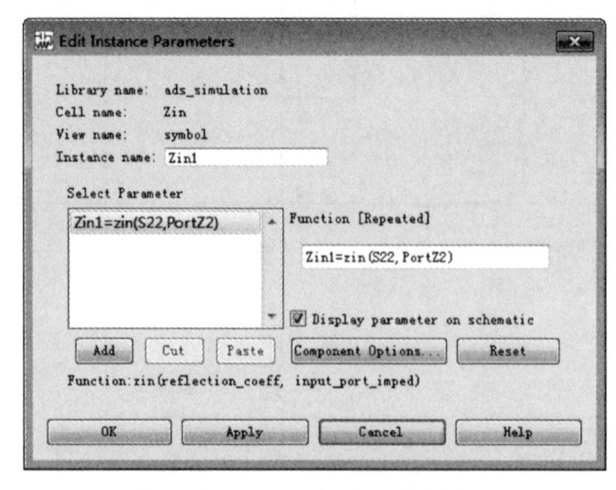


图 4-38　添加 Zin 控件

运行仿真，在数据显示窗口中单击▦图标，分别选择 Zin1 的实部和虚部，如图 4-39 所示，结果如图 4-40 所示。

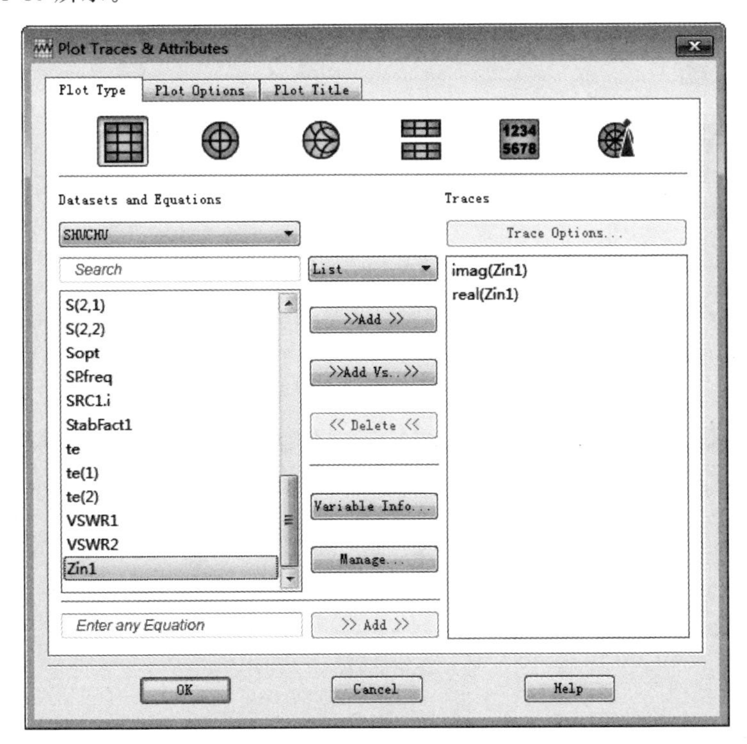


图 4-39 数据显示窗口

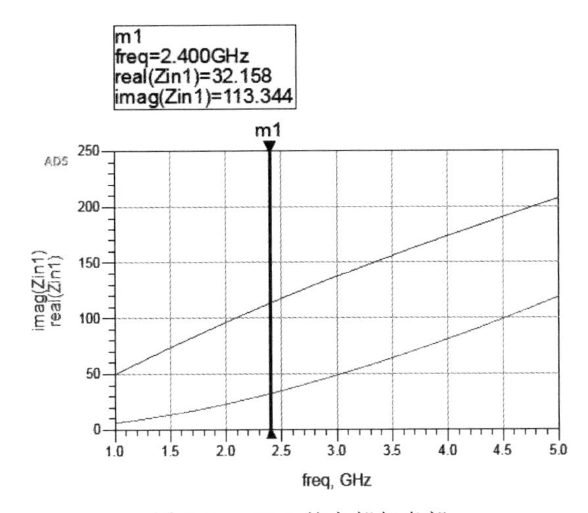


图 4-40 Zin1 的实部与虚部

从图中可以看到，输出阻抗为(32.158+j＊113.344)Ω(即 $S_{22}$)，输出匹配电路即按照这个值来设计。为了达到最大增益，输出匹配电路需要把 50Ω 匹配到 Zin1 的共轭，同样采用 DA_SmithChartMatch 工具来做输出端匹配电路，在原理图当加入一个 DA_SmithChartMatch 控件，如图 4-41 所示。

匹配好的史密斯圆图如图 4-42 所示。

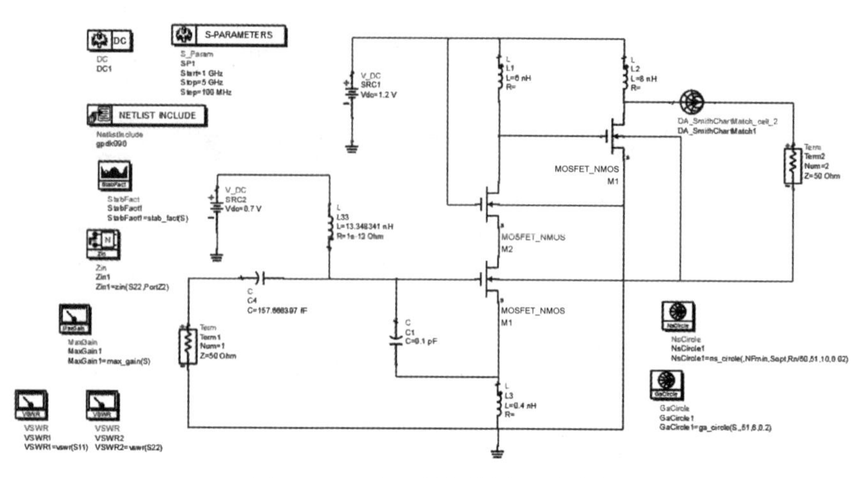


图 4-41　加入史密斯圆图的原理图

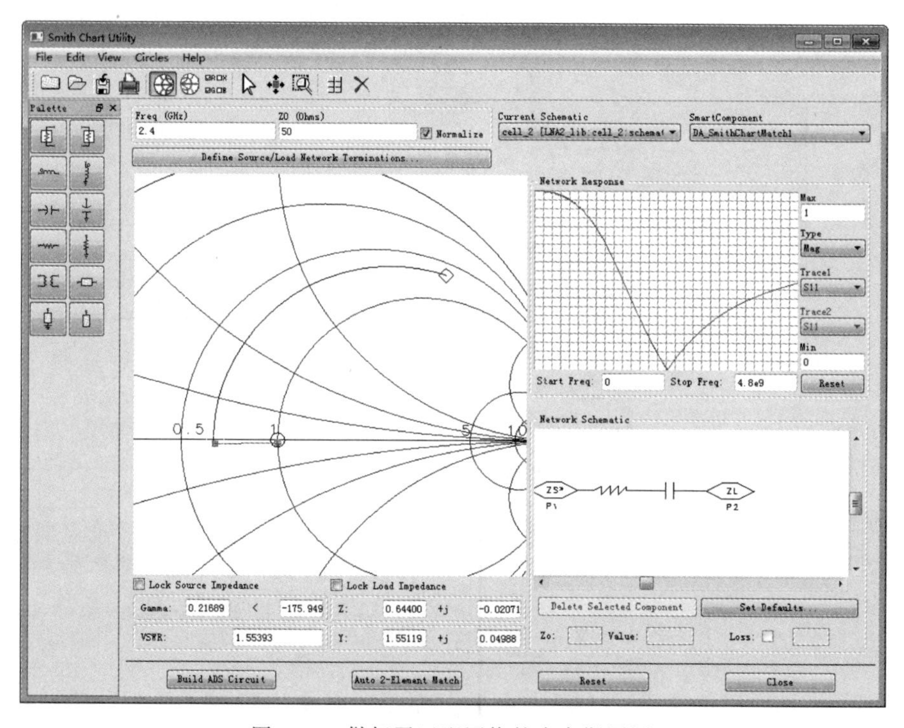


图 4-42　做好了匹配网络的史密斯圆图

查看匹配子电路，如图 4-43 所示。

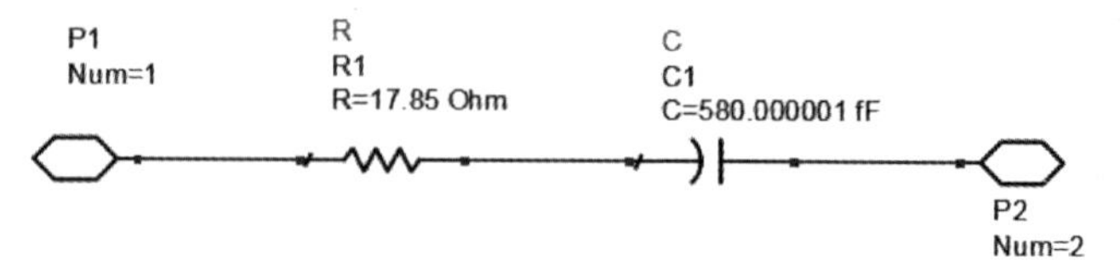


图 4-43　输出匹配子电路

匹配子电路由于在输出端口，观察电路特性，可发现只要在 Term2 端口串联一个电容，就可以与电感 L2 形成 L 型匹配网络，所以电阻可以省略。运行仿真，得到的仿真结果如图 4-44 所示。

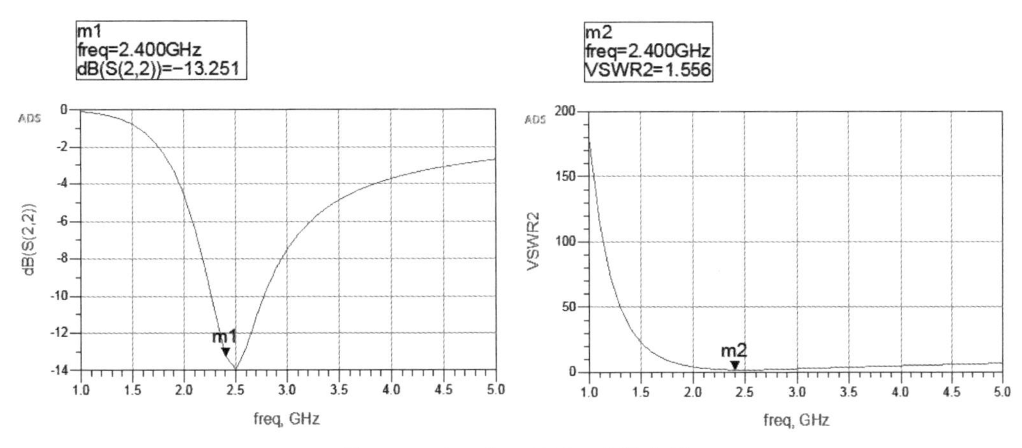


图 4-44　$S_{22}$ 和 VSWR2 参数曲线

从图中可以看到，输出端口匹配效果很好，输出匹配最重要的特性是增益，查看最大增益曲线和 $S_{21}$ 曲线，如图 4-45 所示。

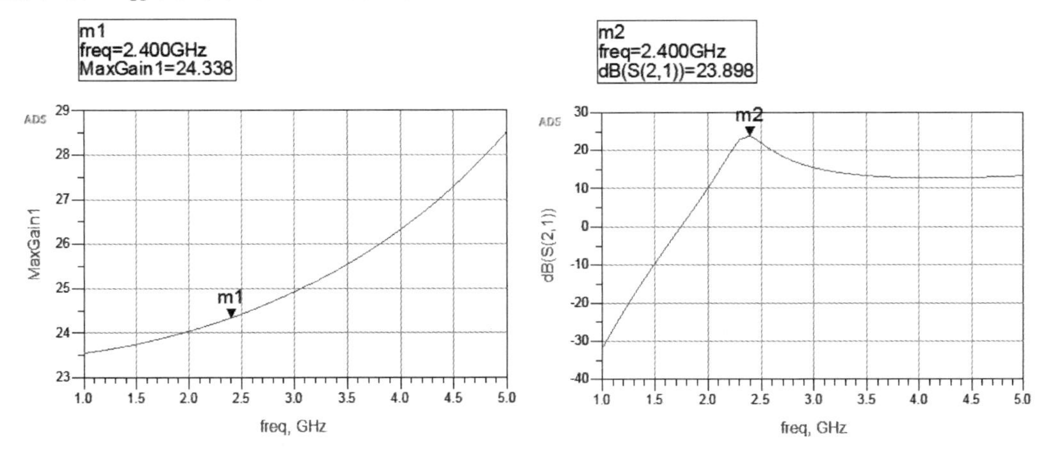


图 4-45　最大增益和 $S_{21}$ 曲线

对参数进行微调，最后得到的最佳效果电路原理图如图 4-46 所示。

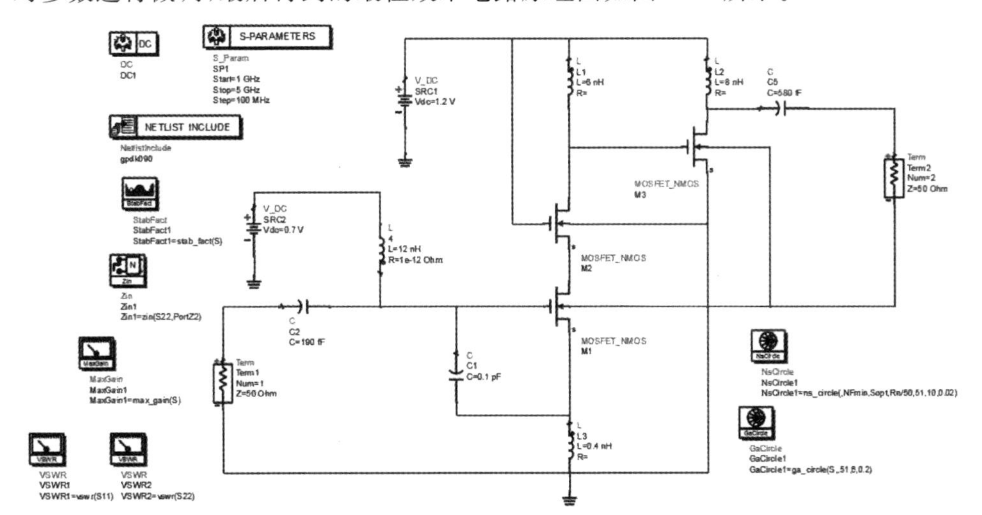


图 4-46　最佳效果电路原理图

对最佳效果原理图进行仿真,得到的结果如图 4-47～图 4-49 所示。

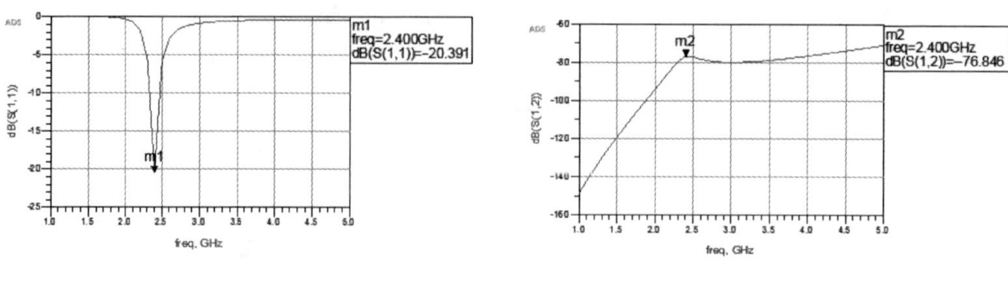


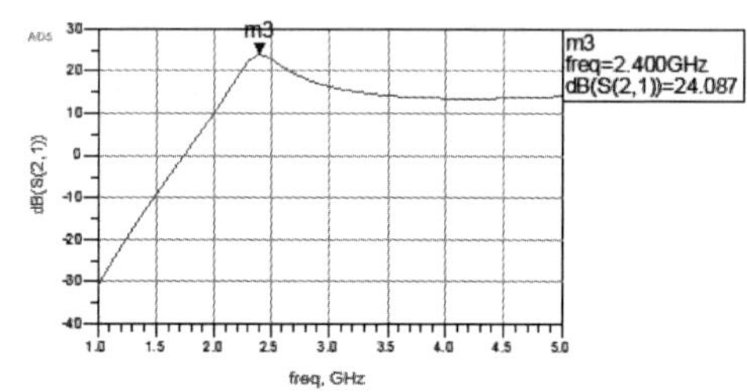


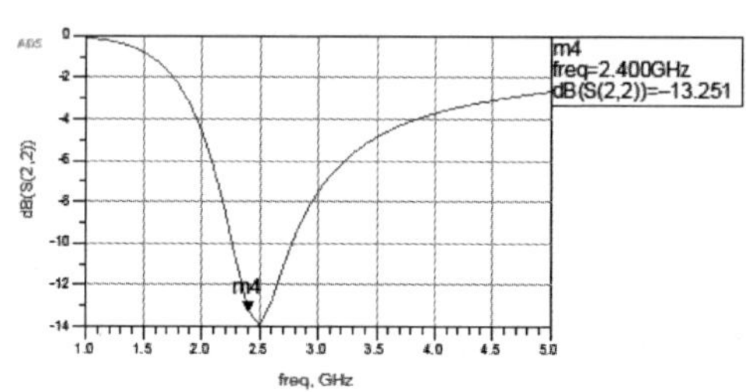


图 4-47　*S* 参数曲线

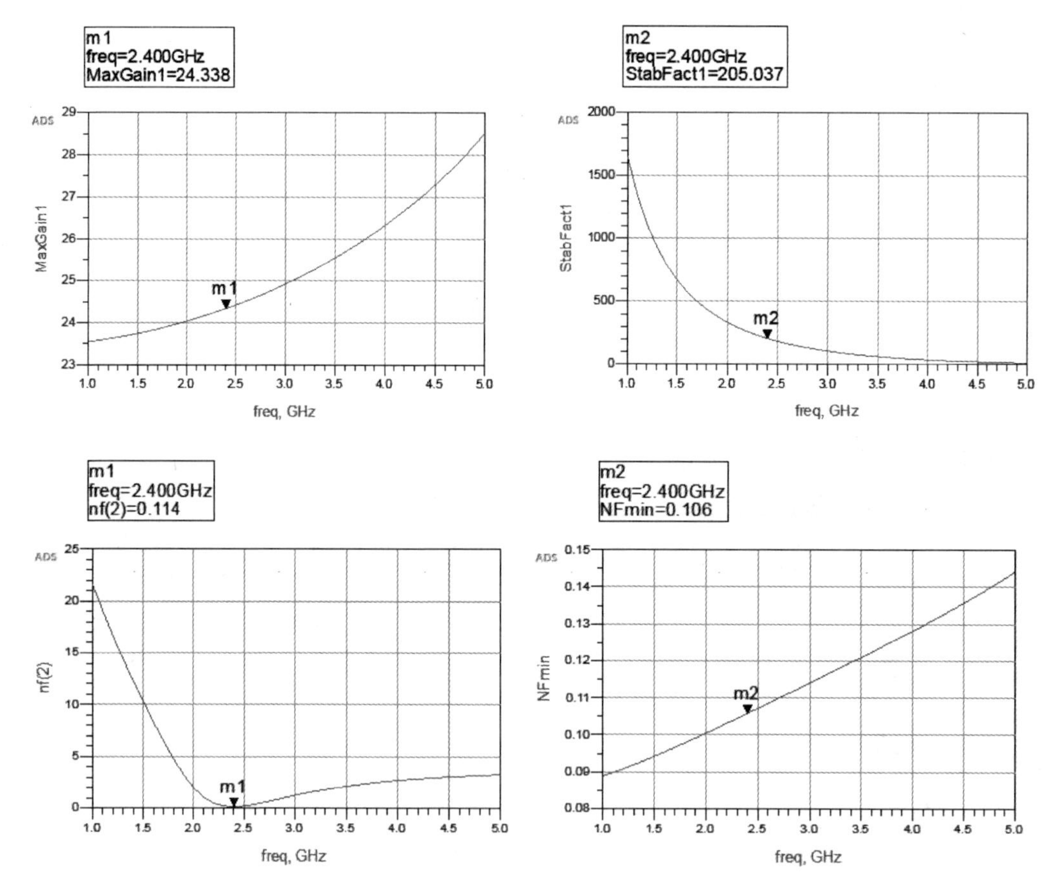


图 4-48　噪声系数曲线

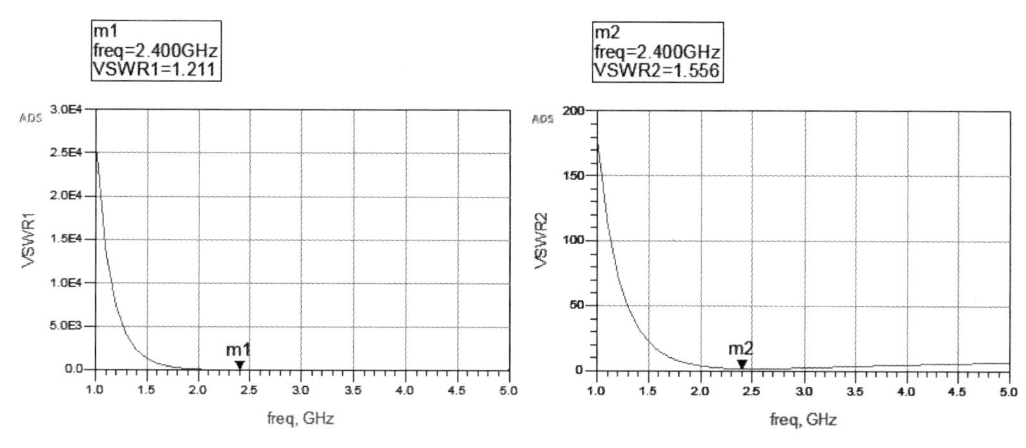


图 4-49　输入输出驻波比曲线

# 4.3　Cadence 与 ADS 联合设计 LNA 实例

在本案例中，使用 Cadence 实现 LNA 电路的前仿真和版图设计，使用 ADS 实现电感的仿真设计，然后将电感仿真数据导入 Cadence 进行电路的联合仿真。

## 4.3.1　直流分析

(1) 确保之前已正确配置好 IC615 运行的工作目录 gpdk090，目录中应包含 cds. lib、display. drf 和. cdsinit（视配置而定）文件。在 Cadence 中新建 Library，取名 LNA，选择 Attach to an existing technology library，选择工艺库 gpdk090。

(2) 在 LNA 库中新建原理图 Cell，取名为 LNA_DC。

(3) 调入元件并连线，直流分析电路原理图如图 4-50 所示。

- 使用 gpdk090 库中的 nmos1v 器件，NMOS 管的栅长为 100nm，栅宽为 30μm；
- 使用 analog 库中的电阻为 50Ω；
- 使用 analog 库中的直流电压源 V1 作为栅极电压，并设置变量，Vdc＝Vg；直流电压源 V2 作为漏极电压，并设置变量，Vdc＝Vd。

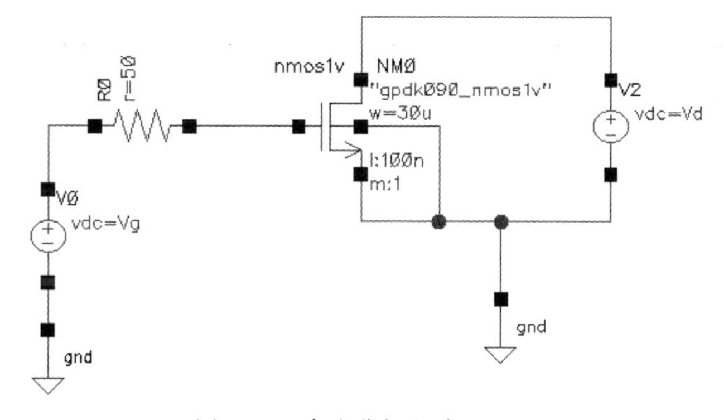


图 4-50　直流分析电路原理图

(4) 在原理图界面单击菜单 Launch—ADE L，打开仿真工具 ADE，在 ADE 界面中首先单击菜单 Setup—Model Libraries,确认仿真模型库是否设置正确,如图 4-51 所示,应为 gpdk090. scs 文件,Section 为 NN。

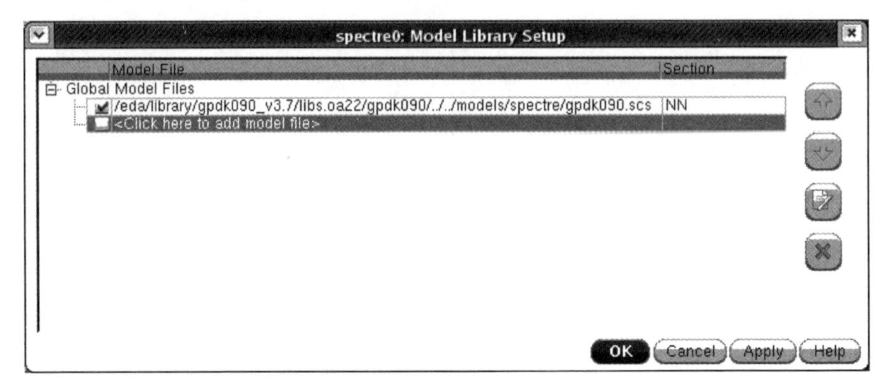


图 4-51 仿真模型库设置

(5) 单击菜单 Variables,选择 Copy from Cellview,将各变量复制到 ADE 的变量栏中,双击各变量,Vd 设为 3V,Vg 设为 0.7V。单击菜单 Analyses—Choose,选择 dc 分析,设置 Sweep Variable 为 V2,选择 dc 参数,如图 4-52 所示。dc 仿真设置中,频率扫描范围 Start 为 0,Stop 为 3GHz,如图 4-53 所示。

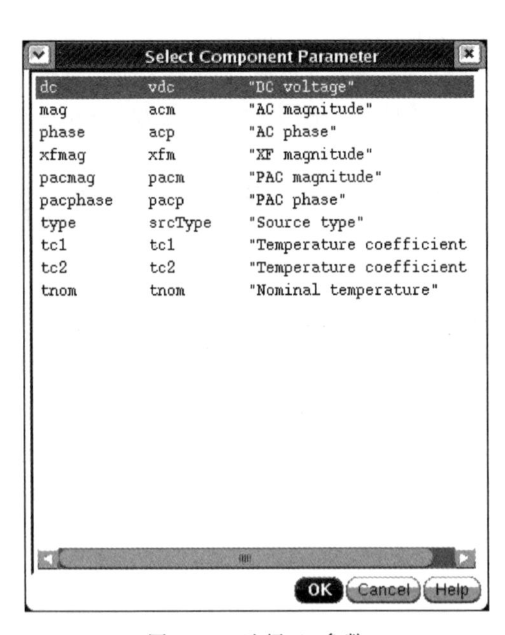


图 4-52 选择 dc 参数

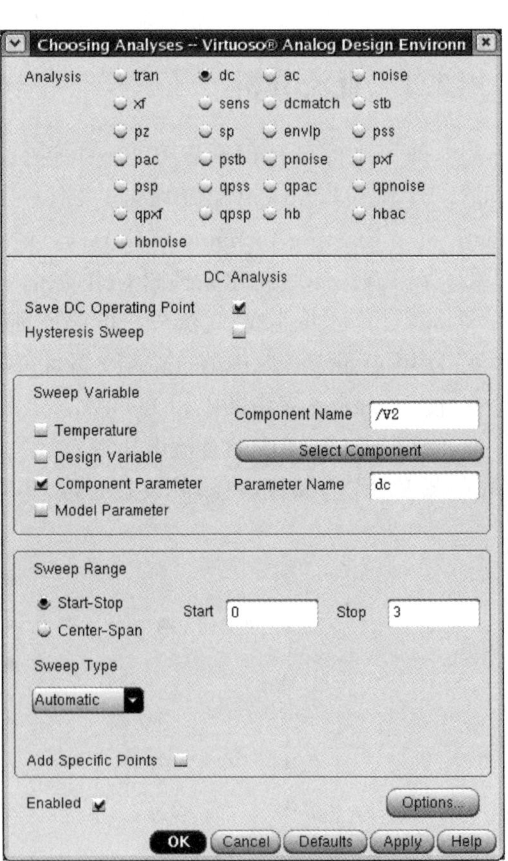


图 4-53 dc 仿真设置

(6) 最后设置完成的 ADE 界面如图 4-54 所示。然后单击右侧 netlist and run 绿色图标，运行仿真。

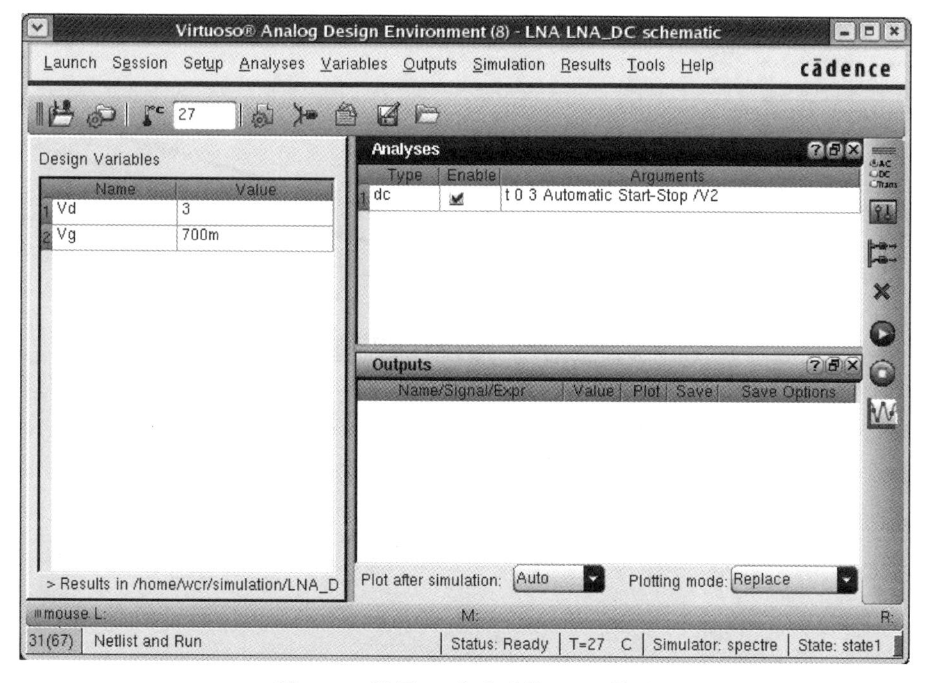


图 4-54　设置 dc 完成后的 ADE 界面

(7) 在 ADE 界面单击菜单 Tools—Parametric Analysis，设置扫描反射系数变量 Vg，如图 4-55 所示。最后单击绿色运行图标进行参数扫描仿真。

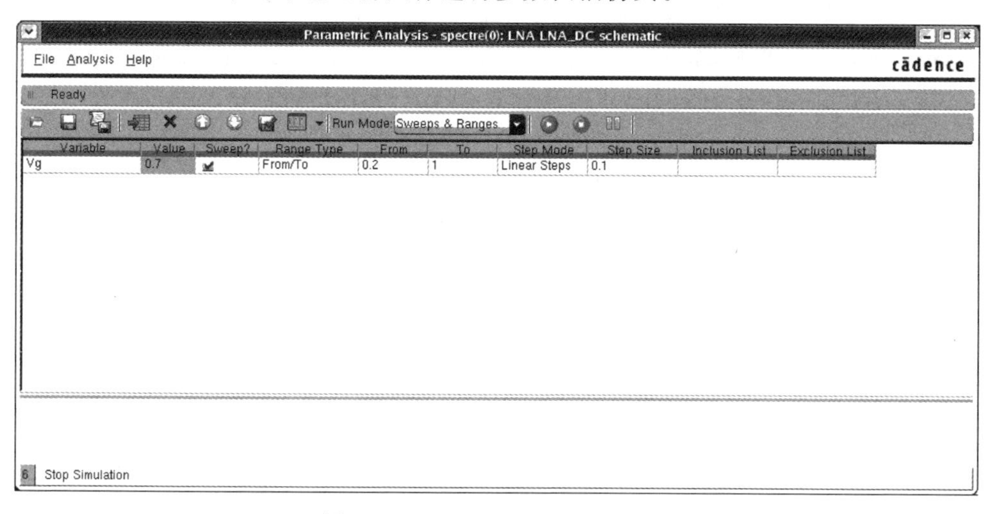


图 4-55　Parametric Analysis 设置

(8) 查看直流仿真结果。在 ADE 界面单击菜单 Results—Direct Plot—Main Form，选择 dc，在 Function 栏选 Current，Select 栏选择 Terminal，然后在原理图中单击 V2 的端点，出现 Visualization & Analysis XL(V&A)界面并显示直流仿真结果，在 V&A 界面增加新 Marker(单击小红旗图标)，读出电压和漏极电流的关系。如图 4-56 所示。

(9) 从图中可以看到，直流工作点为 VDS =1.2V，IDS =6.42mA，VGS =0.5V。

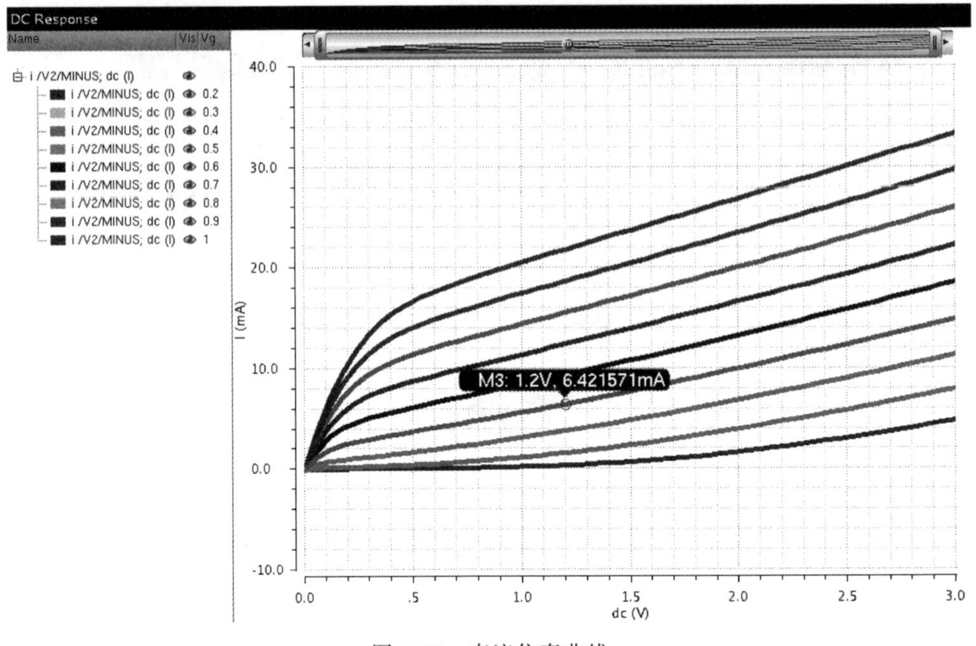


图 4-56 直流仿真曲线

## 4.3.2 稳定性系数仿真

(1) 新建一个原理图单元，取名 LNA_sch。

(2) 调入元件并连线，LNA 电路原理图如图 4-57 所示。

◆ 使用 gpdk090 库中的 nmos1v 器件，NMOS 管 M1 和 M2 的栅长为 100nm，栅宽为 10μm，Fingers 为 10，Multiplier 为 4；NMOS 管 M3 的栅长为 100nm，栅宽为 2.5μm，Fingers 为 10，Multiplier 为 4；

◆ 使用 analog 库中的电容 cap，C0=10μF。

◆ 使用 gpdk090 库中的电容 mimcap，长 30μm、宽 30μm 的 C1=912fF。

◆ 使用 analog 库中的电感 ind，L0=1μH，L1=400pH，L3=6nH，L4=8nH。

◆ 使用 analog 库中的源端口和负载端口(PORT)：将 PORT0 的 Source type 设置为 dc，PORT1 的 Frequency1 中添加变量 frf。

◆ 使用 analog 库中的直流电压源的 V0 的 Vdc=1.2V，直流电压源的 V1 的 Vdc=700mV。

(3) 在原理图界面单击菜单 Launch—ADE L，打开仿真工具 ADE。

(4) 单击菜单 Variables，选择 Copy from Cellview，将各变量复制到 ADE 的变量栏中，双击变量，frf 设为 2.4G。单击菜单 Analyses—Choose，选择 sp 分析，设置 Ports，选择源端口 PORT0 和负载端口 PORT1，Sweep Variable 项为 Frequency，Sweep Range 项选择 Start-Stop，其中 Start 为 1G，Stop 为 3G。Sweep Type 栏选择 Linear 型，选择 Number of Steps 为 50，将 Do Noise 项的 yes 勾上，并将 Output port 栏选择 PORT1 端口，Input port 栏选择 PORT0 端口，如图 4-58 所示。

(5) 最后设置完成的 ADE 界面如图 4-59 所示。然后单击右侧 netlist and run 绿色图

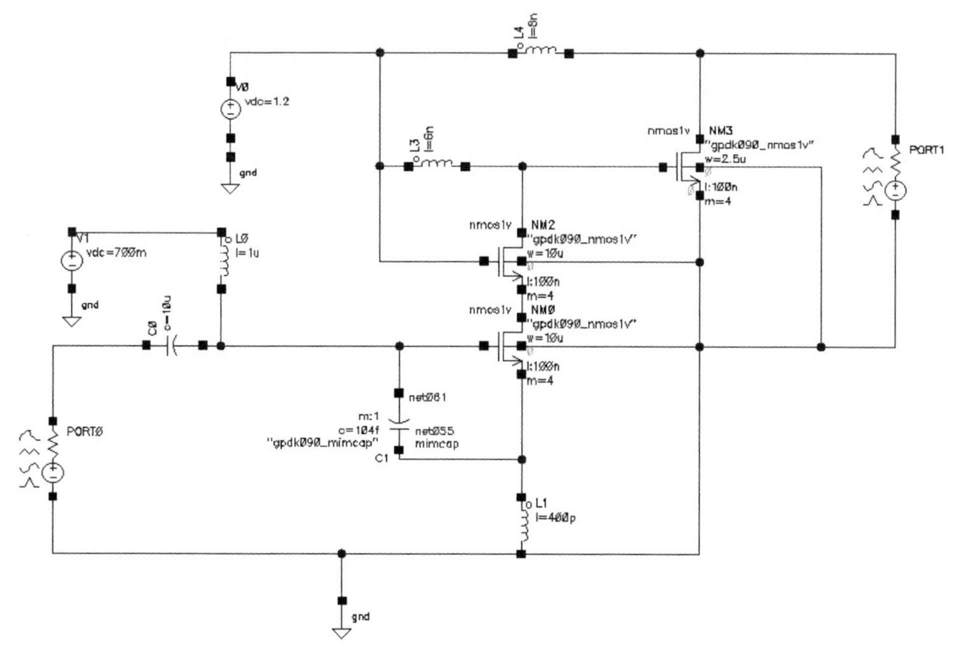


图 4-57　低噪声放大器电路原理图

标，运行仿真。

(6) 查看稳定性分析结果，在 ADE 界面单击菜单 Results-Direct Plot-Main Form，Plotting Mode 项选择 Append，选择 sp，在 Function 栏选 Kf，单击 Plot，出现 Visualization & Analysis XL(V&A)界面并显示稳定性系数结果，在 V&A 界面增加新 Marker(单击小红旗图标)，读出稳定性因子和频率的关系。再查看最大增益曲线，回到 Direct Plot 界面，Plotting Mode 项选择 New Subwin，选择 sp，在 Function 栏选 Gmax，单击 Plot，出现 Visualization & Analysis XL(V&A)界面并显示最大增益结果，在 V&A 界面增加新 Marker(单击小红旗图标)，读出最大增益和频率的关系。结果如图 4-60 所示。

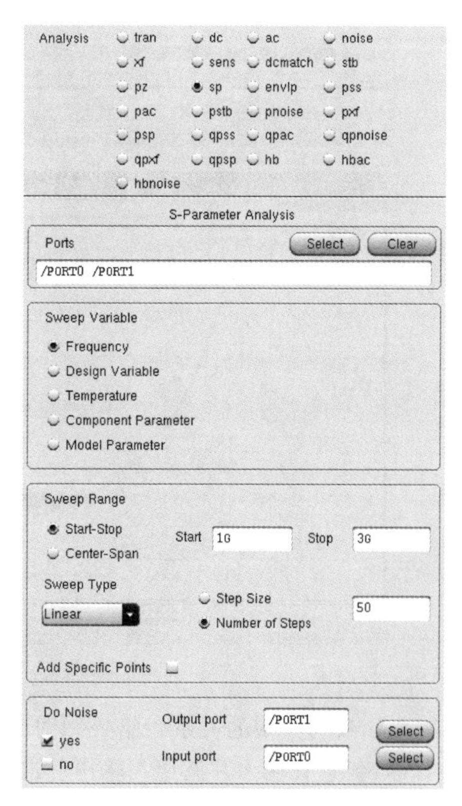


图 4-58　sp 仿真设置

从图中可以看到，在 2.4GHz 时，最大增益为 23.8dB，稳定性系数 $K=0.254$，大于 1。由晶体管放大器理论可知，只有绝对稳定性系数 $K>1$，放大器电路才会稳定，这里，$K<1$，即系统不稳定。

(7) 查看 LNA 的 $S$ 参数。回到 Direct Plot 界面，Plotting Mode 项选择 New Subwin，选择 sp，在 Function 栏选 SP，Plot Type 项选择 Rectangular，Modifier 项选择 dB20，分别单击 S11、S12、S21 和 S22，出现 Visualization & Analysis XL(V&A)界面并显示各个 $S$ 参数结果，在 V&A 界面增加新 Marker(单击小红旗图标)，读出

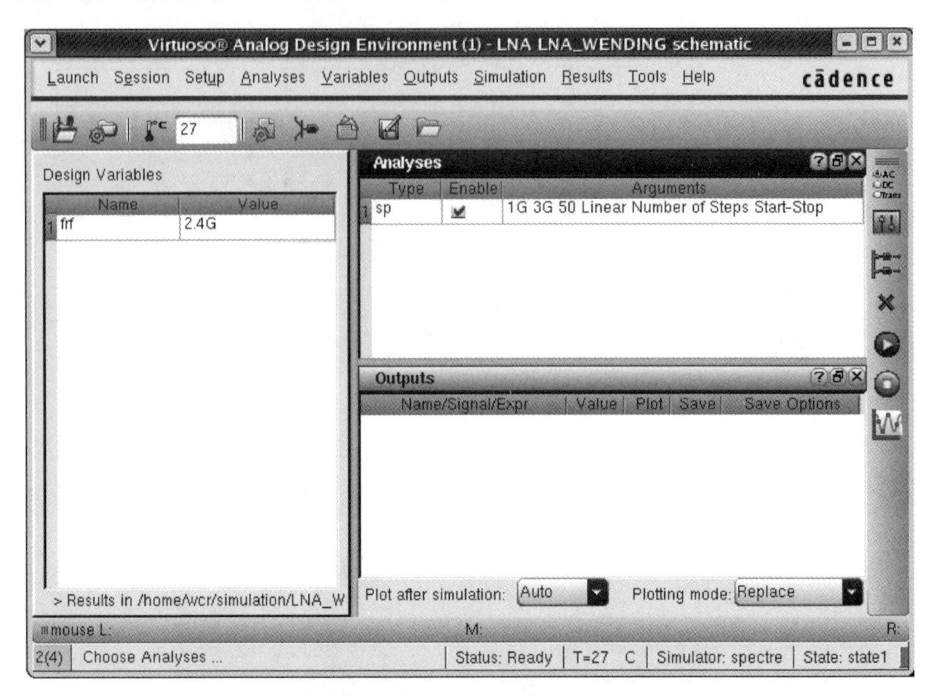


图 4-59 设置 sp 完成后的 ADE 界面

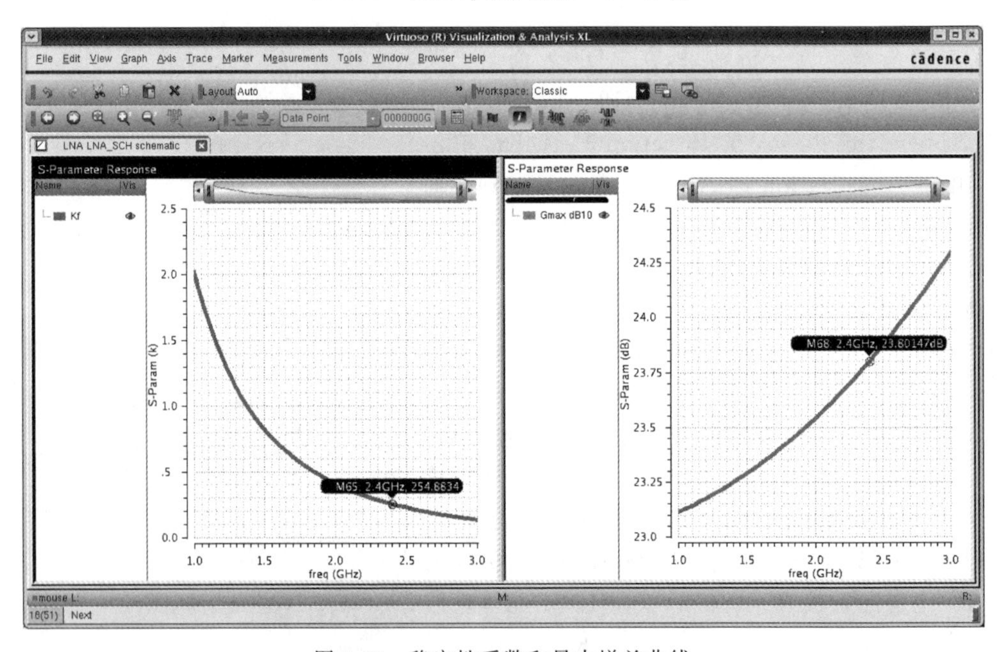


图 4-60 稳定性系数和最大增益曲线

各 $S$ 参数与频率的关系。结果如图 4-61 所示。

(8) 查看输入驻波比与输出驻波比。回到 Direct Plot 界面，Plotting Mode 项选择 New Subwin，选择 sp，在 Function 栏选 VSWR，Modifier 项选择 Magnitude，分别单击 VSWR1 和 VSWR2，出现 Visualization & Analysis XL(V&A)界面并显示输入输出驻波比结果，在 V&A 界面增加新 Marker(单击小红旗图标)，读出输入输出驻波比和频率的关系，如图 4-62 所示。

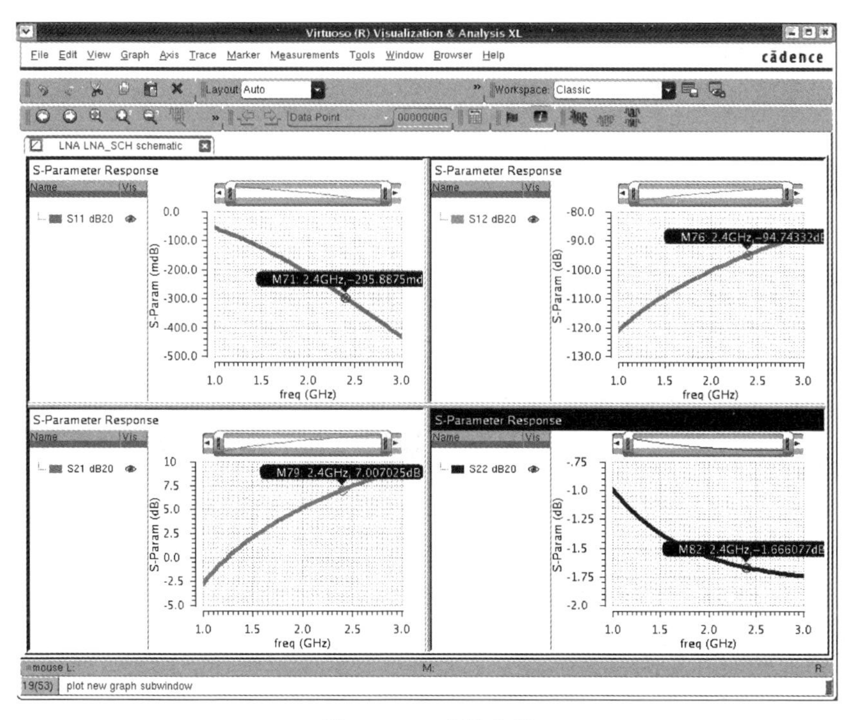


图 4-61 *S* 参数曲线

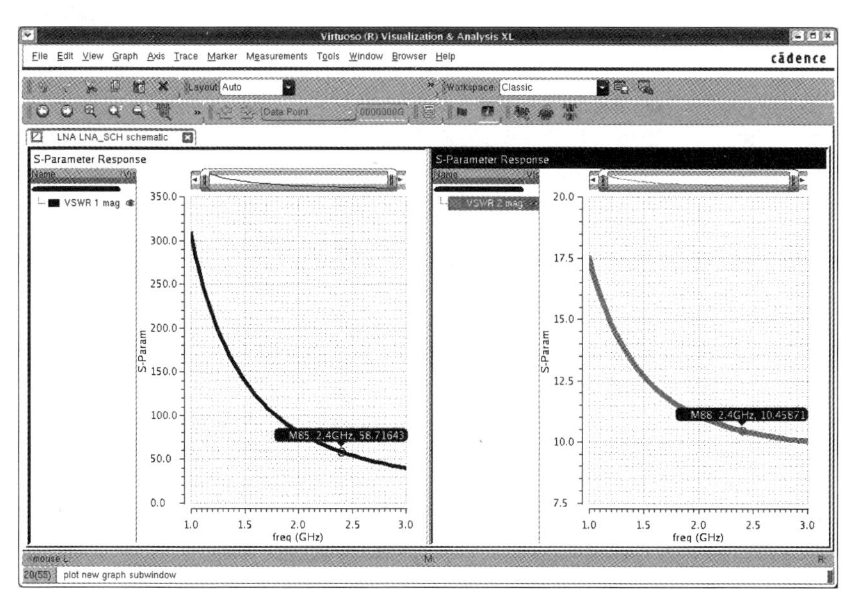


图 4-62 输入输出驻波比

由 VSWR1 和 VSWR2 的测量方程可以知道，它们分别是放大器的输入驻波比和输出驻波比，在频率为 2.4GHz 时，输入驻波比为 58.7，输出驻波比为 10.45。VSWR 越大，反射越大，匹配越差。

### 4.3.3 噪声分析与输入匹配设计

(1) 查看噪声系数。回到 Direct Plot 界面，Plotting Mode 项选择 New Win，选择 sp，

在 Function 栏选 NF，Modifier 项选择 dB10，单击 Plot，出现 Visualization & Analysis XL (V&A)界面并显示最小噪声结果，在 V&A 界面增加新 Marker(单击小红旗图标)，读出噪声和频率的关系。再回到 Direct Plot 界面，Plotting Mode 项选择 New Subwin，选择 sp，在 Function 栏选 NFmin，Modifier 项选择 dB10，单击 Plot，出现 Visualization & Analysis XL (V&A)界面并显示端口 2 的噪声结果，在 V&A 界面增加新 Marker(单击小红旗图标)，读出噪声和频率的关系。结果如图 4-63 所示。

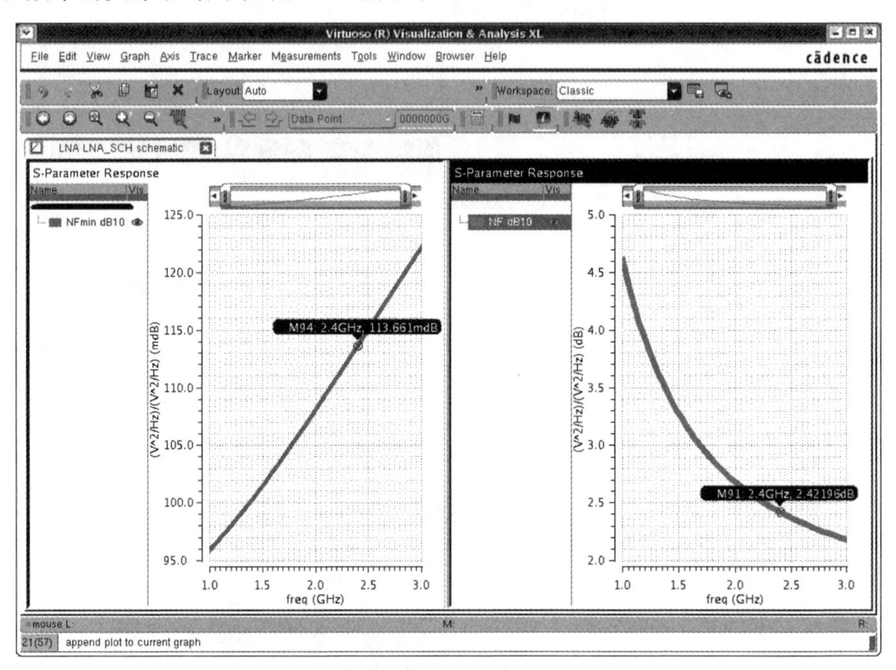


图 4-63 最小噪声系数和端口 2 噪声曲线

(2) 输入匹配设计需要查看等噪声圆和等增益圆。回到 Direct Plot 界面，Plotting Mode 项选择 New Win，选择 sp，在 Function 栏选 NC，Plot Type 项选择 Z-Smith，Sweep 项选择 Noise Level(dB)，选择 Frequency(Hz)为 2.4G，在 Level Range 栏选择 Start 为 0.1，Stop 为 0.4，Step 为 0.01，单击 Plot，出现 Visualization & Analysis XL(V&A)界面并显示等噪声圆。再回到 Direct Plot 界面，Plotting Mode 项选择 New Subwin，选择 sp，在 Function 栏选 GAC，Plot Type 项选择 Z-Smith，Sweep 项选择 Gain Level(dB)，选择 Frequency(Hz)为 2.4G，在 Level Range 栏选择 Start 为 21，Stop 为 25，Step 为 0.2，单击 Plot，出现 Visualization & Analysis XL(V&A)界面并显示等增益圆，结果如图 4-64 所示。

(3) 一般来说，最小噪声系数和最大增益的对应的反射系数是不同的，噪声系数越小，我们得到的最小噪声系数等噪声圆越小。增益越大，得到的等增益圆越大。根据设计要求在增益和噪声之间进行折中，可以得到相应的反射系数，综合考虑，在等噪声圆和等增益圆的交点处，选择一点作为输入端阻抗，为(38.95+j * 378)Ω，如图 4-65 所示。为了达到最优结果，需要在晶体管的输入端加一个源最优反射系数，而整个电路的输入阻抗为 Z0=50Ω，所以需要输入匹配网络把源最优反射系数(该点处阻抗的共轭，即 38.95−j * 378)变换到输入阻抗 50Ω。

(4) 打开 ADS，新建输入匹配电路原理图，如图 4-66 所示。

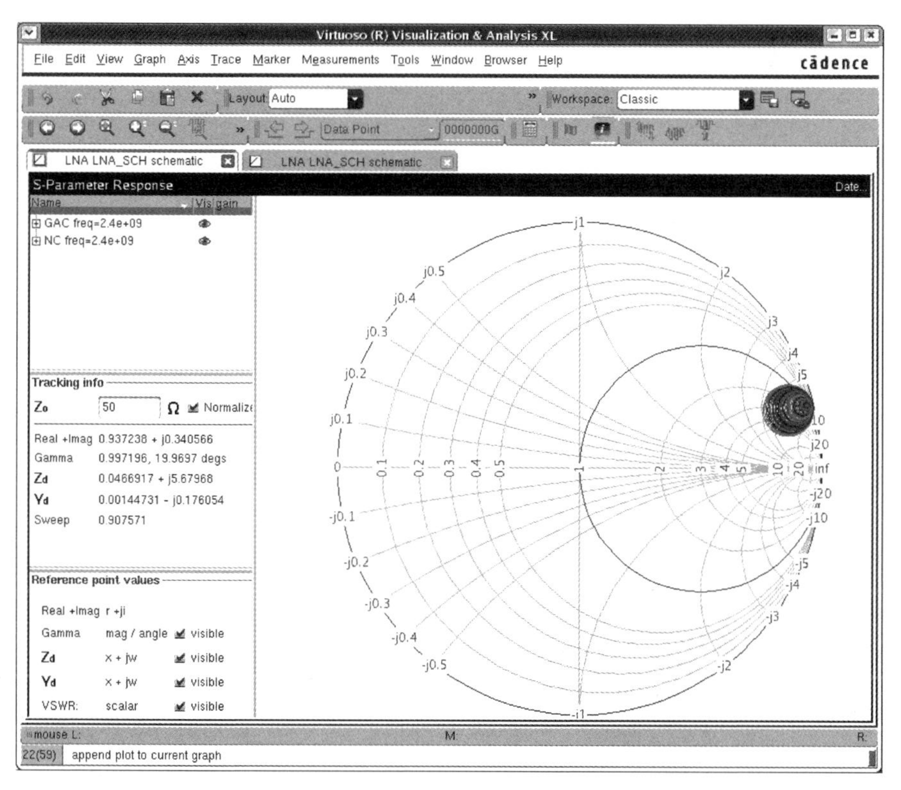


图 4-64 等噪声系数圆和等增益圆

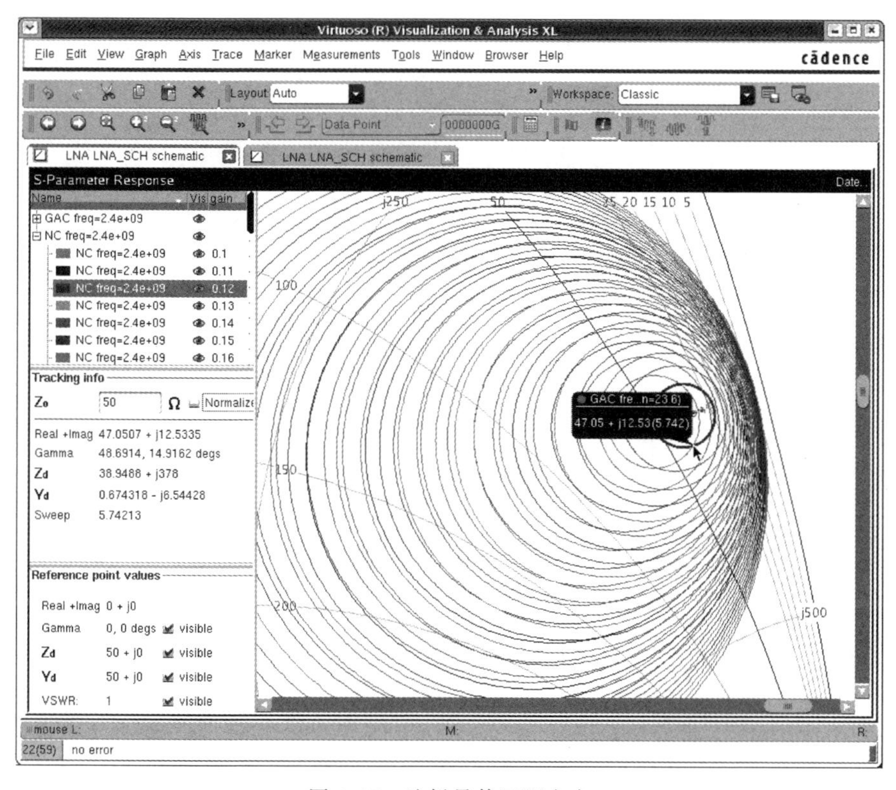


图 4-65 选择最佳匹配交点

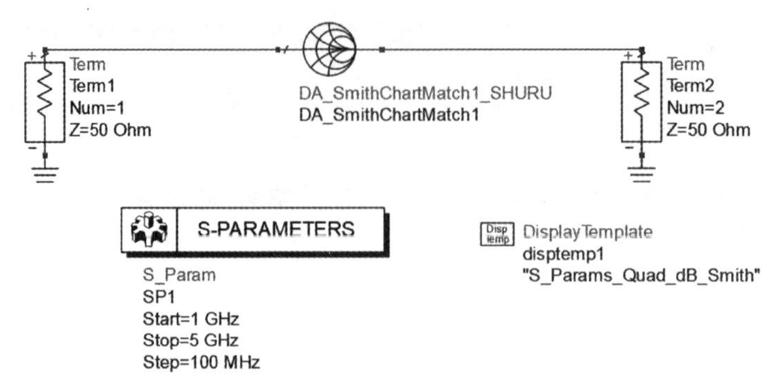


图 4-66　输入匹配电路原理图

（5）在 Tool 工具栏中选择 Smith Chart Utility，弹出 Smith Chart Utility 对话框，在 SmartComponent 栏中，软件会自动选择当前的这个 Smith Chart Matching 控件，即 DA_SmithChartMatch1。选择 ZL 栏，并修改为 38.95－j＊378，如图 4-67 所示。

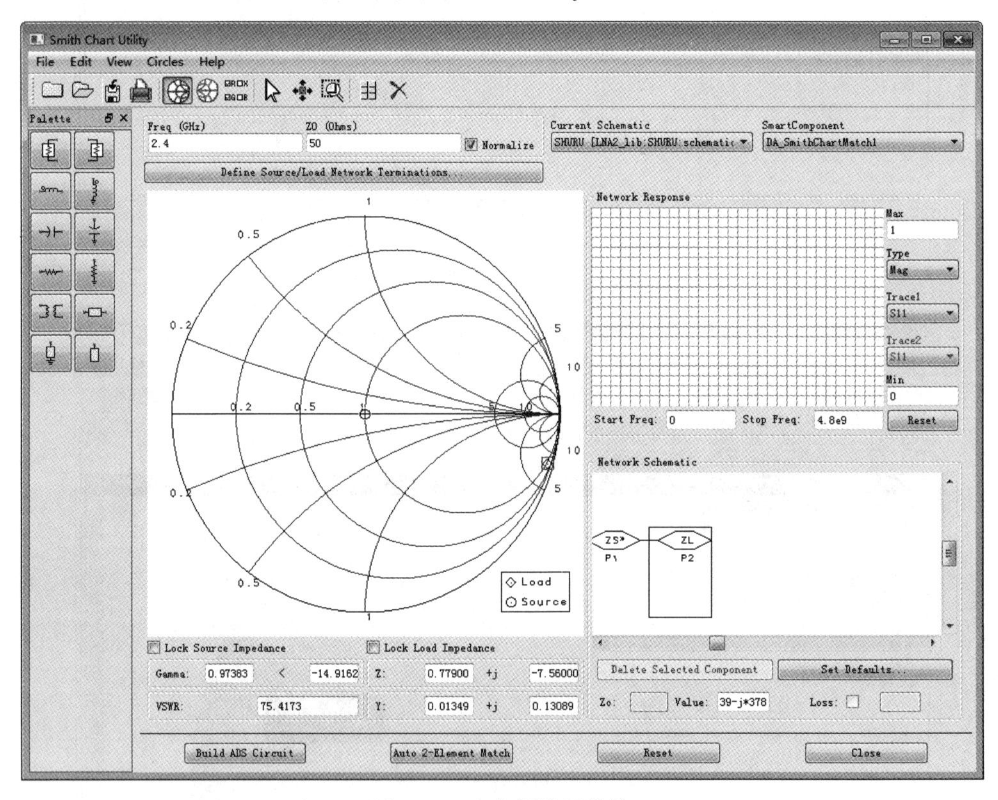


图 4-67　史密斯设置器件

（6）在 Smith Chart Utility 对话框的最下方，单击 Auto 2-Element Match，弹出选择匹配网络窗口，如图 4-68 所示。

（7）选择第 4 种 L 型匹配，单击之后，出现效果如图 4-69 所示。

（8）在 Smith Chart Utility 对话框的最下方，单击 Build ADS Circuit，生成对应的匹配网络，选择 DA_SmithChartMatch1，单击菜单栏上的图标，查看匹配子电路，如图 4-70 所示。

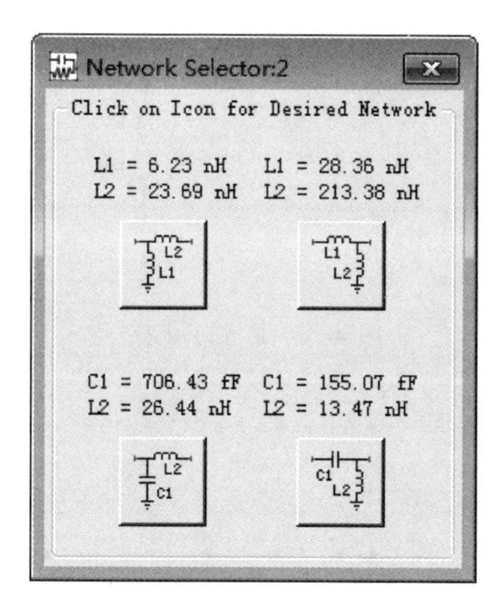


图 4-68　匹配网络窗口

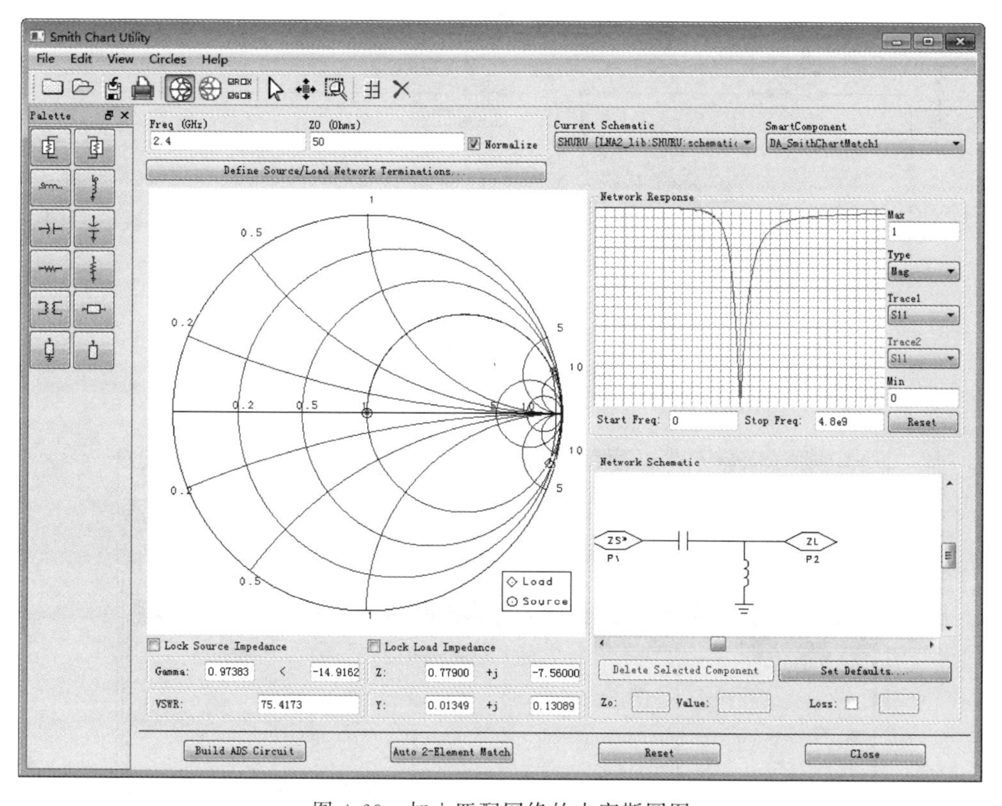


图 4-69　加入匹配网络的史密斯圆图

(9) 将输入匹配子电路复制到原理图中,所得电路的原理图如图 4-71 所示。

(10) 返回 ADE 界面,然后单击右侧 netlist and run 绿色图标,运行仿真。查看最大增益曲线,回到 Direct Plot 界面,Plotting Mode 项选择 New Subwin,选择 sp,在 Function 栏选 Gmax,单击 Plot,出现 Visualization & Analysis XL(V&A)界面并显示最大增益结果,在 V&A 界面增加新 Marker(单击小红旗图标),读出最大增益和频率的关系。结果如图 4-72 所示。

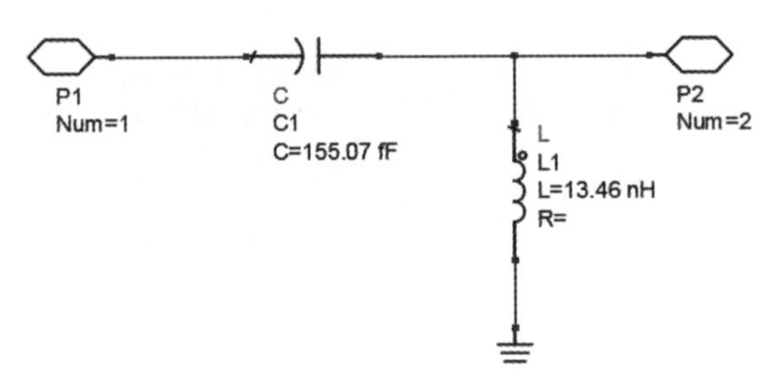


图 4-70 匹配子电路

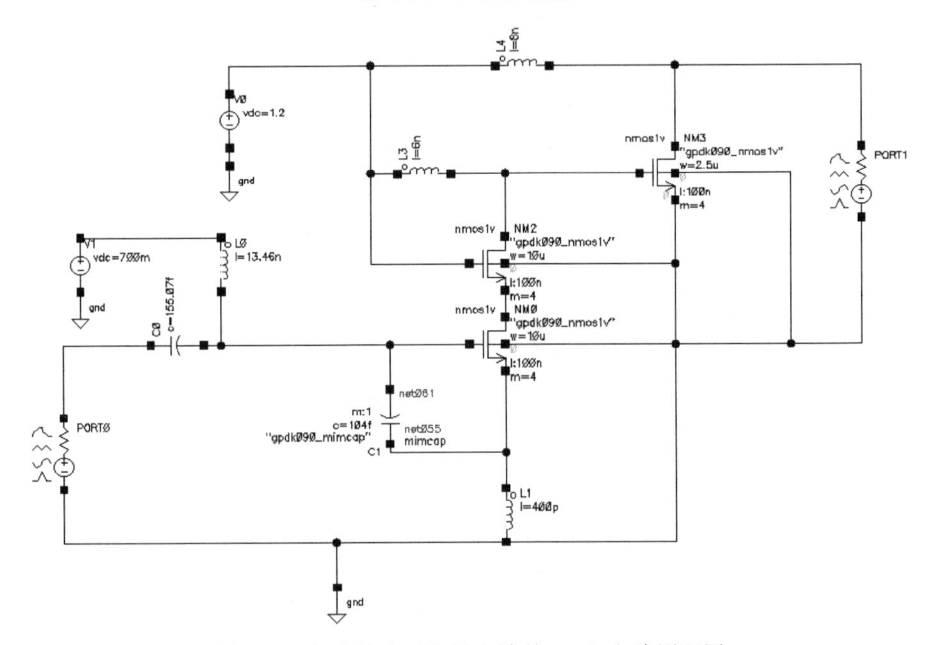


图 4-71 加入输入匹配子电路的 LNA 电路原理图

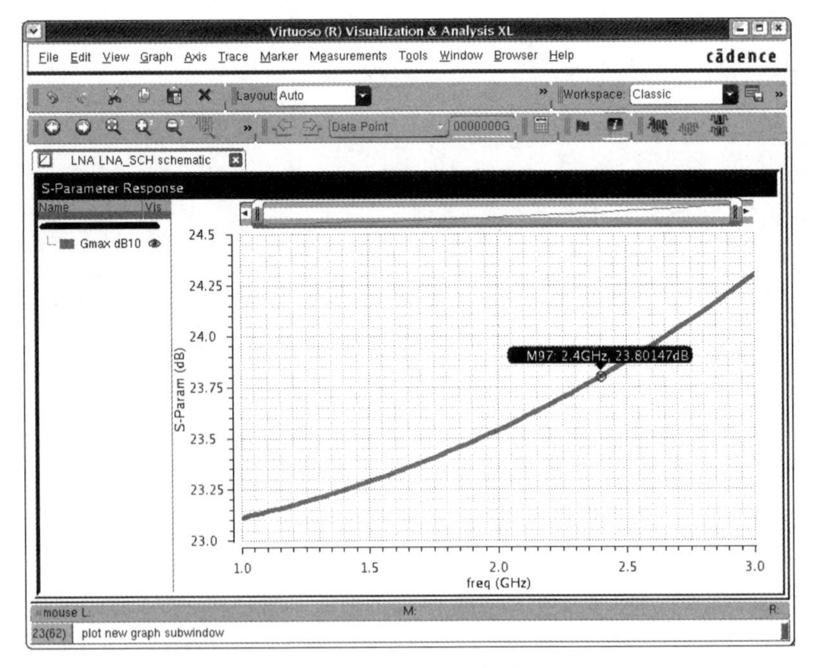


图 4-72 最大增益曲线

(11) 查看噪声系数。回到 Direct Plot 界面，Plotting Mode 项选择 New Win，选择 sp，在 Function 栏选 NF，Modifier 项选择 dB10，单击 Plot，出现 Visualization & Analysis XL (V&A)界面并显示最小噪声结果，在 V&A 界面增加新 Marker(单击小红旗图标)，读出噪声和频率的关系。再回到 Direct Plot 界面，Plotting Mode 项选择 New Subwin，选择 sp，在 Function 栏选 NFmin，Modifier 项选择 dB10，单击 Plot，出现 Visualization & Analysis XL (V&A)界面并显示端口 2 的噪声结果，在 V&A 界面增加新 Marker(单击小红旗图标)，读出噪声和频率的关系。结果如图 4-73 所示。

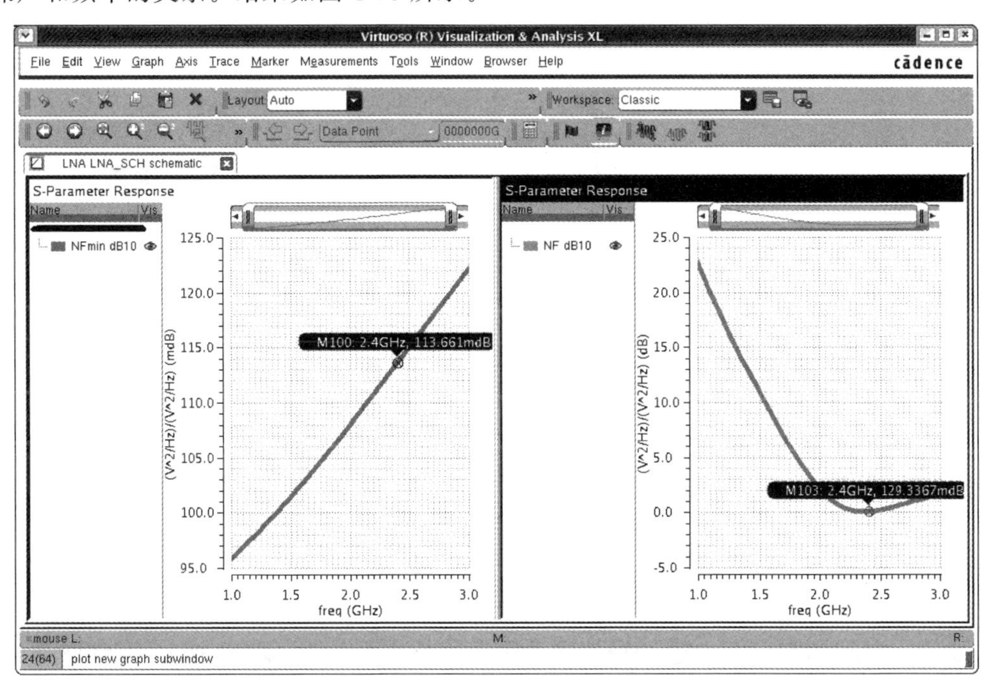


图 4-73　最小噪声系数和端口 2 噪声曲线

(12) 查看完成输入匹配的 LNA 的 S 参数。回到 Direct Plot 界面，Plotting Mode 项选择 New Subwin，选择 sp，在 Function 栏选 SP，Plot Type 项选择 Rectangular，Modifier 项选择 dB20，分别单击 S11 和 S22，出现 Visualization & Analysis XL(V&A)界面并显示各个 $S$ 参数结果，在 V&A 界面增加新 Marker(单击小红旗图标)，读出各 $S$ 参数与频率的关系。结果如图 4-74 所示。可以看到输入匹配得到了一个较小的输入反射系数，但是输出反射系数效果不好。

### 4.3.4　输出匹配设计

(1) 查看 $S_{22}$ 圆。回到 Direct Plot 界面，Plotting Mode 项选择 New Win，选择 sp，在 Function 栏选 NF，Plot Type 项选择 Polar，单击 S22，出现 Visualization & Analysis XL (V&A)界面并显示 $S_{22}$ 圆，结果如图 4-75 所示。

(2) 从图中可以看到输出阻抗为(31.4 + j * 114.5)Ω，输出匹配电路即按照这个来设计。为了达到最大增益，输出匹配电路需要把 50Ω 匹配到输出阻抗的共轭，同样采用 DA_SmithChartMatch 工具来做输出端匹配电路，在原理图中加入一个 DA_SmithChartMatch

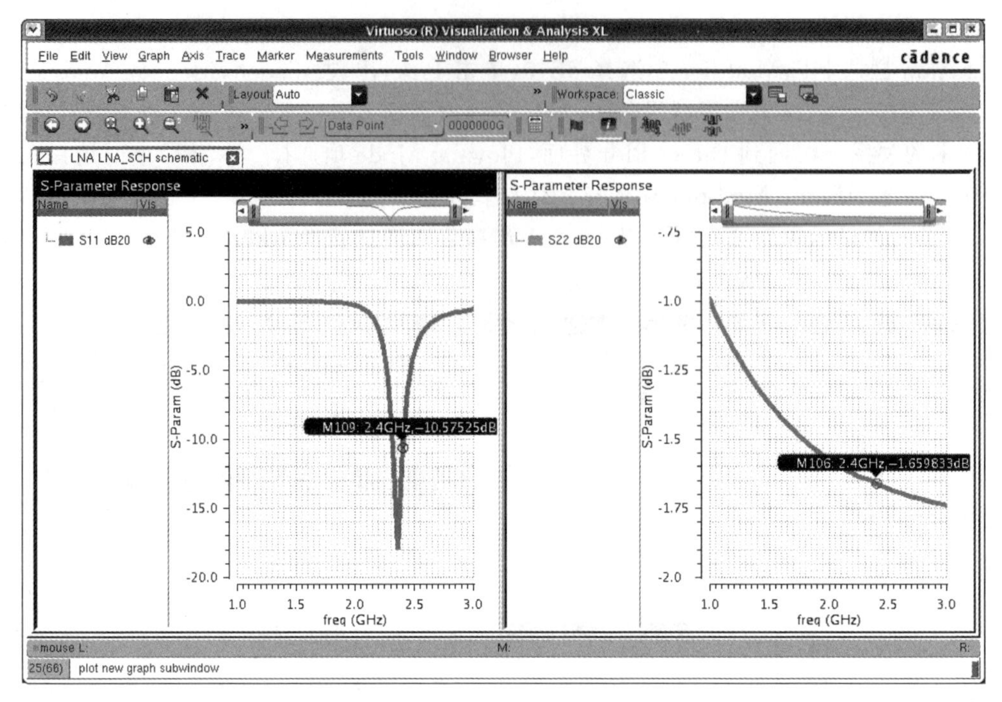


图 4-74 $S_{11}$ 和 $S_{22}$ 曲线

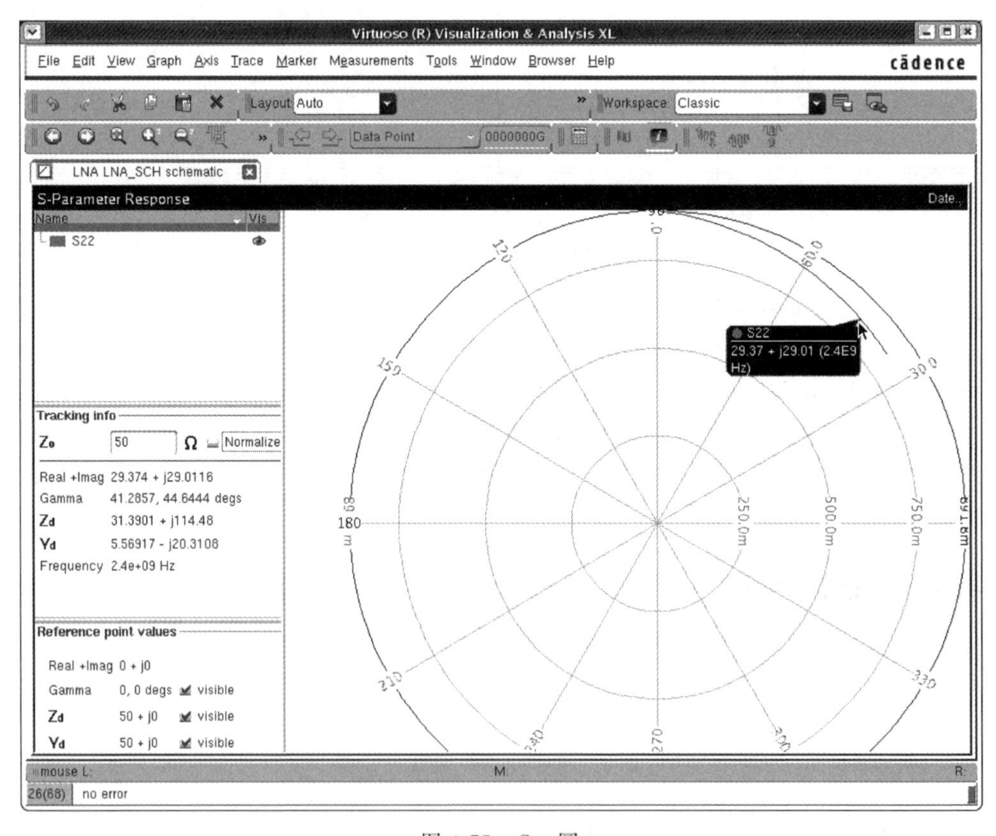


图 4-75 $S_{22}$ 圆

控件，只需串联一个电感即可匹配，结果如图 4-76 所示。

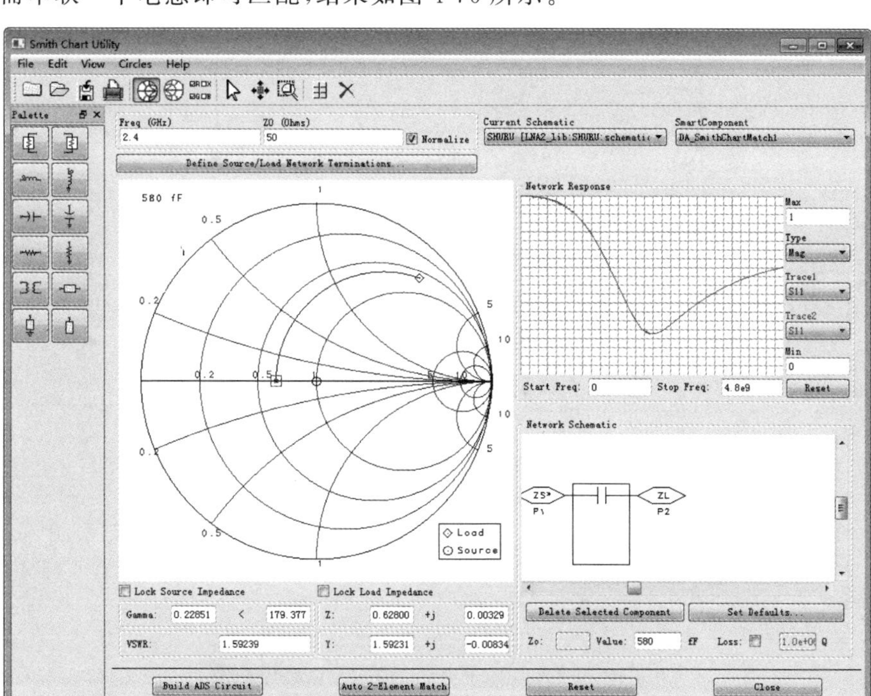


图 4-76　加入输出匹配网络的史密斯圆图

(3) 在 Smith Chart Utility 对话框的最下方，单击 Build ADS Circuit，生成对应的匹配网络，选择 DA_SmithChartMatch1，单击菜单栏上的 图标，查看匹配子电路，如图 4-77 所示。

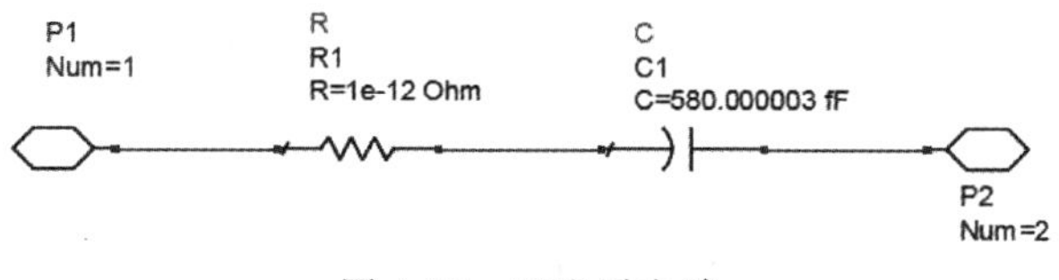


图 4-77　匹配子电路

(4) 将匹配子电路放置到原理图当中，加入输出匹配子电路的电路原理图如图 4-78 所示。

(5) 查看完成输入匹配 LNA 的 $S$ 参数。回到 Direct Plot 界面，Plotting Mode 项选择 New Subwin，选择 sp，在 Function 栏选 SP，Plot Type 项选择 Rectangular，Modifier 项选择 dB20，分别单击 S11 和 S22，出现 Visualization & Analysis XL(V&A)界面并显示各个 $S$ 参数结果，在 V&A 界面增加新 Marker(单击小红旗图标)，读出各 $S$ 参数与频率的关系。结果如图 4-79 所示。可以看到输入匹配和输出匹配还不够好。

(6) 对输入输出匹配电路的器件参数进行微调，并将理想电容替换成 mimcap，最终的电路原理图如图 4-80 所示。

(7) 之前的仿真是将 LNA 与激励源放在同一个原理图中进行的，这样带来的问题是不方便进行原理图至版图的转换以及无法进行版图参数提取后的仿真。在实际设计中，一种更为通用及规范的做法是通过建立顶层原理图测试模块实现对各单元电路的仿真，这种方

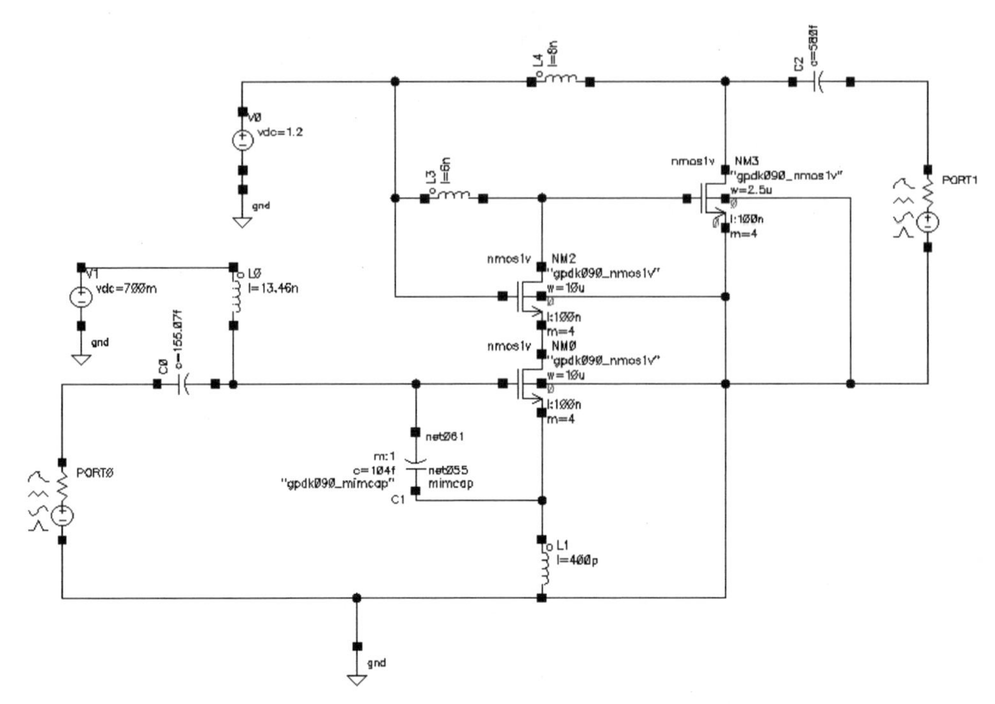


图 4-78　加入匹配子电路的 LNA 电路原理图

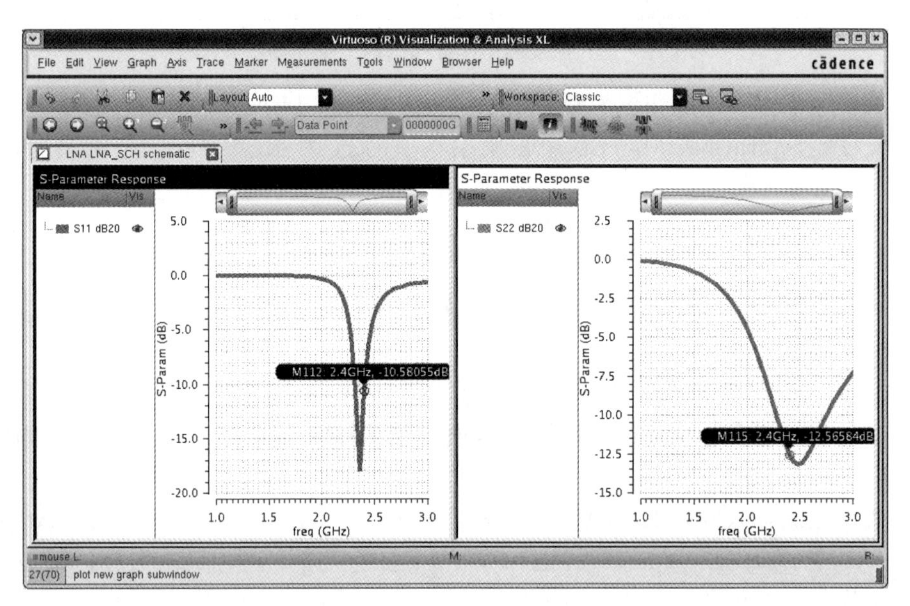


图 4-79　S11 和 S22 曲线

法将版图的电路与仿真所需的附加电路分离，可以方便实现版图设计与后仿真、电路与电磁场的联合仿真，并且更为系统化和层次化。由于电感需要通过电磁场仿真获得其物理参数，所以在此处并不包括电感元件，我们将电感元件放在顶层测试文件(testbench)中，MOS 器件和电容的参数如前不变，在各个输出端及接地端新增 pin 脚。

(8) 新建 LNA_SCH 原理图，如图 4-81 所示。

(9) 建立 LNA_SCH 模块符号，在原理图中单击菜单 Create—Cellview—from

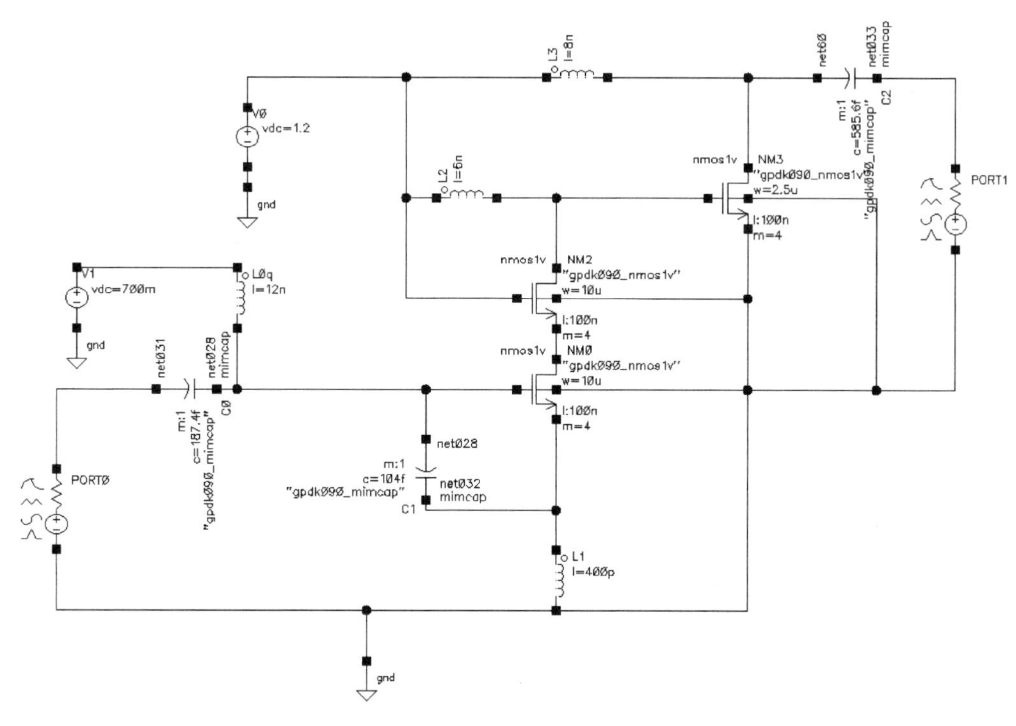


图 4-80　LNA 最终电路原理图

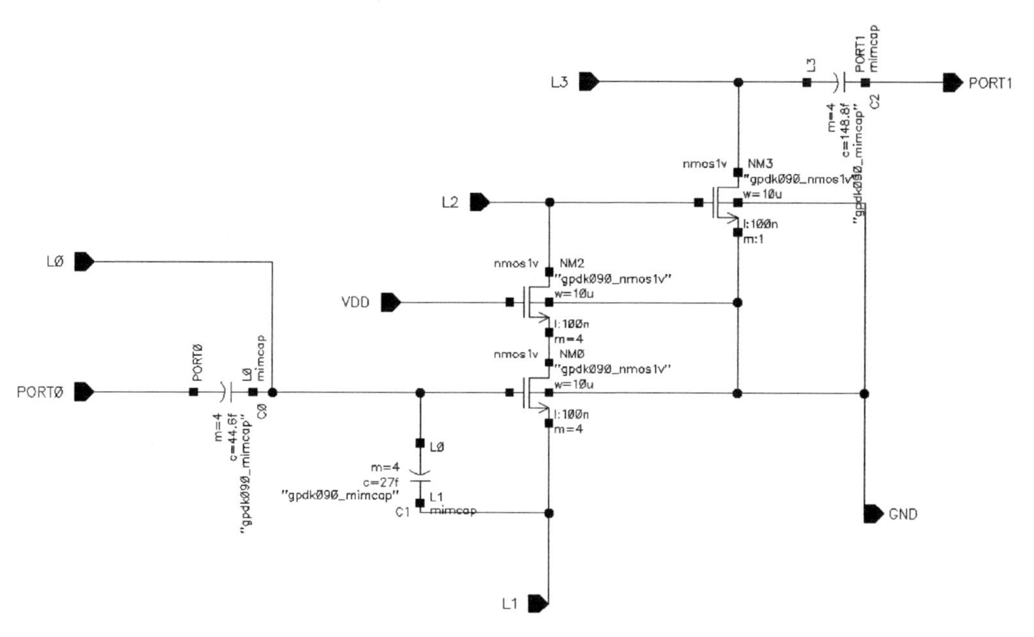


图 4-81　LNA_SCH 原理图

Cellview，创建 LNA_SCH 的符号(symbol)，如图 4-82 所示。最后建立的符号如图 4-83 所示。

(10) 建立顶层测试模块。新建原理图，取名 LNA-TESTBENCH。调入刚才创建的子模块符号(按键“i”(Add Instance)，从 LNA_SCH 单元中调入 symbol)，在原理图中添加其他元件并连线，如图 4-84 所示。

Symbol Generation Options

| Library Name | Cell Name | View Name |
|---|---|---|
| LNA | LNA_SCH | symbol |

Pin Specifications — Attributes

| | | |
|---|---|---|
| Left Pins | PORT0 | List |
| Right Pins | L0 PORT1 | List |
| Top Pins | VDD L2 L3 | List |
| Bottom Pins | L1 GND | List |

Exclude Inherited Connection Pins:

None　All　Only these:

Load/Save　Edit Attributes　Edit Labels　Edit Properties

OK　Cancel　Apply　Help

图 4-82　设置端口位置

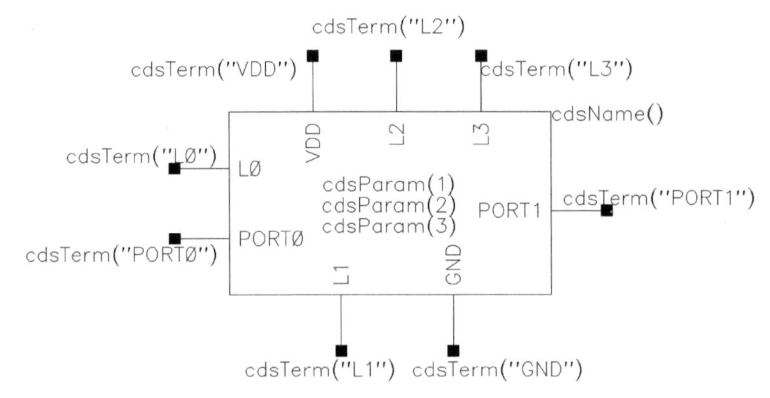


图 4-83　LNA_SCH 符号

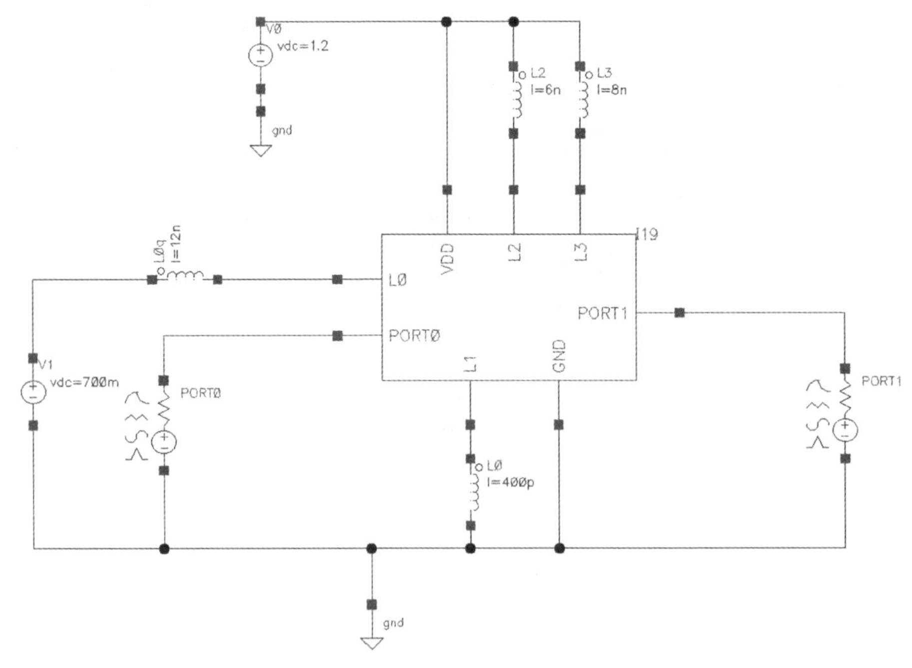


图 4-84　Testbench 原理图

（11）单击菜单 Launch-ADE L，打开仿真设置环境，然后设置 sp 仿真，设置内容参照之前的操作。最后运行仿真，参照前面的方法最后得到的仿真结果如图 4-85～图 4-87 所示。

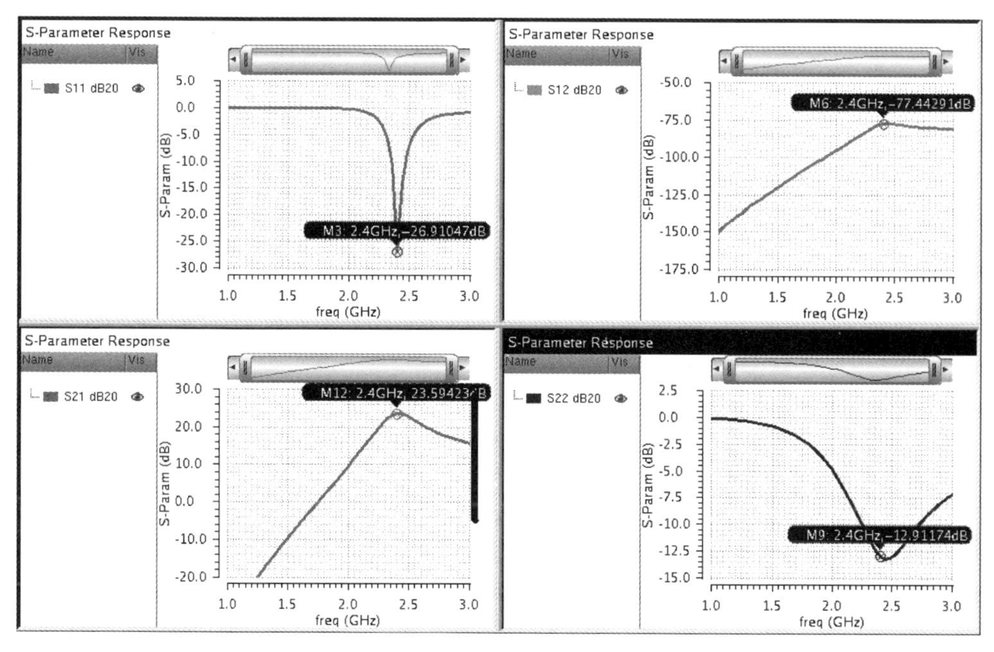


图 4-85　*S* 参数仿真

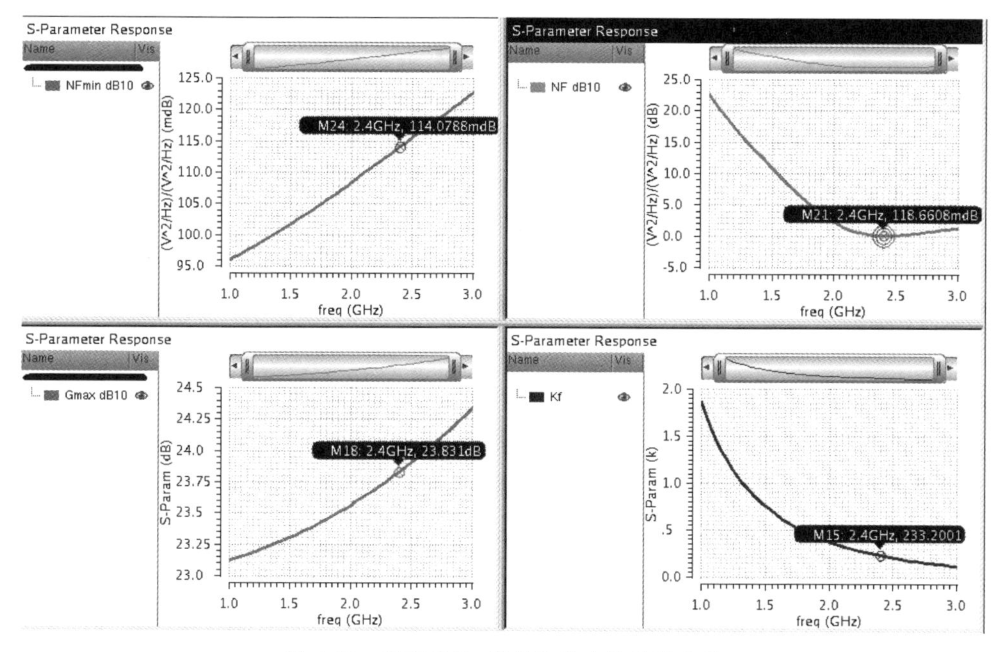


图 4-86　噪声系数、增益和稳定性系数曲线

## 4.3.5　使用 ADS 设计谐振电感

电感是射频集成电路中最为重要的无源器件，它的版图需要通过电磁场仿真优化后获得。

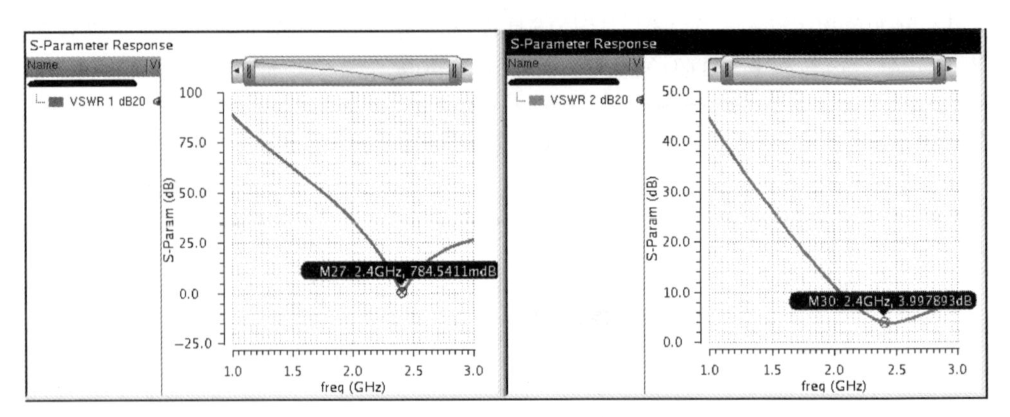


图 4-87 输出输入驻波比

（1）在 ADS 中新建版图单元，取名为 ind_6nHchafen。使用最顶两层金属层 M9 和 M8 设计电感。本例中用到 4 个不同大小的电感，采用对称型的八边形平面螺旋电感。以本案例中的 6nH 电感为例，设计电感参数分别为：线宽为 10μm，线圈间距为 2μm，最外圈的直径为 179μm，最外圈的直径 $d1=271\mu m$，线圈匝数为 4。电感主要采用顶层金属层 M9 设计，第 8 层金属层 M8 用于实现两线圈在中间交叉部分的跨接，如图 4-88 所示。

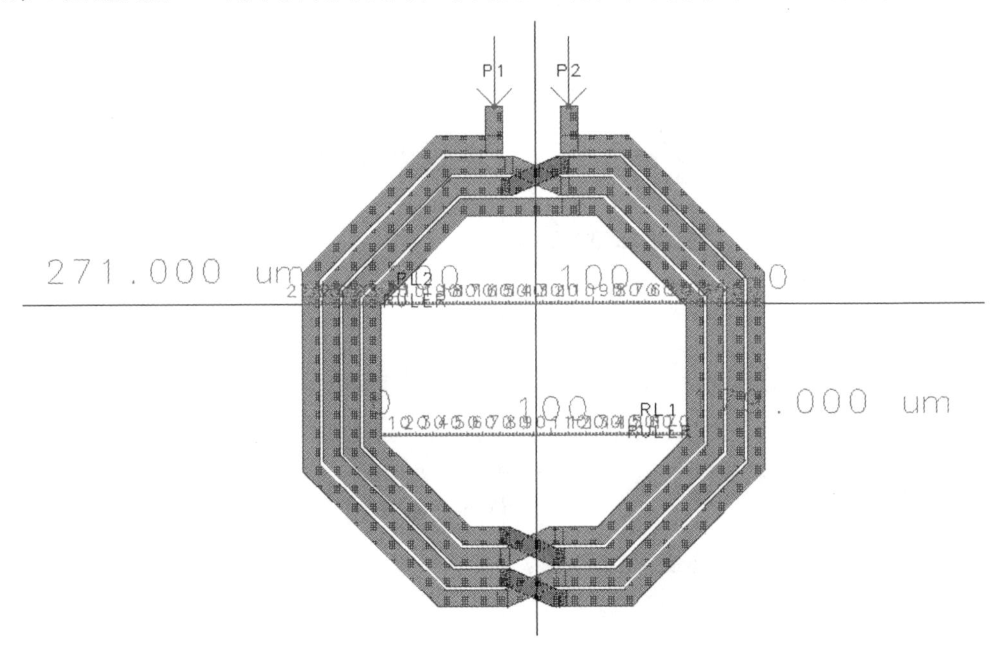


图 4-88 对称型的八边形平面螺旋电感结构

（2）电磁场仿真设置。单击 EM 图标，进入 EM Setup for simulation 界面。如图 4-89 所示。设置 Setup Type 为 EM Simulaton/Model，EM Simulator 为 Momentum Microwave。

设置衬底(Substrate)，因之前已做过衬底设置，直接选择 gpdk090 工艺的衬底文件，该衬底文件在第 2 章已进行了详细设置说明。

设置端口(Ports)。在 Ports 栏中单击 Edit，在电感版图中已设置了 2 个 port，因此出现的 Port Editor 界面中有 1,2 这 2 个端口，软件默认为单端口设置，即各端口的参考点为地

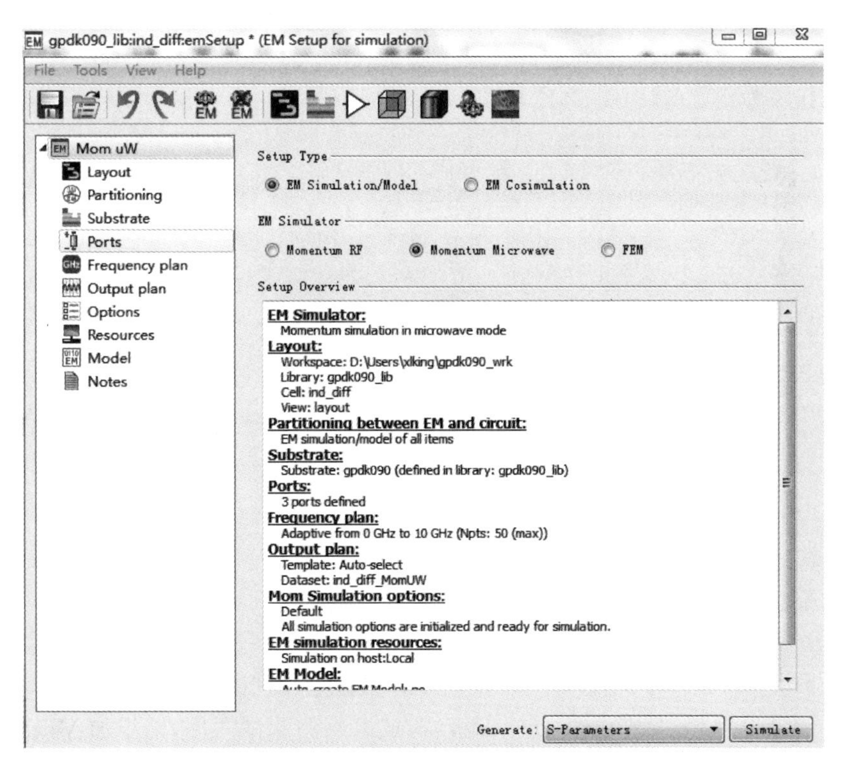


图 4-89　Momentum 电磁场仿真设置界面

(Gnd),如图 4-90 所示。本设计采用差分结构设计电感,鼠标点中 P2 并将其拖往 1 端口的负极性端,代替 Gnd,如图 4-91 所示。

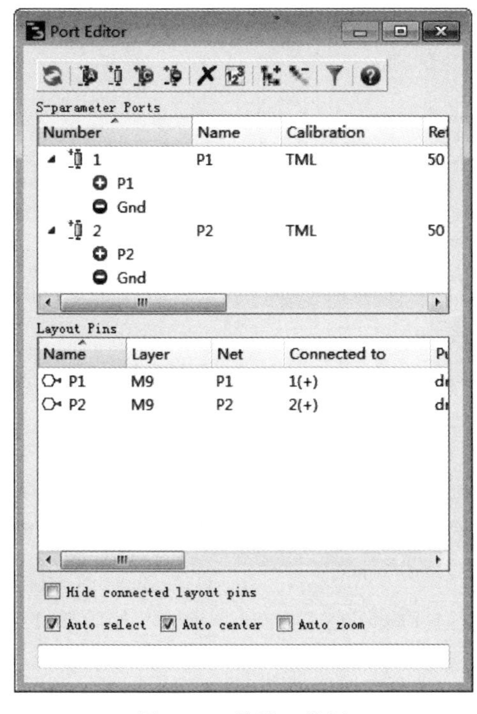


图 4-90　单端口设置

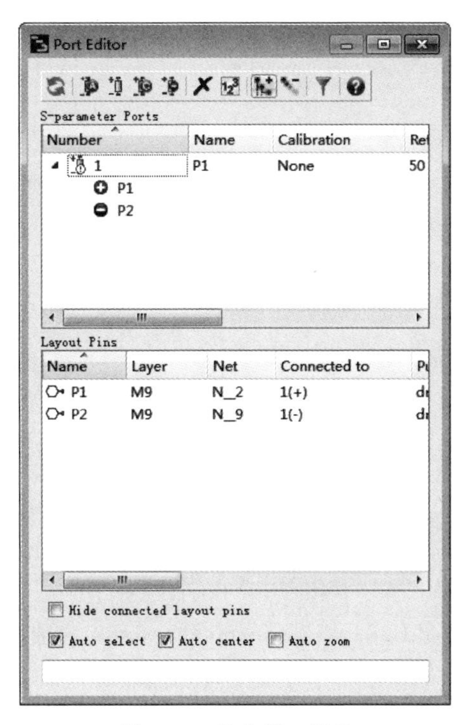


图 4-91　差分端口设置

选择左栏频率扫描(Frequency Plan)项,设置 Type 为 Adaptive,Fstart 为 0GHz,Fstop 为 10GHz,Npts 为 50。如图 4-92 所示。

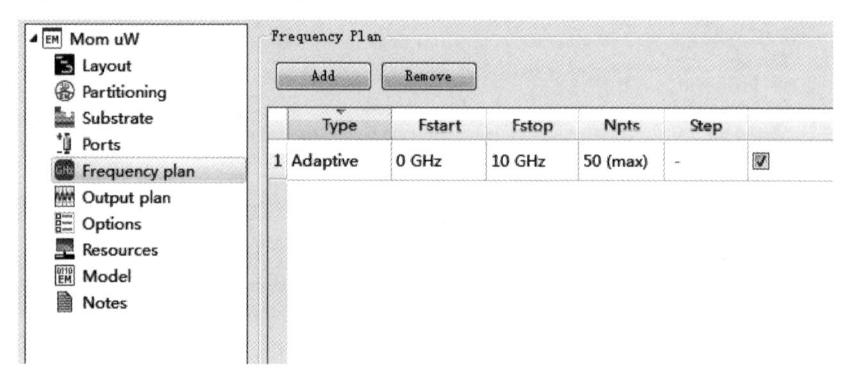


图 4-92 频率扫描设置

运行仿真,结束后会形成 ind_6nHchafen_MomUW. ds 和 ind_6nHchafen_MomUW_a. ds 两个结果数据文件,其中,前一个文件是原始数据文件,后一个带_a 的文件是对原始数据进行自适应(adaptive)插值处理后的数据文件。

(3) 建立电感的原理图测试文件(testbench)。新建原理图,Cell 名称为 ind_test。在原理图中调入 S1P 组件(来自 Data Items 面板)构成电感的测试文件,并添加 Meas Eqn 控件,输入电感和品质因数的计算公式,如图 4-93 所示。

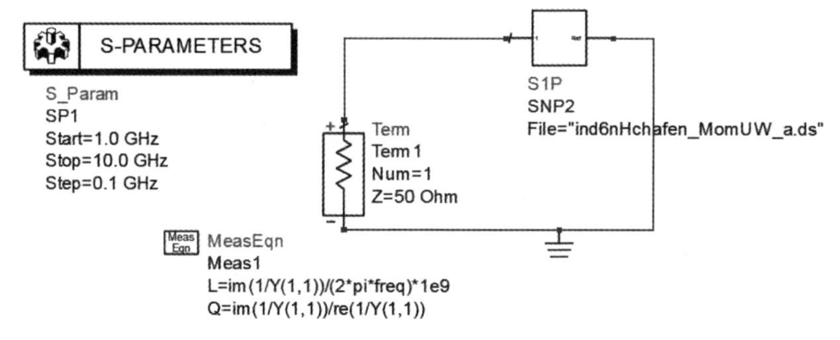


图 4-93 电感测试原理图

进入 S2P 组件的属性设置,在 File Name 栏选择电磁场仿真生成的结果文件,ind_6nHchafen_MomUW_a. ds,File Type 项为 Dataset。

*S* 参数仿真设置,扫描起始频率 Start 为 0GHz,结束频率 Stop 为 10GHz,Step-size 为 0.1GHz。

然后获得电感值(nH)与 *Q* 随频率变化的曲线,如图 4-94 所示。

从图中可以看出在 2.4GHz 时,差分电感的数值为 6.0nH,品质因数 *Q* 约为 14.2。

(4) 将数据以 touchstone 的格式导出,提供给 cadence 仿真所用。在结果显示界面单击菜单 Tools-Data File Tool,选择 Mode 为 Write data file from dataset,Output file name 为 ind_diff. s3p,File format to write 栏选择 Touchstone,在 Dataset to read 栏选择 Dataset name 为 ind_diff_MomUW_a,如图 4-95 所示。

这样我们就将所设计的电感的电磁场仿真 *S* 参数数据导出为 s1p 文件,该文件将在 Cadence 的后仿真中进行调用。

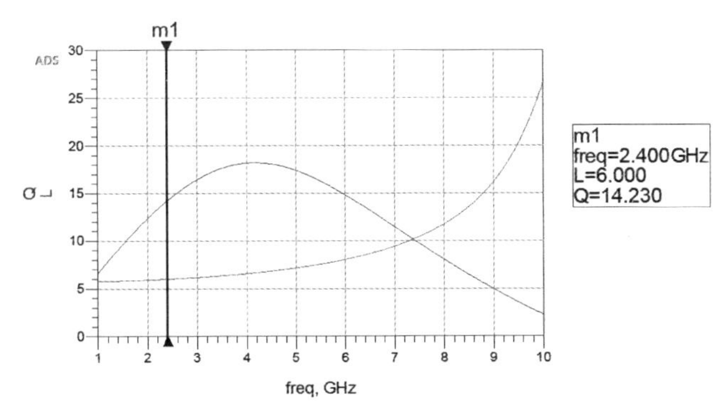


图 4-94 电感值与品质因数 $Q$ 仿真结果

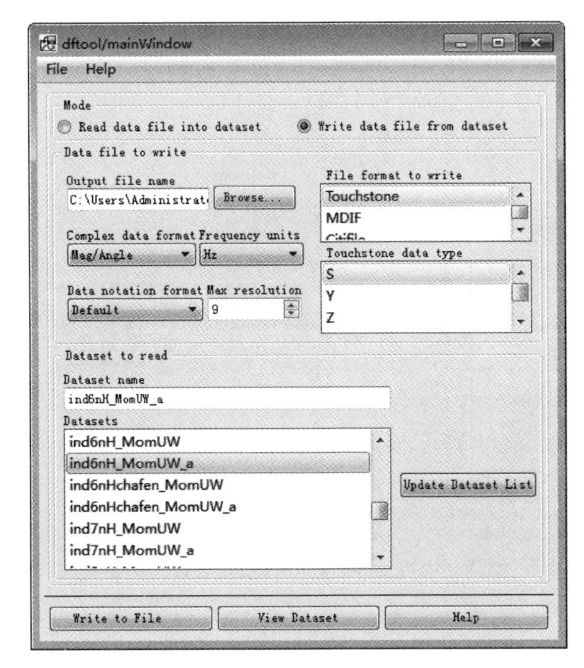


图 4-95 数据导出设置

(5) 按照同样的步骤，分别设计好 0.4nH，8nH，12nH 电感，

设计 0.4nH 电感参数分别为线宽 10μm，最内圈的直径 $d0=150\mu m$，最内圈的直径 $d1=170\mu m$，线圈匝数为 1。电感主要采用顶层金属层 M9 设计，如图 4-96 所示。仿真结果见图 4-97。

设计 8nH 电感参数分别为：线宽为 10μm，线圈间距为 2μm，最内圈的直径 $d0=154\mu m$，最外圈的直径 $d1=270\mu m$，线圈匝数为 5。电感主要采用顶层金属层 M9 设计，第 8 层金属层 M8 用于实现两线圈在中间交叉部分的跨接，如图 4-98 所示。仿真结果见图 4-99。

设计 12nH 电感参数分别为：线宽为 10μm，线圈间距为 2μm，最内圈的直径 $d0=212\mu m$，最外圈的直径 $d1=328\mu m$，线圈匝数为 5。电感主要采用顶层金属层 M9 设计，第 8 层金属层 M8 用于实现两线圈在中间交叉部分的跨接。电感结构同图 4-98，仿真结果见图 4-100。

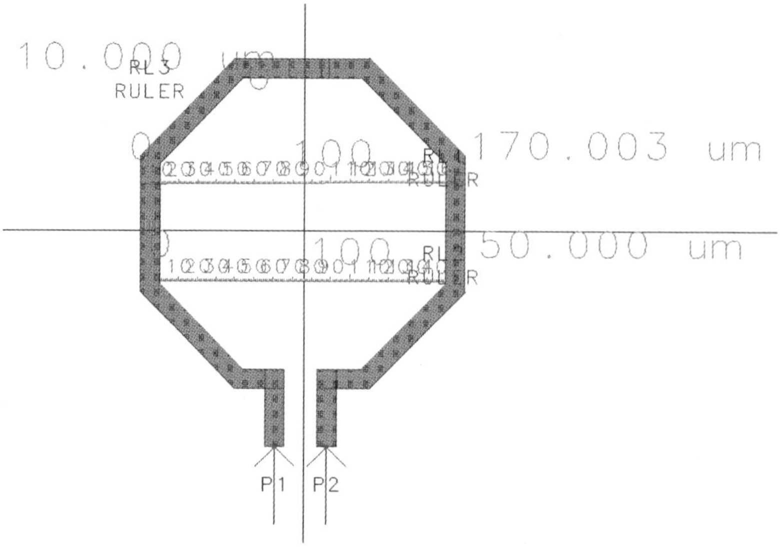

图 4-96　0.4nH 电感结构

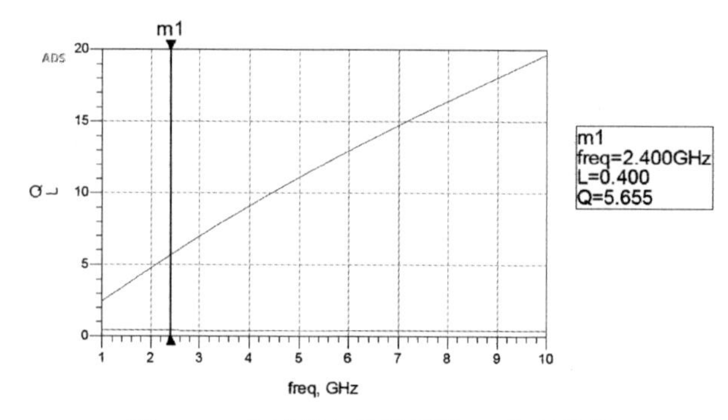


图 4-97　电感值与品质因数 $Q$ 仿真结果

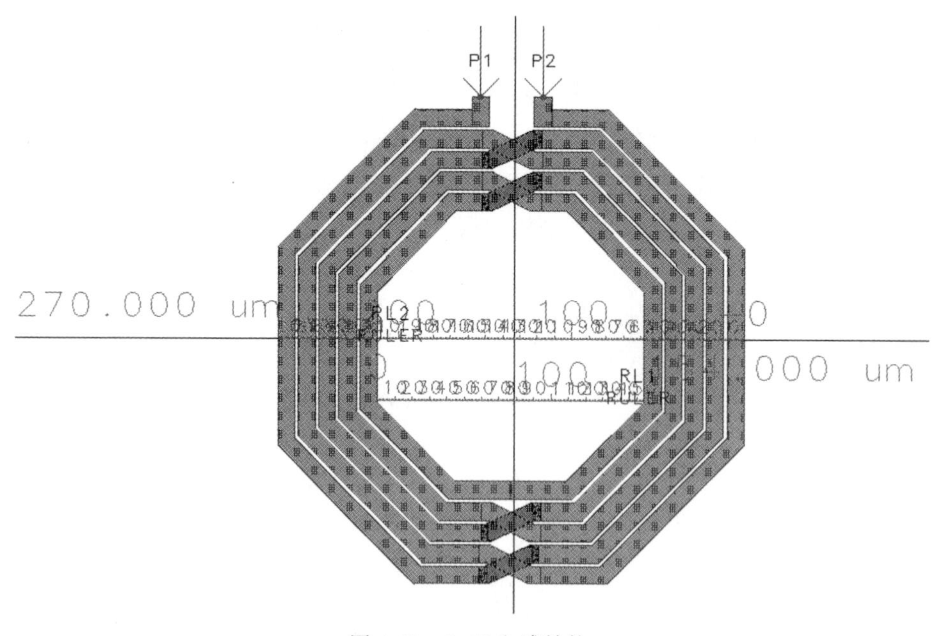


图 4-98　8nH 电感结构

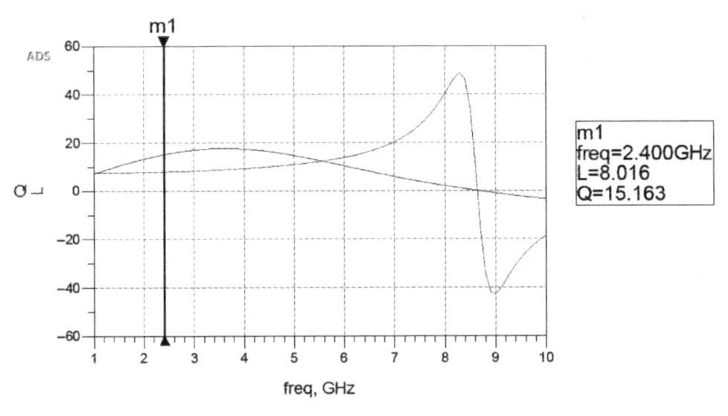


图 4-99 电感值与品质因数 $Q$ 仿真结果

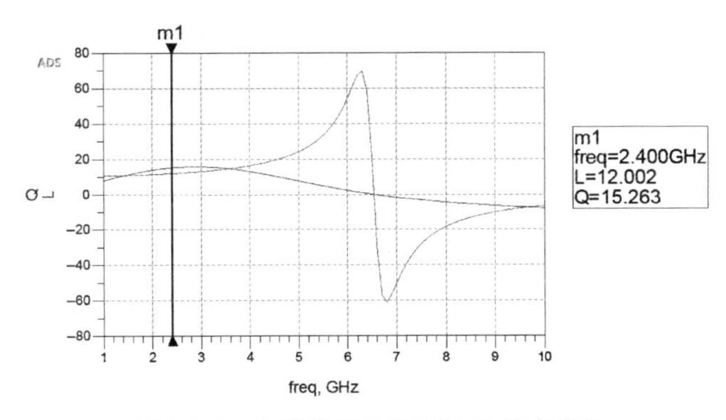


图 4-100 电感值与品质因数 $Q$ 仿真结果

## 4.3.6 LNA 版图设计

LNA 的版图主要包括 NMOS 管、电容和电感，其中电感通过 ADS 电磁场仿真后获取物理尺寸并导入 Cadence 版图中，所以我们需要首先进行 MOS 管和电容的版图设计，这部分版图设计完成后先进行不包括电感的后仿真，重新优化电感的参数后进行电感设计，最后将电感版图包括进去实现完整的后仿真。因此实际的版图设计过程需要反复多次才能完成。

(1) 首先开始画版图前的准备，选择 Cadence 中的 Tools，选择 Technology File Manager，在 Manager 项中选择 Attach，关联工艺文件，如图 4-101 和图 4-102 所示。

(2) 进入前面设计的 LNA 子模块原理图 LNA_L1(注意不包含源和电感)，单击菜单 Launch—Layout XL，在出现的对话框中选择 Create New，默认 ok，进入版图编辑界面。对图层进行设置，由于默认显示的图层太多，因此需要对显示的图层进行一些筛选。在 Layout 版图页面的左边框中，选择下标箭头，进入 layout 设置界面，如图 4-103 所示。选择需要用到的图形图层、边界线定层、标记层以及一些必须要用到的 dummy 层，最后的结果如图 4-104 所示。

(3) 对显示相关的设置，格点间距的设置根据不同工艺尺寸而不同，格点间距是版图设计时非常重要的距离参考。合理的格点设置能够极大地提高作图效率，有效地避免 off-grid 错误，尤其是在摆放管子或调用通孔时。其中 Minor Spacing 和 Major Spacing 分别指主格点和次格点间距。X Snap Spacing 和 Y Snap Spacing 分别指 $X$ 轴与 $Y$ 轴挪移间距，见

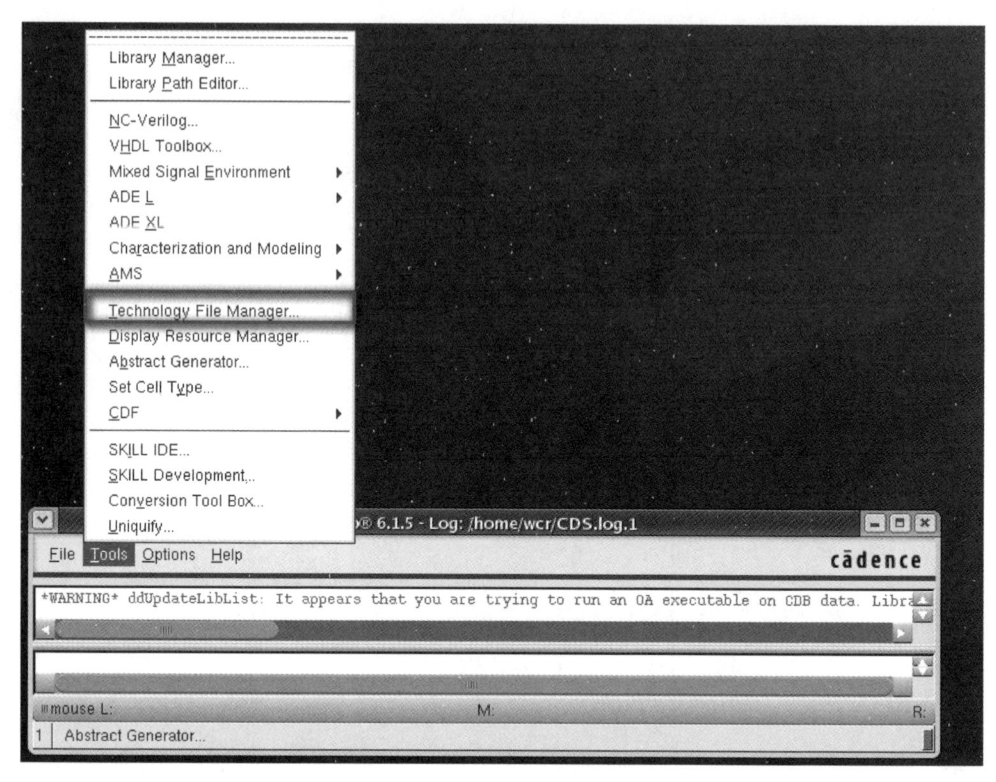


图 4-101　关联工艺文件 1

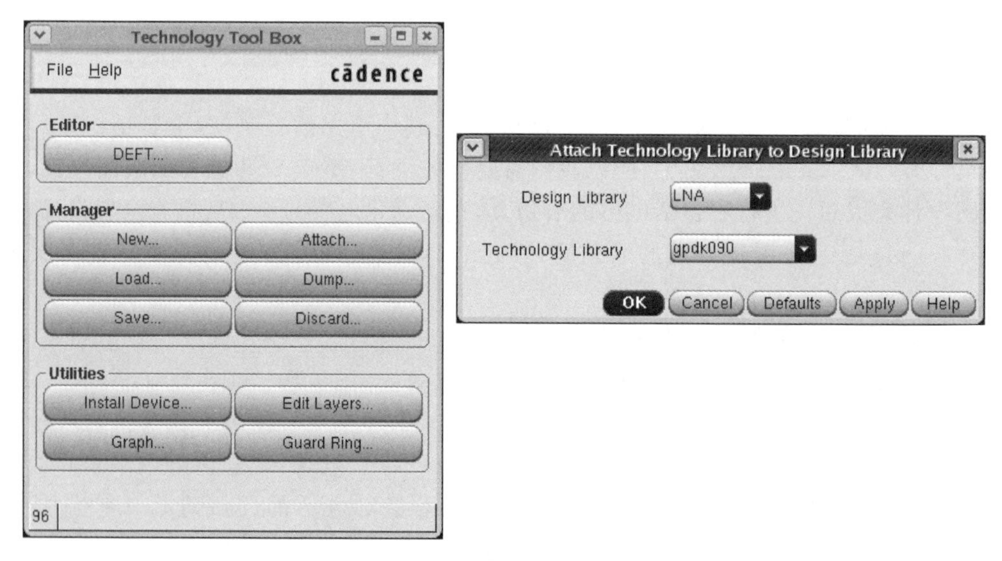


图 4-102　关联工艺文件 2

图 4-105。

(4) Snap Spacing 设置公式为

[最小线宽÷2]×(0.23μm)与[最小线间距]×(0.23μm)的最低分辨率(0.01μm)

Path 画线以线中轴为参考。一般情况下鼠标均可挪移至边界或中心，个别情况下可将 Snap Spacing 临时改成 0.005(详见 Design Rule 提供的最小尺寸列表)。

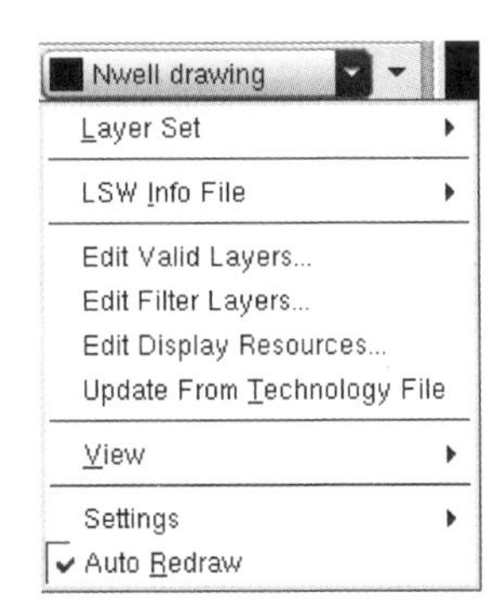


图 4-103　进入 layout 设置界面

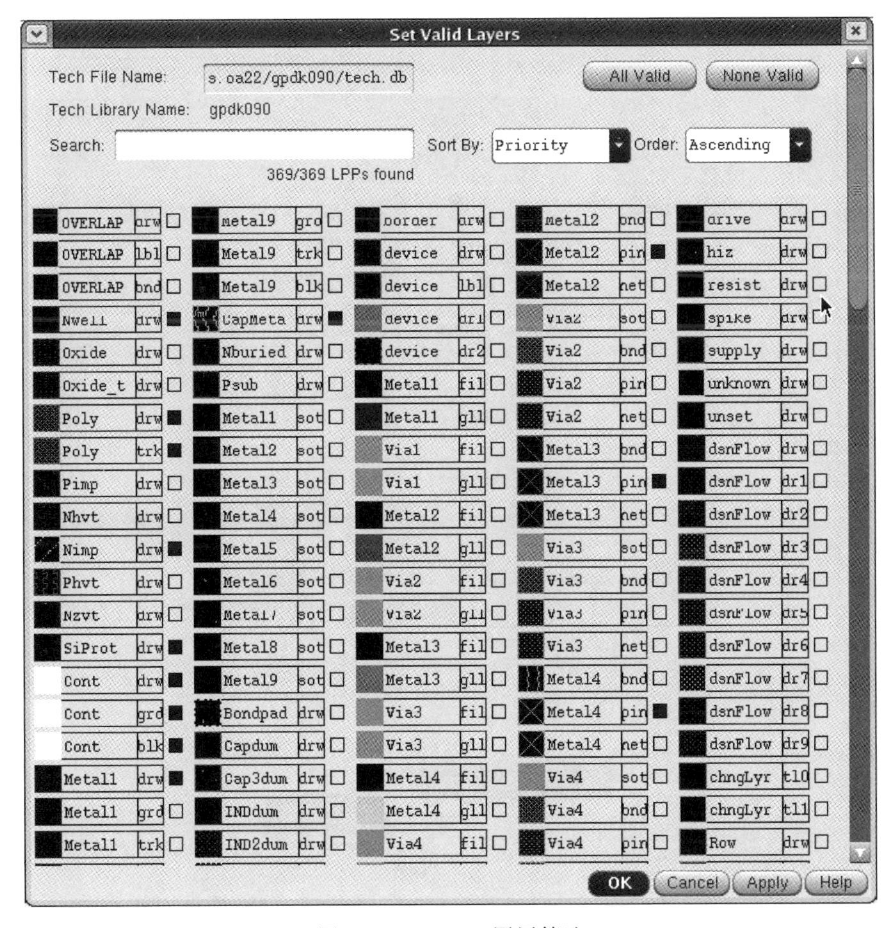


图 4-104　layout 图层筛选

Minor Spacing 设置为 Snap 的 5 倍或者 10 倍为宜，Major Spacing 设置为 Snap Spacing 的 5 倍为宜。从而使在移动或者放置图形时可以有效地“目测”出距离的大小，在一般典型作图尺寸量级下放大或缩小窗口时显示的格点不至于太密或者太疏。格点显示相关说明见图 4-106。

(5) 对编辑属性的设置(Shift + E)，其中 Abut Server 为毗连吸附功能，Gravity Controls 为鼠标吸附特性设置。效果如图 4-107 所示。

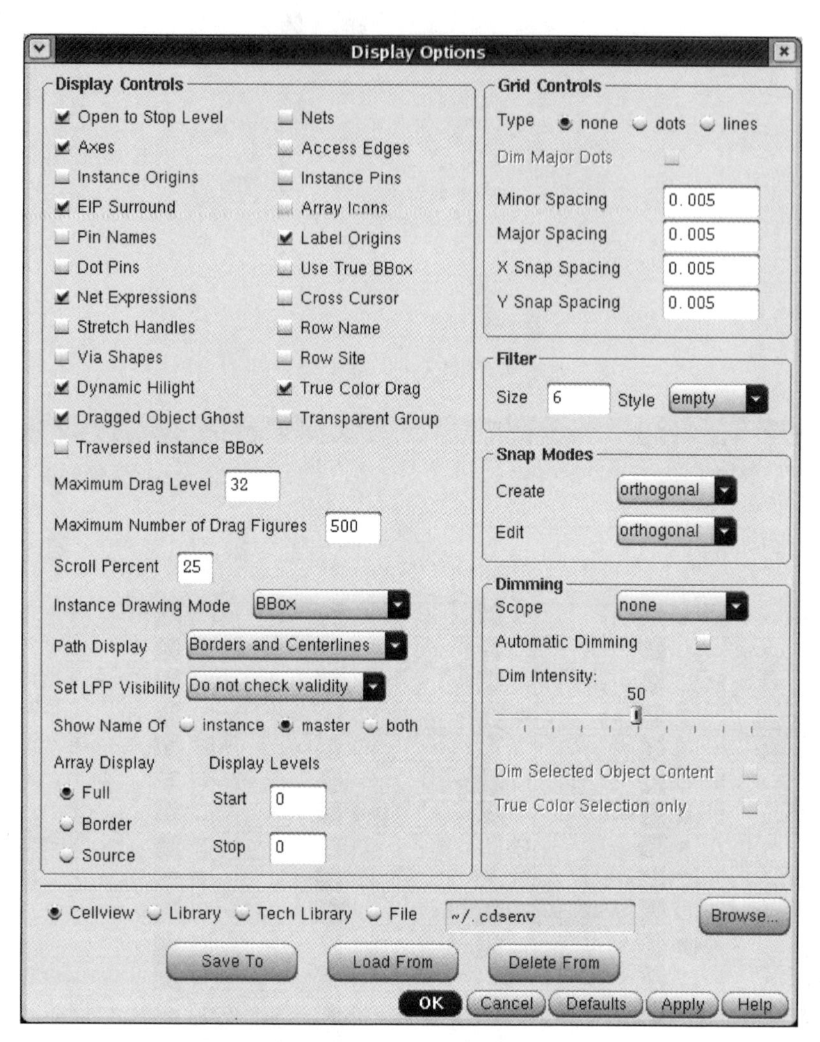


图 4-105　显示相关设置

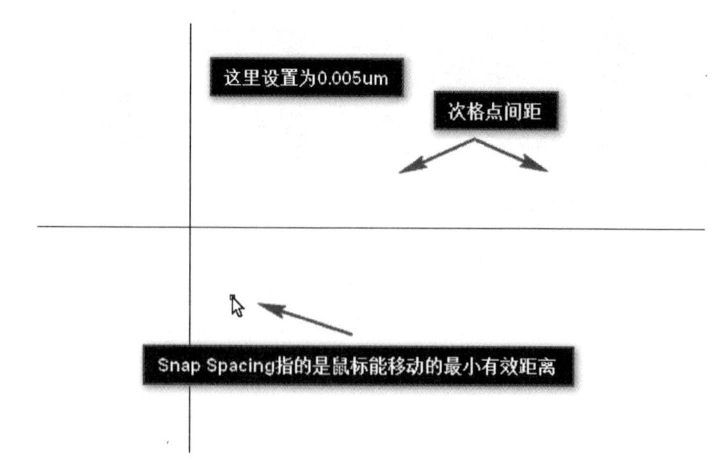


图 4-106　格点显示相关说明

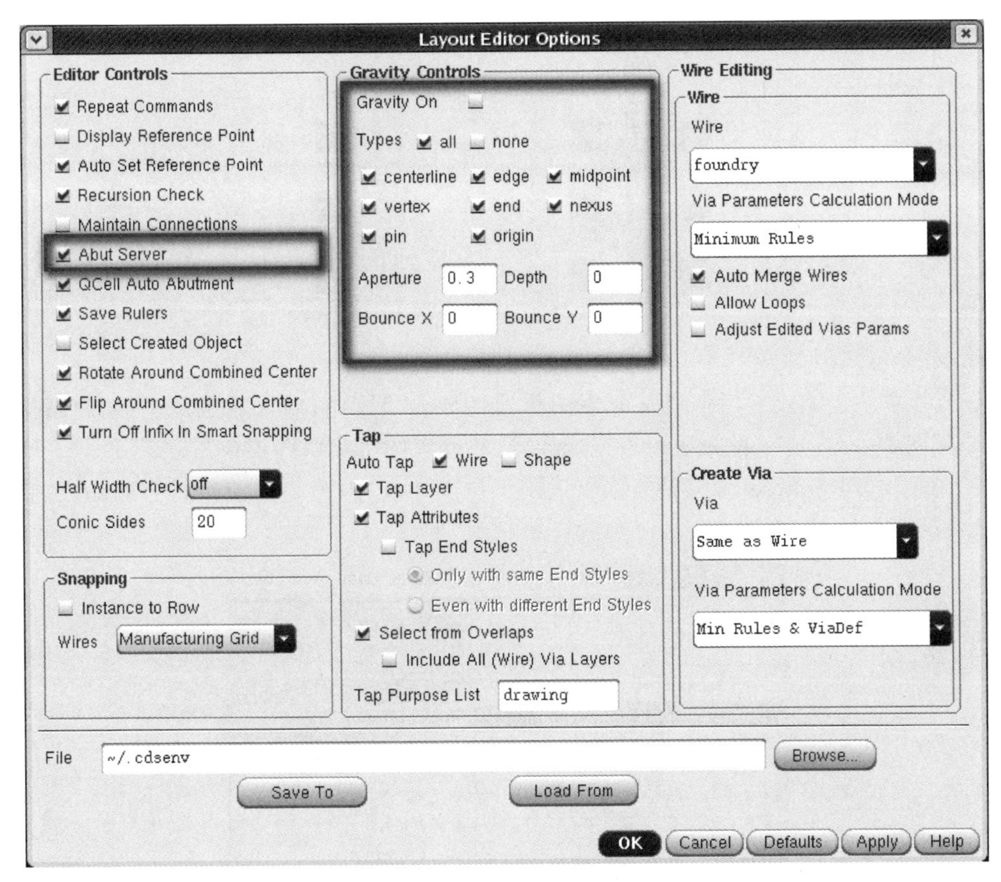


图 4-107　编辑属性的设置

在本次设计中，NMOS 管的栅长为 100nm 时，栅宽最长为 30μm，但是我们使用的是 50μm 的 NMOS 管，所以要用两个栅宽为 25μm 的 NMOS 管并联，开启毗连吸附功能时，当两个管子连接在一起的两个端口靠近时，会有被一起吸附的效果，图 4-108 中两个 NMOS 管源极和漏极相接，并且没有再接其他端口，因此毗连吸附在一起无须通孔金属引线。当然，如果是不相接的两个端口靠近，则两个管子将会被弹开，见图 4-109。

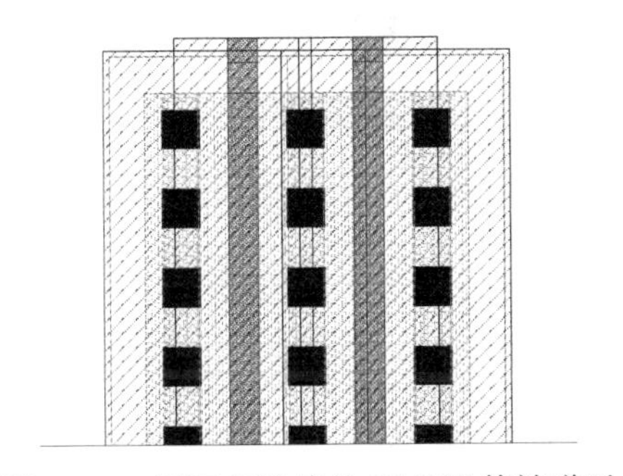

图 4-108　不互相连接的 NMOS 管被弹开

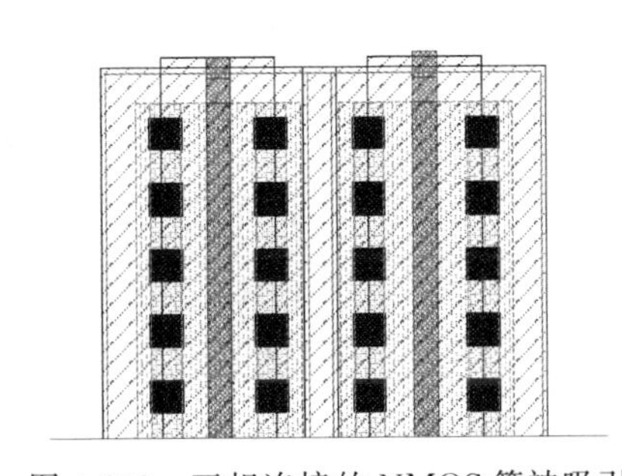

图 4-109　互相连接的 NMOS 管被吸引

吸附之后的两个管子，如果在毗连吸附功能关闭的情况下，挪开会导致如图 4-110 的效果。

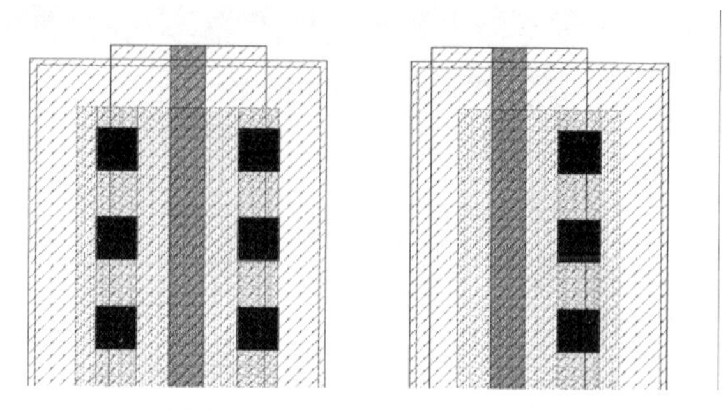

图 4-110　NMOS 管被损坏

(6) 基本设置完成之后便可从原理图将器件导入版图中，导入后版图中的器件排布位置和原理图中一致，有三种方法可以完成导入，从原理图生成版图器件。

① All From Source...这种方法仅适用于初次导入，因为每次使用时会删除之前的器件再重新导入，见图 4-111。

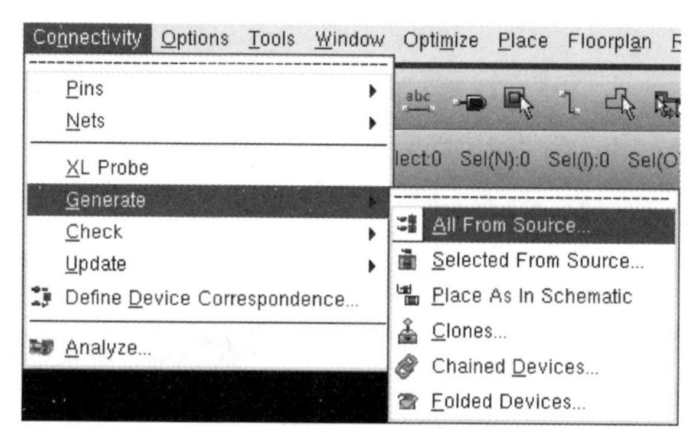


图 4-111　All From Source 适合初次导入版图

② Update-Components And Nets 这种方式每次导入实质上是一种刷新，见图 4-112。

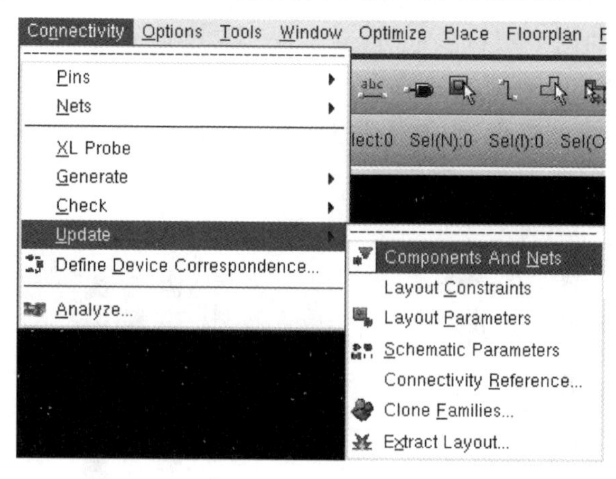


图 4-112　作为刷新器件的导入版图操作

③ Selected From Source..这种方式可以随时随地将还未导入或者未放置的器件导入到版图中来。选中之后，回到原理图界面，单击器件，再回到 Layout 界面，鼠标后就会跟着一个器件的 layout，放置即可，见图 4-113。

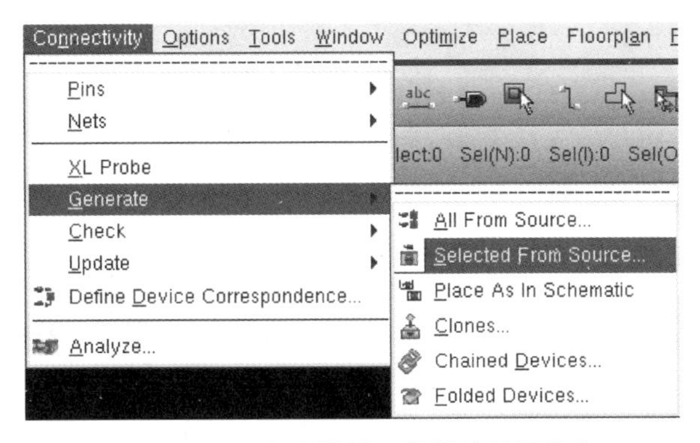


图 4-113 添加未被导入的器件版图操作

(7) 本次作为初次导入版图操作，我们采用第一种操作，单击菜单 Connectivity—Generate—All From Source，出现版图生成对话框，如图 4-114 所示。

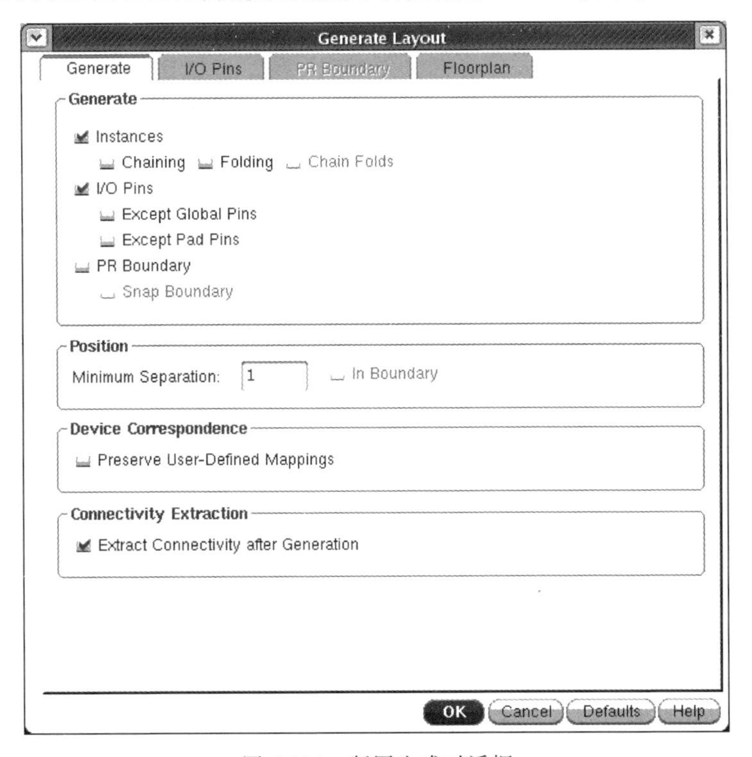


图 4-114 版图生成对话框

将 Generate 面板中 PR Boundary 前面的钩去掉，其余默认。导入 Pin 脚的相关设置。对 Pin 脚图层进行选择，并且调整尺寸以符合设计规则，避免 Pin 脚因此而无法被导入，在 I/O Pins 面板中可以改变 Pin 脚的大小，默认的 Pin 脚宽度与高度尺寸为 0.1μm，此处将其改为 1μm，如图 4-115 所示。在 Pin Label 栏中，选中 Create Label As 为 Label，单击 Options，按图 4-116 所示设置。

单击 ok 后生成版图元件如图 4-117 所示。端口引脚符号 Pin 在原点附近，尺寸较小，需要对版图放大后才能找到。导入完成后，在版图中选中器件或 Pin 脚，原理图中会高亮。

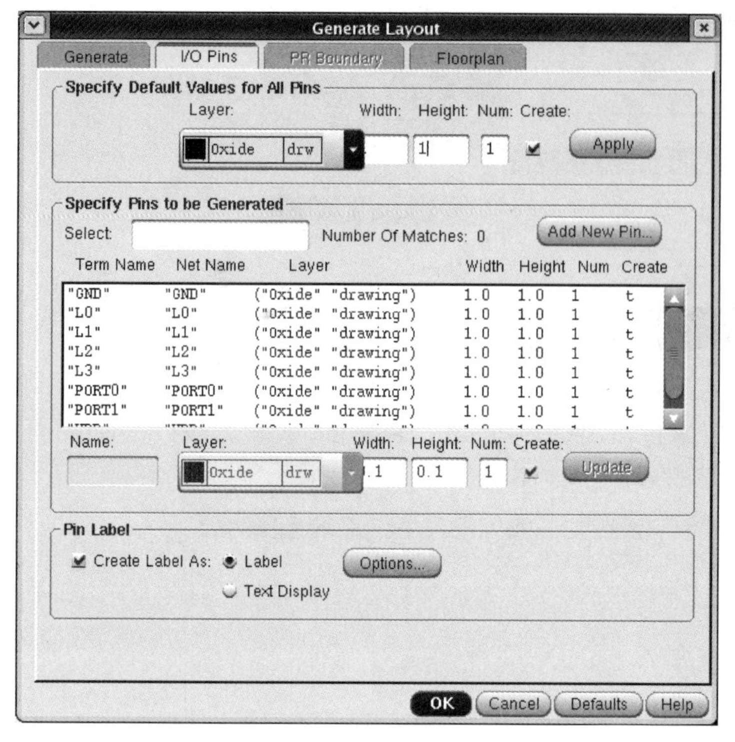


图 4-115　Pin 脚设置

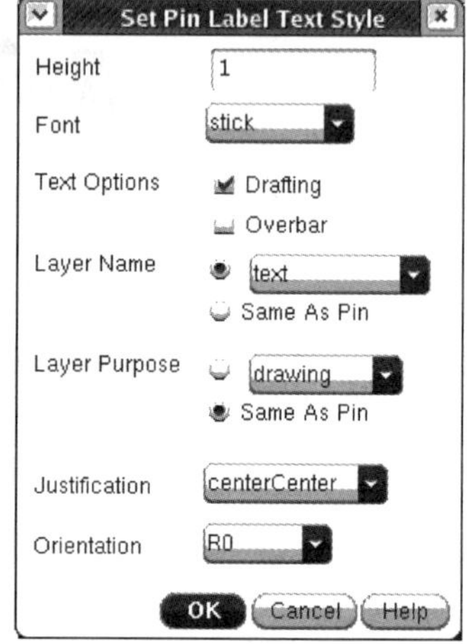


图 4-116　Pin Label 设置

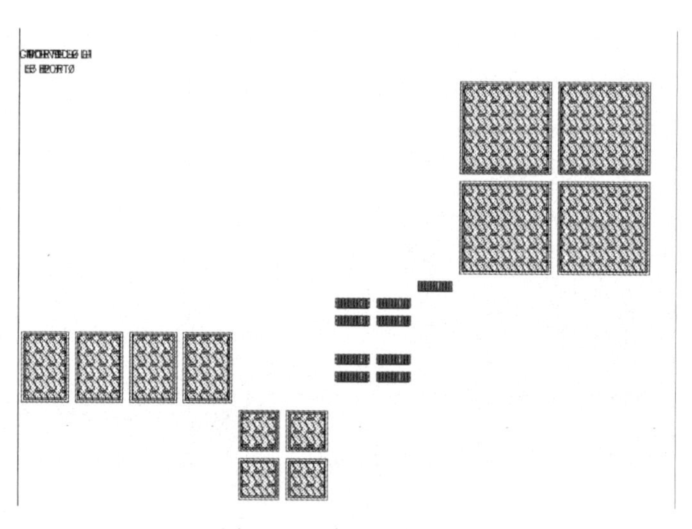

图 4-117　版图元件

(8) 打开飞线提示功能，默认是关闭的，在此我们选择显示被选择的飞线，之后可以根据飞线提示进行连线，见图 4-118、图 4-119。

(9) 版图布局。根据 LNA 电路的原理结构，射频电路的布局应尽量满足器件互连线最短且对称的原则，本案例中调整 NMOS 对管放置于电容下方，并尽量靠近，在 MOS 管下方留出位置放置电感，电感不宜放在电容上方，否则因为电感端口位置 MOS 管的互连线较长而引入寄生电感。当然这个布局仅为参考，在实际设计中需要根据具体情况，如 pad 的位

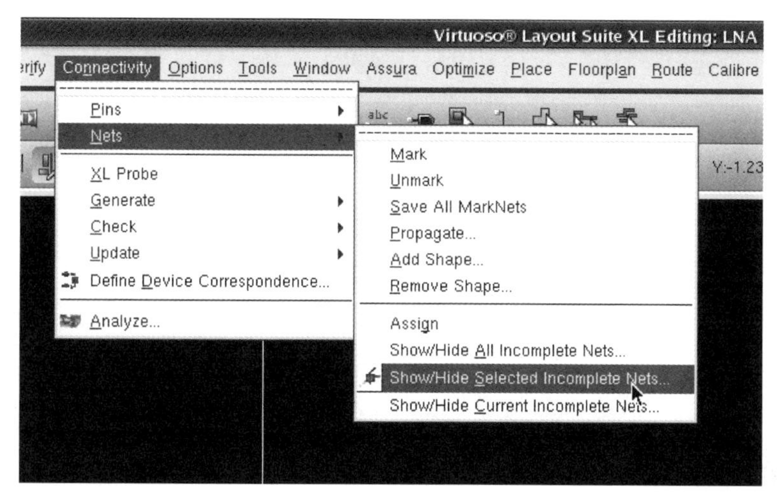


图 4-118　打开飞线提示功能

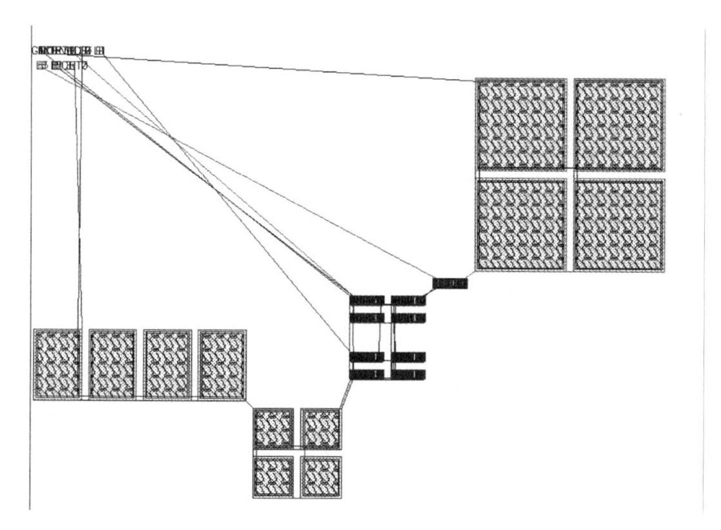

图 4-119　打开飞线后的版图界面

置、信号的隔离等因素调整布局更为合理。

(10) 版图设计规则检查(DRC)。在版图设计过程中定期地做 DRC,版图规则检查是一个非常好的习惯,除非你对该工艺的设计规则非常熟悉,否则你会发现在最后做 DRC 时积累了太多错误,而其中好多错误都是重复的,若你早做 DRC 的话则可以提前避免很多重复错误,节省设计时间。因此建议在版图设计过程中常做 DRC。

Diva、Assura 和 Calibre 是 3 种用于对版图进行 DRC、版图与原理图对比检查(LVS)和参数提取的工具,其中后两者更为常用,Assura 是 Diva 的升级版。本案例中使用 Assura 进行 DRC。在版图界面中单击菜单 Assura—Technology,设置 assura 的工艺技术文件 assura_tech.lib,该文件在 gpdk090 的安装目录下。然后单击菜单 Assura-Run DRC,在对话框中选择 Technology 为 gpdk090,如图 4-120 所示。

运行 DRC 后,查看错误结果,如图 4-121 所示,根据错误提示,修改后保证 DRC 完全通过。

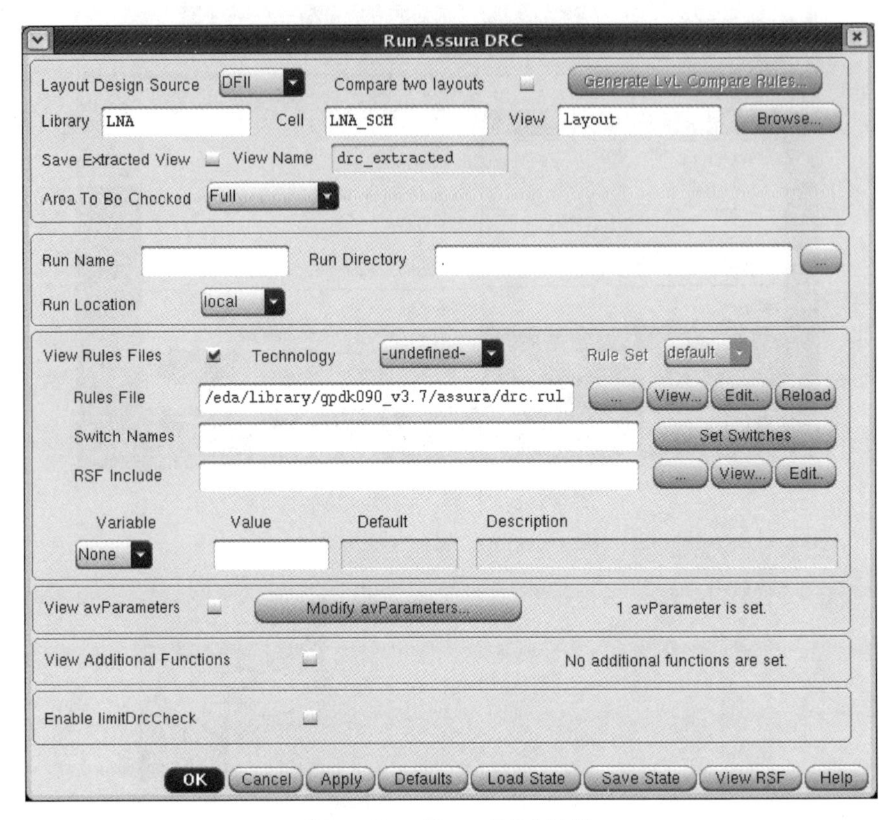


图 4-120 Assura DRC 设置

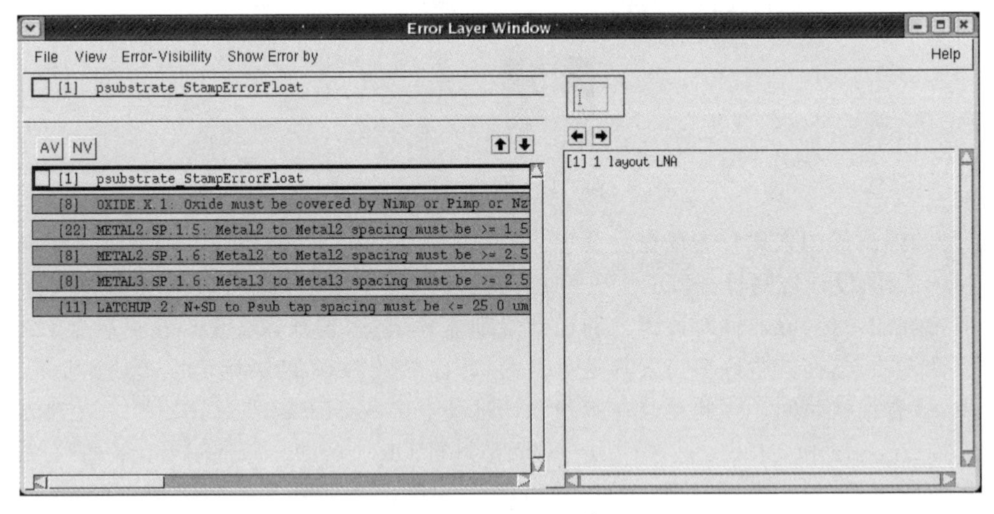


图 4-121 DRC 错误结果

(11) 版图器件布线。本例中使用了 3 个 NMOS 器件，其中有两个 MOS 器件均由 4 个小 MOS 管并联组成。对于多 MOS 管的并联版图连接方式有多种方法，此处采用最简单的连接方式，保持 MOS 器件的布局不变，4 个小 MOS 单元的中间引出栅极，上边引出漏极，下边引出源极，如图 4-122 所示。

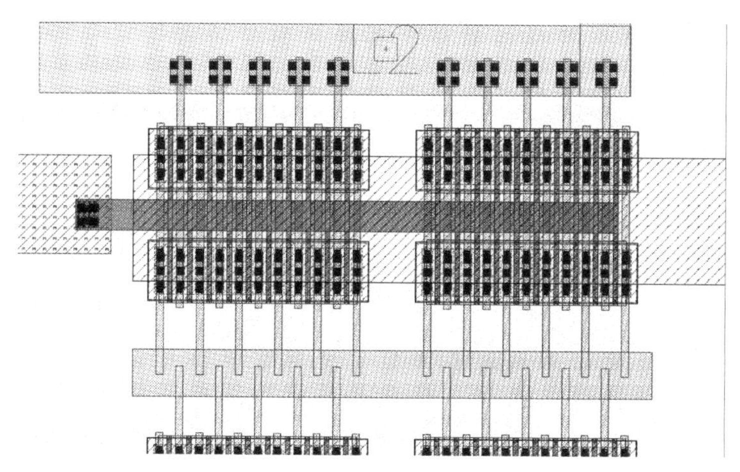

图 4-122　4 单元 NMOS 并联连接

最后完成布局布线,结果如图 4-123 所示。

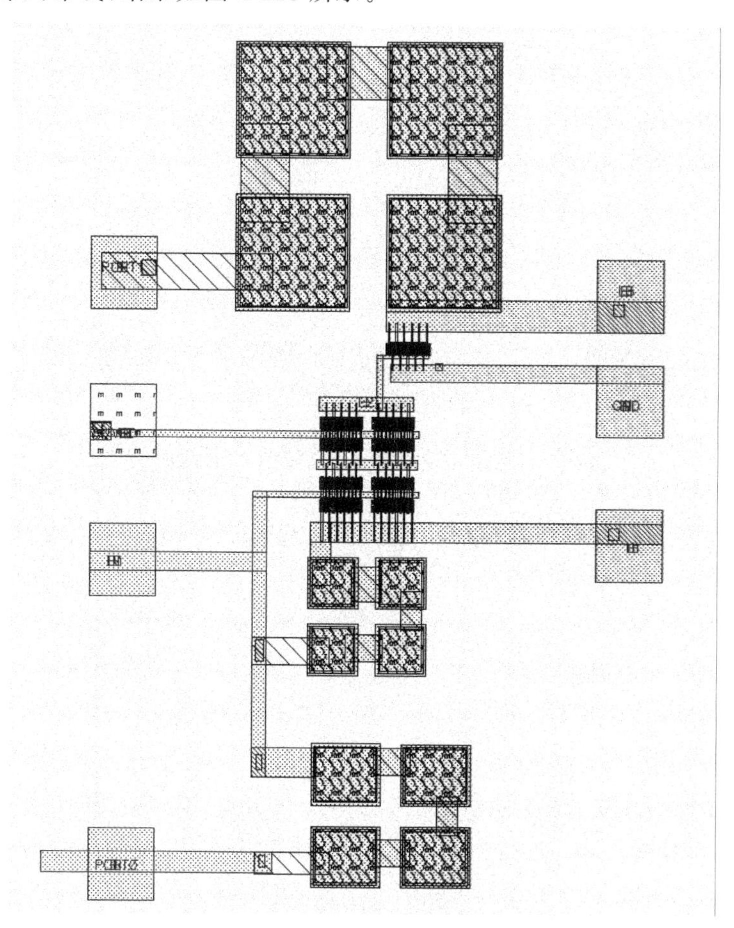

图 4-123　布线后的版图

(12) 版图与原理图比对检查(LVS)。单击菜单 Assura—Run LVS,在出现的对话框中选择 Technology 为 gpdk090,如图 4-124 所示。然后运行 LVS,出现原理图与版图完全匹配则通过，否则需要返回版图查找原因并修改，直至版图与原理图的 mismatch 数为 0，结果如图 4-125 所示。

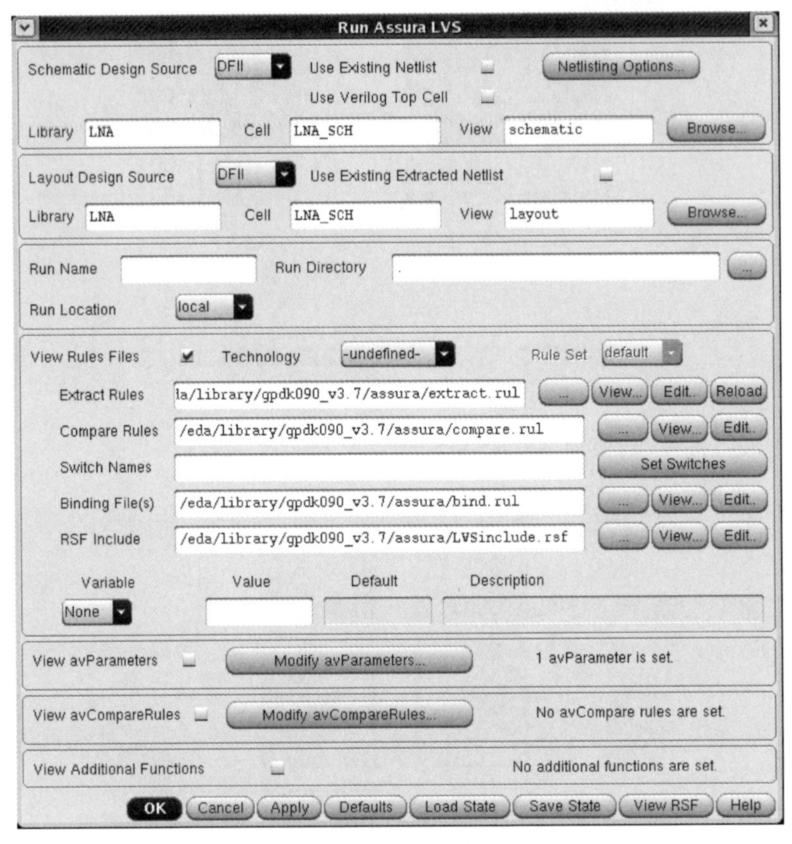


图 4-124　LVS 设置

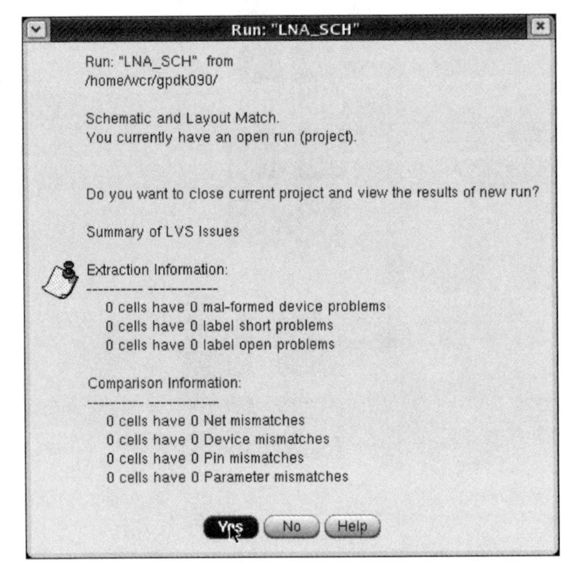


图 4-125　LVS 通过界面

### 4.3.7　LNA 版图参数提取与后仿真

为了衡量版图中互连线的寄生参数对设计电路性能的影响，在电路仿真时需要将版图中的寄生参数考虑进来，即为后仿真。

(1) 首先进行版图参数提取。

注意在用 Assura 做 RCX 之前必须要先做一次 LVS，否则 RCX 的结果可能不会被更新。单击菜单 Assura—Run RCX，在出现的对话框中设置如下：Setup 面板中 Technology 项为 gpdk090，RuleSet 项为 default，Output 项为 Extracted View，如图 4-126 所示。在 Extraction 面板中设置 Extraction Type 项为 RC，Ref Node 项为 gnd!，如图 4-127 所示。参数提取运行结束后，会在 LNA 单元中生成 av_extracted 文件，该文件包含了版图提取寄生电容、电阻的参数。单击查看 av_extracted 文件，效果如图 4-128 所示。

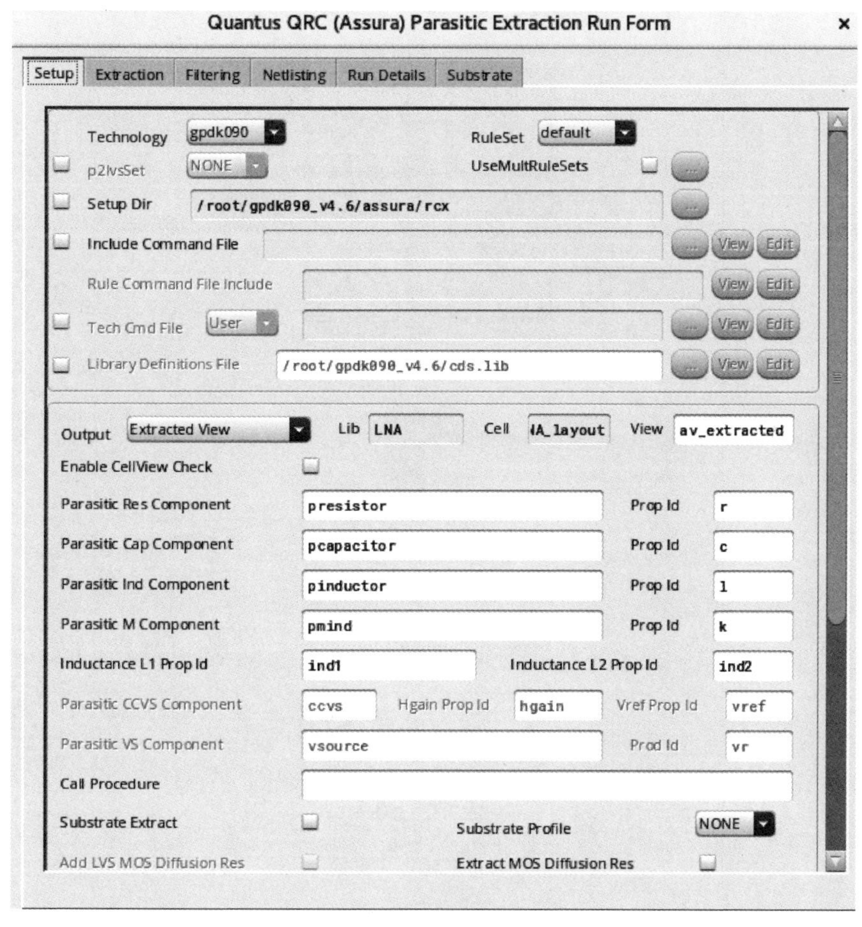


图 4-126　参数提取 RCX 设置 1

(2) 在顶层测试单元中建立 config 配置文件。

在库管理器中单击菜单 File—New—Cellview，在出现的对话框中选择 Type 为 config，确认 ok 后，出现 New Configuration 对话框，在 View 栏选择 schematic，然后单击 Use Template，Stop list 选择 Spectre，如图 4-129 所示。完成后出现针对 testbench 的 config 界面，如图 4-130

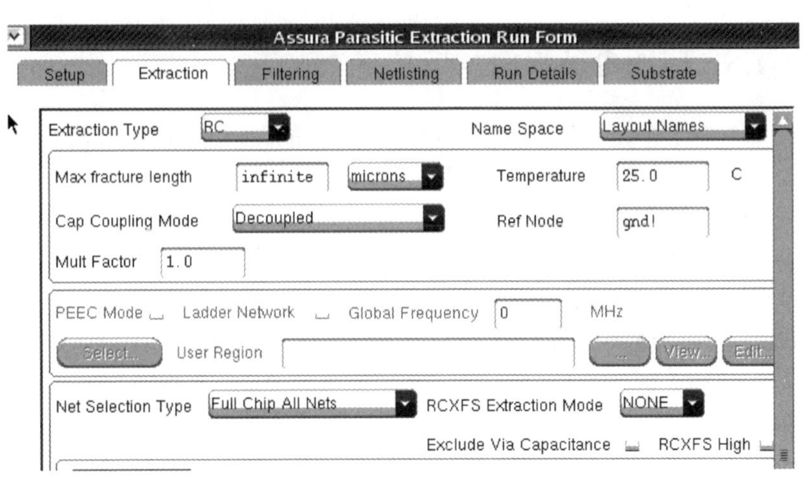


图 4-127 参数提取 RCX 设置 2

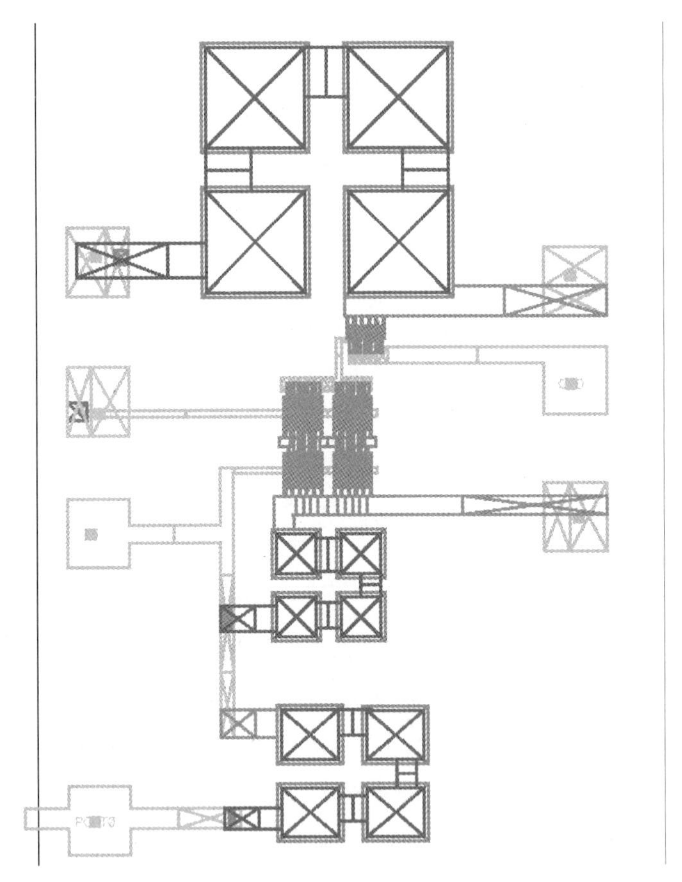

图 4-128 寄生参数提取

所示。我们可以在 Table View 面板中对 osc1 的使用模块进行选择原理图或参数提取电路的设置，鼠标移动到 LNA 栏对应的 View to use 列，右键选择 Set Cell View-av_extracted，这样就设置了 osc1 使用参数提取后的电路，如果选择 schematic 则设置 osc1 为原理图电路。最后必须要单击保存设置。此时打开 config 文件，出现顶层测试 testbench 原理图，单击 osc1 模块进入底层可观察到参数提取后生成的原理图。

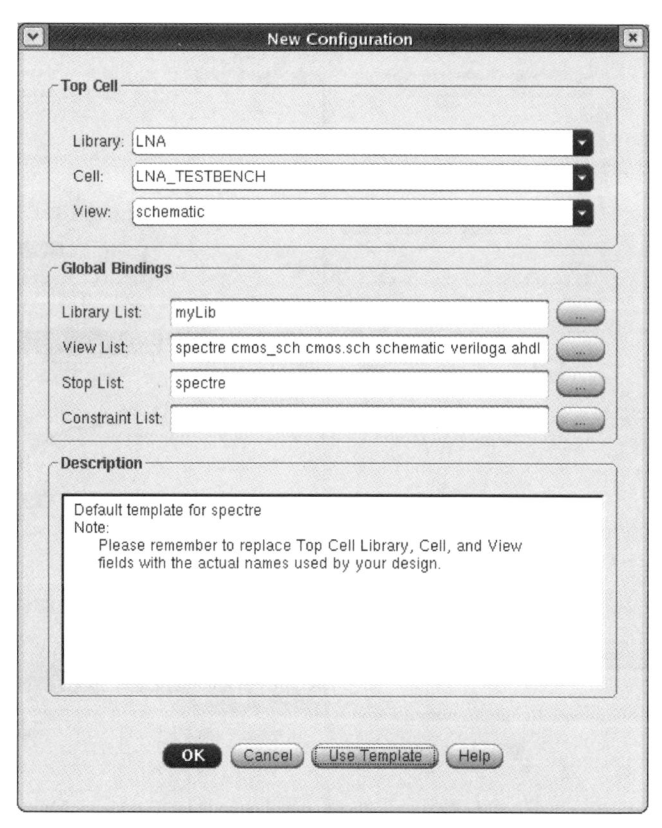


图 4-129　config 文件配置

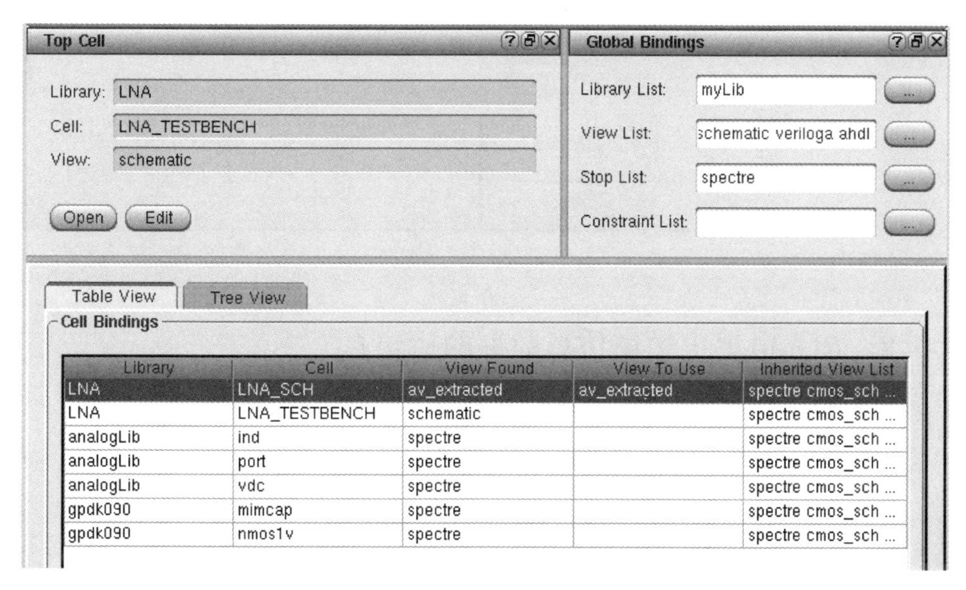


图 4-130　顶层测试模块的 config 界面

(3) 后仿真。

在 config 原理图中，打开 ADE，设置 sp 仿真。运行仿真后可以发现 $S_{11}$ 效果变差很多，噪声系数也上升了很多。说明版图中寄生参数对 LNA 的性能影响较大，见图 4-131。

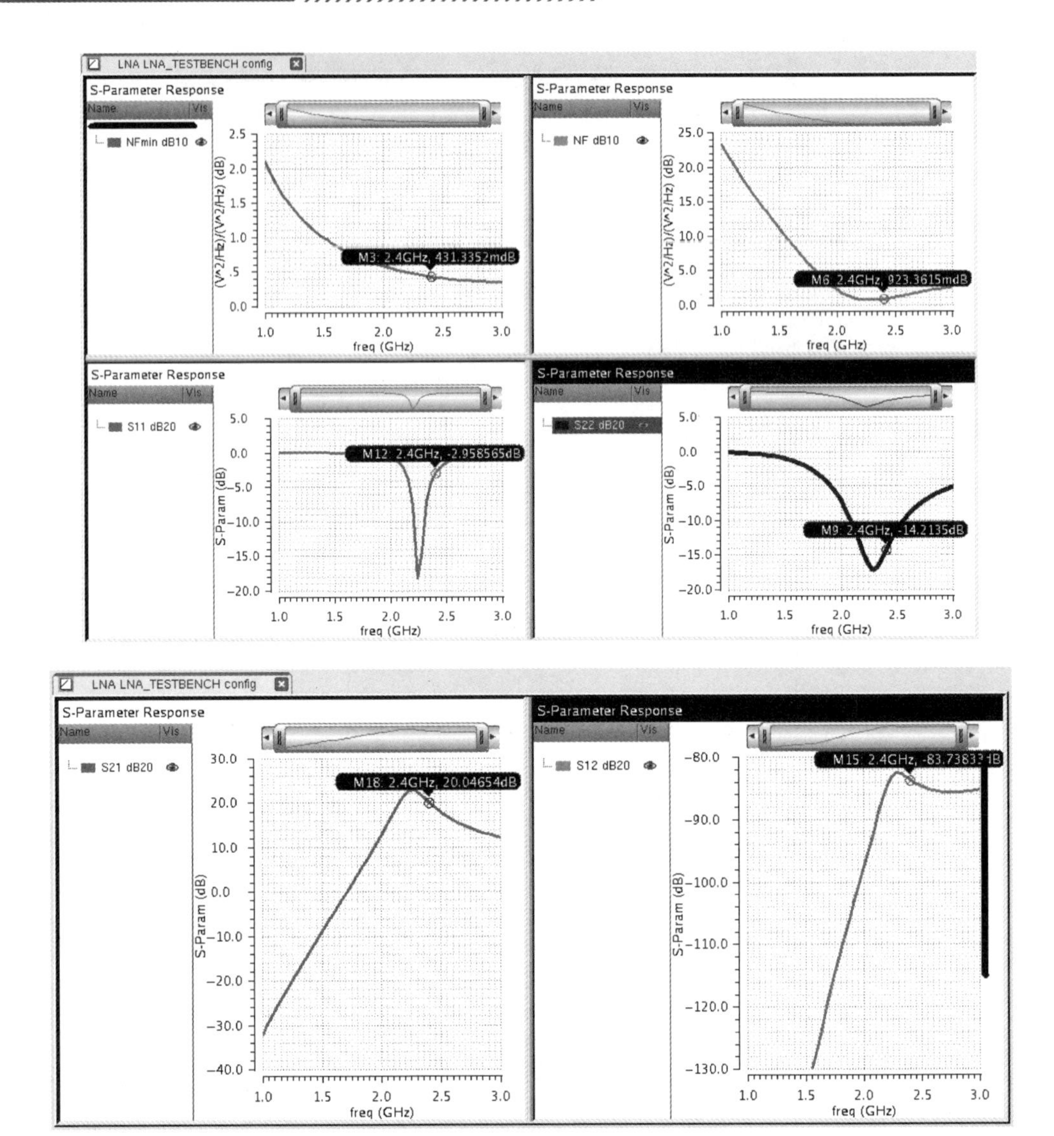


图 4-131　后仿真结果

## 4.3.8　加入电感电磁场仿真数据的后仿真

下面需要再次返回 Cadence 进行后仿真，此时考虑了电感的电磁场仿真结果，因此后仿真的结果更加接近实际的结果。将 Momentum 仿真的 s1p 文件放在/gpdk090oa/项目工程目录下。

（1）修改顶层测试文件。打开顶层 testbench 的 config 文件，按键 i 调入元件，在 analoglib 库中找到 n1port 元件，它为三端口 S 参数调用组件，放置在原理图中取代原先的 4 个理想电感。以 6nH 电感为例，将 n1port 元件属性 S-parameter data file 栏设置为 ind6nH_chafen.s1p，Interpolation method 项设置为 rational，S-parameter data format 项设置为 touchstone，如图 4-132 所示，图 4-133 为修改后的原理图。

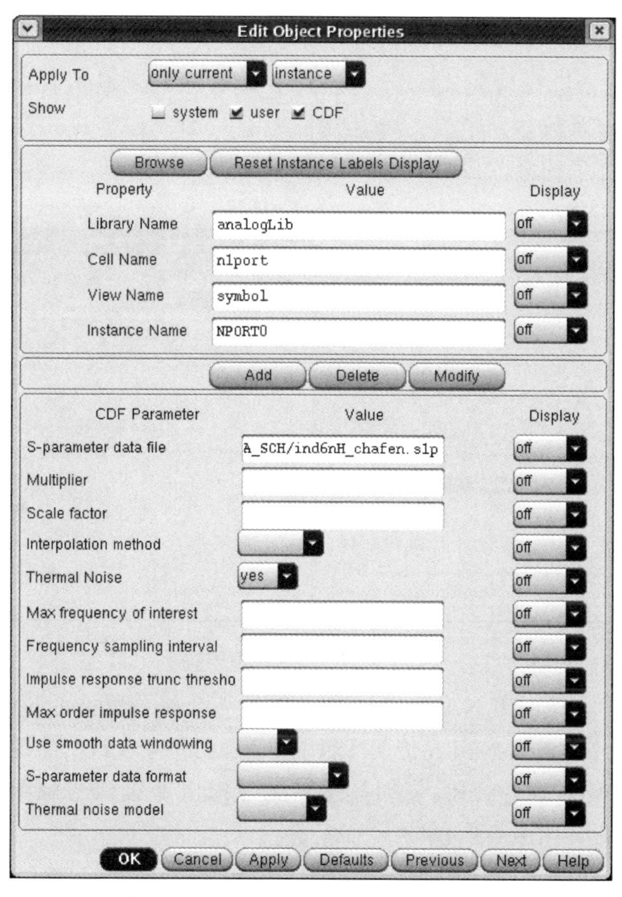


图 4-132 三端口组件 S 参数文件设置

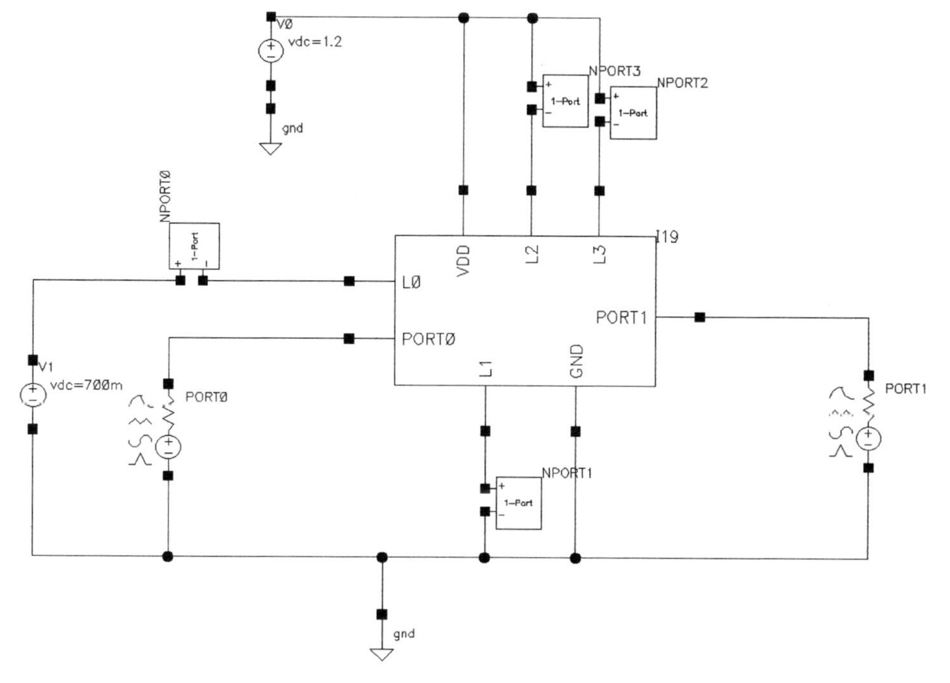


图 4-133 修改后的顶层测试原理图

(2) 确保 LNA 模块底层为参数提取后的原理图(av_extracted),进入 ADE 仿真界面,选择 sp,设置同前,重新进行后仿真。可观察到引入电感电磁场仿真数据后,LNA 的噪声系数变大很多,二端口系数达到了 3.7dB,见图 4-134。因此还需进一步地对电路和版图进行优化,这里将不做过多的修改设计,读者有兴趣可自行设计。

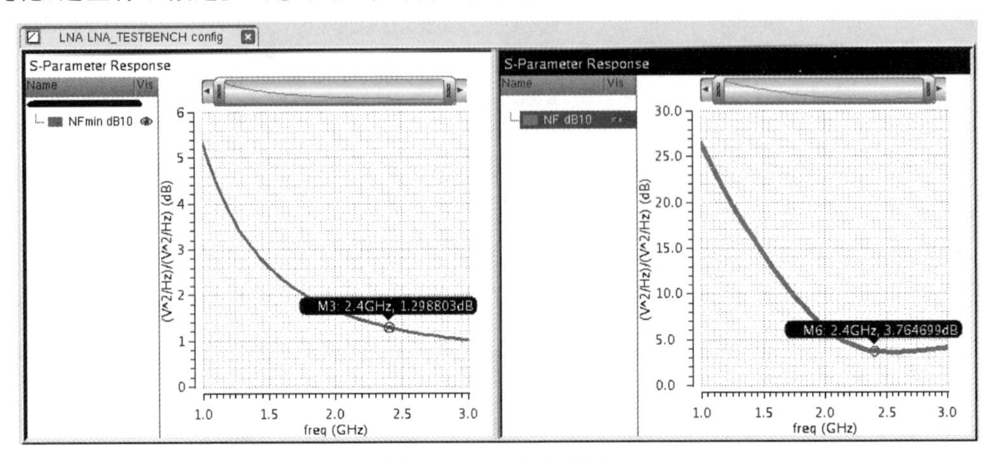


图 4-134 后仿真结果

通过以上过程,可以看出 LNA 的设计与优化是一个较为复杂的过程,本案例注重让读者掌握相应的仿真操作,学会如何去仿真 LNA 电路,而对于 LNA 的深入研究与设计则需要读者在实践中不断积累设计经验,根据具体情况考虑电路结构与版图中的各种问题及因素,在此基础之上才能设计出高质量的 LNA。

# 第5章

# 混频器设计

混频器是射频微波电路系统中不可或缺的部件。无论是微波通信、雷达、遥控、遥感，还是侦查与电子对抗，以及许多微波测量系统，都必须把微波信号用混频器降到中频来进行处理。因为集成式混频器体积小，设计技术成熟，性能稳定可靠，而且结构灵活多样，可以适合各种特殊应用，所以集成电路混频器是当前混频器市场中的主流。

## 5.1 混频器设计理论

### 5.1.1 主要设计指标

混频器的主要性能指标有：增益、噪声系数(noise factor，NF)、线性度、端口间隔离度等。

(1) 转换增益

混频器的增益为频率变换增益，简称变频增益，定义为输出的中频(IF)信号大小与输入射频(RF)信号大小之比。电压增益 $A_v$ 和功率增益 $G_P$ 分别定义为

$$A_V = \frac{V_{IF}}{V_{in}}$$

$$G_P = \frac{P_{IF}}{P_{in}}$$

混频器的射频端口与低噪声放大器相连接时需要滤波器滤除无用的频率成分，那么射频端口的输入阻抗必须和滤波器的输出阻抗匹配一致，一般情况下为 50Ω。当中频输出端口与射频输入端口阻抗不一致时，功率增益和电压增益的关系如下：

$$G_P = \frac{P_{IF}}{P_{in}} = \frac{V_{IF}^2 / R_L}{V_{RF}^2 / R_S} = A_V^{?} \frac{R_S}{R_L}$$

(2) 噪声系数

噪声系数(NF)的定义为：输入端与输出端各自信噪比之比，如下式所示。

$$F = \frac{\mathrm{SNR_{in}}}{\mathrm{SNR_{out}}} = \frac{S_{in} / N_{in}}{S_{out} / N_{out}}$$

式中，$\mathrm{SNR_{in}}$ 为输入端信噪比，即输入信号功率与输入噪声功率之比($S_{in}/N_{in}$)；$\mathrm{SNR_{out}}$ 为输出端信噪比，即输出信号功率与输出噪声功率之比。在工程上，噪声系数通常用单位 dB

来表示，单位换算如下式所示。

$$\mathrm{NF}=10\lg F=10\lg\left(\frac{\mathrm{SNR_{in}}}{\mathrm{SNR_{out}}}\right)=10\lg\left(\frac{S_{\mathrm{in}}/N_{\mathrm{in}}}{S_{\mathrm{out}}/N_{\mathrm{out}}}\right)$$

根据混频器的射频信号与本振信号来源是否一致，可以将噪声系数划分为：单边带(SSB)、双边带(DSB)。在外差式太赫兹探测系统中，混频器会把太赫兹信号和噪声信号频谱搬移至可以采样的低中频信号，由于外差式混频器的输入端频谱只有单边带，因此此时的噪声系数也被称为单边带噪声系数；而对于自混频太赫兹探测系统，由于射频信号频率与本振信号频率一致，并且自混频器不存在无用的镜像信号，所以此时的噪声系数被称为双边带噪声系数。一般而言，二者关系如下式所示：

$$\mathrm{NF_{DSB}}=\mathrm{NF_{SSB}}-3\mathrm{dB}$$

(3) 线性度

混频器对输入射频小信号而言是线性网络，其输出中频信号与输入射频信号的幅度成正比。但是当输入信号幅度逐渐增大时，与线性放大器一样，也存在着非线性失真问题。因此，与放大器一样，也可以用下列质量指标来衡量它的线性性能。

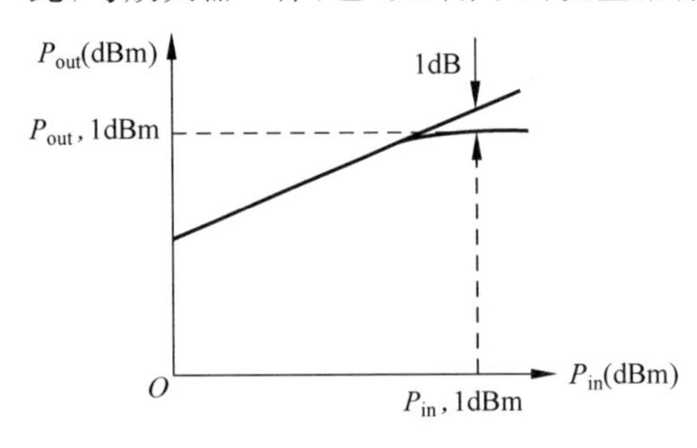


图 5-1 1dB 压缩点示意图

① 1dB 压缩点

1dB 压缩点定义：在一定范围内，混频器的输出功率与输入功率保持理想线性关系，但是随着输入功率的不断增加，二者便不再保持此关系，当实际输入功率比理想输入功率低 1dBm 时所对应的点被称为 1dB 压缩点，如图 5-1 所示。一般情况下，当输入信号功率大于 1dB 压缩点的功率时，转换增益将快速达到一个临界饱和点并下降，该饱和点值一般比 1dB 压缩点大 3～4dB。

② 三阶互调截点

设混频器输入两个射频信号 $f_{\mathrm{RF1}}$ 和 $f_{\mathrm{RF2}}$，它们的三阶互调分量 $2f_{\mathrm{RF1}}-f_{\mathrm{RF2}}$，(或 $2f_{\mathrm{RF2}}-f_{\mathrm{RF1}}$)与本振混频后也位于中频带宽内，就会对有用中频产生干扰。与放大器的三阶互调截点定义相同，使三阶互调产生的中频分量与有用中频分量相等的输入信号功率记为 IIP3(或对应的输出信号功率记为 OIP3)。

(4) 端口间隔离度

混频器各端口间的隔离度不太理想会产生以下几个方面的影响：本振(LO)端口向射频(RF)端口的泄漏会使 LO 大信号影响低噪声放大器的工作，甚至使其通过天线辐射；RF 端口向 LO 端口的串通会使 RF 中包含的强干扰信号影响本地振荡器的工作，产生频率牵引等现象，从而影响 LO 输出频率；LO 端口向中频端口的串通，LO 大信号会使以后的中频放大器各级过载；RF 信号如果隔离不好也会直通到中频输出口，但是一般来说，由于 RF 频率很高，因此会被中频滤波器滤除，不会影响输出中频。

(5) 阻抗匹配

对混频器的 3 个端口的阻抗要求主要有两点。第一是要求匹配，混频器 RF 及 RF 端口的匹配可以保证与各端口相接的滤波器正常工作，LO 端口的匹配可以有效地向本地振荡器汲取功率；第二个要求是每个端口对另外两个端口的信号力求短路。

### 5.1.2　设计方法

下面给出混频器的一般设计方法供读者参考。

（1）混频器的结构选取

目前研究的混频器拓扑结构主要有4种，分别是单平衡无源混频器、双平衡无源混频器、单平衡有源混频器、双平衡有源混频器。

单平衡无源混频器具有结构简单和噪声较低的特点，因为它没有外部电源提供能量，所以总对输入的射频信号造成损耗，转换增益小于1。但因为使用较少的无源器件，所以噪声系数较低。其电路等效拓扑结构如图5-2所示。

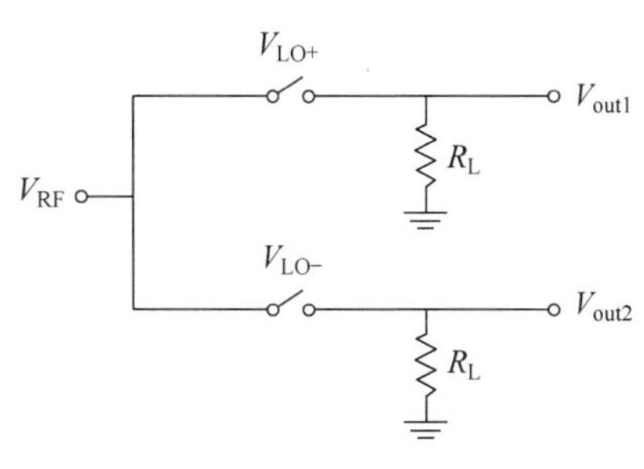

图5-2　单平衡无源混频器

结论：尽管其结构简单，且噪声系数低，但是因为它不能提供转换增益且隔离度较差，所以只能应用于对增益没有要求的场景，应用范围较小。

双平衡无源混频器具有共模抑制能力强、线性度较高的特点，因为由无源器件构成，所以它可以提供更高的线性度和更好的带宽性能。双平衡结构由两路单平衡构成，所以可以很好地抵消LO信号。其拓扑结构如图5-3所示。

结论：双平衡无源混频器依旧只适用于不要求增益的场景，且需要高功率的LO信号也限制了它的使用。但是如果对线性度和带宽这两个指标有要求，可以选取这种拓扑结构。

在射频系统中，应用最多的还是有源混频器。单平衡有源混频器可以为系统提供转换增益，这也就稍稍放松了对前级电路的增益要求，而且典型的本振驱动功率仅仅只需0dBm，远低于无源混频器。其电路拓扑结构如图5-4所示。

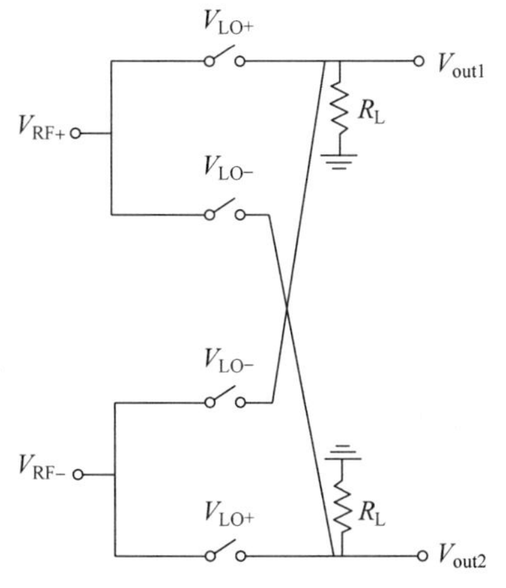

图5-3　双平衡无源混频器

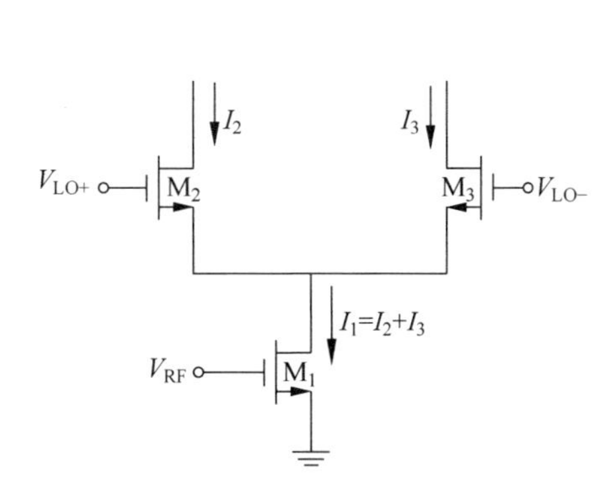

图5-4　单平衡有源混频器

结论：单平衡有源混频器的结构相对简单，噪声较低，同时可以平衡LO波形，即使单端输入也能提供差分输出。缺点就是隔离度较差，会有LO信号泄漏到中频输出端口。

双平衡有源混频器可视为由两路单平衡有源混频器组成，LO端口与中频端口的隔离性能很好，因为双平衡结构中，输出电流是以两个差分对电流以相反的相位叠加，抵消了

LO 信号向中频的泄漏。双平衡有源混频器拓扑结构如图 5-5 所示。

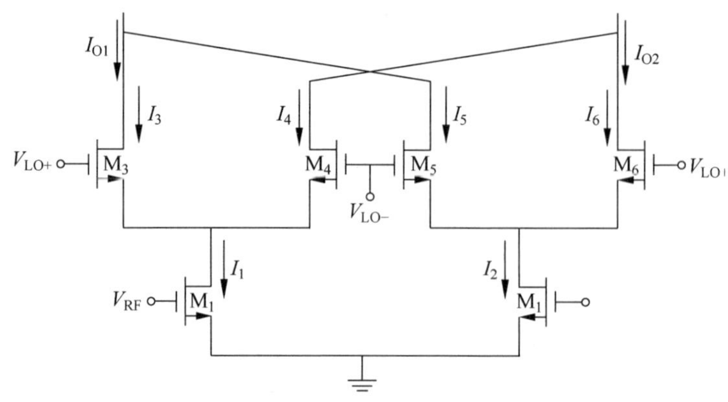


图 5-5　双平衡有源混频器

结论：双平衡有源混频器是有源混频器中最为普遍的电路形式，它具有增益高、隔离度好、线性范围大等优点，是在低频范围内的最好选择。但是，在频率较高时，因为寄生参数的影响，其噪声系数会很大，所以并不适用于高频。

综上所述，读者应先根据自己的设计需求选择一个合适的混频器结构。然后，可按以下步骤进行设计。

(2) 根据增益要求设计跨导级和负载。

(3) 设计开关级和电流注入的大小。

(4) 判断是否满足设计的线性度要求，满足则继续，不满足则重新设计跨导级和负载。

(5) 判断是否满足设计的噪声要求，满足则继续，不满足则重新设计开关级和电流注入的大小。

## 5.2 ADS 设计混频器实例

为了明确设计过程，使读者能尽快掌握一般混频器的设计方法，本案例以吉尔伯特单平衡结构混频器的设计为例讲解使用 ADS 仿真的方法。

设计指标：

(1) 本振信号频率 3.59GHz；

(2) 射频信号频率 3.6GHz；

(3) 变频损耗＜19dB；

(4) 噪声系数＜30dB；

(5) 1dB 压缩点功率＞－15dBm；

(6) 三阶交调点功率＞－3dBm；

(7) 在满足指标要求基础上，功耗尽可能低。

### 5.2.1 输出端口隔离度

本次设计一个吉尔伯特单平衡结构的混频器，新建一个如图 5-6 所示的端口电路图，并保存，以便后面方便产生端口。

在原理图界面的元器件面板中调用 *S* 参数控件和网表控件，并加入仿真端口 Term，原理图如图 5-7 所示。

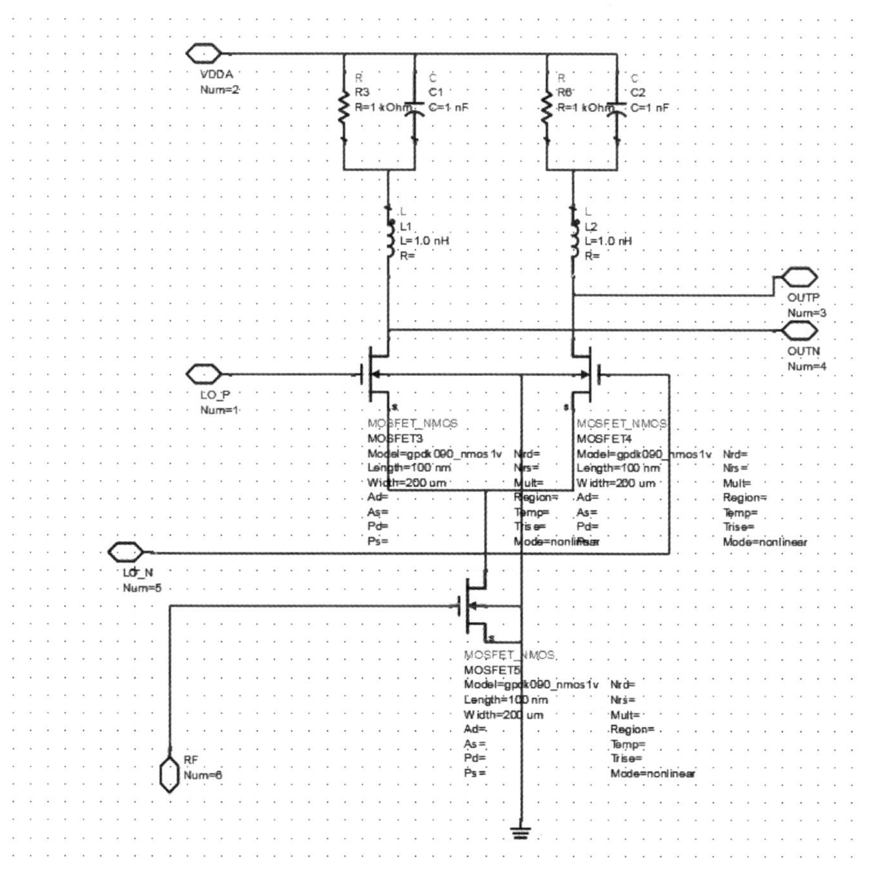


图 5-6 端口电路图

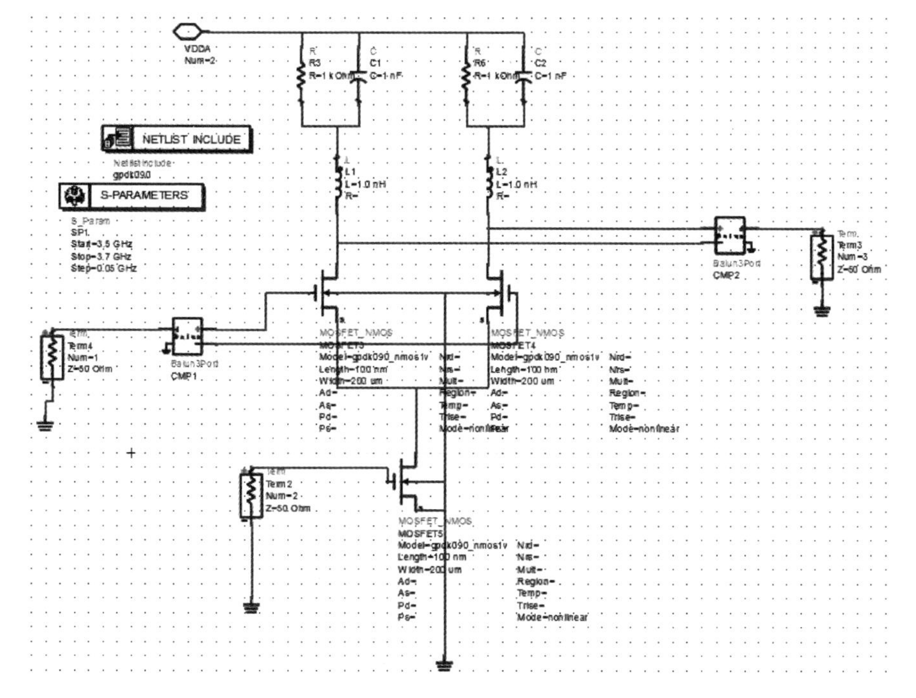


图 5-7 修改之后电路图

单击图标进行仿真，在数据显示窗口中，单击图标，选择 S(2,1)，如图 5-8 所示。

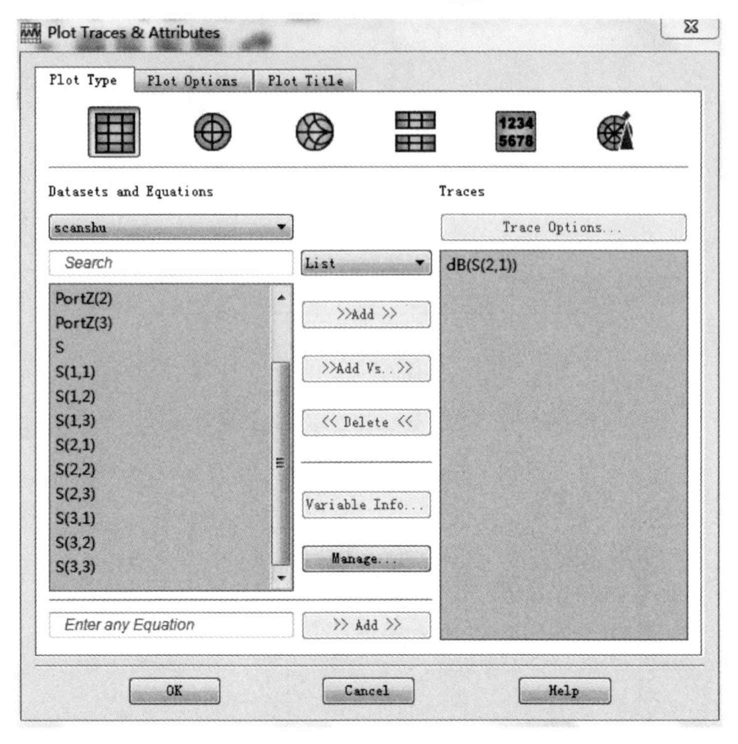


图 5-8　输出显示窗口

同样地再分别选择 S(2,3)，S(1,3)，便可以得出输出端口隔离度，如图 5-9 所示。

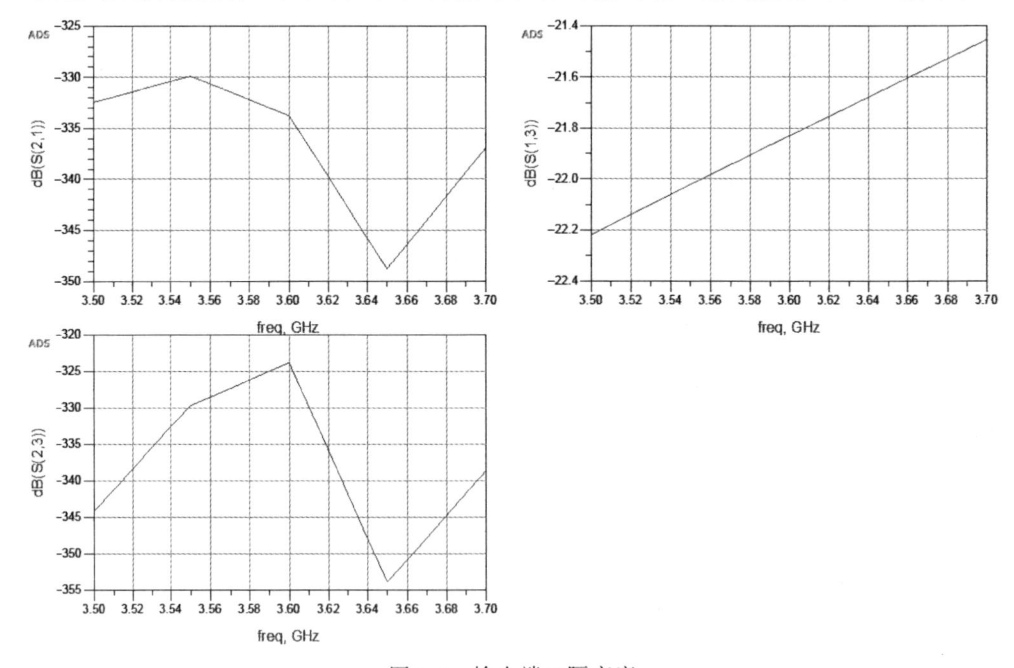


图 5-9　输出端口隔离度

如图 5-9 所示，S(2,1)代表本振信号输入端口与射频信号输入端口之间的隔离度，在 3.5～

3.7GHz 频段内，S(2,1)最大值为－330dB，说明本振端口与射频端口之间的隔离度很高。S(2,3)代表输入的射频信号泄漏到中频信号输出端口的程度，在 3.5～3.7GHz 频段内，S(2,3)最大值为－324dB，表明射频端口与中频端口的隔离度也很好。S(1,3)是本振信号输入端口与中频信号输出端口之间的隔离度，这是衡量一个混频器性能好坏的重要指标，因为单平衡结构会导致本振信号泄漏到中频，所以需要将 S(1,3)控制得尽可能小。在 3.5～3.7GHz 频段内，S(1,3)的值均小于－21dB，说明本振输入端口与中频输出端口之间的隔离度较好。

## 5.2.2 本振功率对噪声系数的影响和转换增益的影响

回到 ADS 主界面，单击菜单 New Symbol，将图 5-6 所示的端口电路创建一个 symbol，如图 5-10 所示。

在 Symbol Type 项选择 Quad，默认产生端口，如图 5-11 所示。

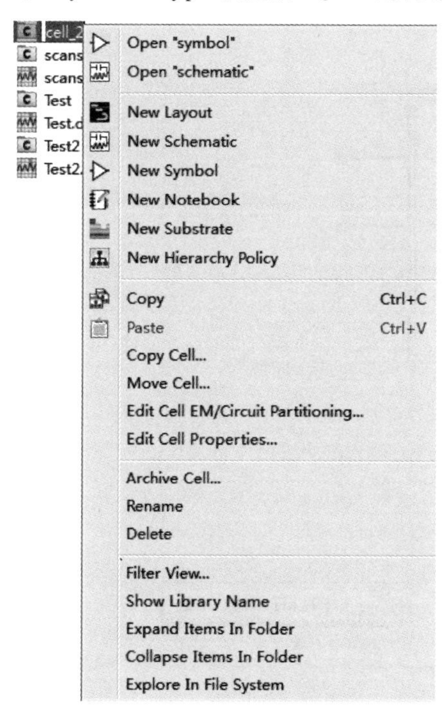


图 5-10 创建 symbol

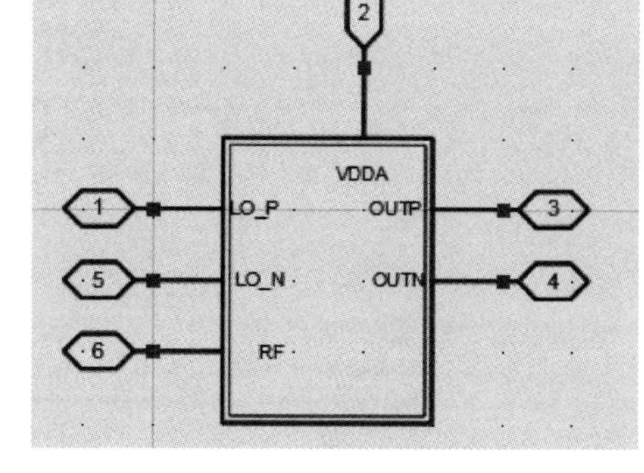


图 5-11 产生的端口

保存原理图以及生成的端口，命名为 cell_2。再次新建一个原理图，命名为 test2。

在新建的原理图中，单击图标，选择 Workspace Librariess 中的 cell_2 添加刚才产生的端口，如图 5-12 所示。

添加后的端口如图 5-13 所示。

放置完端口后，建立测试电路，如图 5-14 所示。其中 LO 偏置电压为 1.8V，电源电压为 2.5V，端口 1 和 2 的输入功率分别为 lopower 和 rfpower，选用单位为 dBm，选用 LO 频率为 LO_freq，射频端频率为 RF_freq。

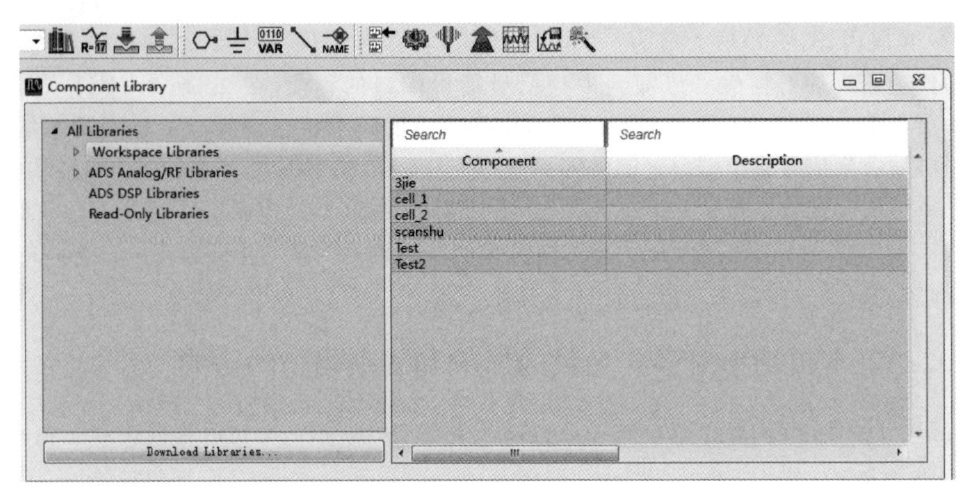


图 5-12　选择端口

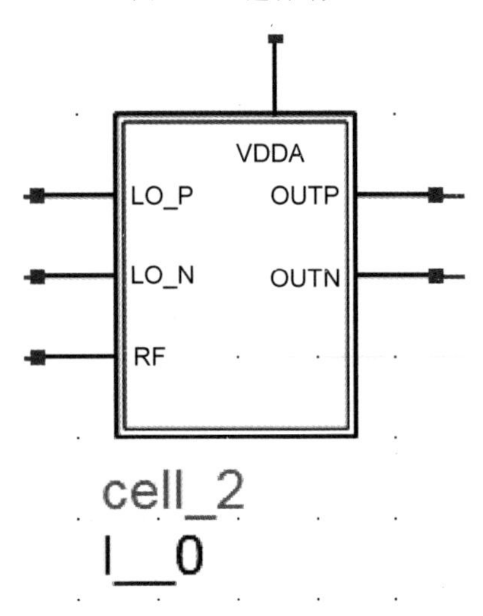


图 5-13　放置端口

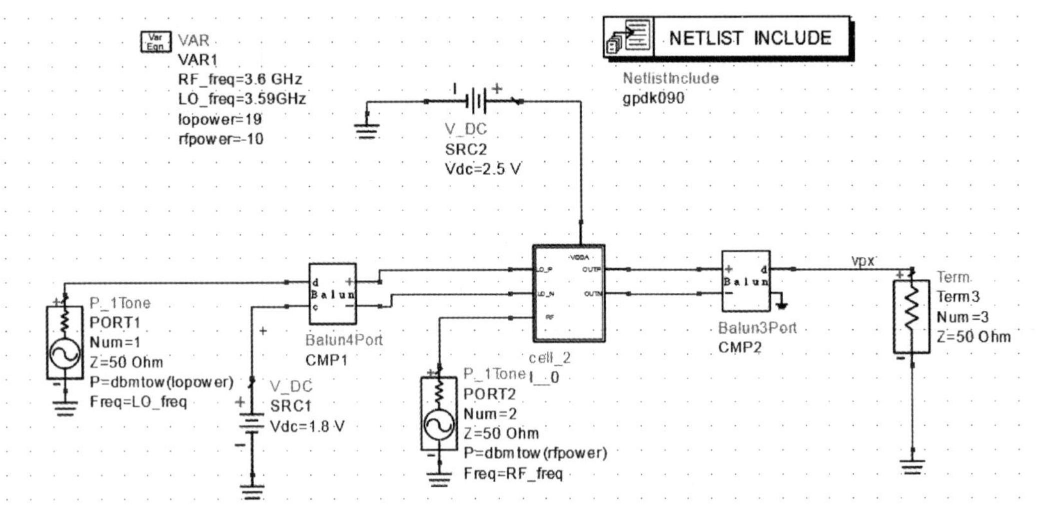


图 5-14　测试电路

测试电路建立完毕后，添加 HB 仿真控件，参数设置如图 5-15 所示。一般情况下，LO 功率要大于 RF 功率，所以 Freq[1]中填写的是功率最大的 LO_freq。

噪声部分设置。需要设置 Noise(1)，如图 5-16 所示。其中 10MHz 为我们所需的中频频率，由 RF_freq－LO_freq 得到。

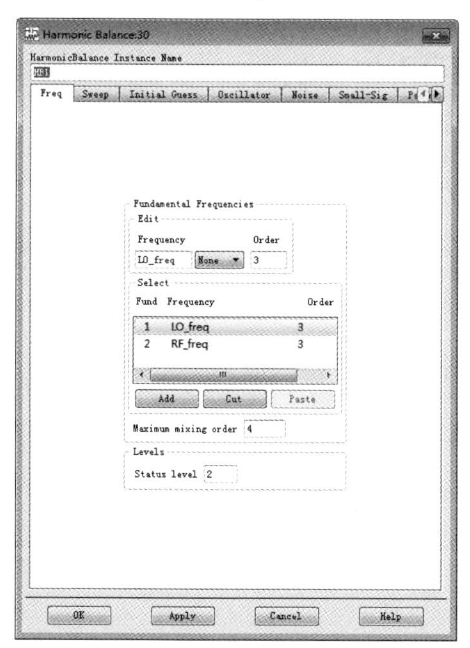


图 5-15 HB 仿真控件参数设置

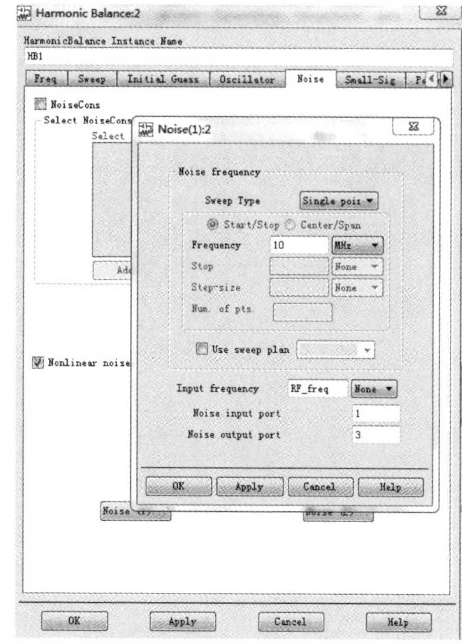


图 5-16 Noise(1)设置

设置 Noise(2)，选择电路图中标注的输出标签节点 vpx，具体设置如图 5-17 所示。

完整的原理图如图 5-18 所示。

单击图标运行仿真，在数据显示窗口界面单击图标，选择 nf(3)，得到 nf(3)的噪声系数输出如图 5-19 所示。

在数据显示窗口界面单击图标，选择输出 vpx 节点输出频谱分量，如图 5-20 所示。

输出频谱分量，如图 5-21 所示。

再次单击图标，从弹出对话框中选择双边带噪声系数 NFdsb 和单边带噪声系数 NFssb，结果如图 5-22 和图 5-23 所示。

回到原理图界面，双击谐波平衡仿真控件，单击 Sweep 选项，选择扫描参数为 lopower，扫描方式选择 Linear，扫描范围为－10～20，步长为 1。如图 5-24 所示。

运行仿真，查看本振功率对噪声系数的影响。当本振功率为 17dB 时，噪声系数为 19.586，如图 5-25 所示。

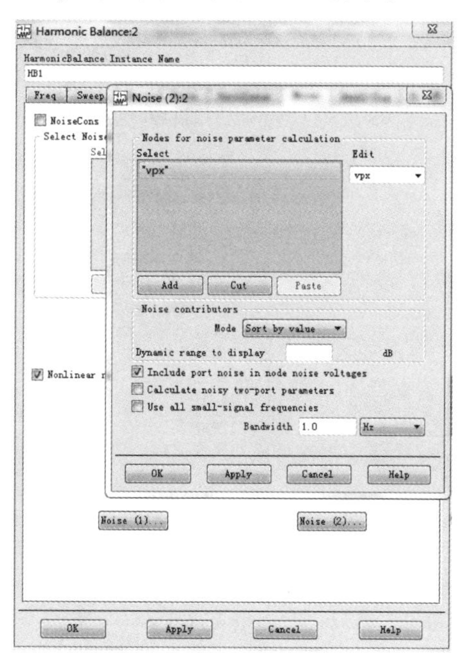


图 5-17 Noise(2)设置

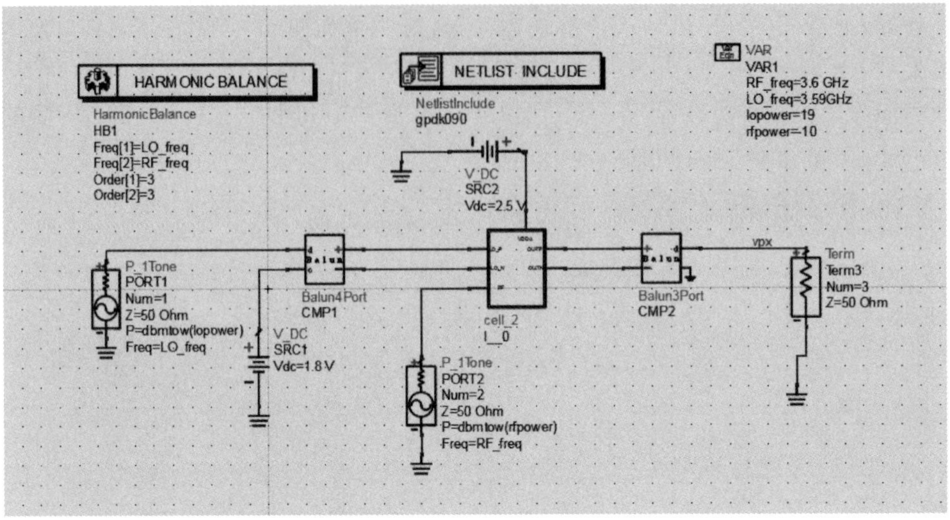

图 5-18　完整的原理图

| noisefreq | nf(3) |
|---|---|
| 10.00 MHz | 26.472 |

图 5-19　nf(3)噪声系数

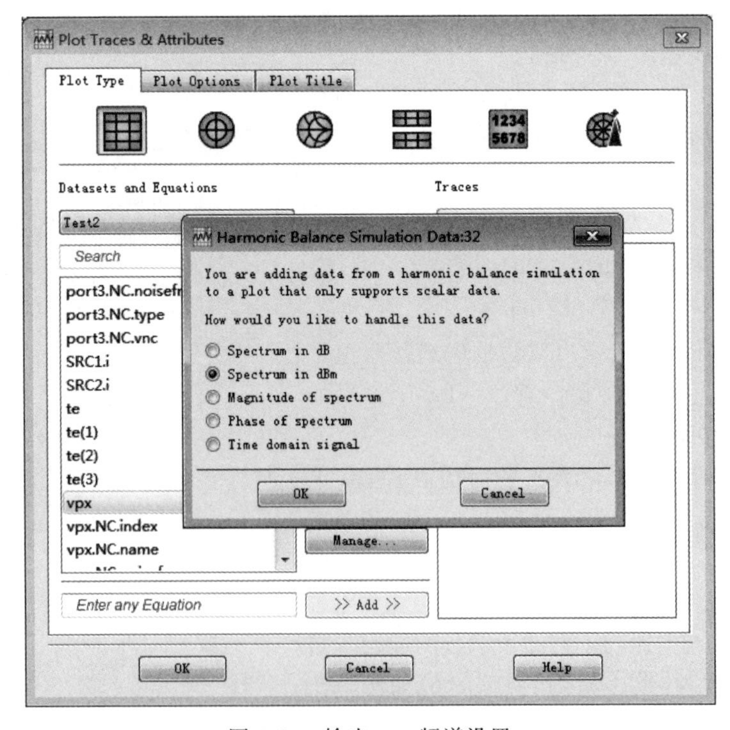


图 5-20　输出 vpx 频谱设置

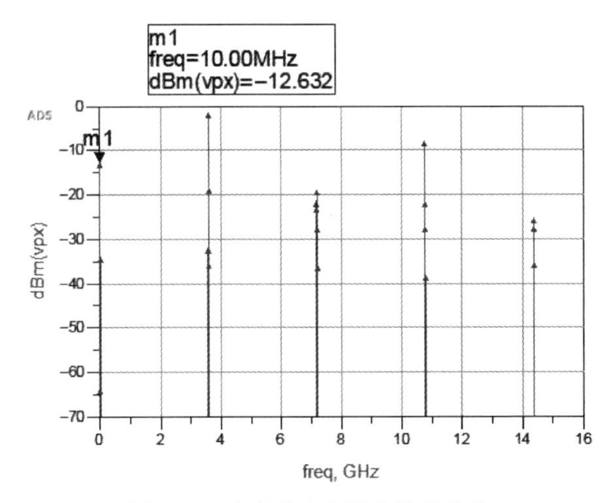


图 5-21　中频输出频谱和谐波分量

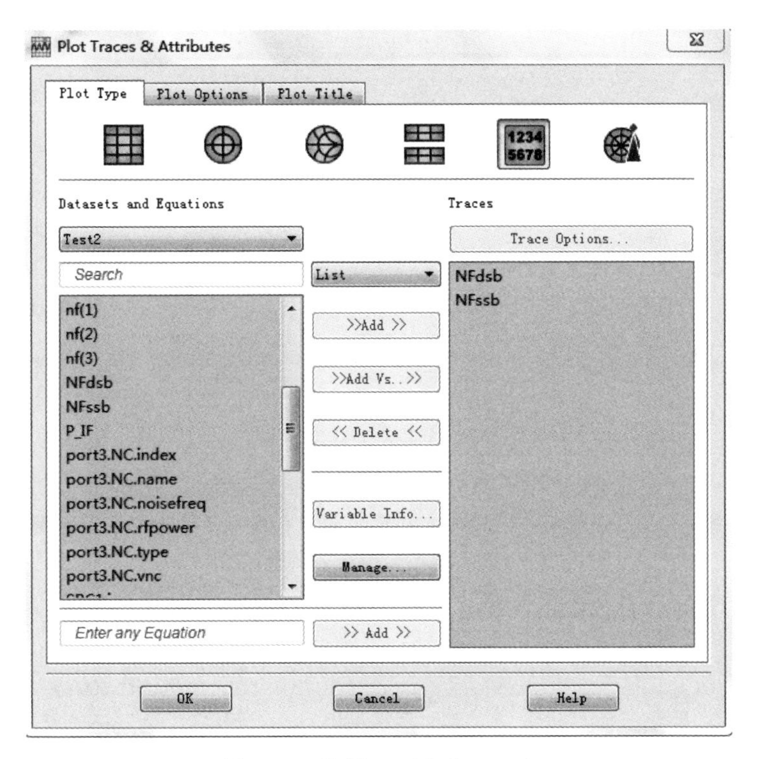


图 5-22　选择 NFdsb 和 NFssb

| noisefreq | NFdsb | NFssb |
|---|---|---|
| 10.00 MHz | 12.854 | 26.472 |

图 5-23　NFdsb 和 NFssb 的噪声系数

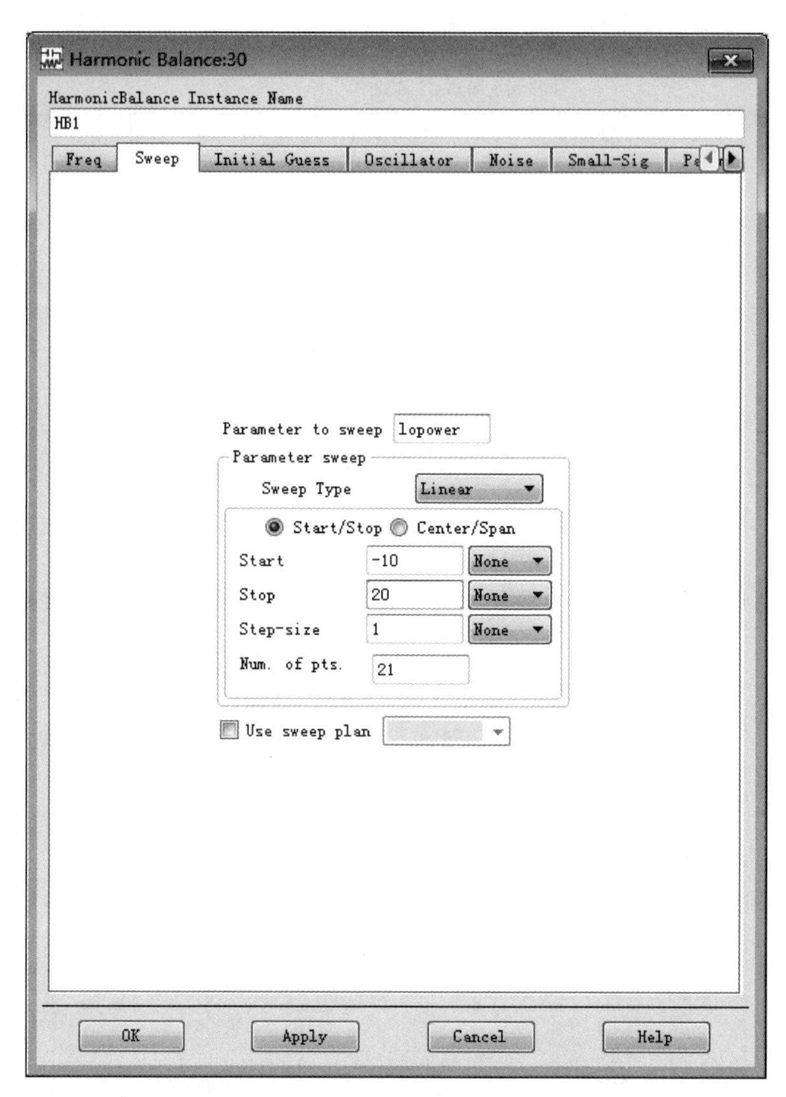


图 5-24 扫描参数设置

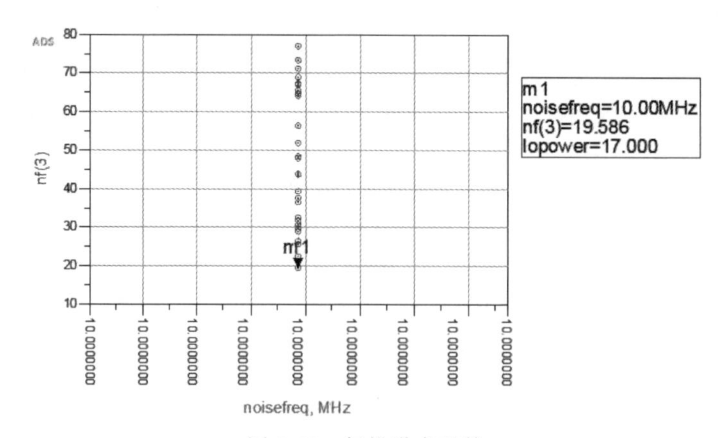


图 5-25 扫描噪声系数

在谐波平衡仿真元器件面板中选择图标，并且添加到原理图中，编写变频增益的测试方程，如图 5-26 所示。

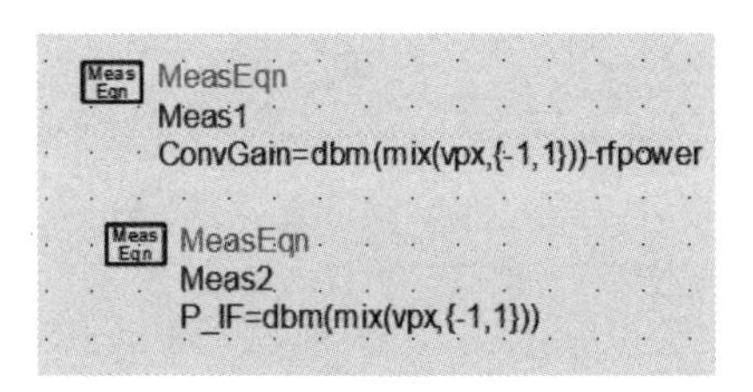


图 5-26　测试方程

再设置 HB 仿真控件参数，如图 5-27 所示，扫描参数为 lopower，扫描方式选择 Linear，扫描范围为−10～30，步长为 1。其他标签栏暂不作修改。

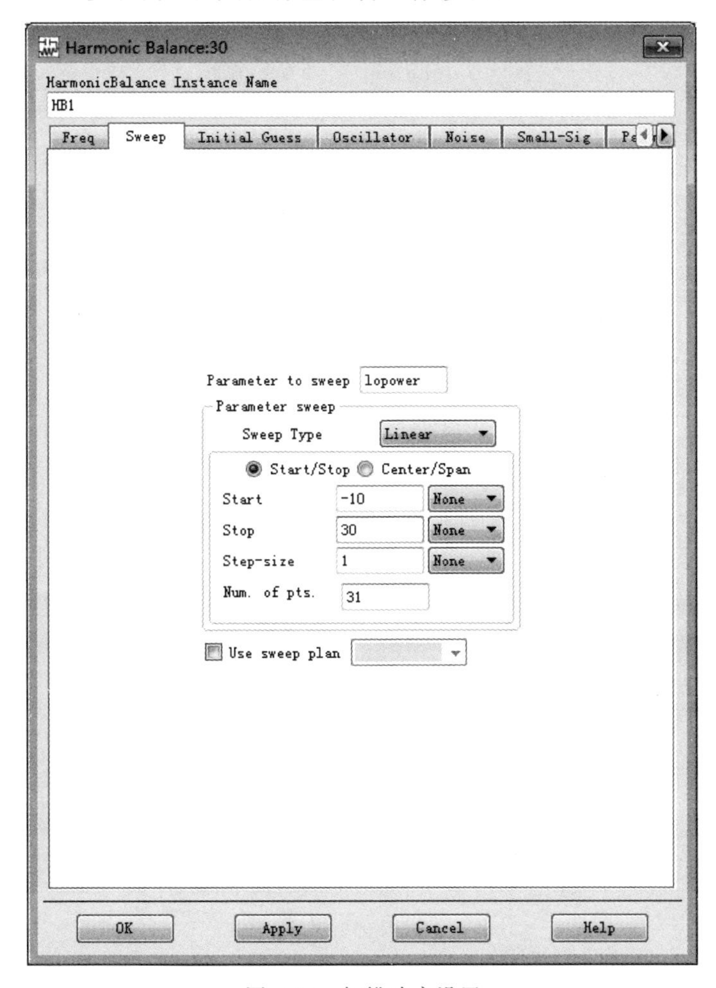


图 5-27　扫描功率设置

修改之后，完整的电路图如图 5-28 所示。

运行仿真，打开数据显示窗口，单击图标，将 ConvGain 添加到显示项中，如图 5-29 所示。

得到混频器变频损耗随本振功率变化情况，如图 5-30 所示。

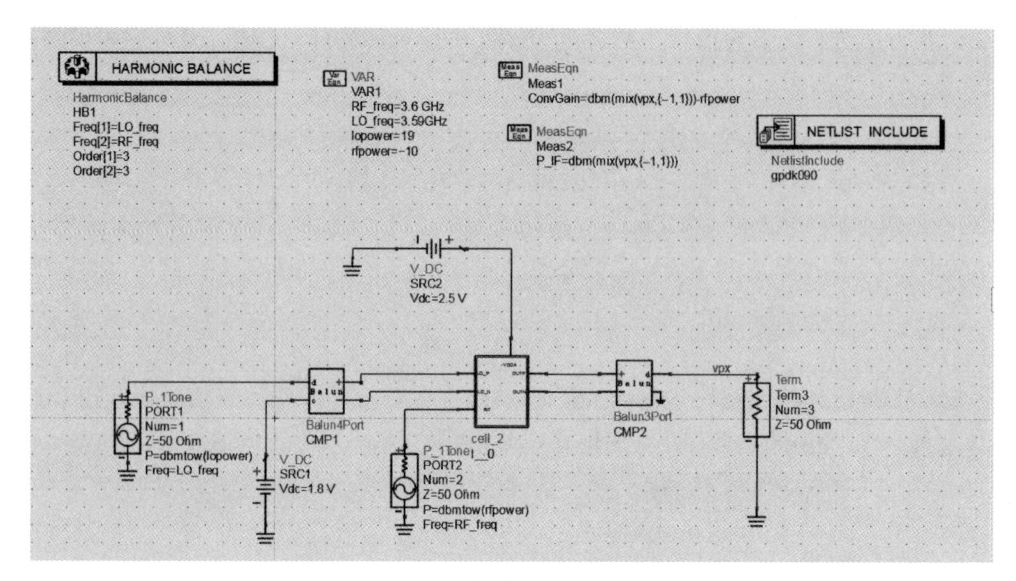


图 5-28　完整电路图

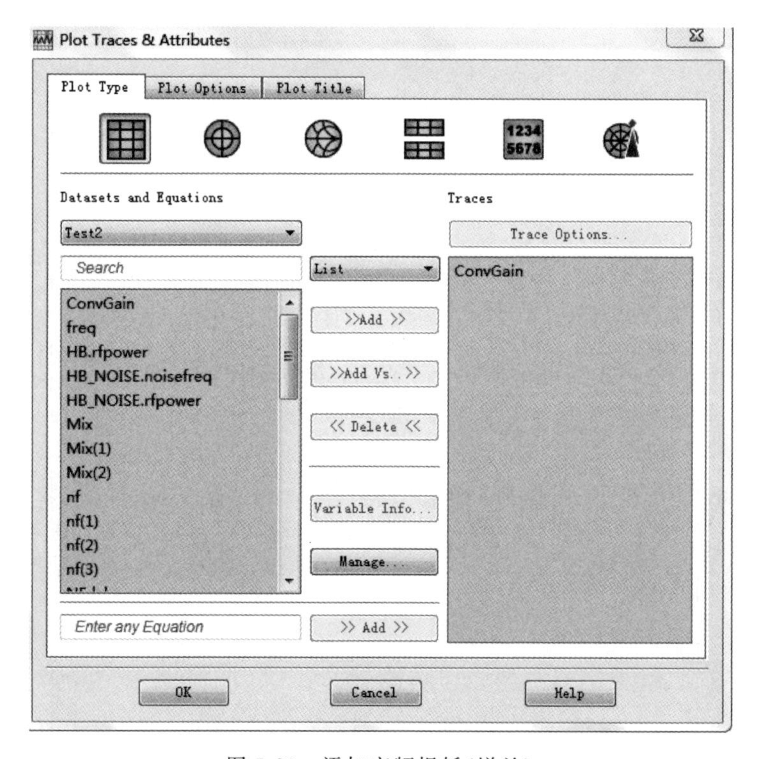


图 5-29　添加变频损耗(增益)

## 5.2.3　1dB 压缩点的仿真

执行菜单命令 File—Save as...将原理图另存为 Test_2,命名为 1dB,如图 5-31 所示。

单击 HB 仿真控件,其参数扫描设置如图 5-32 所示。注意此时的扫描参数对象为 rfpower。

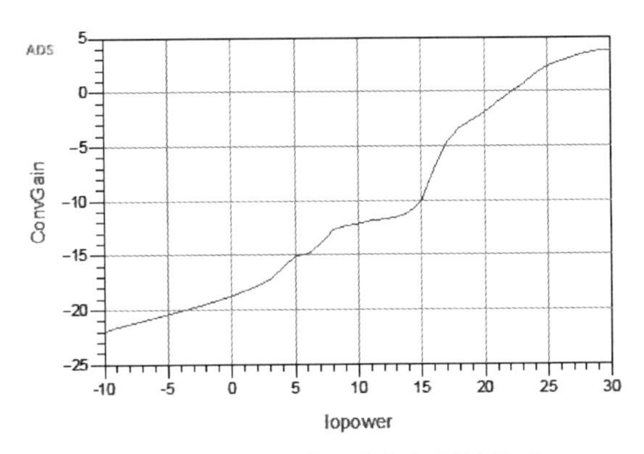


图 5-30　本振功率和变频损耗的关系

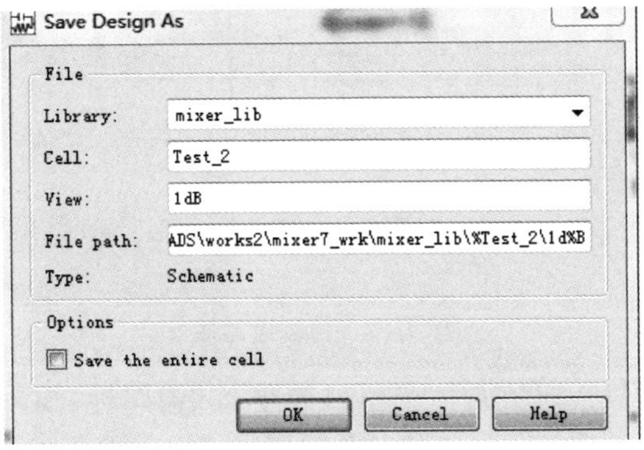

Save Design As
File
Library: mixer_lib
Cell: Test_2
View: 1dB
File path: ADS\works2\mixer7_wrk\mixer_lib\%Test_2\1d%B
Type: Schematic
Options
Save the entire cell
OK　Cancel　Help

图 5-31　原理图另存为 Test_2,命名为 1dB

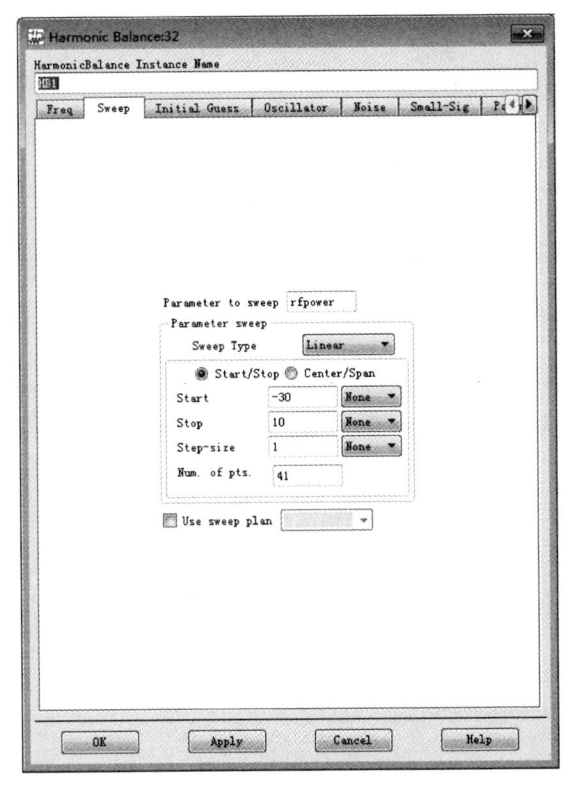


图 5-32　功率扫描参数设置

仿真电路图如图 5-33 所示。

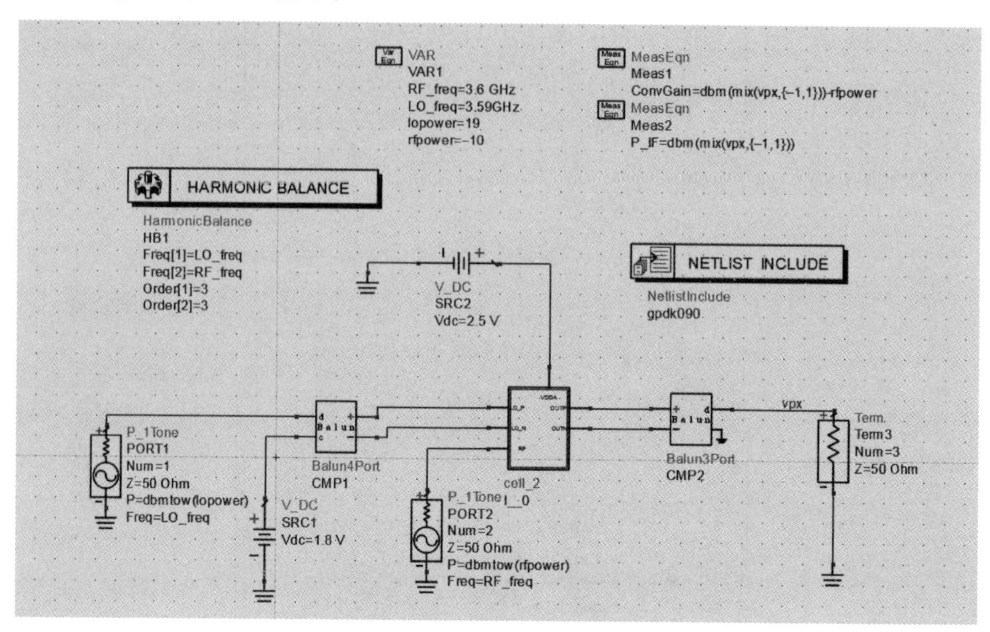


图 5-33　仿真电路图

单击图标运行仿真，在仿真结果窗口中单击图标，输入 gain 和理想线性增益 line 的公式，采用 IFpower 和 rfpower 的关系图可以读出 1dB 压缩点，如图 5-34 所示。

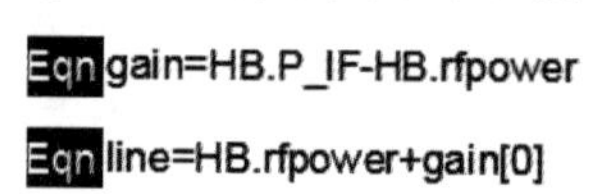


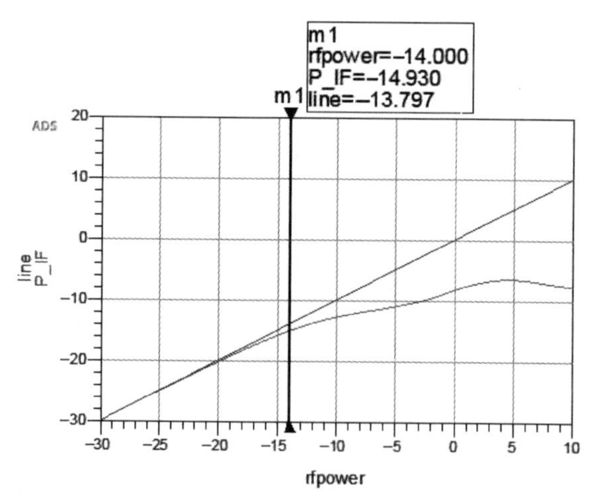


图 5-34　IFpower 和 rfpower 的关系图

也可以写出公式 XDB＝line-HB. P_IF，用数据列表的方式验证上面的结论，如图 5-35 所示。

读出 1dB 压缩点，即在射频输入功率为－14dBm 时。

| rfpower | XDB | line | P_IF |
|---|---|---|---|
| -30.000 | 0.000 | -29.797 | -29.797 |
| -29.000 | 0.007 | -28.797 | -28.804 |
| -28.000 | 0.016 | -27.797 | -27.813 |
| -27.000 | 0.027 | -26.797 | -26.824 |
| -26.000 | 0.041 | -25.797 | -25.838 |
| -25.000 | 0.058 | -24.797 | -24.855 |
| -24.000 | 0.080 | -23.797 | -23.877 |
| -23.000 | 0.108 | -22.797 | -22.905 |
| -22.000 | 0.143 | -21.797 | -21.941 |
| -21.000 | 0.188 | -20.797 | -20.986 |
| -20.000 | 0.246 | -19.797 | -20.043 |
| -19.000 | 0.319 | -18.797 | -19.116 |
| -18.000 | 0.413 | -17.797 | -18.210 |
| -17.000 | 0.533 | -16.797 | -17.331 |
| -16.000 | 0.687 | -15.797 | -16.484 |
| -15.000 | 0.884 | -14.797 | -15.681 |
| -14.000 | 1.133 | -13.797 | -14.930 |
| -13.000 | 1.447 | -12.797 | -14.244 |
| -12.000 | 1.834 | -11.797 | -13.631 |
| -11.000 | 2.298 | -10.797 | -13.095 |
| -10.000 | 2.835 | -9.797 | -12.632 |
| -9.000 | 3.431 | -8.797 | -12.228 |
| -8.000 | 4.066 | -7.797 | -11.863 |
| -7.000 | 4.733 | -6.797 | -11.531 |
| -6.000 | 5.429 | -5.797 | -11.226 |
| -5.000 | 6.047 | -4.797 | -10.844 |
| -4.000 | 6.621 | -3.797 | -10.418 |
| -3.000 | 7.253 | -2.797 | -10.050 |
| -2.000 | 7.721 | -1.797 | -9.518 |
| -1.000 | 8.011 | -0.797 | -8.808 |

图 5-35 1dB压缩点

## 5.2.4 三阶交调点的仿真

定义一个新的变量 spacing 为 100kHz,将电路中 RF 输入端的源换成双频,如图 5-36 所示。

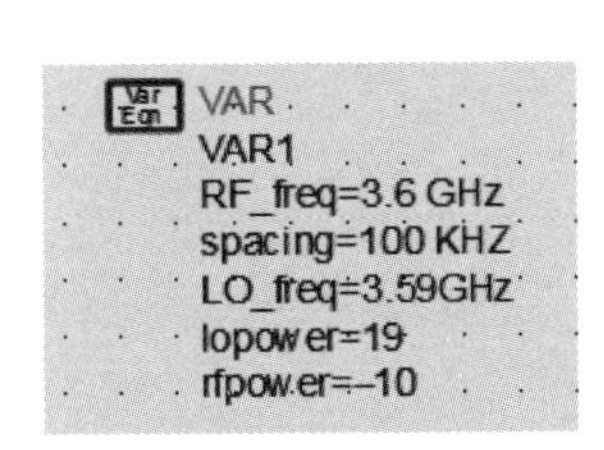


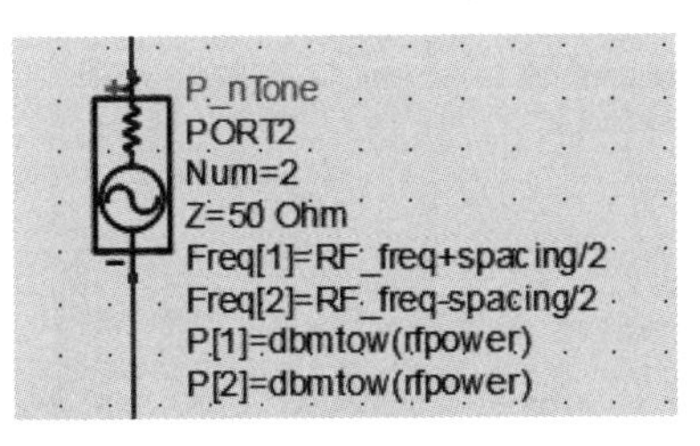


图 5-36 更换相应参数以及器件

设置 PORT2 的参数如图 5-37 所示。

设置 HB 仿真控件,Freq 选项的设置如图 5-38 所示,Sweep 选项的设置如图 5-39 所示,注意,此时是没有扫描变量的。

在电路中添加 IP3out 控件,设置参数如图 5-40 所示。

单击图标进行仿真,在仿真结果窗口单击图标,将 lower_toi 和 upper_toi 添加到显示项中,如图 5-41 所示。

得到三阶交调点处的输出功率如图 5-42 所示。

在原理图中添加一阶交调量和三阶交调量公式,如图 5-43 所示。

双击 HB 仿真控件,设置功率扫描参数,如图 5-44 所示。

完整的电路图如图 5-45 所示。

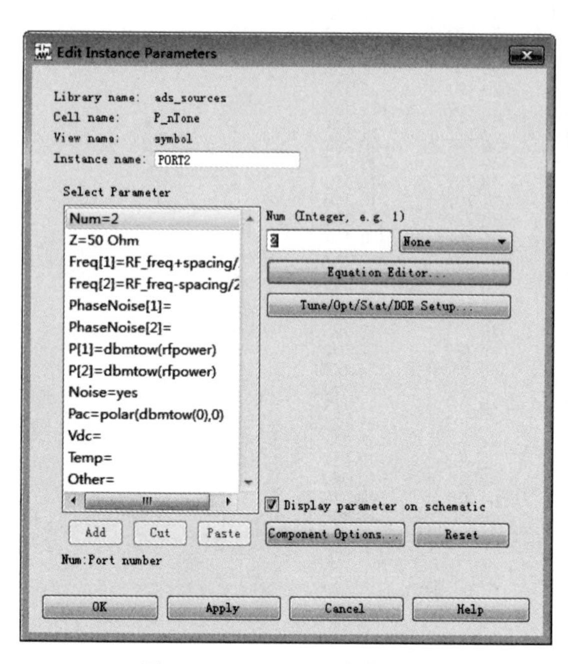


图 5-37　PORT2 的参数设置

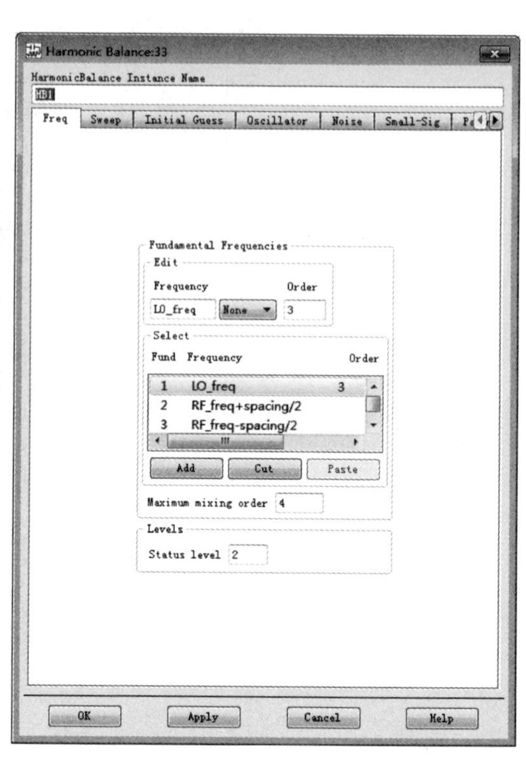


图 5-38　谐波平衡控制器 Freq 选项设置

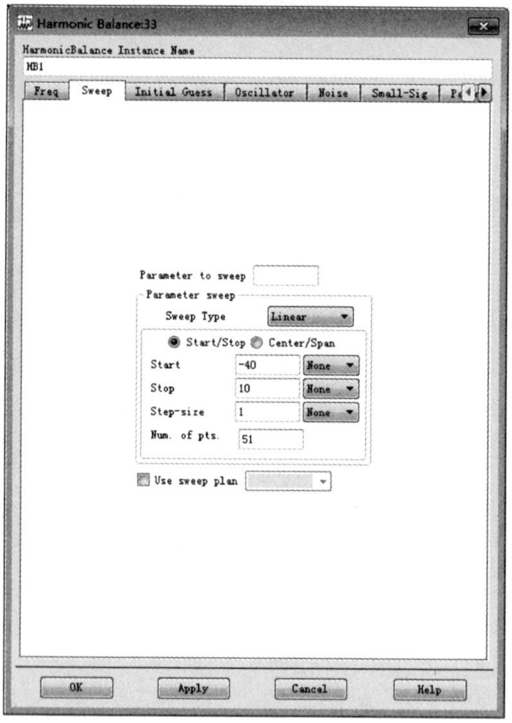

图 5-39　谐波平衡控制器 Sweep 选项设置

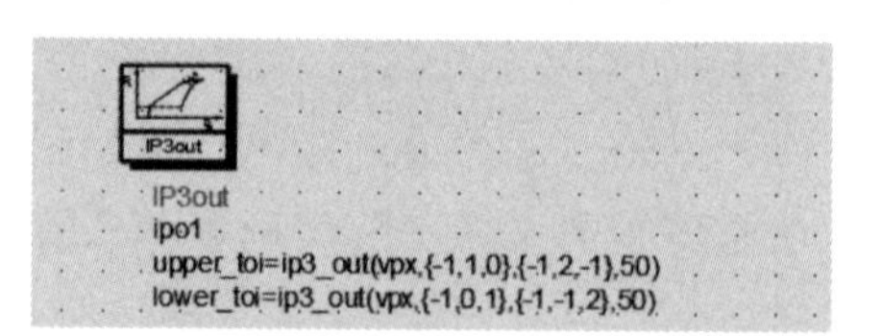


图 5-40　IP3out 控件参数设置

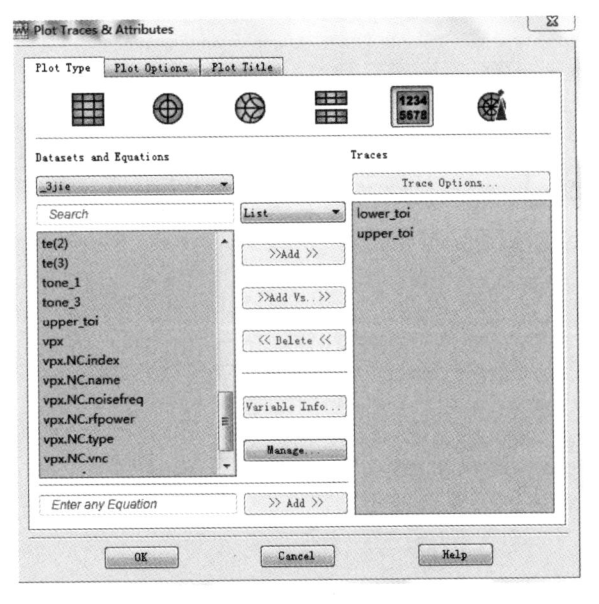


图 5-41 输出三阶交调点设置

| lower_toi | upper_toi |
|---|---|
| −3.029 | −2.832 |

图 5-42 三阶交调点处的输出功率

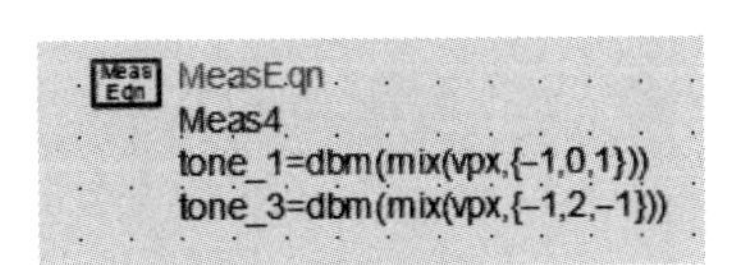


图 5-43 添加交调量公式

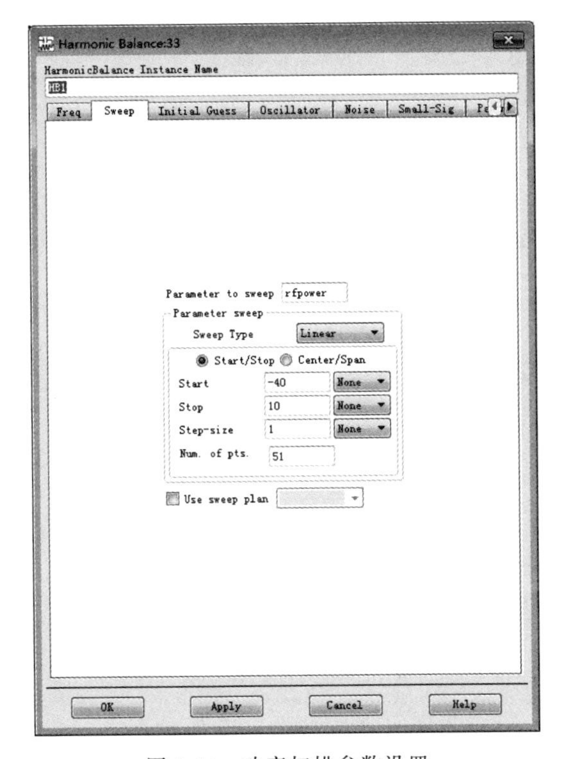


图 5-44 功率扫描参数设置

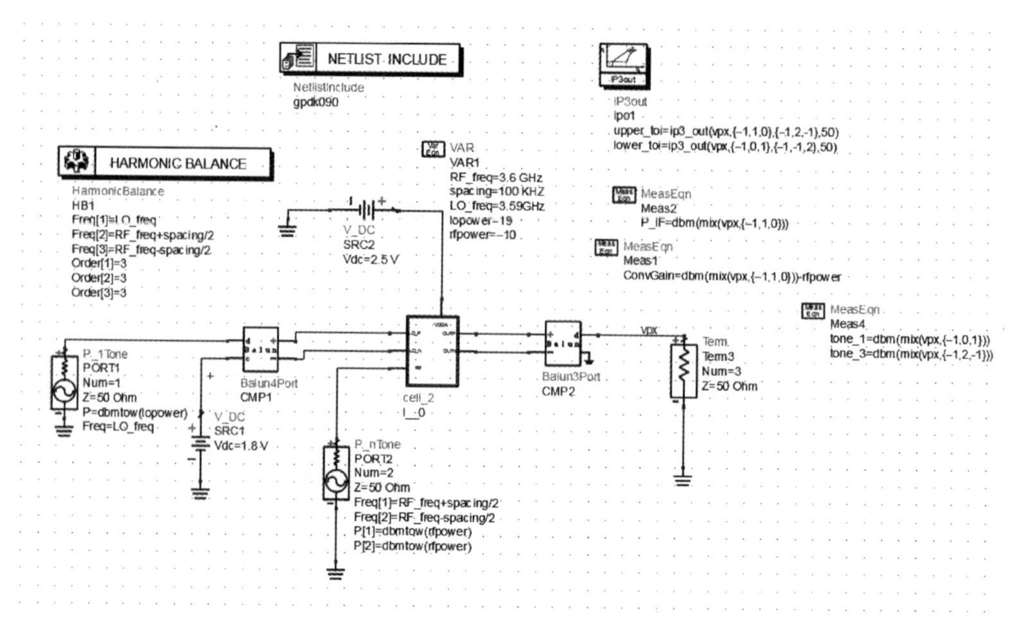


图 5-45　完整的电路图

单击图标进行仿真，在仿真结果窗口单击图标，将 tone_1 和 tone_2 添加到显示项中，如图 5-46 所示。

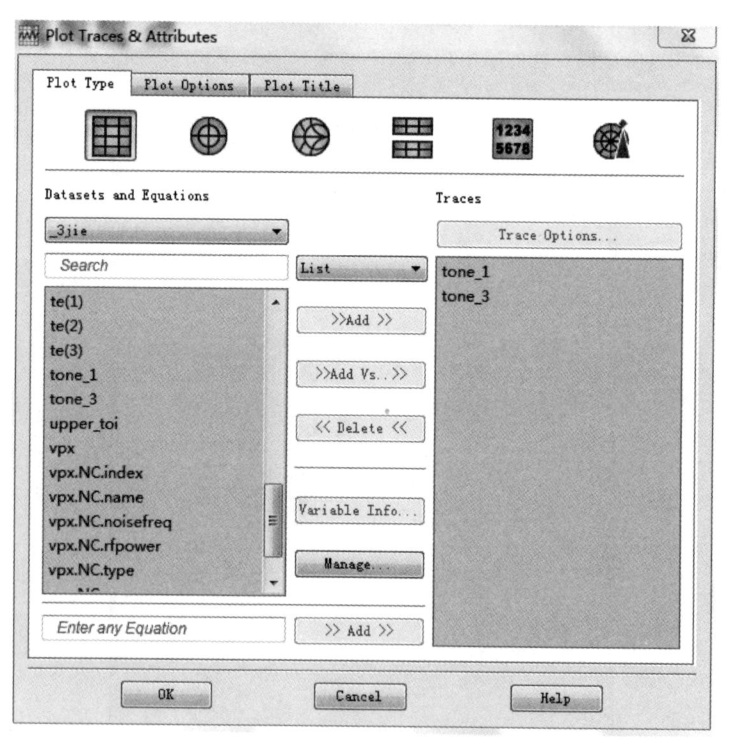


图 5-46　输出一阶交调量和三阶交调量设置

得到一阶交调量和三阶交调量的曲线如图 5-47 所示。

延长一阶交调量和三阶交调量斜率为 1∶3 的部分（近似为一条直线），交点处的

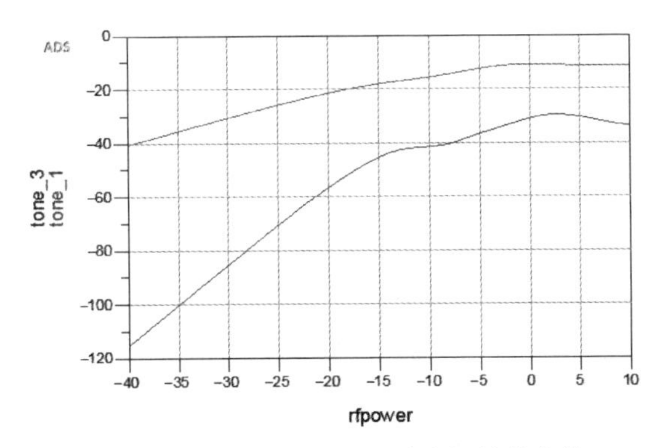


图 5-47　一阶交调量和三阶交调量的曲线

rfpower 即为输入三阶交调点，在 −2dB 左右。

## 5.3 Cadence 仿真实例

本节使用一个 gpdk090 工艺的单平衡混频器作为设计实例，说明混频器的基本仿真设计流程和 ADE 仿真方法。用于仿真的单平衡混频器电路原理图如图 5-48 所示。

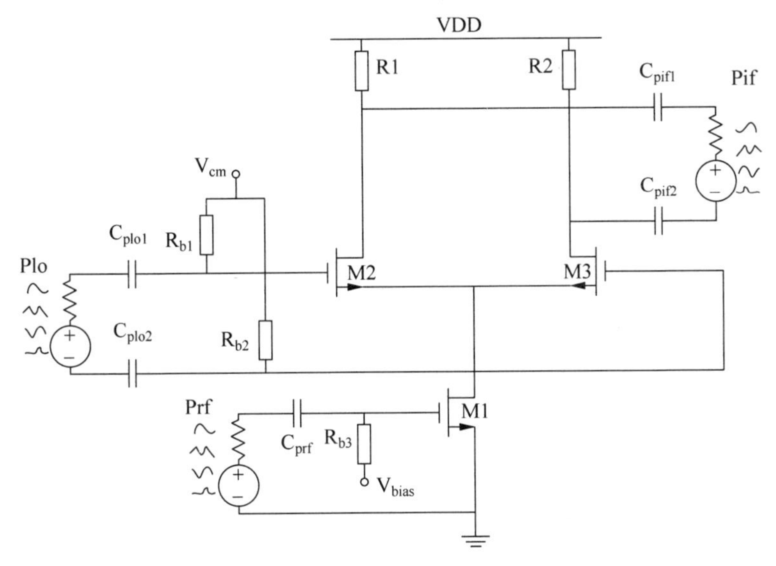


图 5-48　单平衡混频器电路原理图

射频电路设计过程中为了模拟实际电路中的 50Ω 阻抗匹配和端口网络，在输入和输出端接入“port”，如图 5-48 中的射频输入 Prf、本振输入 Plo 和中频输出 Pif。在射频输入端口、本振输入端口和中频输出端口加入隔置电容 $C_{prf}$、$C_{plo1}$、$C_{plo2}$、$C_{pif1}$ 和 $C_{pif2}$。在射频输入端口和本振输入端口通过电阻 $R_{b1}$、$R_{b2}$ 和 $R_{b3}$，连接直流偏置电压 $V_{cm}$ 和 $V_{bias}$。电路元器件相关参数如表 5-1 所示，电源与偏置电压如表 5-2 所示。

**表 5-1　元器件相关参数**

| 元器件 | 参数 |
|---|---|
| R1、R2 | 50Ω |
| $R_{b1}$、$R_{b2}$ | 500Ω |

续表

| | |
|---|---|
| $R_{b3}$ | 500Ω |
| $C_{plo1}$、$C_{plo2}$ | 5nF |
| $C_{prf}$ | 5nF |
| $C_{pif1}$、$C_{pif2}$ | 5nF |
| M1 | 长：100nm；宽：8μm；指数：4 |
| M2、M3 | 长：100nm；宽：10μm；指数：6 |

**表 5-2 相关电压参数**

| | |
|---|---|
| VDD | 1.2V |
| $V_{cm}$ | 900mV |
| $V_{bias}$ | 600mV |

## 5.3.1 混频器电路 DC 仿真

在初步确定混频器电路结构和元器件相关参数后就可以在 Cadence 中建立电路原理图并开始仿真，具体步骤如下。

(1) 新建原理图，命名为 mixer。

(2) 调入元器件并连线，电路原理图如图 5-49 所示，然后单击 check and save 对电路进行检查并保存。本振输入 port Plo 设置如图 5-50 所示、射频输入 port Prf 设置如图 5-51 所示、中频输出 port Pif 设置如图 5-52 所示。

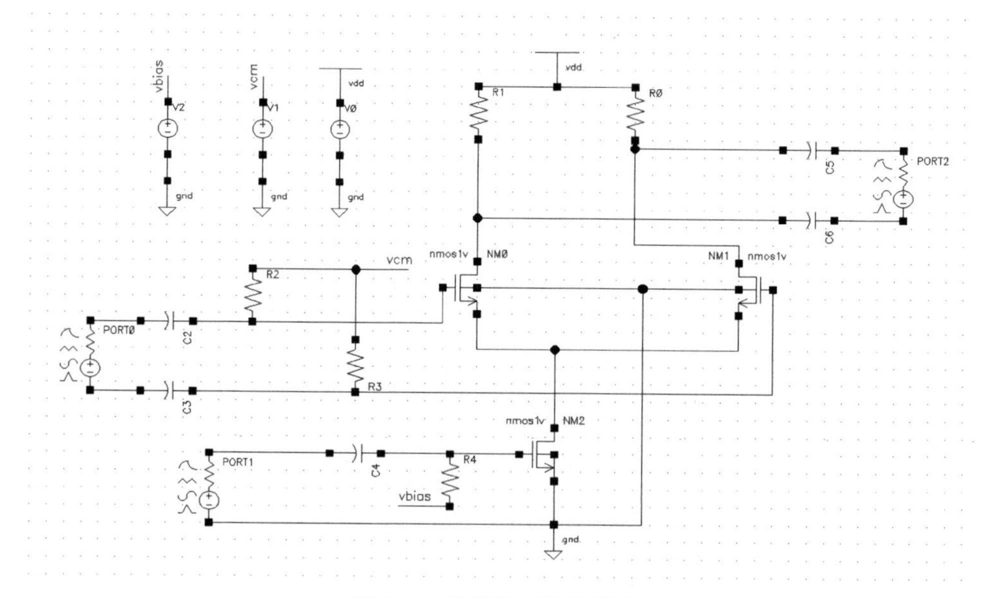


图 5-49 混频器电路仿真图

◆ 使用 gpdk090 工艺库中的 nmos1v 器件，设置 NMOS 管 M1 的栅长为 l1，栅宽为 w1，栅指数为 f1，M2 和 M3 的栅长为 l2，栅宽为 w2，栅指数为 f2；

◆ 使用 analog 库中的电阻，负载电阻 R1 和 R2 的值为 50Ω，偏置电阻 Rb1 和 Rb2 的值为 500Ω，偏置电阻 Rb3 的值为 500Ω；

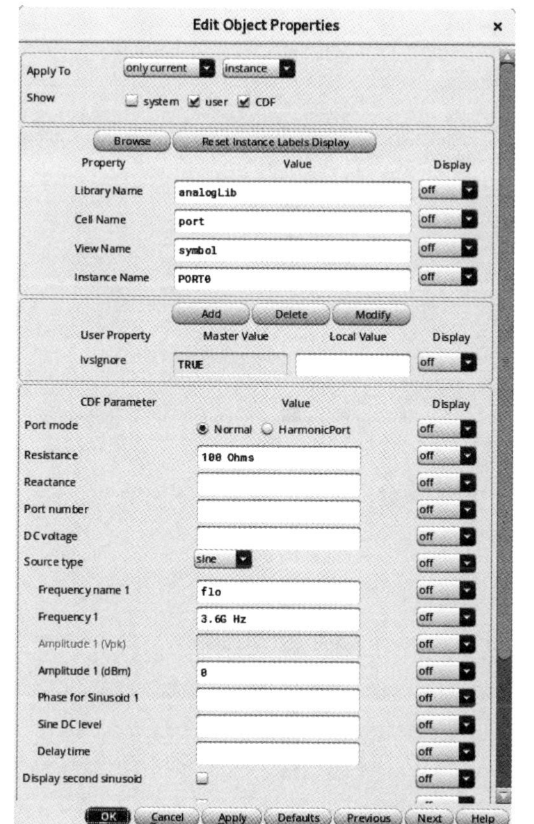


图 5-50　本振 port 参数设置

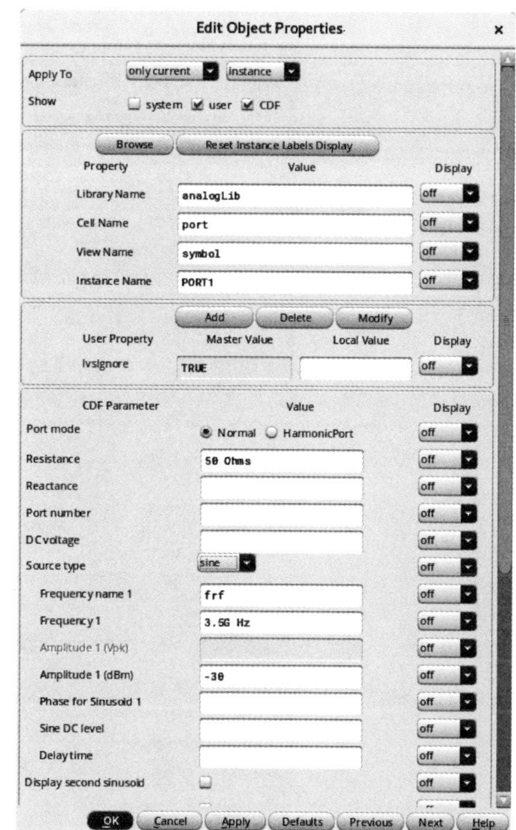


图 5-51　射频 port 参数设置

◆ 使用 analog 库中的直流电压源 V0 作为 VDD，并设置变量 dc voltage 为 v1；直流电压源 V1 作为 Vcm，并设置变量 dc voltage 为 v2；直流电压源 V2 作为 Vbias，并设置变量 dc voltage 为 v3。

（3）再次单击 check and save 对电路进行检查并保存，在原理图界面单击菜单 Launch—ADE L，打开仿真工具 ADE，在 ADE 界面中首先单击菜单 Setup—Model Libraries，确认仿真模型是否设置正确，如图 5-53 所示，应为 gpdk090. scs 文件，Section 为 NN。

（4）单击菜单 Variables，选择 Copy from Cellview 项，将各变量复制到 ADE 的变量栏中，双击各变量，w1 设为 10u，w2 设为 8u，f1 设为 6，f2 设为 4，v1 设为 1.2，v2 设为 900m，v3 设为 600m。依次单击菜单 Analyses—Choose，选择 dc 分析，勾选 Save DC Operating Point，dc 设置如图 5-54 所示，单击 OK 保存。

（5）最后得到的 ADE 界面如图 5-55 所示。然后单击右侧 netlist and run 绿色图标，运行仿真。

（6）查看 DC 仿真结果，在 ADE 界面依次选择 Results、Print、DC Operating Points，然后单击选中的 MOS 管就可以查看管子的工作状态和 MOS 管的阈值电压等参数，如图 5-56 与图 5-57 所示为开关级 MOS 管和跨导级 MOS 管的参数。再依次选择 Results、Annotate、DC Operating Points 和 DC Node Voltages，查看各个节点的电压和 MOS 管的 Vds 和 Vgs 等，结果如图 5-58 所示。

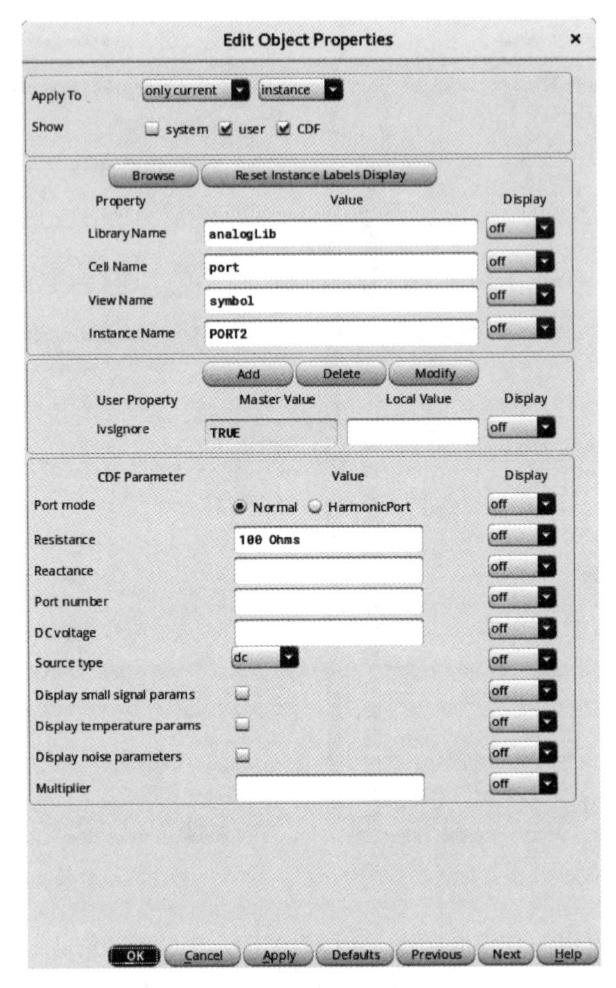


图 5-52　中频 port 参数设置

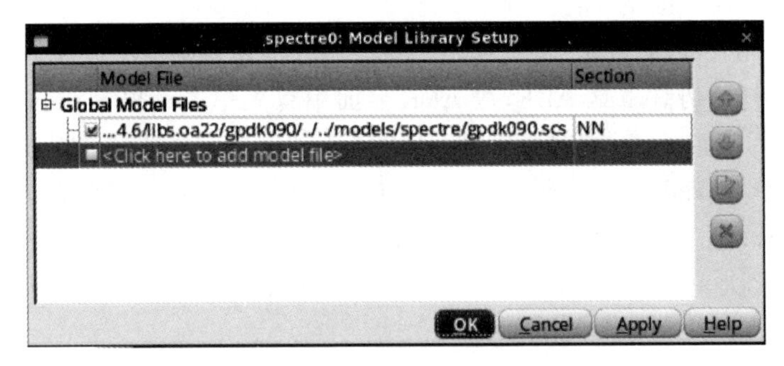


图 5-53　仿真模型设置正确验证结果

由图 5-56、图 5-57 与图 5-58 可知，开关级 MOS 管的阈值电压 Vth 约为 255mV，Vgs 约为 420mV，Vds 约为 560mV，满足 Vds>Vgs−Vth，所以开关级 MOS 管工作在饱和区，此时开关级 MOS 管跨导 $g_m$ 为 34.8957mS。跨导级 MOS 管的阈值电压 Vth 约为 230mV，Vgs 约为 600mV，Vds 约为 480mV，满足 Vds>Vgs−Vth，所以跨导级 MOS 管也工作在饱和区，此时跨导级 MOS 管跨导 $g_m$ 为 26.5794mS。综上所述，混频器的 MOS 管都处于饱和区，满足电路的工作需求，可以初步实现电路的功能。

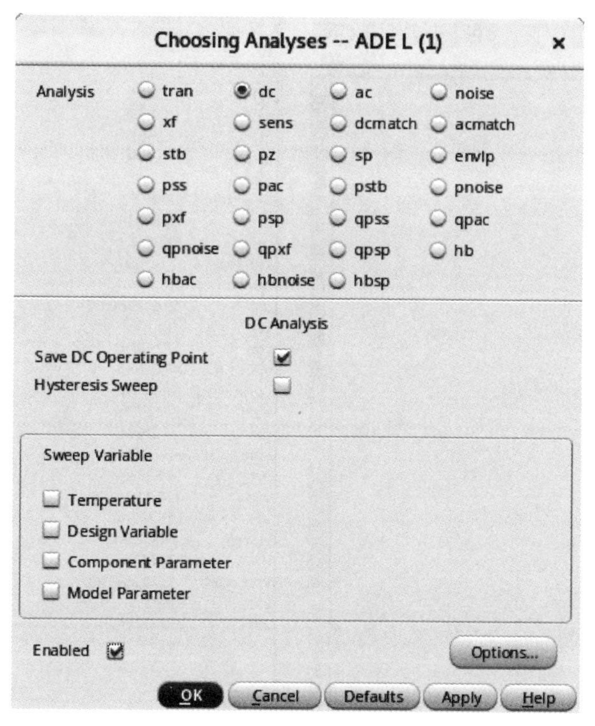


图 5-54　dc 仿真设置

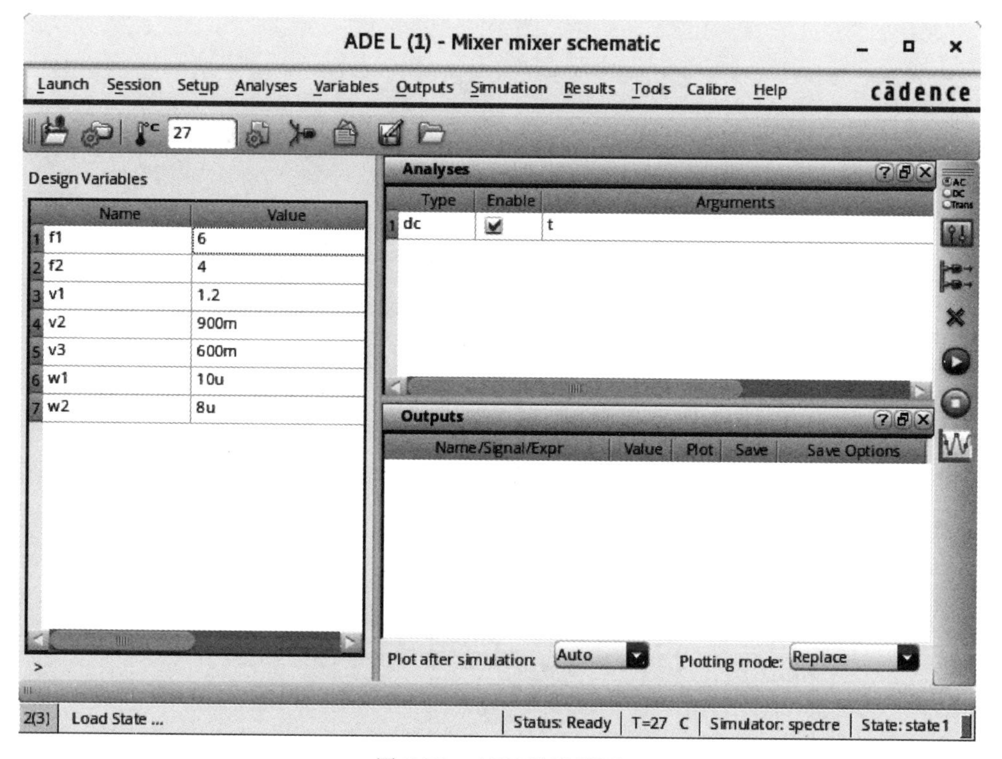


图 5-55　ADE 设置界面

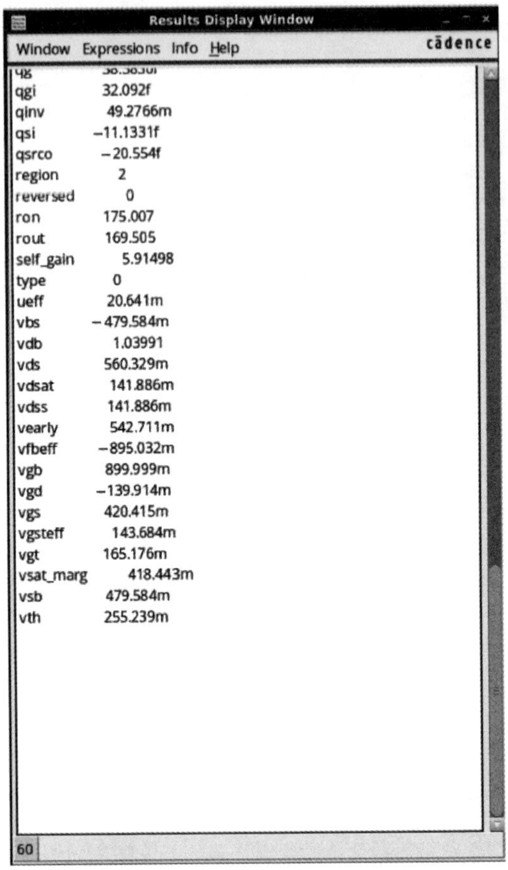

Results Display Window

Window Expressions Info Help cādence

| | |
|---|---|
| qg | [illegible] |
| qgi | 32.092f |
| qinv | 49.2766m |
| qsi | −11.1331f |
| qsrco | −20.554f |
| region | 2 |
| reversed | 0 |
| ron | 175.007 |
| rout | 169.505 |
| self_gain | 5.91498 |
| type | 0 |
| ueff | 20.641m |
| vbs | −479.584m |
| vdb | 1.03991 |
| vds | 560.329m |
| vdsat | 141.886m |
| vdss | 141.886m |
| vearly | 542.711m |
| vfbeff | −895.032m |
| vgb | 899.999m |
| vgd | −139.914m |
| vgs | 420.415m |
| vgsteff | 143.684m |
| vgt | 165.176m |
| vsat_marg | 418.443m |
| vsb | 479.584m |
| vth | 255.239m |

60

图 5-56 开关级 MOS 管参数

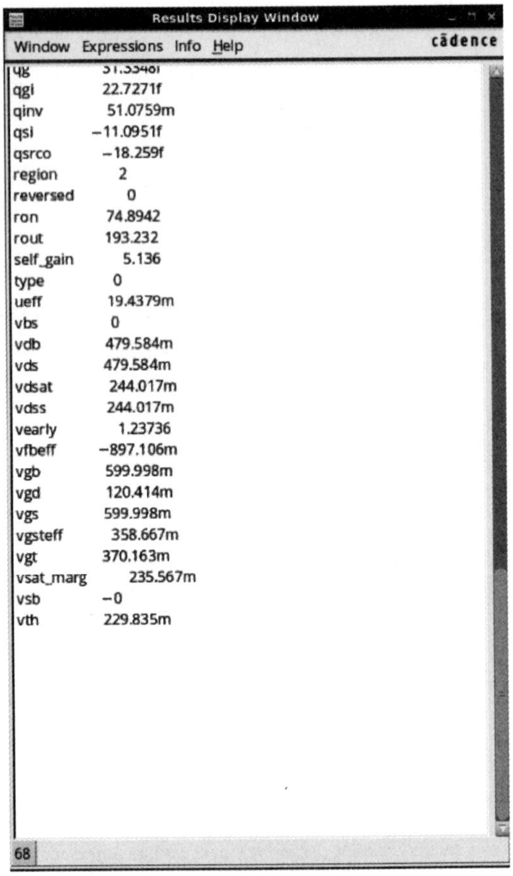

Results Display Window

Window Expressions Info Help cādence

| | |
|---|---|
| qg | [illegible] |
| qgi | 22.7271f |
| qinv | 51.0759m |
| qsi | −11.0951f |
| qsrco | −18.259f |
| region | 2 |
| reversed | 0 |
| ron | 74.8942 |
| rout | 193.232 |
| self_gain | 5.136 |
| type | 0 |
| ueff | 19.4379m |
| vbs | 0 |
| vdb | 479.584m |
| vds | 479.584m |
| vdsat | 244.017m |
| vdss | 244.017m |
| vearly | 1.23736 |
| vfbeff | −897.106m |
| vgb | 599.998m |
| vgd | 120.414m |
| vgs | 599.998m |
| vgsteff | 358.667m |
| vgt | 370.163m |
| vsat_marg | 235.567m |
| vsb | −0 |
| vth | 229.835m |

68

图 5-57 跨导级 MOS 管参数

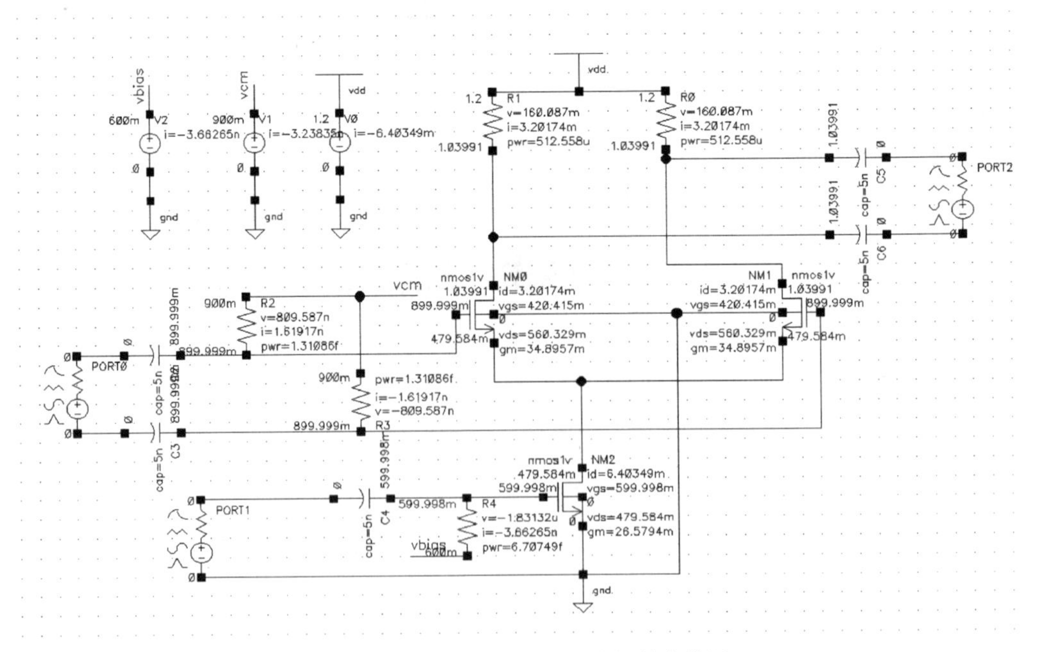


图 5-58 各个元器件电压电流相关参数图

## 5.3.2　端口隔离度仿真

(1) 在 ADE 界面单击菜单 Analyses—Choose，弹出对话框，选择 sp 进行 *S* 参数仿真，查看端口之间的隔离度，在 Ports 栏单击 Select，然后依次在原理图中选择射频输入 Port Prf、本振输入 Port Plo 和中频输出 Port Pif。在 Sweep Variable 项选 Frequency，在 Sweep Range 项选 Start-Stop 后填入开始与截止频率，分别为 3.5GHz 和 3.8GHz。Sweep Type 项选择 Automatic，然后单击保存。sp 仿真设置如图 5-59 所示。

(2) 单击 Simulation-netlist and Run，开始仿真。仿真结束后，单击 Results—Direct Plot—Main Form，弹出 Direct Plot Form 对话框，依次单击 sp—Rectangular—dB20，界面如图 5-60 所示。

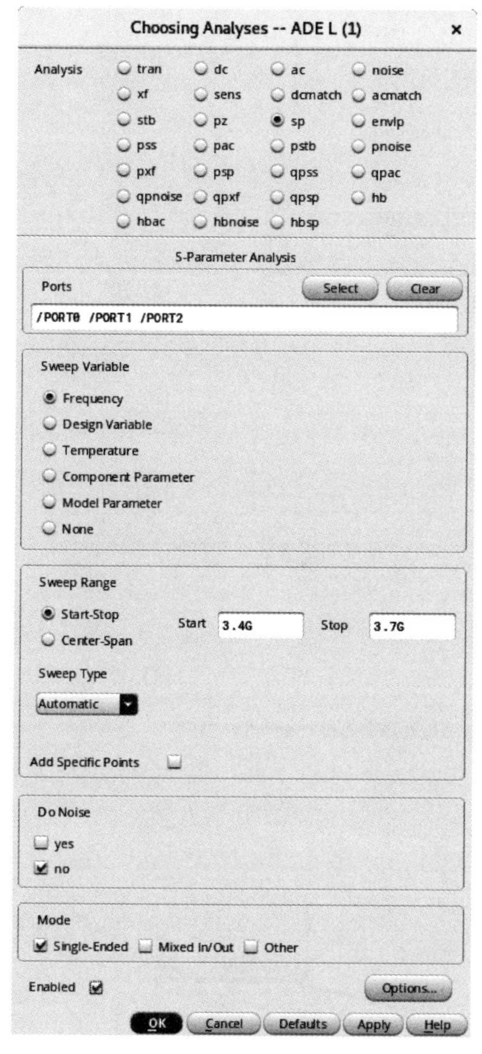

图 5-59　sp 仿真设置

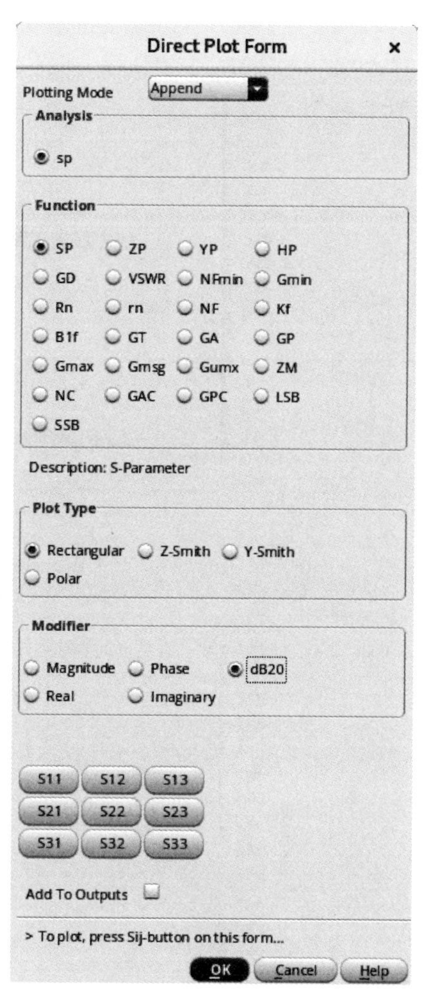


图 5-60　sp 仿真结果查看

(3) 最后，单击 S21，S13，S23 查看端口之间的隔离度，结果如图 5-61、图 5-62 和图 5-63 所示。

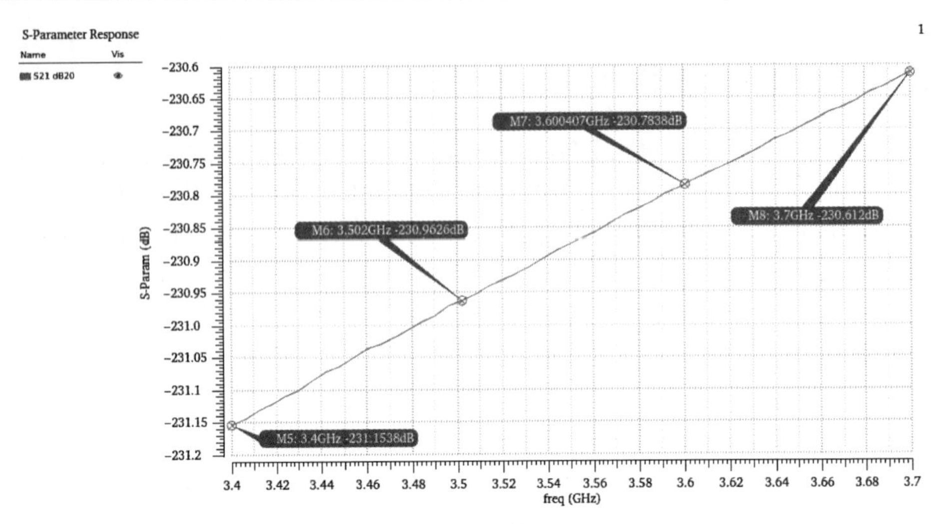


图 5-61　S21 结果图

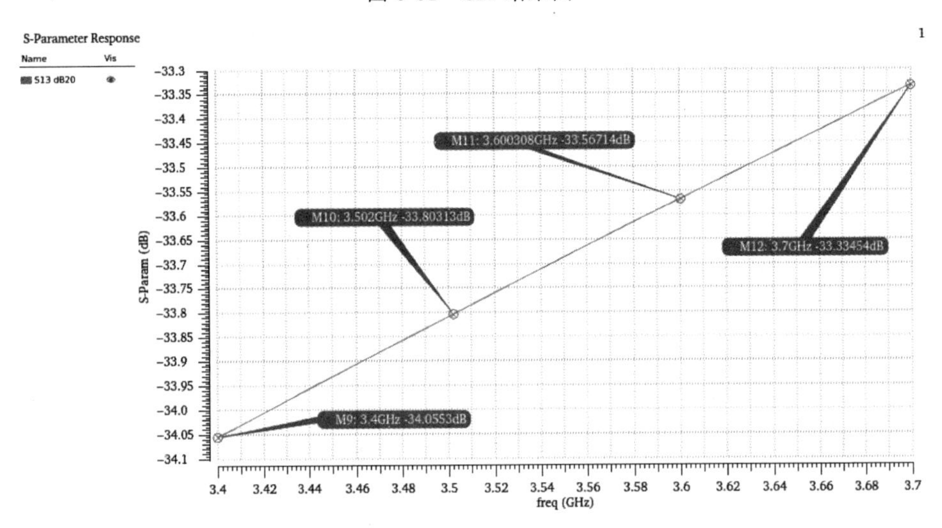


图 5-62　S13 仿真结果图

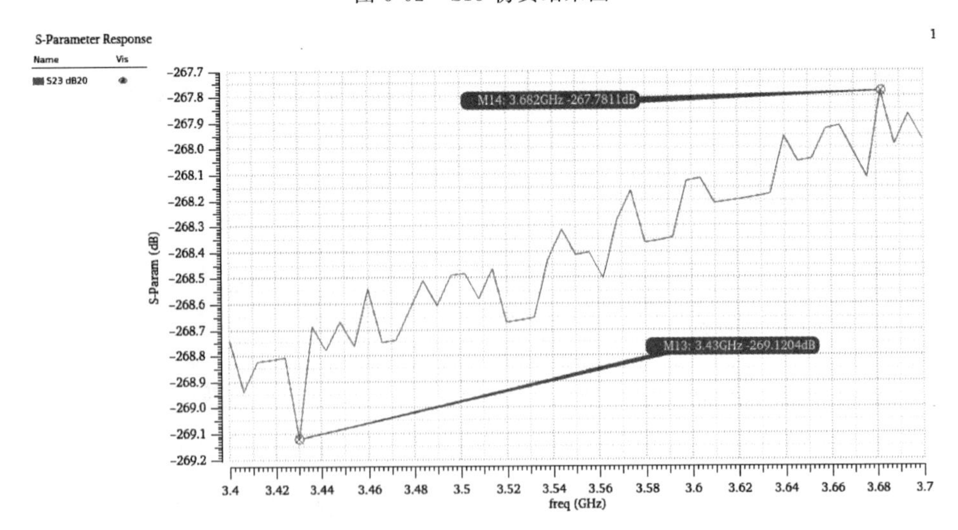


图 5-63　S23 仿真结果图

如图 5-61 所示，S21 代表本振信号输入端口与射频信号输入端口之间的隔离度，在 3.4GHz～3.7GHz 频段内，S21 最大值为－230.612dB，最小值为－231.15dB，说明本振输入端口与射频输入端口之间的隔离度很高。如图 5-62 所示，S13 是本振信号输入端口与中频信号输出端口之间的隔离度，这是衡量一个混频器性能的重要指标，因为单平衡结构会导致本振信号泄漏到中频，在 3.4GHz～3.7GHz 频段内，S13 的值均小于－33.33dB，说明本振输入端口与中频输出端口之间的隔离度较好。如图 5-63 所示，S23 代表输入的射频信号泄漏到中频信号输出端口的程度，在 3.4GHz～3.7GHz 频段内，S23 最大值为－267.78dB，S23 最小值为－269.12dB，表明射频输入端口与中频输出端口的隔离度也满足要求。

### 5.3.3 混频器谐波仿真

（1）在 ADE 界面单击菜单 Analyses—Choose，弹出对话框，选择 pss 进行仿真，在 Beat Frequency 栏输入 100M，并选择 Auto Calculate。100MHz 是中频信号的频率。在 Output harmonics 项的 Number of harmonics 栏输入仿真的谐波数为 36，这样 100MHz×36＝3.6GHz，就覆盖了仿真观察的范围。仿真精度 Accuracy Defaults 项选择 moderate，如图 5-64 所示，单击 OK，完成设置。

（2）单击 Simulation—netlist and Run，开始仿真。仿真结束后，单击 Results—Direct Plot—Main Form 命令，弹出 Direct Plot Form 对话框，分别单击 pss—Voltages—pectrum—peak—dB20 查看仿真结果，结果查看设置如图 5-65 所示。

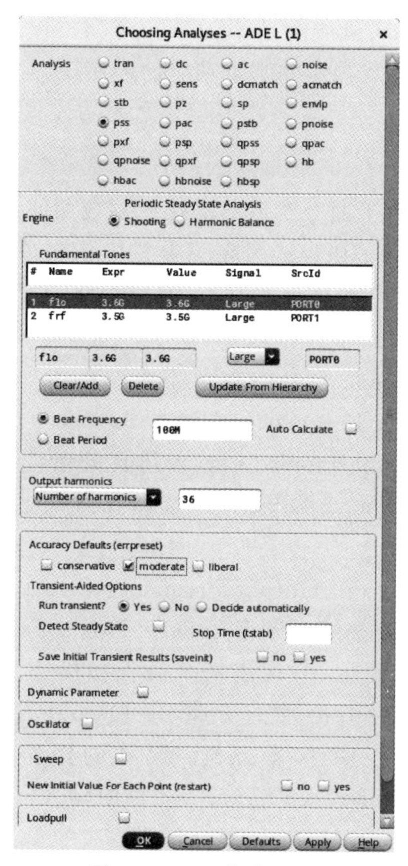


图 5-64　pss 仿真设置

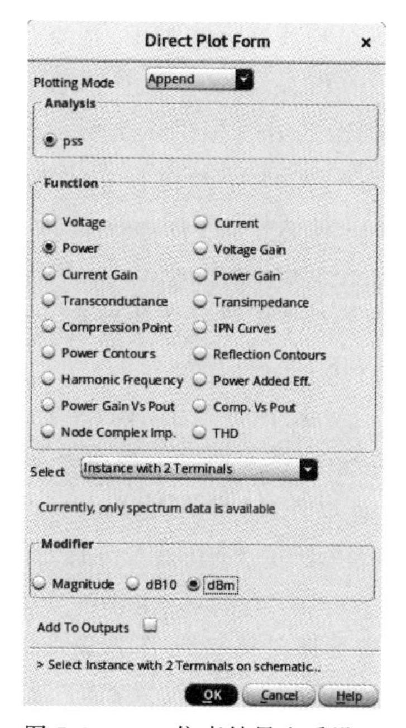


图 5-65　pss 仿真结果查看设置

(3) 电路中有一个箭头显示,用箭头单击中频输出 port Pif,谐波仿真结果如图 5-66 所示。在仿真结果输出界面中,依次选择 Marker—Place—Trace Marker 或者按键 M 对输出的波形进行标注。

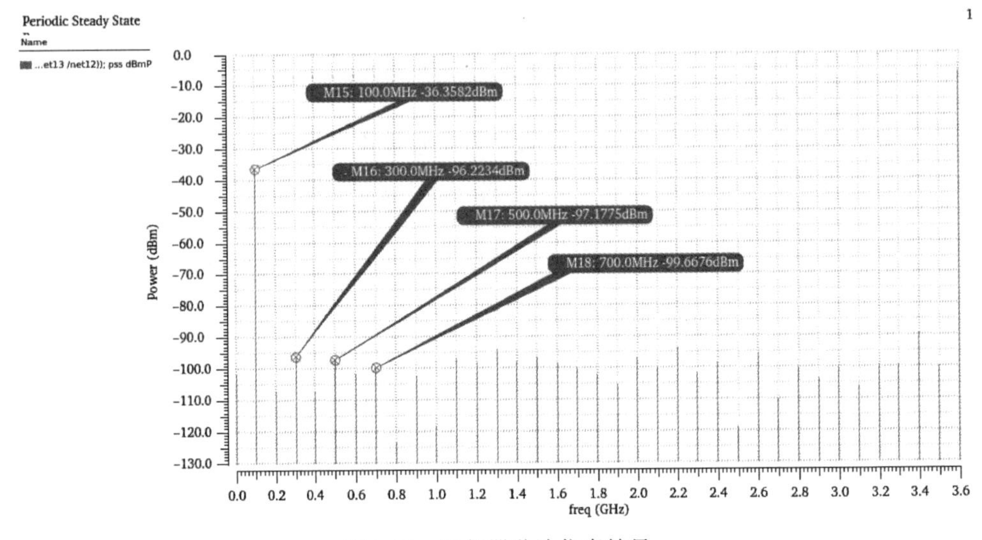


图 5-66　混频器谐波仿真结果

由图 5-66 可知,中频信号基波分量的功率为 −36.36dBm,三次谐波的功率为 −96.22dBm,五次谐波的功率为 −97.18dBm,七次谐波的功率为 −99.67dBm。根据仿真结果可知混频器的变频损耗为 6.36dB,由此可见,混频器的基本功能已经实现。

### 5.3.4　混频器噪声系数仿真

噪声系数是衡量混频器性能的一个重要参数,下面介绍混频器噪声系数如何仿真。

(1) 在混频器的电路图中,选择射频输入 port—Prf,然后在菜单栏中依次单击 Edit—Properties—Objects,或者选中 Port 直接按键 Q,弹出 Port 的属性对话框,将源类型 Source type 由 sine 改为 dc,如图 5-67 所示,单击 OK 按钮。

(2) 在 ADE 的界面窗口中,相关变量设置保持原来的数值不变。单击 Analyses—Choose,弹出对话框,选择 pss 进行仿真,在 Beat Frequency 栏输入 3.6G,并选中 Auto Calculate。在 Output harmonics 项的 Number of harmonics 栏输入仿真的谐波数为 0,这样噪声分析只对本振信号产生响应。仿真精度 Accuracy Defaults 项选择 moderate,如图 5-68 所示,单击 OK,完成设置。

(3) 在 ADE 界面单击 Analyses—pnoise 命令,在 Output Frequency Sweep Range 项的 Start 和 Stop 栏分别输入扫描开始频率 1K 和扫描结束频率 4.5G。Sweep Type 项选择 Logarithmic 形式,同时选择 Points Per Decade,输入 10,代表每个频程扫描 10 个点。在 Maximum sideband 栏中输入仿真谐波数为 36。Output 项的 Positive Output Node 栏中,选择中频 port 的正端,Negative Output Node 栏中选择 gnd!。同样的操作,在 Input Source 栏中选择射频 port 作为输入源。最后在 Reference Side-Band 栏中输入 −1,这个代表进行下混频仿真,完成设置如图 5-69 所示。

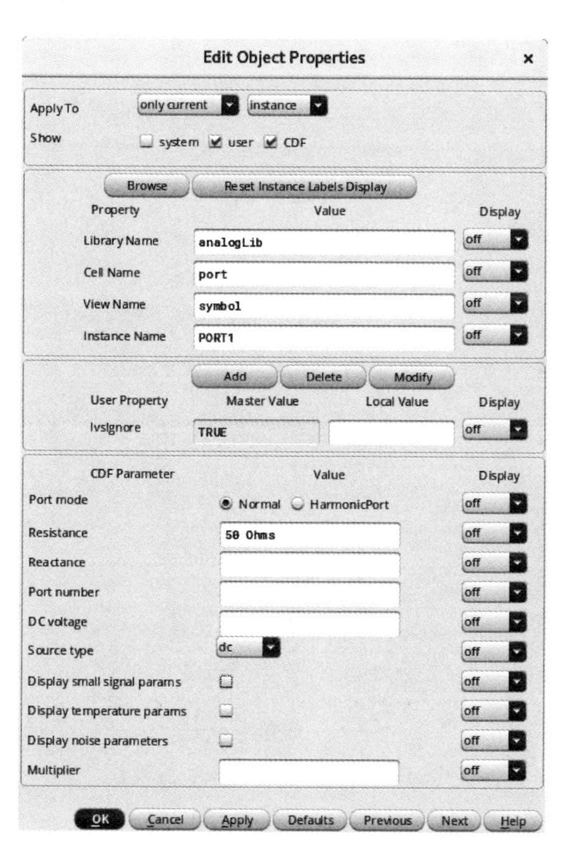


图 5-67　噪声系数仿真射频 port 设置参数图

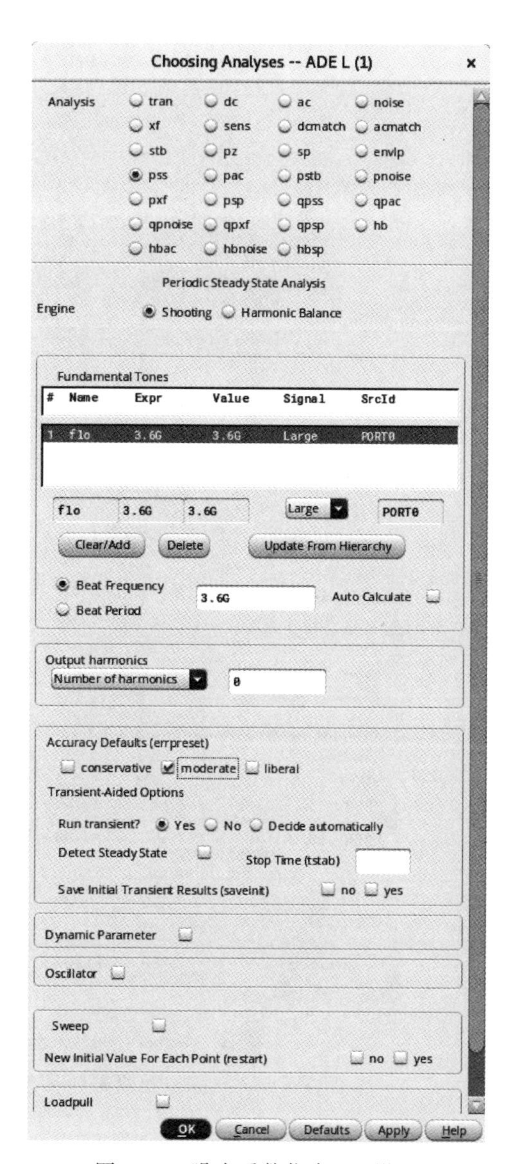


图 5-68　噪声系数仿真 pss 设置

(4) 在 ADE 界面依次单击 Stimulation—Netlist and Run，开始仿真。仿真完成后，依次 Results—Direct Plot—Main Form，弹出 Direct Plot Form 对话框，在对话框中依次选择 pnoise—Noise Figure，如图 5-70 所示。单击 Plot，输出噪声系数波形如图 5-71 所示，按键 M 对波形进行标注。

混频器的噪声系数是衡量混频器性能的重要指标，如果性能达不到设计要求，则要重新设计优化混频器的开关级与电流注入。中频信号包含有用的射频信号、射频噪声和镜像频率噪声，如图 5-71 所示，在中频 100MHz 处输出时噪声系数为 17.85dB，满足设计要求。

## 5.3.5　混频器变频增益仿真

在对混频器的噪声系数仿真后，本节对其变频增益进行仿真。

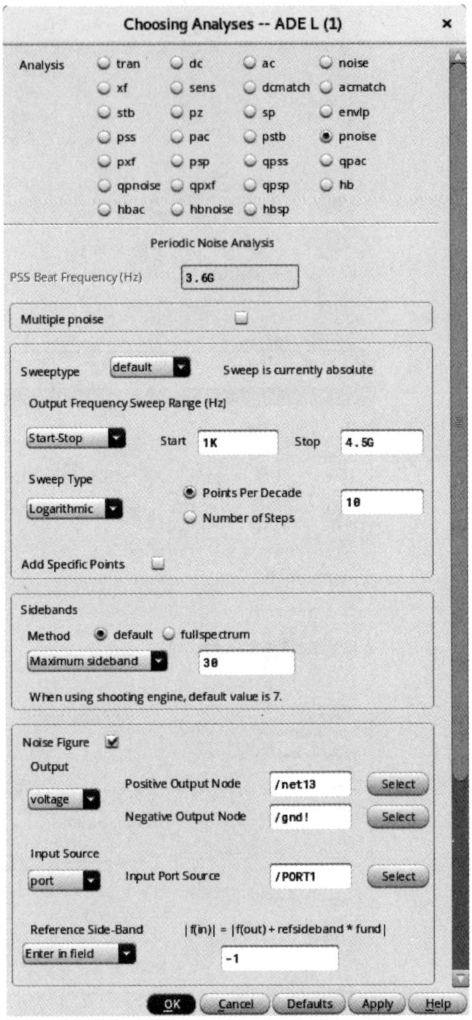

Choosing Analyses -- ADE L (1)
Analysis
tran
dc
ac
noise
xf
sens
dcmatch
acmatch
stb
pz
sp
envlp
pss
pac
pstb
pnoise
pxf
psp
qpss
qpac
qpnoise
qpxf
qpsp
hb
hbac
hbnoise
hbsp
Periodic Noise Analysis
PSS Beat Frequency (Hz)
3.6G
Multiple pnoise
Sweeptype
default
Sweep is currently absolute
Output Frequency Sweep Range (Hz)
Start-Stop
Start
1K
Stop
4.5G
Sweep Type
Logarithmic
Points Per Decade
Number of Steps
10
Add Specific Points
Sidebands
Method
default
fullspectrum
Maximum sideband
30
When using shooting engine, default value is 7.
Noise Figure
Output
voltage
Positive Output Node
/net13
Select
Negative Output Node
/gnd!
Select
Input Source
port
Input Port Source
/PORT1
Select
Reference Side-Band
| f(in) | = | f(out) + refsideband * fund |
Enter in field
-1
OK
Cancel
Defaults
Apply
Help

图 5-69　pnoise 仿真参数设置

Direct Plot Form
Plotting Mode
Append
Analysis
pss
pnoise
Function
Output Noise
Input Noise
Noise Figure
Noise Factor
NFdsb
Fdsb
NFieee
Fieee
Transfer Function
Currently, only freq data is available
Integrated Over Bandwidth
Add To Outputs
Plot
> Press plot button on this form...
OK
Cancel
Help

图 5-70　pnoise 仿真结果查看设置

Periodic Noise
Name
Vis
noise figure
1
105.0
95.0
85.0
75.0
65.0
55.0
45.0
35.0
25.0
15.0
dB (dB)
M19: 100.0MHz 17.8499dB
$10^3$
$10^4$
$10^5$
$10^6$
$10^7$
$10^8$
$10^9$
$10^{10}$
freq (Hz)

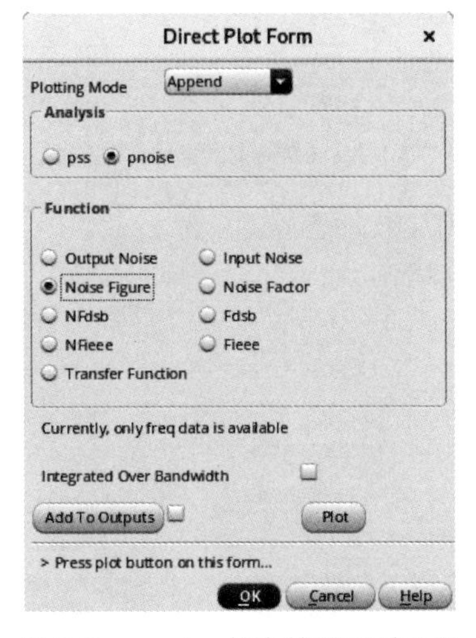

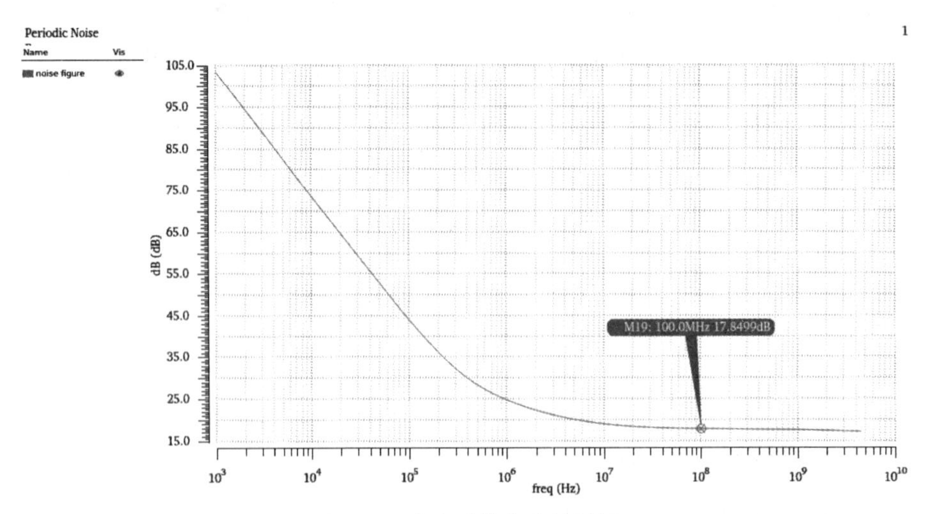

图 5-71　噪声系数仿真结果图

(1) 在混频器电路图中，选中射频 Port，按照 5.3.4 节中的(1)来设置射频 port 的相关参数。

(2) 在 ADE 界面窗口中，相关变量设置保持不变。单击 Analyses—Choose，弹出对话框，选择 pss 进行仿真，在 Beat Frequency 栏输入 3.6G，并选中 Auto Calculate。在 Output harmonics 项的 Number of harmonics 栏输入仿真的谐波数为 0，这样变频增益只对本振信号产生响应。仿真精度 Accuracy Defaults 项选择 moderate，如图 5-68 所示，单击 OK，完成设置。

(3) 在 ADE 界面选择 Analyses—pxf 命令，在 Output Frequency Sweep Range 项的 start 栏输入开始扫描频率 1M，在 Stop 栏输入结束扫描频率 300M。在 Sweep Type 项中选择 Linear 形式，并选择 Number of Steps，输入 300，表示线性地扫描 300 个点。在 Sidebands 项的 Maximum sideband 栏输入边带数为 3。在 Output 项的 Positive Output Node 栏中，单击 Select，用箭头选择中频 port 正端；同样的操作，Negative Output Node 栏中选择 gnd!，完成设置如图 5-72 所示。

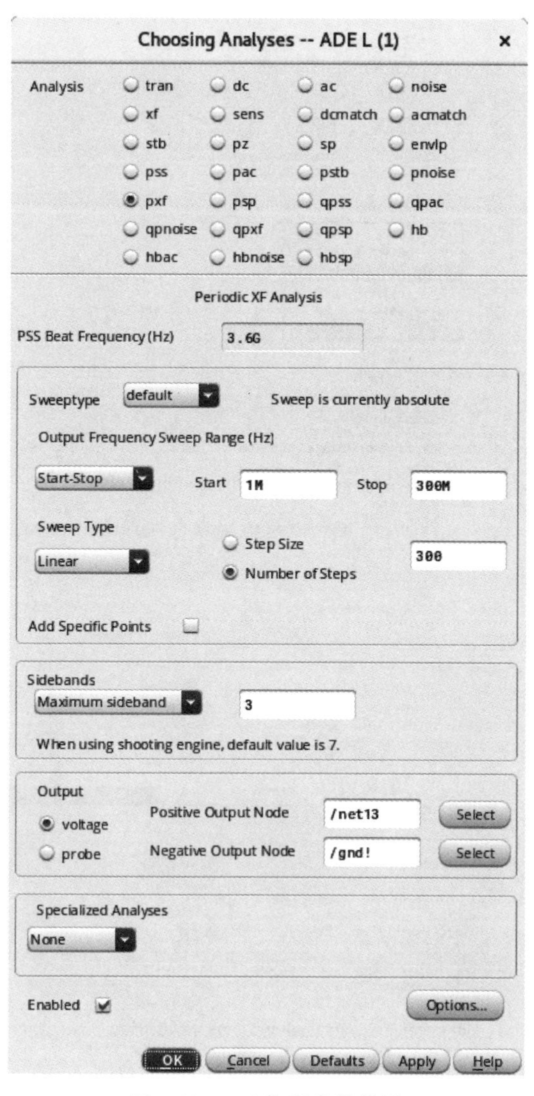


图 5-72 pxf 仿真参数设置

（4）在 ADE 界面依次单击 Stimulation—Netlist and Run，开始仿真。仿真完成后，依次 Results—Direct Plot—Main Form，弹出 Direct Plot Form 对话框，在对话框中依次选择 pxf—Voltage Gain—sideband—dB20，最后在 input Sideband 项中选择要观测的频率范围，如图 5-73 所示，用箭头选中射频 port 输出变频增益波形，输出噪声系数波形如图 5-74 所示，按键 M 对波形进行标注。

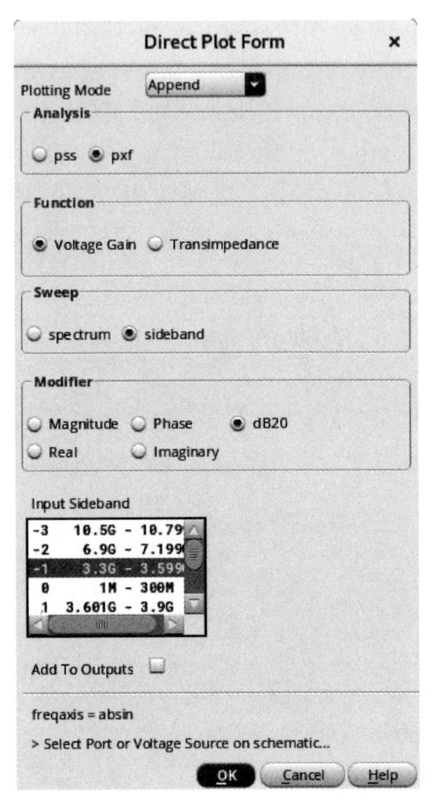


图 5-73　pxf 仿真结果查看设置图

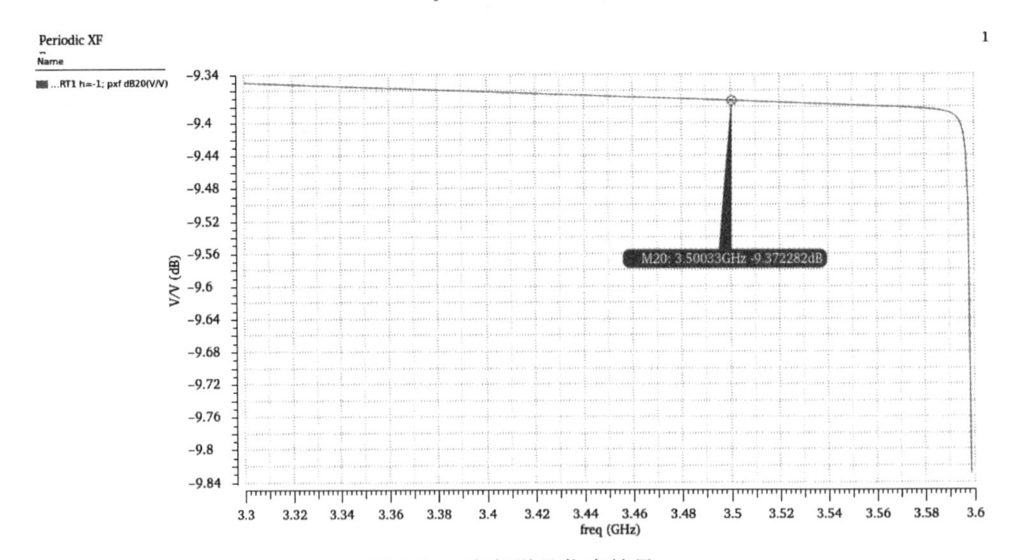


图 5-74　变频增益仿真结果

由图5-74可知，在3.5GHz中频输出时候变频增益为−9.37dB，当频率超过3.59GHz时，变频增益会有一个陡然地降落，在接近3.6GHz时变频增益会跌至−9.8dB以下，由图可知，越远离本振信号频率，混频器的变频增益越高；反之，越接近则变频增益会越低。

### 5.3.6　1dB压缩点仿真

（1）在混频器电路中，选择射频Port—Prf，然后在菜单栏中依次单击Edit—Properties—Objects，弹出属性对话框，将源类型Source type设置为sine，并将Amplitude1(dBm)设置为prf，如图5-75所示，单击OK保存设置。

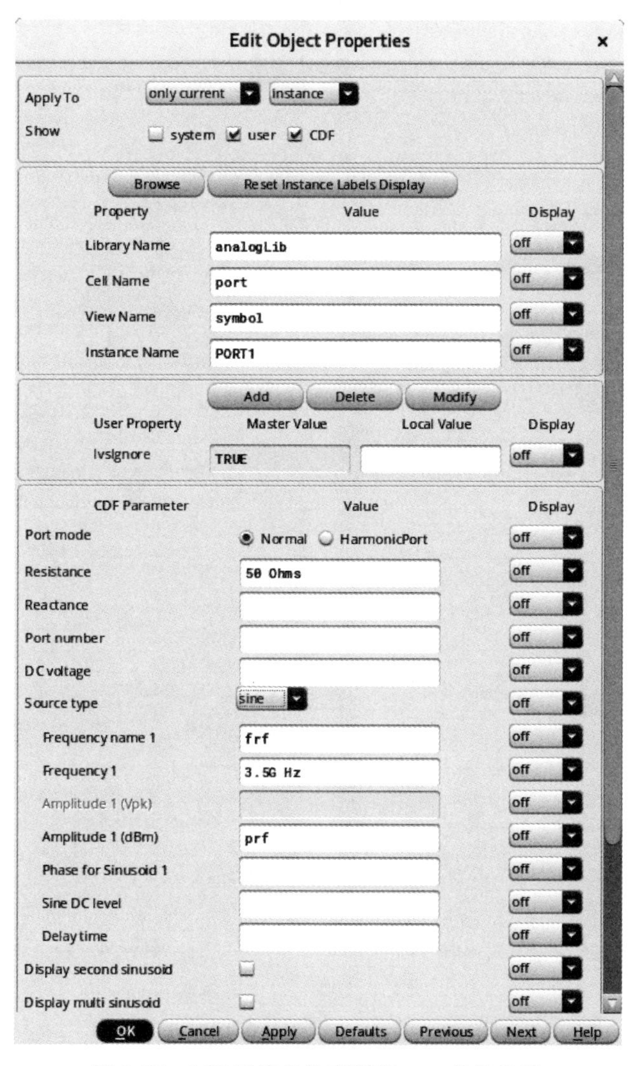


图5-75　1dB压缩点仿真射频port参数设置

（2）在ADE界面选择菜单Variables，选择Copy from Cellview，将变量prf复制至ADE的变量栏中并设置为−30，在ADE界面单击Analyses—Choose，弹出对话框，选择pss进行仿真，在Beat Frequency栏输入50M，并选中Auto Calculate。在Output harmonics项的Number of harmonics栏输入仿真的谐波数为2。仿真精度Accuracy Defaults项选择

moderate，pss 上半段设置如图 5-76 所示。在 pss 对话框中勾选 Sweep 选项，单击 Select Design Variable 按钮，在弹出对话框中选择 Prf 为变量，如图 5-76 所示。设置 Sweep Range 的开始与结束功率分别为－30dBm 和 10dBm。Sweep Type 设置为 Linear 形式，并选择 Number of Steps，输入 10，即线性扫描 10 个点，pss 设置下半部分完成。

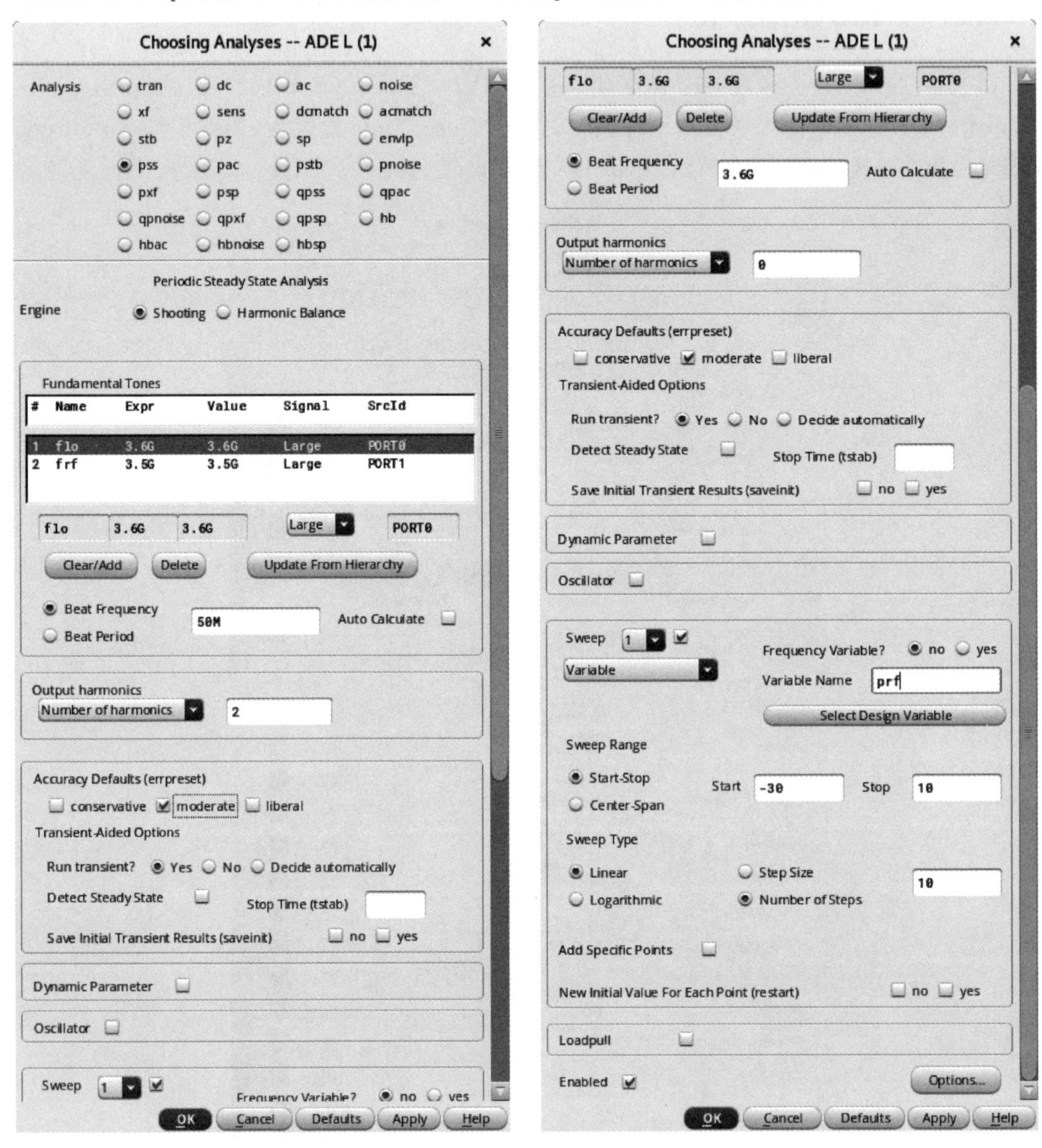


图 5-76　pss 上半段与下半段参数设置

（3）在 ADE 界面依次单击 Stimulation—Netlist and Run，开始仿真。仿真完成后，依次单击 Results—Direct Plot—Main Form，弹出 Direct Plot Form 对话框，在对话框中依次选择 pss—Compression Point，在 Gain Compression 栏输入 1，代表是 1dB 压缩点仿真。在 Input Power Extrapolation Point(dBm)栏输入－25，表示输出波形从－25dBm 开始打印。最后，在 1st Order Harmonic 项中选择 2100M 表示中频输出，如图 5-77 所示，然后用箭头选择中频 port 输出 1dB 压缩点波形，输出噪声系数波形如图 5-78 所示。

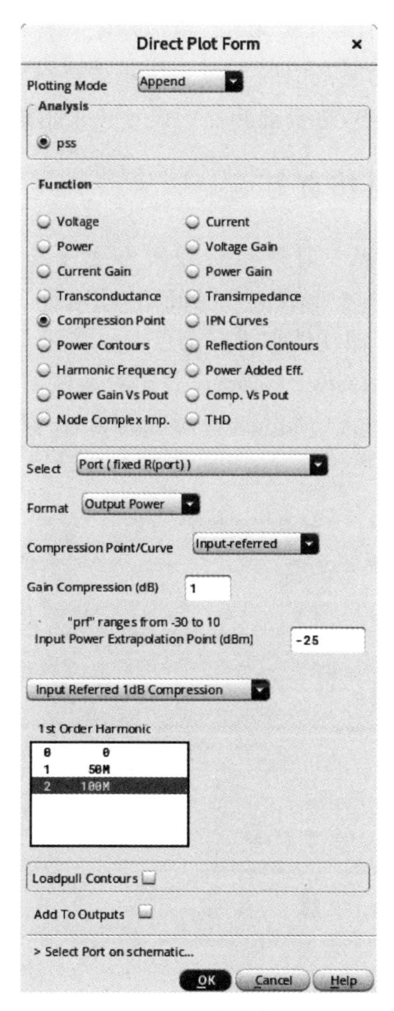


图 5-77　1dB 压缩点仿真结果查看设置

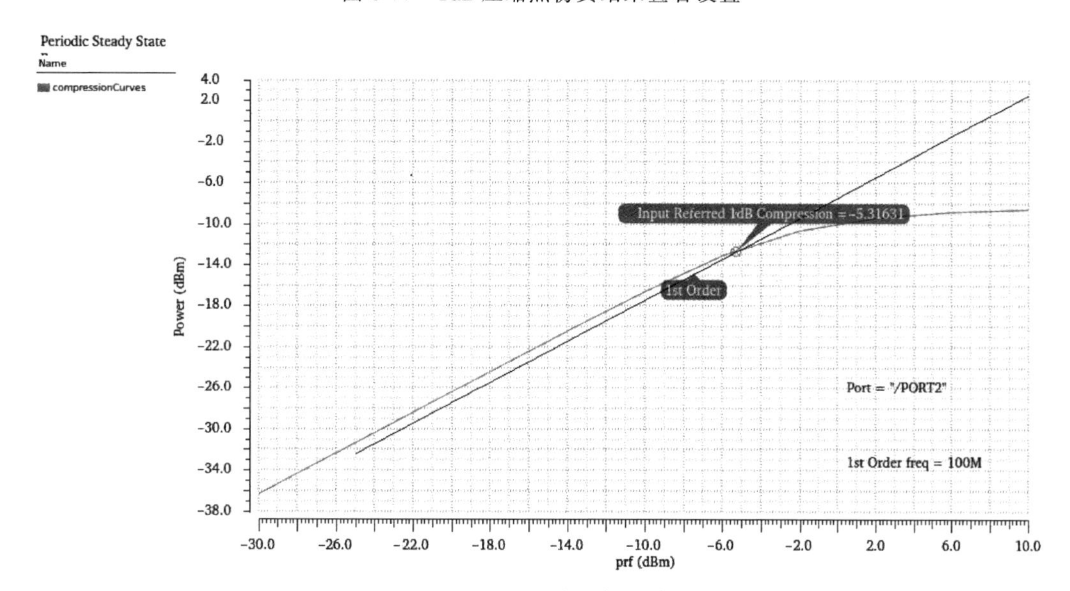


图 5-78　1dB 压缩点仿真结果

由图 5-78 可知，混频器的 1db 压缩点为－5.32dB，1dB 压缩点是混频器线性度的一个重要指标，线性度决定混频器动态范围的上限。仿真结果显示，当输入信号的幅度变大时，混频器的非线性失真程度比较小，符合混频器的设计要求指标。

### 5.3.7 三阶互调截点仿真

（1）三阶互调截点仿真过程中射频 port 设置不变，pss 下半段更改设置，设置 Sweep Range 的开始与结束功率分别为－25dBm 和 5dBm。Sweep Type 项设置为 Linear 形式，并选择 Number of Steps，输入 5，即线性扫描 5 个点，pss 下半部分设置完成。

（2）在 ADE 界面单击 Analyses—Choose，弹出对话框，选择 pac 进行仿真，在 PSS Beat Frequency 栏输入 50M。在 Input Frequency Sweep Range 项选择 Single-Point 并输入频率 3501M。在 Additional indices 栏输入－68 与－72，参数设置如图 5-79 所示。

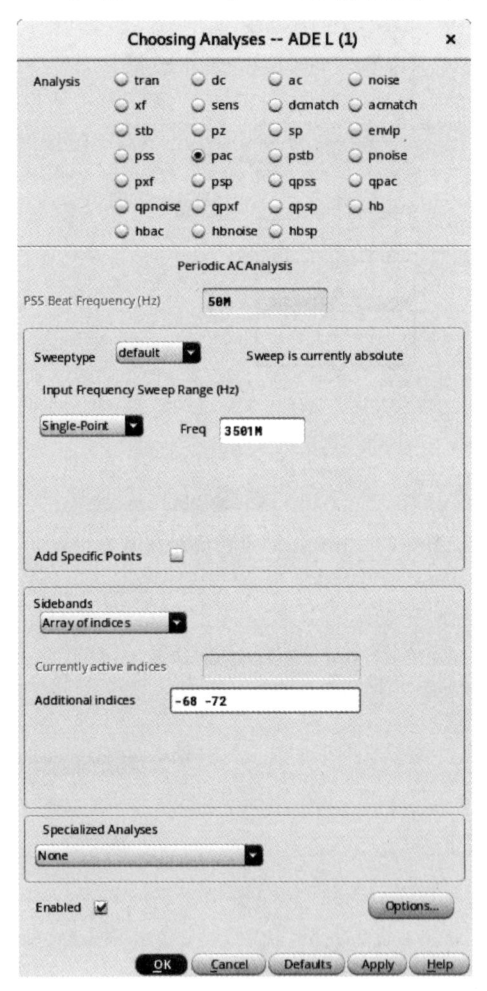

图 5-79　pac 仿真参数设置

（3）在 ADE 界面依次单击 Stimulation—Netlist and Run，开始仿真。仿真完成后，依次 Results—Direct Plot—Main Form，弹出 Direct Plot Form 对话框，在对话框中依次选择 pac—IPN Curves，在 Input Power Extrapolation Point（dBm）栏中输入－15，最后在 3rd

Order Harmonic 和 1st Order Harmonic 项中分别选择 101M 和 99M，如图 5-80 所示。然后用箭头选择中频 port 输出，三阶互调截点仿真结果如图 5-81 所示。

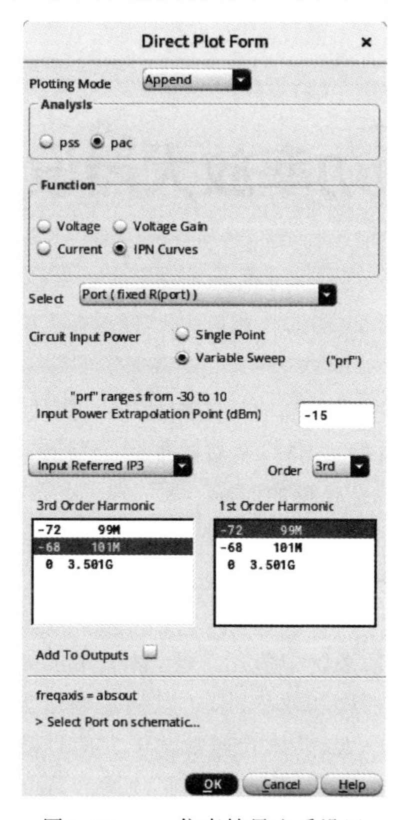


图 5-80　pac 仿真结果查看设置

由图 5-81 可知，仿真设置的射频信号功率扫描范围为−25～5dBm，混频器三阶互调截点为 5.53dB，三阶互调截点也是评价混频器线性度的一个重要指标。综合 1dB 压缩点与三阶互调截点结果，可看出混频器的线性度较好，反映了混频器的跨导级和负载设计正确。

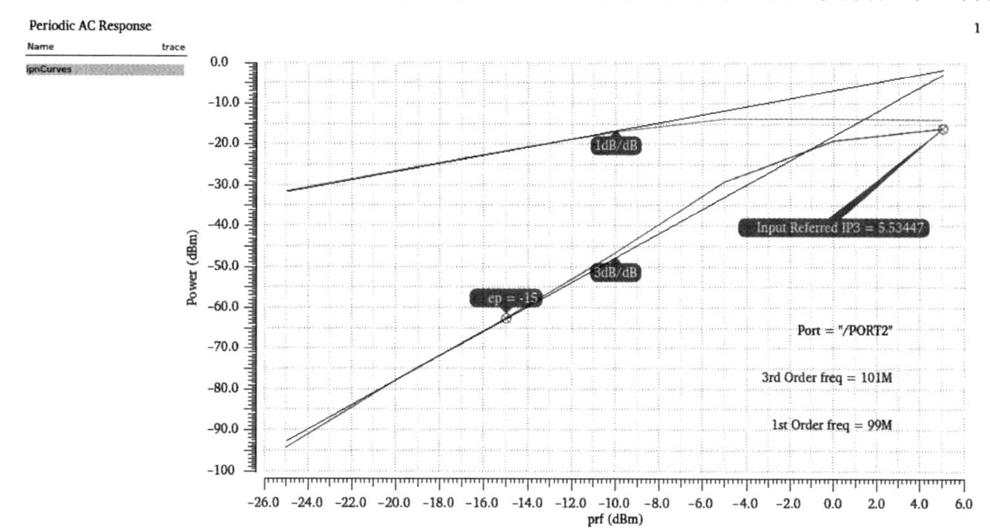


图 5-81　三阶互调截点仿真结果

# 第6章

# 射频功率放大器设计

射频功率放大器是发射系统中射频前端的末级有源模块，对微弱的调制信号进行放大并传输至天线，它在发射系统占据了85%左右的能耗。射频功率放大器作为能耗最大的模块，它的性能对发射系统有着举足轻重的影响。

## 6.1 射频功率放大器设计基础

射频功率放大器在无线通信系统中应用广泛，常被用于提升输出信号的功率，且在满足输出功率的前提下必须保证线性度和效率，因此射频功率放大器的设计与小信号放大器的设计有很大区别。由于输出功率大，晶体管通常基于大信号模型进行仿真，并且具有显著的非线性失真问题。为了承受大电流，芯片的面积必须增加，这将造成寄生电容和电阻的增加导致工作频率及效率恶化。由于大信号非线性电路的阻抗很难确定，因此射频功率放大器的阻抗匹配方法也有别于小信号放大器，最大功率传输理论对绝大多数射频功率放大器不再适用。射频功率放大器的设计对于射频工程师而言具有很大挑战性。

### 6.1.1 功率放大器种类及工作原理

功率放大器按照电路中晶体管输出电流与输入电压或电流的关系可分为线性功率放大器和开关功率放大器两大类。线性功率放大器是指晶体管的输出电流是输入电流或电压的线性函数，而开关功率放大器的晶体管则工作在开关状态。按照电路中晶体管的直流偏置状态，功率放大器又可分为A类、B类、AB类、C类、D类、E类、F类、G类、H类以及S类，其中，A类、B类、AB类、C类为线性功率放大器，D～S类则为开关功率放大器。

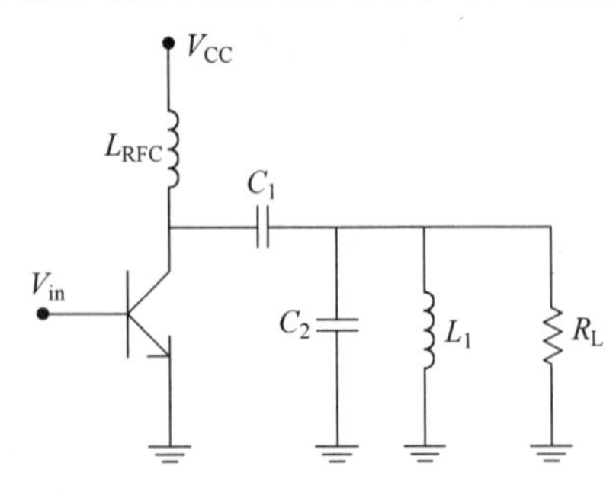

图6-1 A、B、AB和C类功率放大器电路结构

(1) 线性功率放大器

线性功率放大器包括A类、B类、AB类和C类，它们具有相同的电路结构，如图6-1所示，区别仅在于偏置条件不同，其各自电压和电流波形如图6-2所示。

实际上，A类功率放大器相当于小信号放大器，也

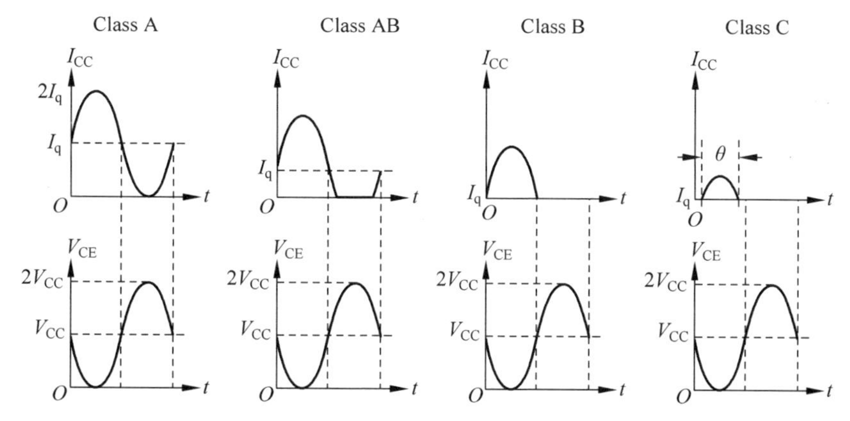


图 6-2　A、B、AB 和 C 类功率放大器电压和电流波形

是“真正”的线性放大器，因为，在整个输入信号周期内，输出信号是输入信号按比例增大所得，而没有发生其他变化，因而可完全适于放大幅度调制信号。但是，与其他类功率放大器相比，这种“真正”线性的获得是以需要大静态工作电流、高功耗以及低效率为代价的，因而限制了它在移动个人便携终端中的应用。为了既不牺牲过多的线性度又能增加效率，提出了减小导通角的概念，即把晶体管的静态工作点降低，使输入射频信号仅在一个周期的部分时间开启晶体管。根据导通角大小，放大器的偏置从 AB 类到 B 类，最终到 C 类。

如果把晶体管在信号的一个周期内都导通定义为具有 360°的导通角，则 A 类功率放大器的导通角为 360°。当导通角为 180°时即为 B 类状态，此时，晶体管仅在输入信号的半个周期内导通，因此，功耗比 A 类小从而具有较高的效率。但是，B 类功率放大器由于信号失真，其线性度比 A 类差。如果既考虑线性度又兼顾效率，一个较好的选择是使功率放大器工作在 A 类和 B 类之间的区域，这样，既改善了 B 类的线性度又提高了 A 类的效率。因此，这种工作状态称为 AB 类，其晶体管导通时间小于一个信号周期而大于半个周期，导通角则大于 180°而小于 360°。由于 AB 类工作模式比 A 类工作效率高，又比 B 类线性度好，因此常常用于既要求线性度又要求效率的场合。如 3G 移动通信中，也是线性微波单片集成功率放大器常用的工作状态。当晶体管的导通时间小于半个周期或导通角小于 180°时，这种状态被称为 C 类工作。C 类功率放大器工作时具有更高的效率但信号幅度严重失真，因而不适合于线性应用，主要用于非线性应用情况，特别是用于仅仅利用相位来传送信息的恒包络调制方式的情况。

（2）开关功率放大器

为了使功率放大器具有高的效率甚至 100％效率，就要大大减小晶体管功耗直至为 0，于是出现了开关功率放大器。对于一个理想开关，其两端电压和流过的电流并不同时出现，因此，其直流功耗为 0。而开关功率放大器正是通过减少加在晶体管两端电压和流过的电流波形的交叠时间来提高效率的。根据电路组成、驱动信号、工作方式等不同，开关功率放大器分为 D、E、F、G、H 和 S 类。

① D 类功率放大器。

D 类功率放大器电路原理及工作波形如图 6-3 所示，它主要由开关管和滤波电路组成。

滤波电路由谐振在基波频率的串联 LC 电路组成，因此，对基波呈现的阻抗可以忽略，但对谐波具有很高阻抗以阻止各谐波输出。与其他开关功率放大器相比，理想情况下，D 类

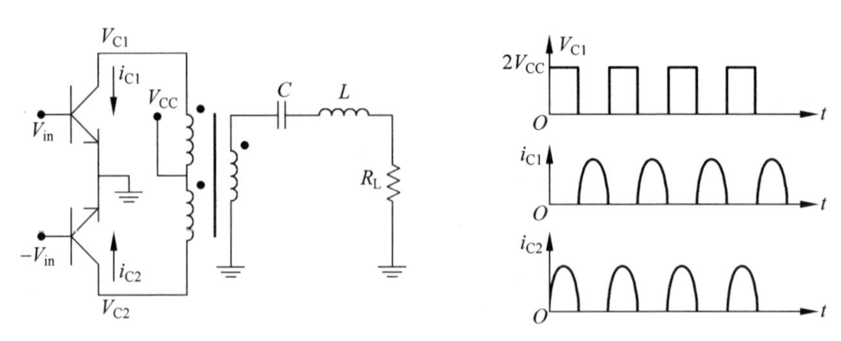


图 6-3 D 类功率放大器原理图及工作波形

功率放大器可达 100%的效率。但是,由于开关管实际上具有从漏极或集电极到地的寄生电容,在工作频率很高时会使输出电压与电流波形发生变形并有交叠,因此其工作频率一般不宜过高。

② E 类功率放大器。

E 类功率放大器具有优于其他类高效开关功率放大器的特点,因为它把晶体管的寄生电容考虑到了波形成形或匹配网络中,从而不会单独对输出波形产生影响。一个简单形式的 E 类功率放大器电路原理图及波形如图 6-4 所示。

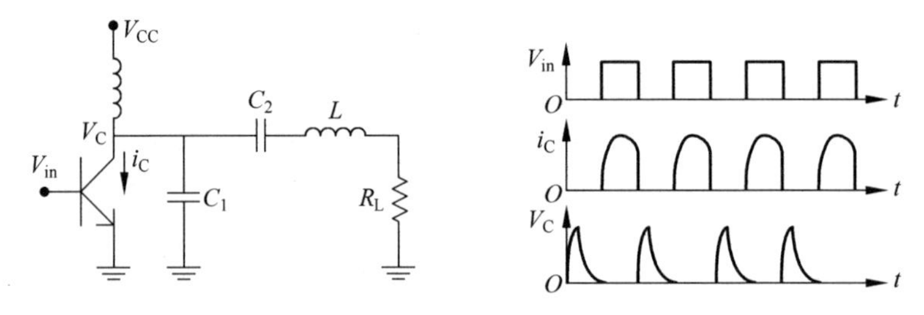


图 6-4 E 类功率放大器原理图及工作波形

该功率放大器工作时是按照晶体管的电流和电压不出现交叠来形成波形的。此外,由波形图可见,在晶体管导通前(即出现电流前),两端电压已逐步下降到 0,这样就避免了漏极或集电极电容的充放电现象,因此提高了效率。

③ F 类功率放大器。

F 类功率放大器的特点是通过输出端在基波以及多个高次谐波的谐振电路体现的,其电路原理图以及工作波形如图 6-5 所示。

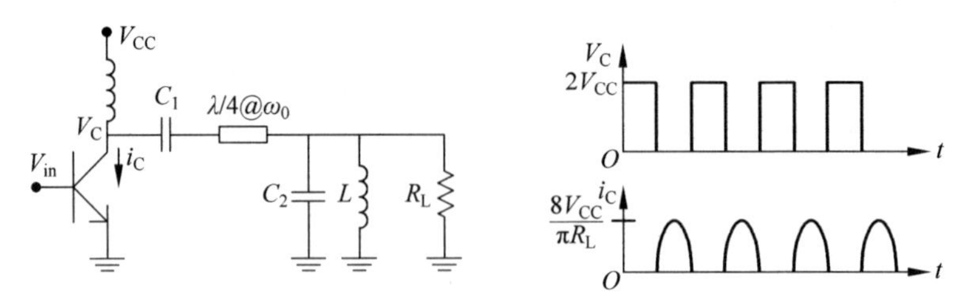


图 6-5 F 类功率放大器原理图及工作波形

F 类放大器工作时,晶体管通常作为一个跨导或电流源,因此,放大器类似于一个跨导放大器。然而,如果输入驱动信号很大,则晶体管类似于开关。因此,放大器又如开关放大器。通常,在集总元件实现中,由于波形形成电路的复杂性,F 类放大器很少有利用高于 5

次谐波的。

## 6.1.2　功率放大器主要技术指标

功率放大器的性能指标主要包括功率增益、输出功率、效率及失真等指标。

(1) 功率增益 $G$

功率增益 $G$ 表示功率放大器输入功率控制直流功率转换的灵敏度，定义为负载 $Z_L$ 所吸收的功率 $P_L$ 与放大器输入功率 $P_{in}$ 之比，即

$$G=\frac{P_L}{P_{in}}$$

(2) 输出功率

输出功率用来表征功率放大器输出功率的能力，通常有饱和(最大)输出功率和 1dB 压缩点输出功率两种。放大器有一个线性动态范围(小信号工作时)，在这个范围内，放大器的输出功率随输入功率线性增加，此时，称之为线性放大器，其输出功率与输入功率之比就是功率增益 $G$。但是，由于半导体器件在大信号工作时的非线性特性决定了功率放大器是一个非线性系统。因此，随着输入功率的继续增加，放大器进入非线性区，其输出功率不再随输入功率的增加而线性增加，也就是说，其输出功率低于小信号增益所预计的值。通常把增益下降到比线性增益低 1dB 时的输出功率值定义为输出功率的 1dB 压缩点，用 $P_{1dB}$ 表示。当功率超过 $P_{1dB}$ 时，增益将迅速下降，功率将达到一个最大或完全饱和的输出功率。

(3) 功率附加效率

功率附加效率是功率放大器一个非常重要的性能指标。功率放大器可被认为是把直流电源功率输入转换为射频功率输出的一个器件，因此，转换效率是非常重要的性能指标。效率通常有三种表示，即集电极或漏极效率、功率附加效率以及总效率。通常，功率放大器中采用功率附加效率(PAE)最多，定义为射频输出功率减去射频输入功率后与直流电源消耗功率之比。功率放大器的功率消耗占诸如手机等便携式设备总功耗的主要部分，因此，功率放大器的效率是影响待机和工作时间的最重要因素。

$$\mathrm{PAE}=\frac{P_{out}-P_{in}}{P_{DC}}$$

(4) 三阶互调 IP3

假定给功率放大器输入两个幅度相同、频率相差很小的激励信号，则在该功率放大器输出信号中除原有两个输入信号频率成分外，由于非线性特性还出现许多新的频率成分信号。互调成分是指原频率不同倍数组合后的差频部分。在这些互调成分中，三阶互调成分由于距原频率最近且很难甚至无法滤除，因而对信号影响最大。表征三阶互调大小的度量指标是三阶交调点 $IP_3$。它是假想的放大器一阶线性理想放大输出与三阶互调成分理想放大输出的交叉点，如图 6-6 所示。三阶交调点越大，则在

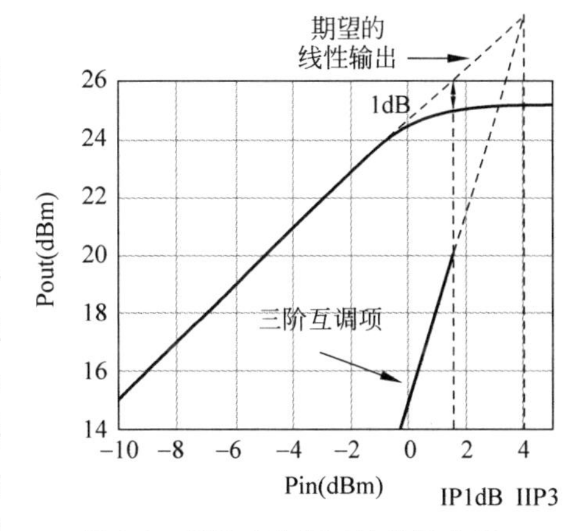


图 6-6　互调成分与三阶交调点 $IP_3$

1dB 压缩点输出时的互调成分越小，因而其线性度越好。

(5) 幅度调制-幅度调制(AM-AM)失真

AM-AM 失真是非线性现象在所有实际功率放大器输入输出信号幅度关系上的体现。小信号时输入输出具有线性关系，但当输入信号幅度继续增大时，输出不再按线性关系增加，因而出现增益压缩。

(6) 幅度调制-相位调制(AM-PM)失真

AM-PM 失真指输出信号相位随输入信号增大而变化产生的失真。AM-PM 失真对相位调制和幅-相调制方案的系统如 OFDM 影响严重，其失真机理是器件输入电容随输入电压变化引起的。

### 6.1.3 功率放大器设计方法

(1) 负载牵引法

功率放大器需要输出尽可能大的功率，对工作在大信号的 A 类功率放大器设计一般不采用输出阻抗共轭匹配方法，而是采用负载牵引技术获取最大输出功率的方法。采用负载牵引技术可得到输出级在达到最大功率输出时所需的负载，然后实施功率匹配。通常，应用负载牵引技术所获得的输出 1dB 功率增益压缩点比采用输出阻抗共轭匹配所获得的输出 1dB 功率增益压缩点要大 1～2dB。

通过对功率放大器输出端的等效负载分析，不难发现负载导纳是放大器输出端反射电压的函数，若改变负载相位，在史密斯圆图上可画出等功率曲线，表明相应的负载阻抗值。等功率曲线是一组椭圆轨迹，设计时可以根据等功率曲线选定负载反射系数 $\Gamma_2$，再设计输出匹配网络。

(2) 功率放大器设计一般步骤

① 准备工作：

(a) 对功率、线性度、噪声以及放大级数进行预算；

(b) 确定放大器结构和匹配网络类型；

(c) 选择并获得可用的仿真软件；

(d) 需要知道晶体管模型和预先给定的器件单元版图；

(e) 针对电磁场仿真需要知道准确的电介质和金属层排列。

② CAD 设计工作：

(a) 根据所需输出功率计算功率管面积。考虑管子的版图、最大电流密度、寄生参数和芯片尺寸。选择功率管形状并调整其面积；

(b) 实施直流仿真，在 $I$-$V$ 特性曲线上确定偏置点并找出静态击穿特性；

(c) 实施负载牵引仿真或利用公式得到在期望输出功率时晶体管的最佳输出阻抗。如果功率放大器单元模块已经实现并进行了晶圆测量，则负载牵引测量数据亦可利用；

(d) 为输出功率匹配设计一个理想匹配网络，然后考虑实现的可行性，如技术上实现的价值、可封装性如键合线等；

(e) 为末级设计偏置网络；

(f) 在适当输出条件和所施加输入功率下仿真和优化功率管输入阻抗；

(g) 开展输出功率对输入功率的扫描仿真。注意输出功率 1dB 压缩点，互调产物等。

优化输出和输入匹配网络以达到所需功率参数；

(h) 考虑晶体管馈入结构、击穿特性、电子迁徙以及对称供电问题。在晶体管基极和集电极进行时域电流特性仿真；

(i) 用设计参数对电路进行优化，包括对晶体管的馈入结构和输出匹配网络等实施电磁场仿真；

(j) 根据所需预算功率和增益确定驱动级级数。调节晶体管发射极面积或栅围(周长)以达到所需的增益和功率；

(k) 实施直流仿真，找出驱动级合适的偏置点；

(l) 为驱动级设计偏置电路；

(m) 对驱动级进行输入输出阻抗仿真；

(n) 设计无耗级间匹配网络用于输入级与驱动级、驱动级与驱动级之间以及驱动级和功率级之间的阻抗变换；

(o) 按照预定布局放置电感、电容和导线；

(p) 用具有适当模型或 $S$ 参数文件并有实际版图的元件替换理想匹配网络；

(q) 实施电磁场仿真计算传输线、馈入器和耦合结构。条件允许时用 $S$ 参数文件进行精确描述；

(r) 为了描述所有寄生现象，电磁场仿真应包括整个匹配结构。叉指结构晶体管所考虑的寄生；电容并未在内部管子模型中给予描述；

(s) 如果输出匹配没有集成在片上，要设法用所有寄生和贴片元件仿真 PCB；

(t) 布局整个功率放大器版图。

## 6.2 功率放大器设计实例

本案例给出了在 ADS 下对功率放大器的原理图设计仿真过程，采用 CMOS 90nm 工艺设计一个简单 A 类功率放大器，设计指标如下。

工作频率：2.4～2.6GHz；

输出功率：15dBm；

增益：15dB；

电源电压：1.8V；

效率：＞30%。

由于 GPDK90nm 工艺库中没有提供功率器件及其模型，因此本案例选择普通 MOS 管对功率放大器设计进行讲解，但是设计方法对功率放大器设计是通用的。在设计之前首先需要对 MOS 晶体管模型进行封装，生成一个可独立仿真的 MOS 器件。

新建原理图命名为 NMOS090，从左边面板 Devices-MOS 栏调入 MOSFET_NMOS 器件，设置属性栅长为 100nm，栅宽为 120μm，Model 为 gpdk090_nmos1v(见图 6-7)；加入 gpdk090 的模型库(NETLIST INCLUDE)，该模型库可直接从之前的项目中复制或参考本书第 2 章内容，如图 6-8 所示。然后单击菜单 Window-Symbol 生成符号并修改形状和端口与 NMOS 器件一致。

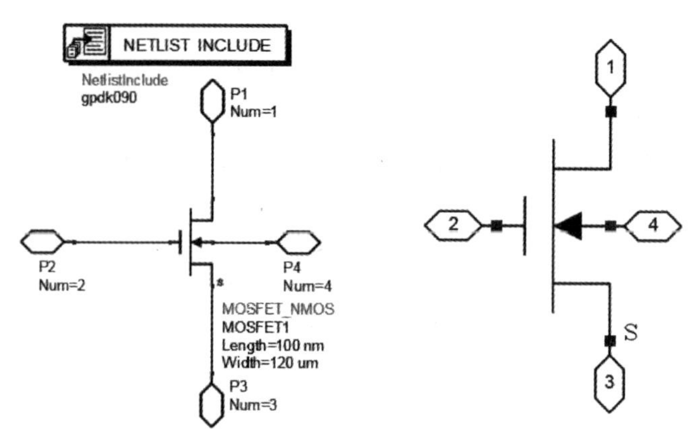


图 6-7　gpdk090 工艺 NMOS 器件封装电路及符号

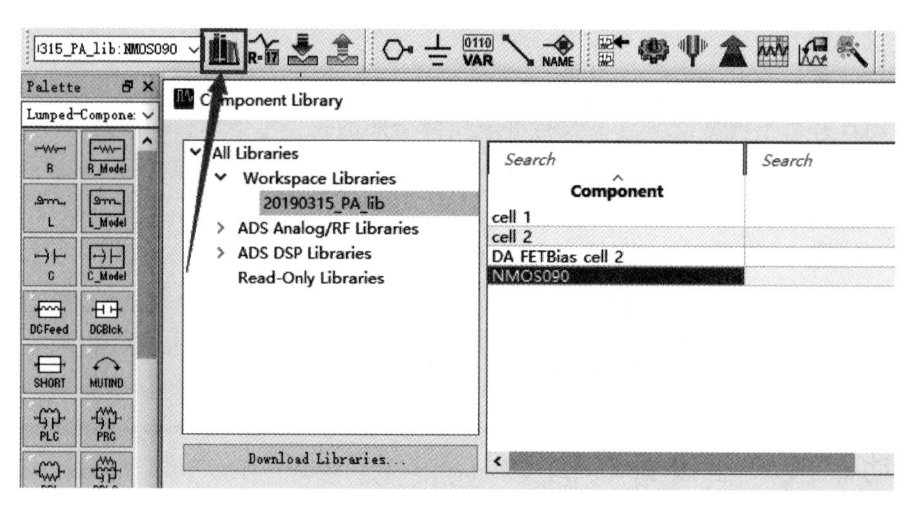


图 6-8　从之前的库中调用 90nm 的 NMOS 单元

### 6.2.1　直流分析

在 ADS 中为 A 类放大器的直流分析提供了非常方便好用的工具及仿真模板，可以使各种类型晶体管根据设置电压及功率直接获得直流负载线，并选择最优静态工作点。

(1) 在原理图菜单 DesignGuide-Amplifier-Tools 中选择 Transistor Bias Utility，弹出界面如图 6-9(a)所示。单击界面上的图标，返回原理图选择 Palette 面板中的图标，放置在空白处，并在原理图中调入封装好的 gpdk090 的 NMOS 器件 NMOS090。

(2) 将器件的 D/G/S 端分别与 FET Bias 组件的 D/G/S 端连接，如图 6-9(b)所示。然后返回 Transistor Bias Utility 界面，设置 SmartComponent 项为 DA_FETBias1。

(3) 在 Transistor Bias Utility 界面中单击 Bias Point Selection，出现偏置电路仿真的原理图模板。修改模板变量(VAR)中的 VGSmin=0，VGSmax=2，VGSstep=0.1，得到的电路原理图如图 6-10 所示。

(4) 运行仿真，在仿真结果的 $I$-$V$ 曲线图中将标记 m2 移动至 VGS=2.0 曲线的拐点处，设置 PDmax=0.3，调整 m1，使得直流偏置点处的各项指标数(左下框)最接近于右下框中优化的值，如图 6-11 所示。从图中可看出，输出最大功率 19.6dBm，效率 34%，得到

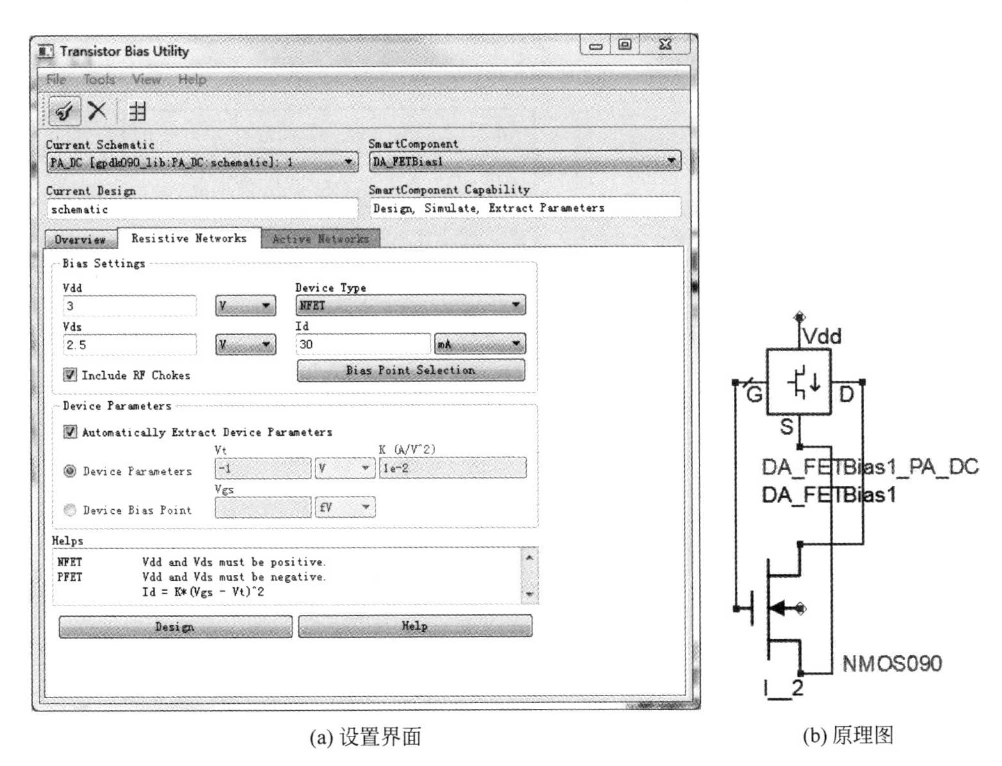


(a) 设置界面 (b) 原理图

图 6-9 晶体管偏置工具设置

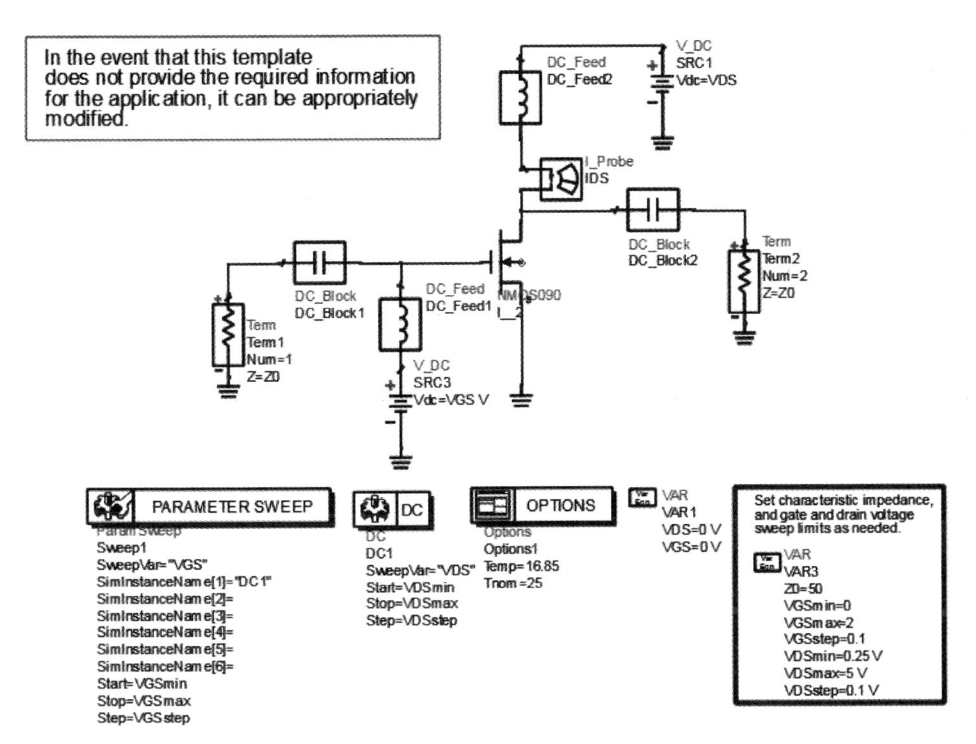


图 6-10 修改后的晶体管偏置仿真模板

VDS=2.85V，管子漏源电流 IDS=93mA，VGS=0.8V。

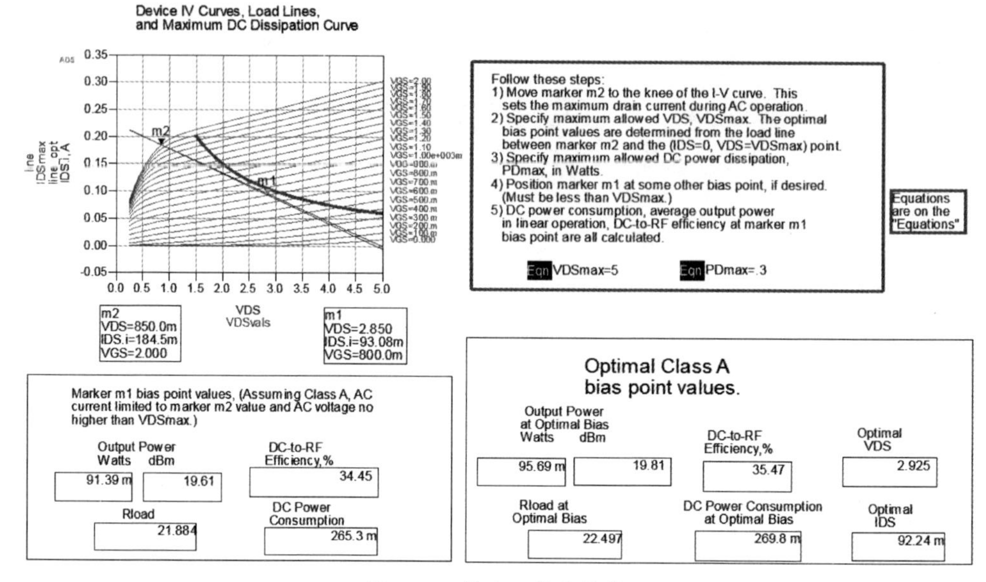


图 6-11 静态工作点优化

然后返回到 Transistor Bias Utility 界面，如图 6-12 所示，根据获得的 VDS 和 IDS 值，设置 Vdd=3V，Vds=2.85V，Id=93mA。

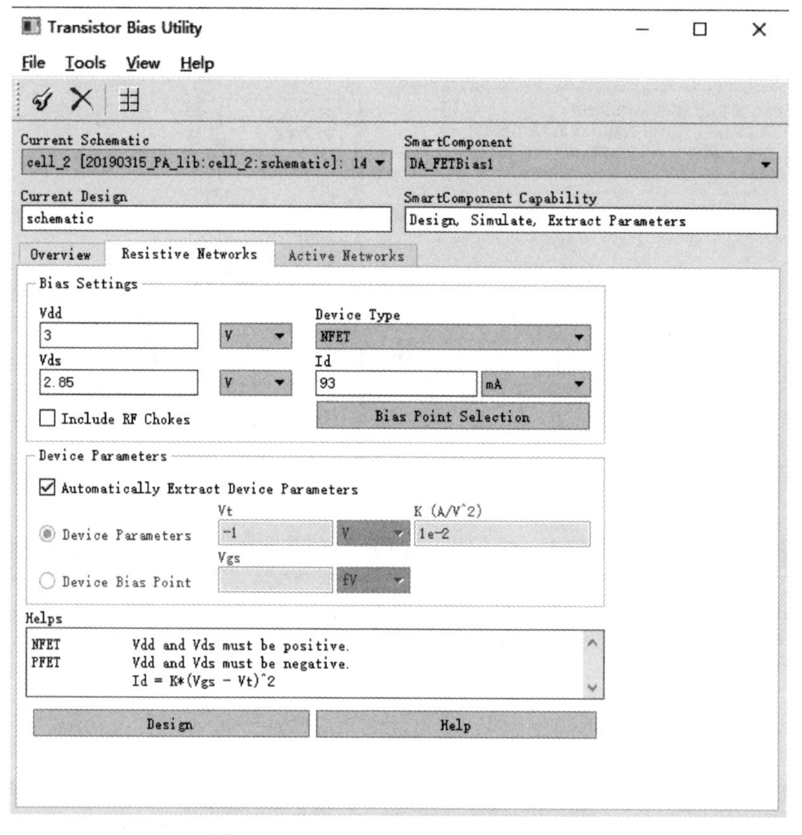


图 6-12 Transistor Bias Utility 界面

单击 Design，弹出 Bias Network Selection 对话框，该工具提供 3 种电阻网络结构，此处选择第三种，如图 6-13 所示。综合出的偏置电阻网络如图 6-14 所示。

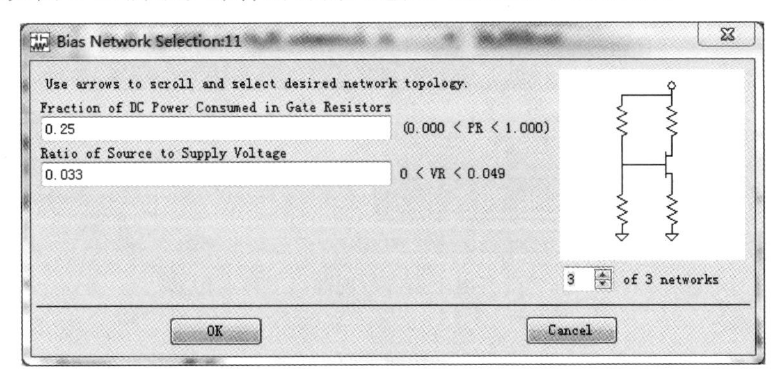


图 6-13 电阻网络结构设置

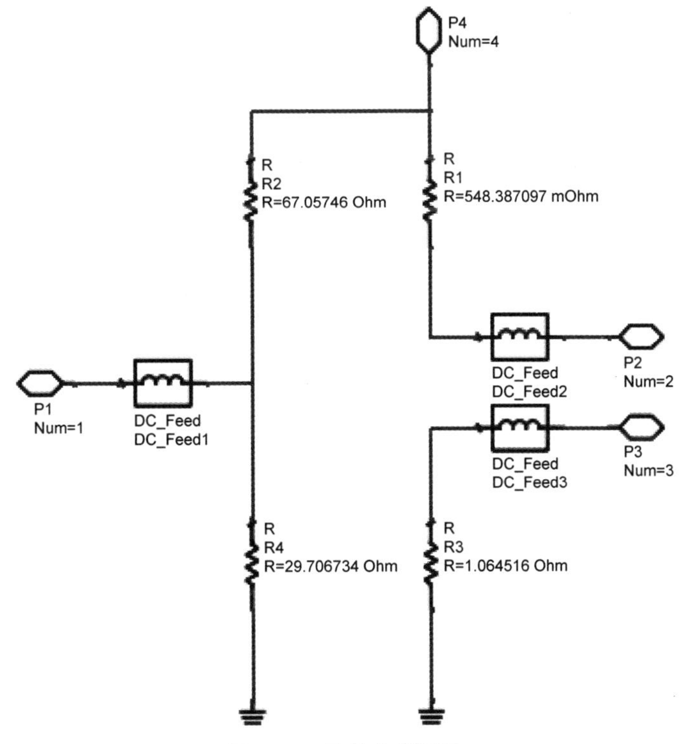


图 6-14 偏置电阻网络

工具会根据偏置网络自动仿真出静态工作点，并与设置的目标偏置指标进行对比。如图 6-15 所示。

返回功率放大器管子原理图，添加端口和 DC_Block 并完成管子的封装。如图 6-16 所示。

## 6.2.2 稳定性系数仿真

新建原理图命名为 PA_Stable，单击 Insert 插入 S-Params 模板，如图 6-17 所示。

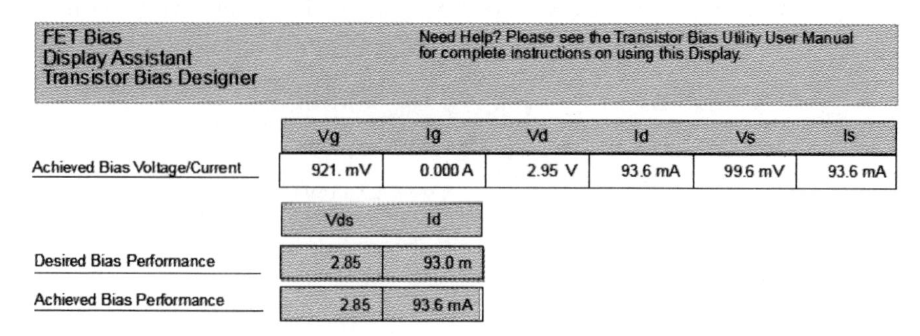


图 6-15　带有电阻偏置后的静态工作点仿真

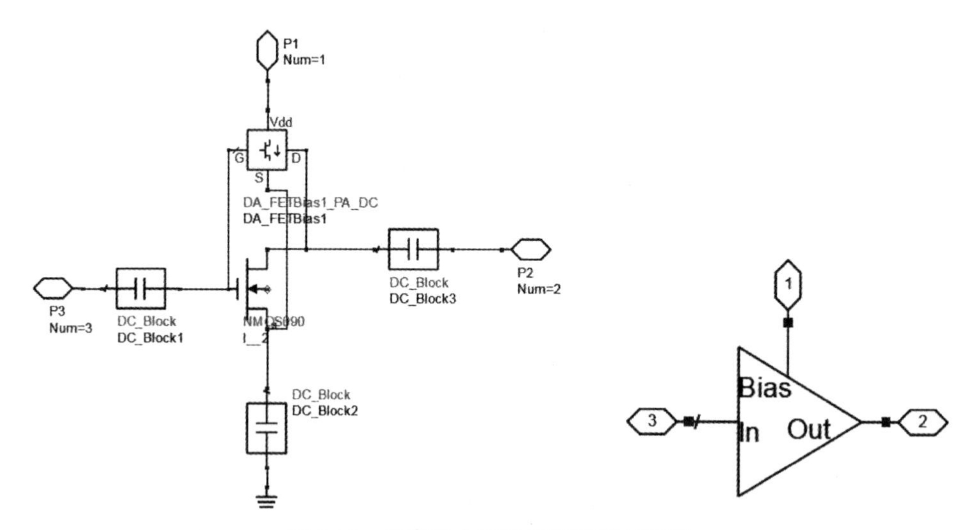


图 6-16　功率放大器管子原理图与封装

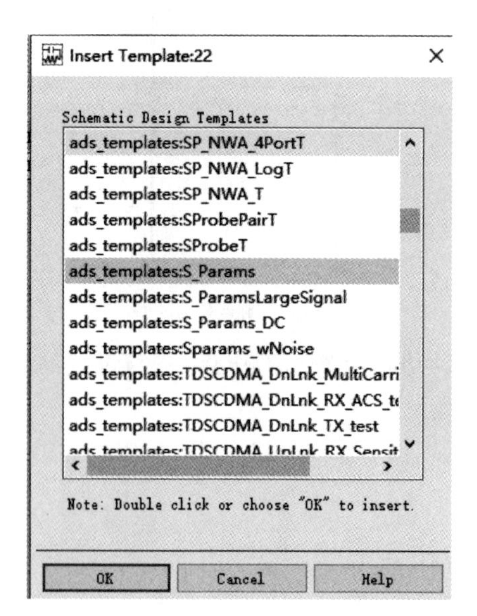


图 6-17　插入 S-Params 模板对话框

单击 图标，调用上一节封装好的功率放大器管子，见图 6-18。

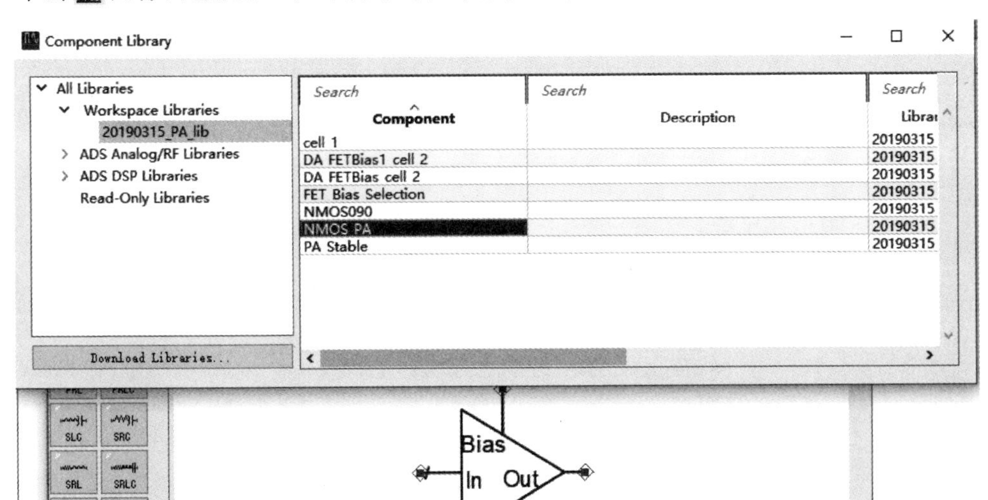


图 6-18 调用封装好的功率放大器管子

调用各个元器件，并用导线将各个元器件连接好，由于本次设计的功率放大器的工作频率为 2.4～2.6GHz，所以扫描频率为 2.0～3GHz，栅级的偏置电压设置为 0.92V，漏级电压为 2.85V。所得原理图如图 6-19 所示。

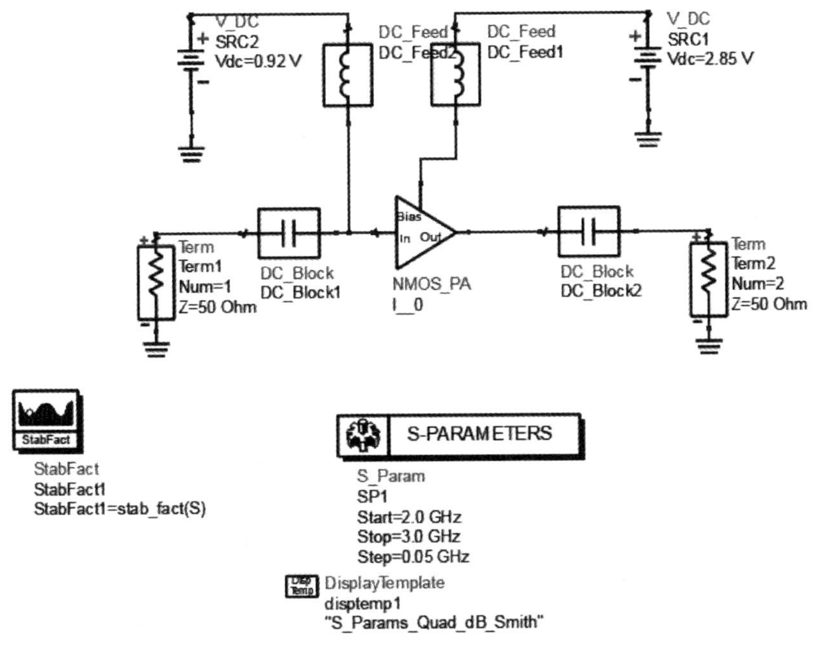


图 6-19 稳定性扫描原理图

仿真后，得到不同频率下的稳定因子如图 6-20 所示，从图中可知在 2.4～2.6GHz 频率范围内稳定因子大于 1，功率管在整个宽带频率范围内稳定。

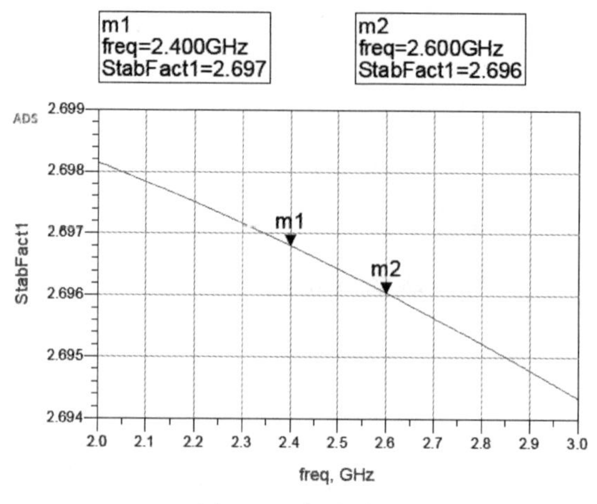


图 6-20 仿真结果

## 6.2.3 负载牵引

通常功率放大器的目的是以获得最大输出功率为主，因此功率放大器的功放管工作在趋近饱和区，$S$ 参数会随着输入信号的改变而改变，尤其 $S_{21}$ 参数会因输入信号的增加而变小。因此，转换功率增益将因功率元件工作在饱和区而变小，不同于输出功率与输入信号成正比关系的小信号状态。换言之，原本功率元件在小信号工作状态下，输入输出端都是设计在共轭匹配的最佳情况下，随着功率元件进入非线性区，输入输出端就逐渐不再匹配。此时，功率元件就无法得到最大的输出功率。所以，设计功率放大器的关键就在于匹配网络，这可以利用负载牵引(load-pull)原理找出功率放大器最大输出功率时的最佳外部负载阻抗 $Z_L$。

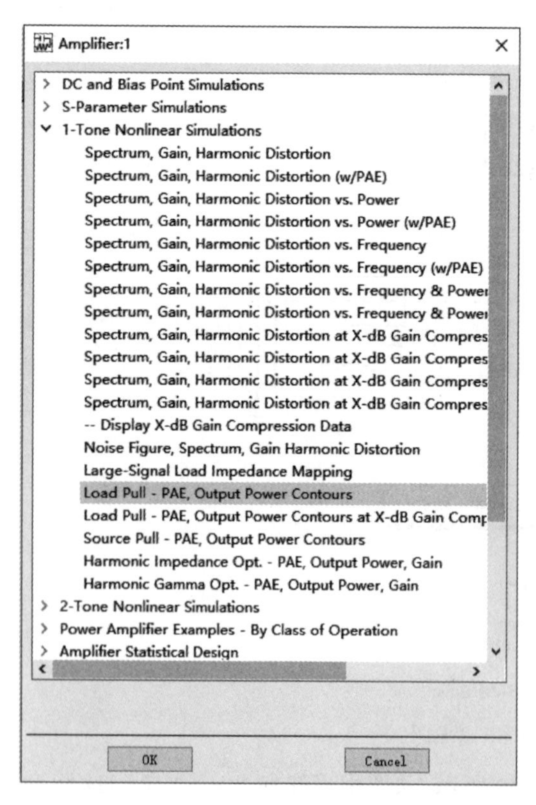


图 6-21 Load Pull 对话框

功率放大器在大信号工作时，功率管的最佳负载阻抗会随着输入信号功率的增加而改变。因此，必须在史密斯圆图(Smith chart)上，针对一个输入功率给定值绘制出在不同负载阻抗时的等输出功率曲线(power contours)，帮助找出最大输出功率时的最佳负载阻抗，这种方法称为负载牵引。

利用 ADS 工具自带的 Load-Pull 模板可以较为方便快捷地对功率放大器的输出功率和效率进行仿真，得到随负载阻抗变化的功率和效率，帮助设计者确定最佳负载阻抗。图 6-21 和图 6-22 分别是调用 Load-Pull 对话框和 Load-Pull 的模板。

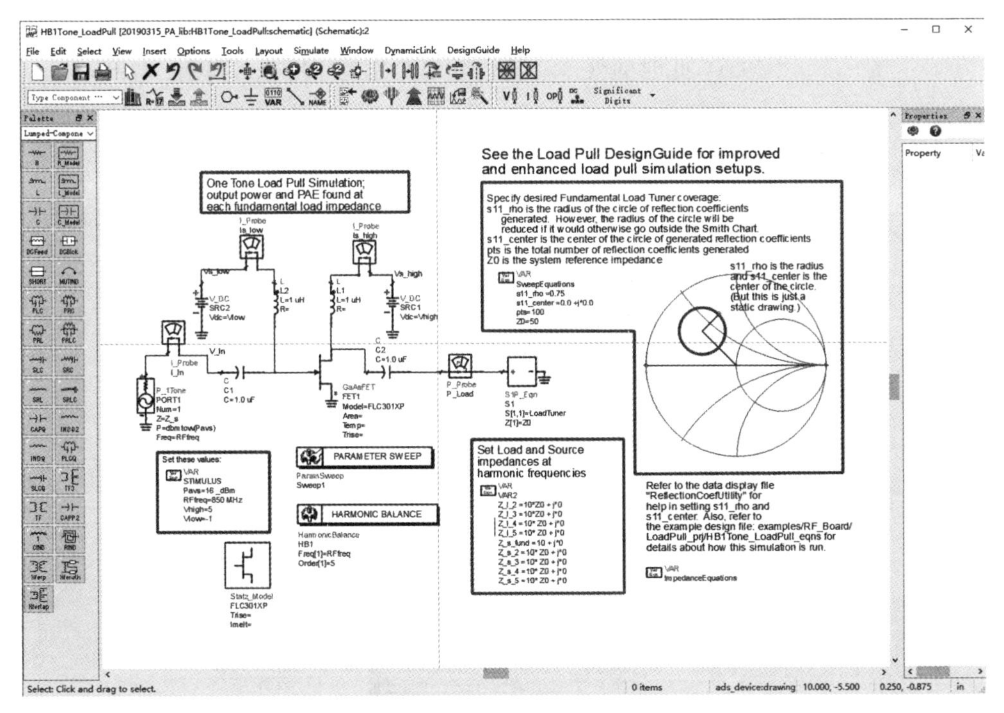


图 6-22　Load Pull 模板

## 6.2.4　匹配设计

调用 Load Pull 的模板后，将器件替换成 gpdk90nm 工艺库中的 NMOS 管，双击 Set these values 项中的 Var Eqn 控件，将输入功率设置为 19dBm，频率设置为 2.5GHz，偏置电压设置为 0.92V，漏级电压设置为 2.85V，见图 6-23。

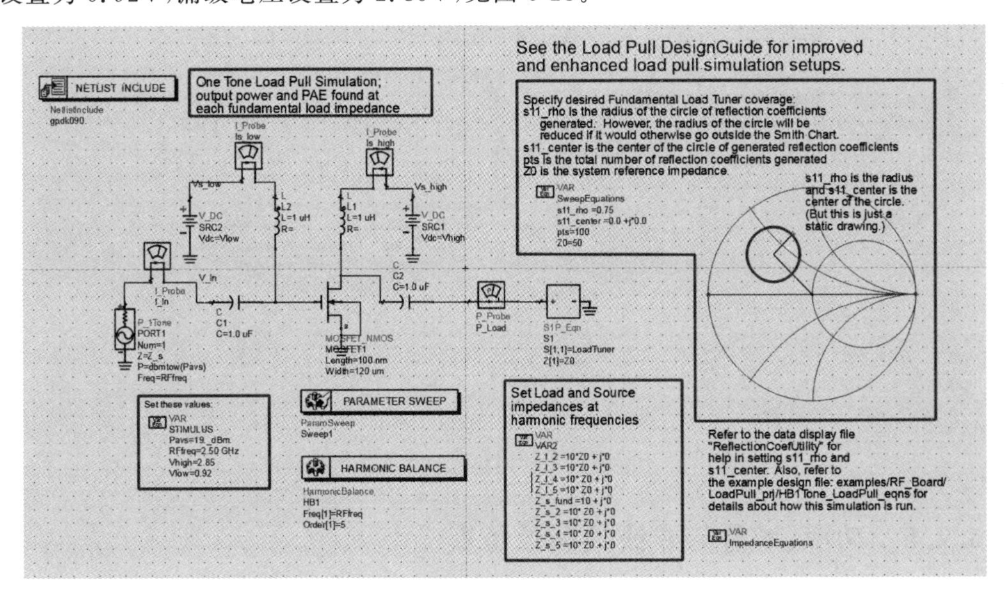


图 6-23　替换 90nm NMOS 管后的 Load Pull 模板

Load Pull 仿真结果见图 6-24。从图中可知，m3 即为 Load Pull 负载的阻抗点，输出阻抗约为(81.77+j＊13.29)Ω，此时的效率和输出功率分别为 72.59%和 19.27dBm。

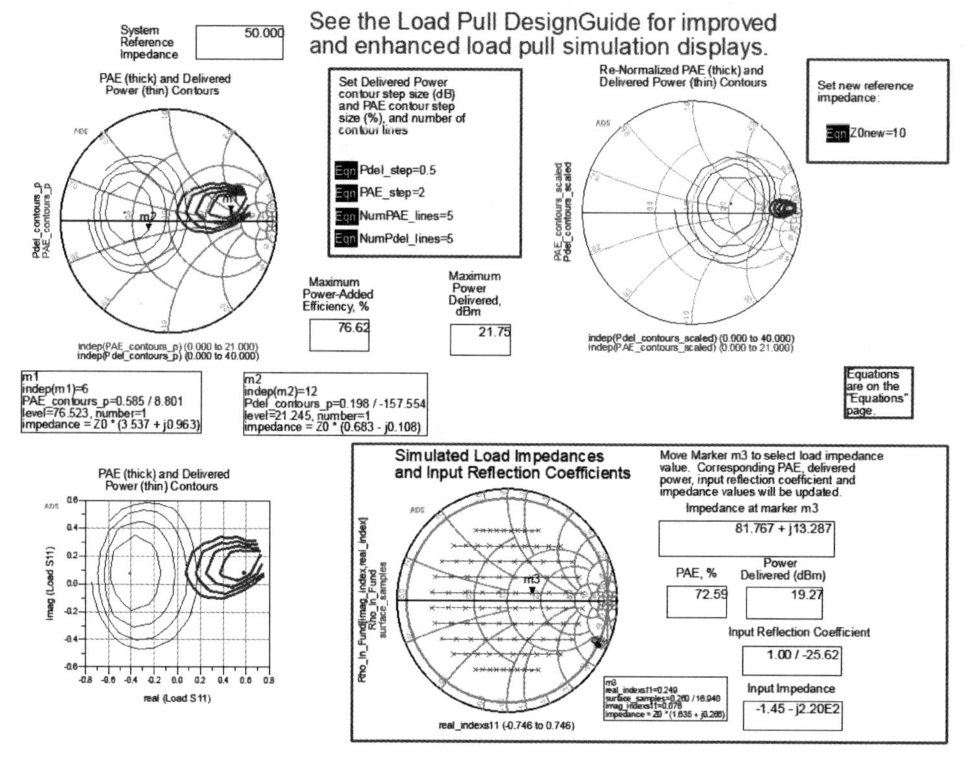


图 6-24　Load Pull 仿真结果

新建一个原理图进行输出共轭匹配。将 Term1 的阻抗值设置为(81.77+j＊13.29)Ω，通过 Smith Chart Utility 界面中 Auto-2-Element Match 可以自动生成匹配电路，并插入 S 参数仿真的控件，得到匹配后的 $S_{11}$ 仿真结果，见图 6-25～图 6-27。

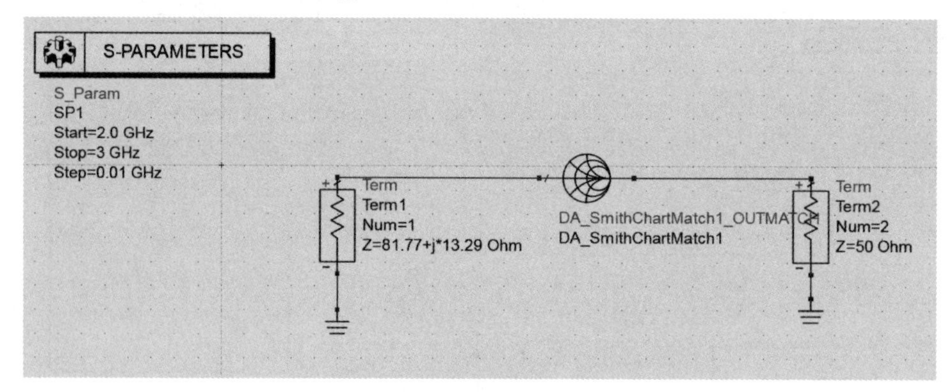


图 6-25　对获取的负载阻抗进行史密斯圆图匹配

## 6.2.5　功率、增益与非线性参数仿真

(1) 输出功率与效率仿真分析

根据设计的输出匹配网络，重新对功率放大器进行输出功率与效率的仿真。新建一个

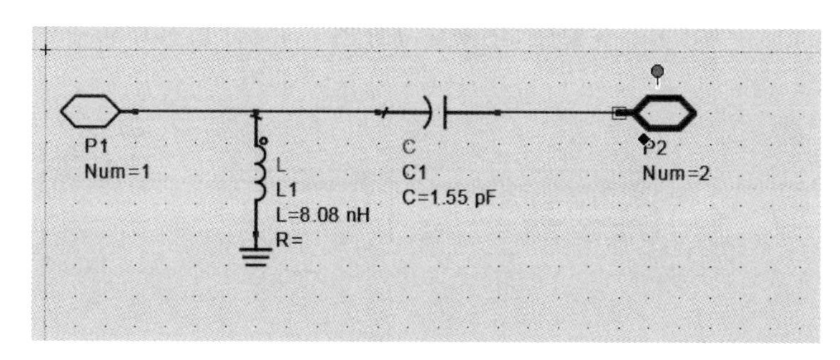


图 6-26　匹配网络

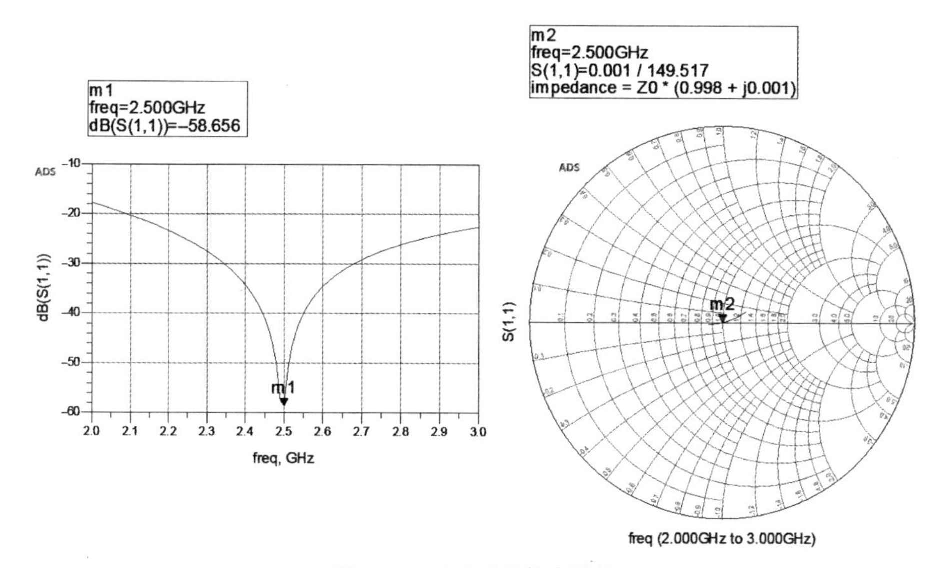


图 6-27　匹配后的仿真结果

原理图,并复制输出匹配电路,插入 4 个引脚后,返回 ADS 工程目录,选中文件夹,右键选择 New Symbol 建立 symbol,如图 6-28 所示。

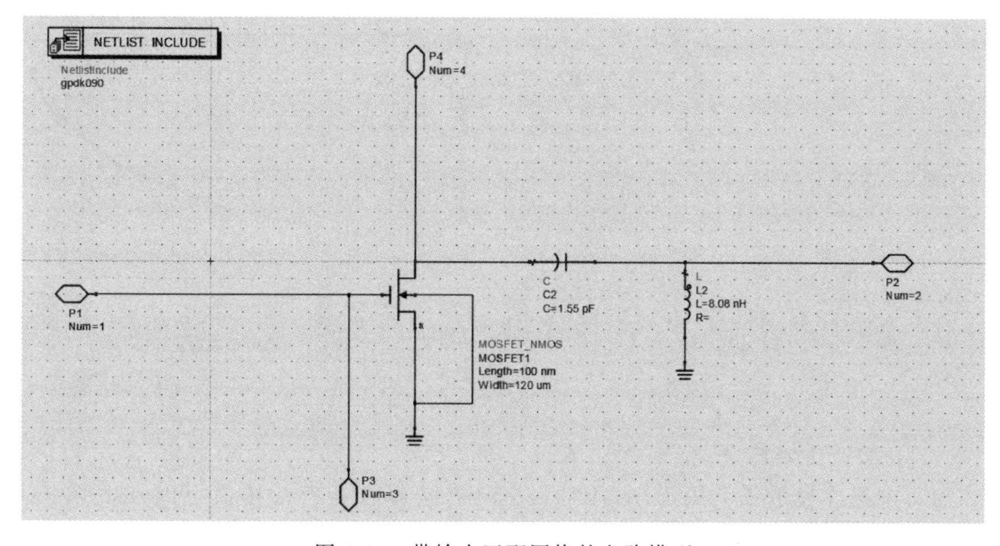


图 6-28　带输出匹配网络的电路模型

调用 HB1 Tone PAE_Pswp 模板，用刚建立好的 symbol 代替模板中的器件进行仿真。如图 6-29 所示。

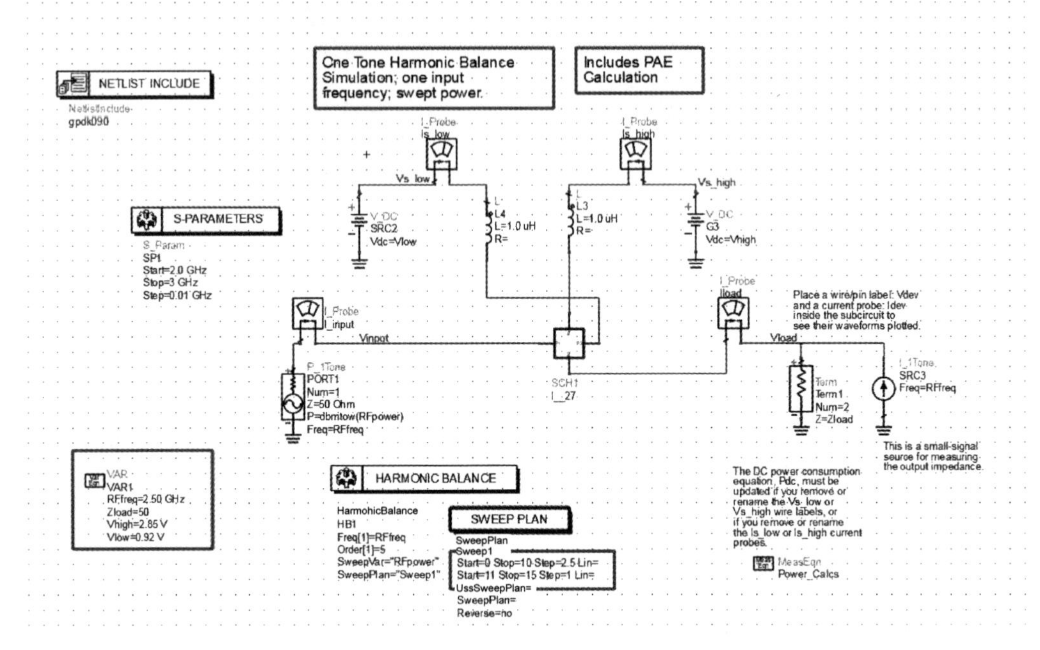


图 6-29 仿真模板

仿真结果见图 6-30。从图中可以看出，在 2.5GHz 时的 $S_{21}$ 为 15.218dB。输出匹配网络起到了一定效果。

功率附加效率仿真结果见图 6-31。从图中可知，当输出功率为 20.093dBm 时，功率附加效率为 53.36%。

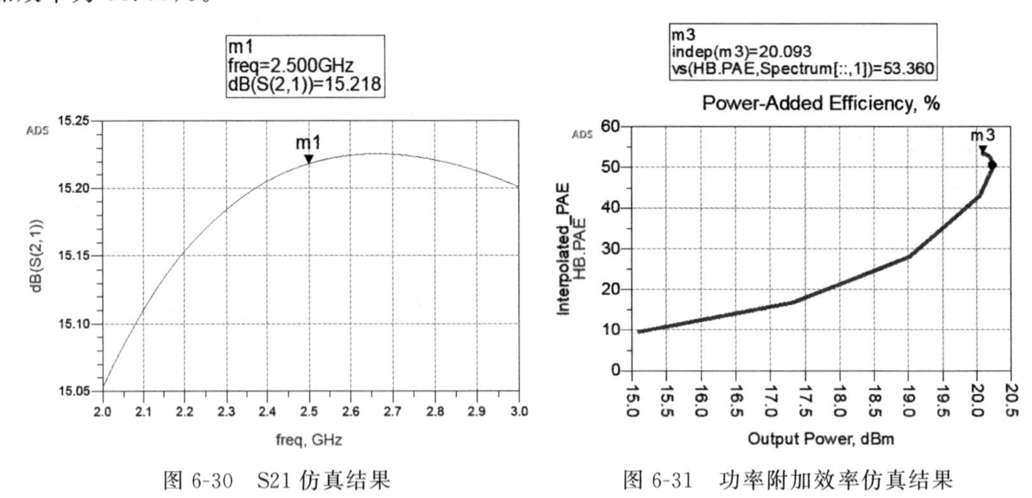


图 6-30 S21 仿真结果　　　　图 6-31 功率附加效率仿真结果

(2) 1dB 增益压缩仿真

在窗口中选择显示一个矩形图，添加 Vload 并选择在所有扫描值下以 dBm 单位显示（见图 6-32），单击 OK 后，在 Trace Options 中的 Trace Expression 选项卡中输入公式 dBm(Vload[::,1])－dBm(Vinput[::,1])（见图 6-33），即可得到增益(dB)随着 RFpower(dBm)变

化的曲线，从图6-34中可以得出1dB增益压缩点对应的输入功率为5dBm，(输入功率为5dBm)，此时的增益约为8.499dB。

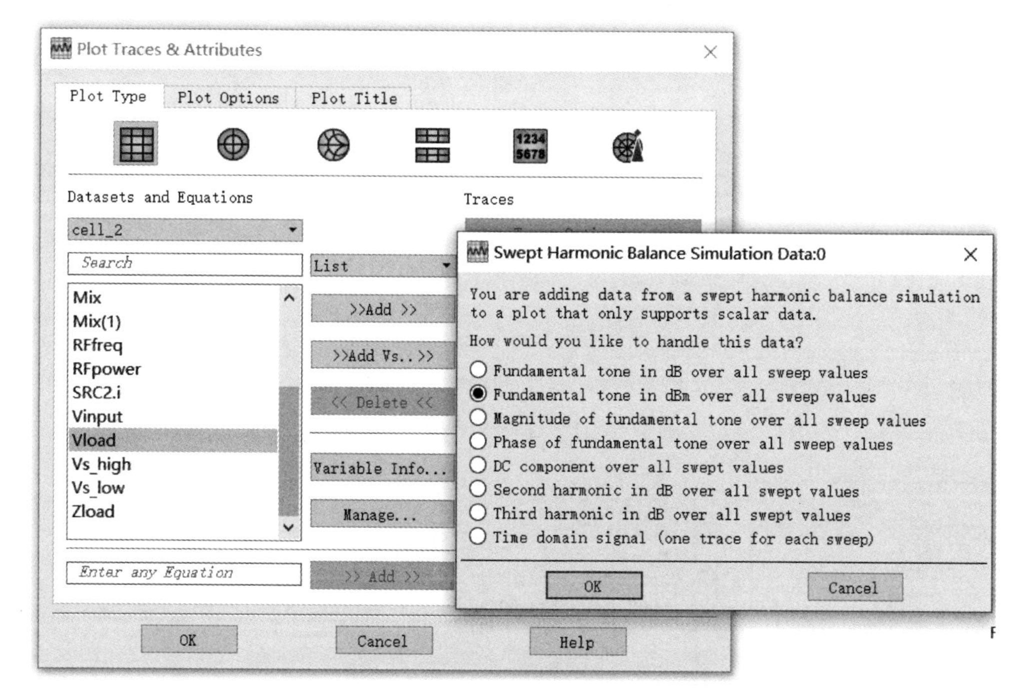


图6-32　仿真设置

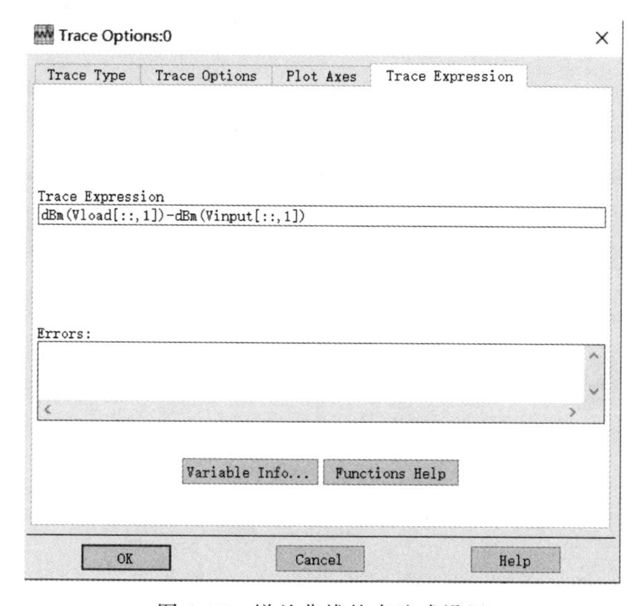


图6-33　增益曲线的表达式设置

(3) 三阶交调仿真

首先进行双音测试，在原理图中定义一个新的变量spacing为100kHz，改变源为P_nTone，并对其编辑使其具有双音，见图6-35。

然后在原理图中添加两个谐波平衡IP3out测量方程，设置参数如图6-36所示。

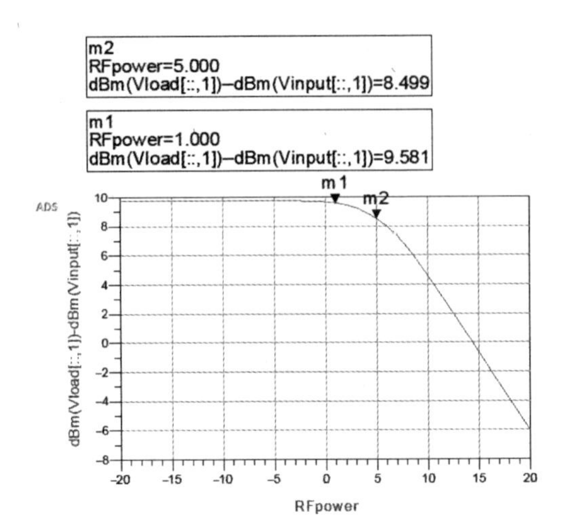


图 6-34 1dB 增益压缩仿真结果

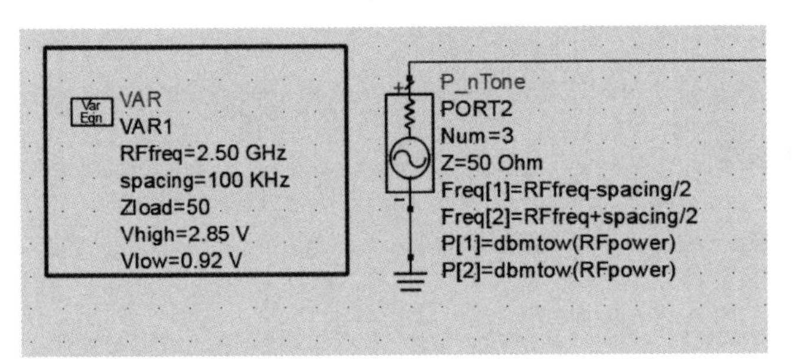


图 6-35 原理图中定义新变量 spacing

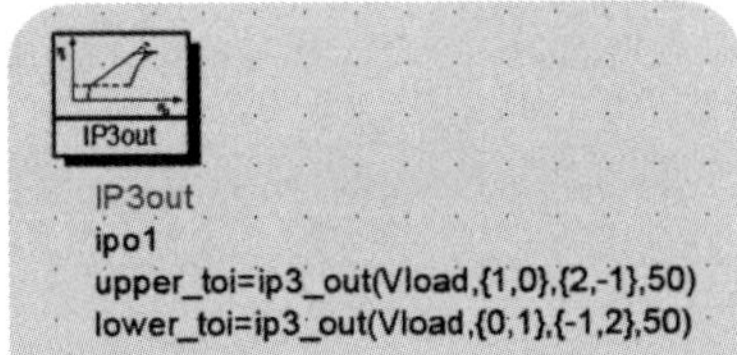


图 6-36 IP3out 控件调用

然后设置 HB 仿真控件，此时是没有扫描参数的，见图 6-37。

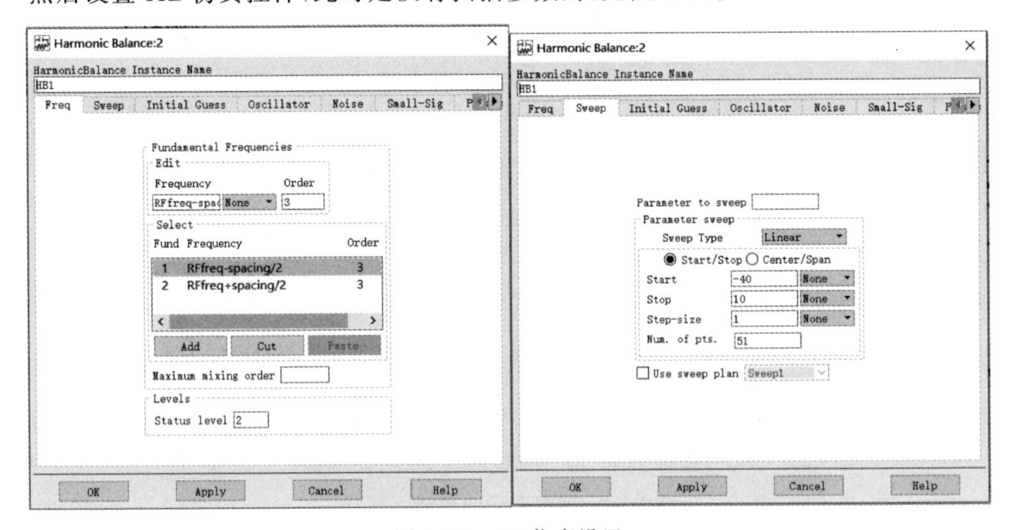


图 6-37 HB 仿真设置

运行仿真，得到上边频三阶输出互调 upper_toi 和下边频三阶输出互调 lower_toi 的结果，见图 6-38。

测试输入三阶互调点，在原理图中添加一阶交调量和三阶交调量的公式，如图 6-39 所示。

| freq | ...ifen..upper_toi | ...ifen..lower_toi |
|---|---|---|
| <invalid>Hz | 22.110 | 21.227 |

图 6-38　输出三阶互调点(上边频和下边频)

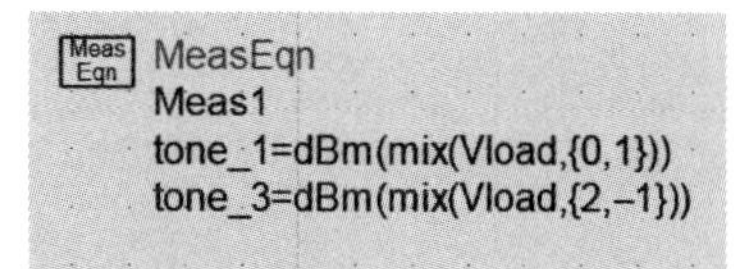


图 6-39　一阶交调和三阶交调测量方程

双击 HB 控件,设置如图 6-40 所示。

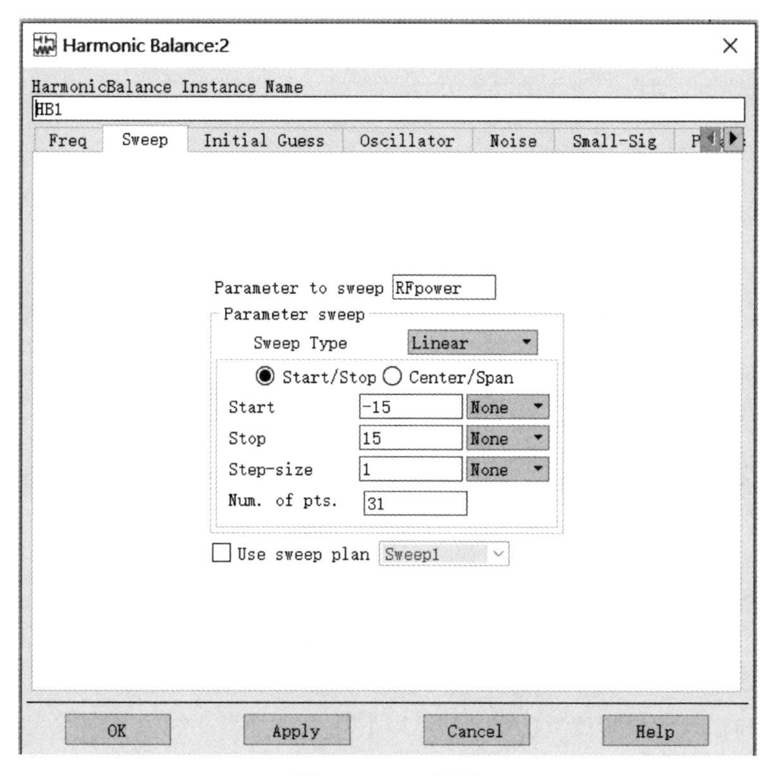


图 6-40　HB 设置

运行仿真，将 tone_1 和 tone_3 添加到显示项中(见图 6-41)，并得到一阶交调量和三阶交调量的曲线，见图 6-42。

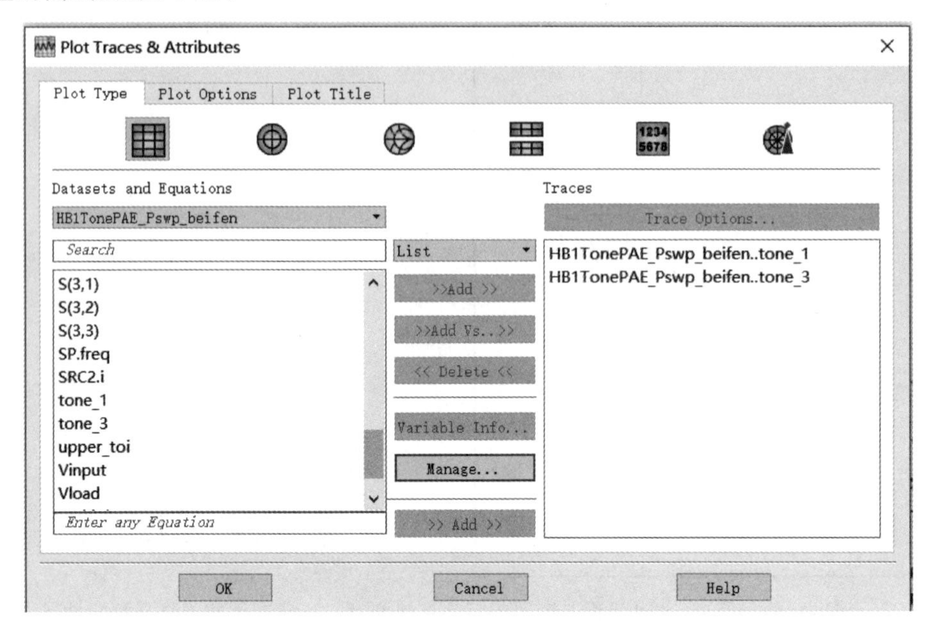


图 6-41　一阶交调量和三阶交调量曲线设置

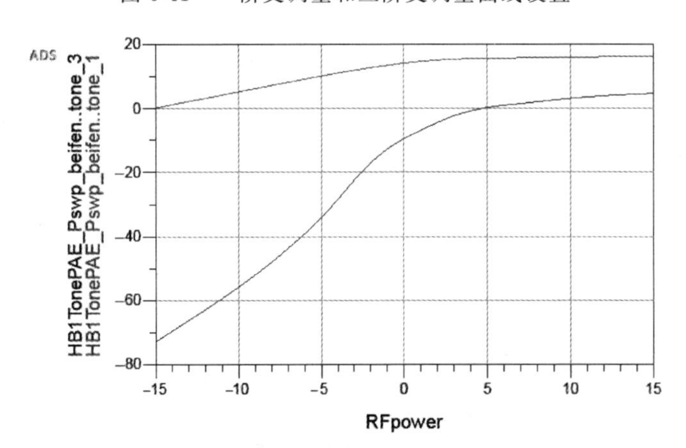


图 6-42　一阶交调量和三阶交调量仿真结果

延长一阶交调量和三阶交调量的斜率为 1∶3 的部分(近似为一条直线)，交点处 RFpower 即为输入三阶交调点，约为 12dBm。

(4) AM-AM 和 AM-PM 仿真

在理想的线性功率放大器中，输入输出之间的相位差应该是零或者常数，即输出信号只是输入信号经过幅度放大和加入一定的延时。在实际情况下，由于非线性的影响，会发生 AM-AM(幅度调制-幅度调制)失真和 AM-PM(幅度调制-相位调制)失真。AM-AM 失真是指输出信号和输入信号幅度上的失真。AM-PM 失真是指非线性功率放大器输入信号幅度上的变化，导致了输出和输入信号之间的相位差的变化。仿真结果如图 6-43 所示，从图中可知，功率放大器的 AM-AM 失真小于 1dB，AM-PM 失真的绝对值小于 0.3°。

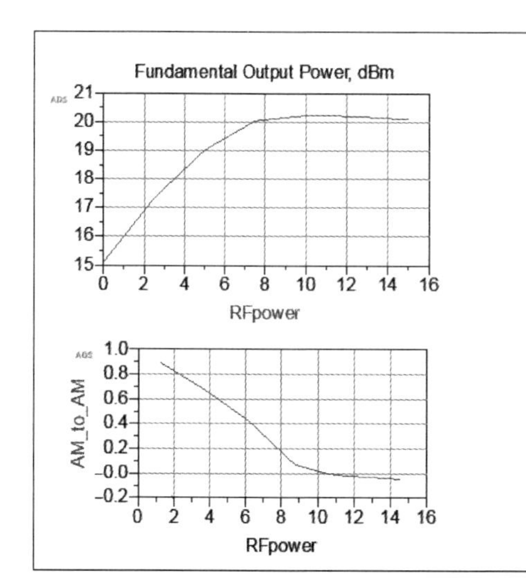


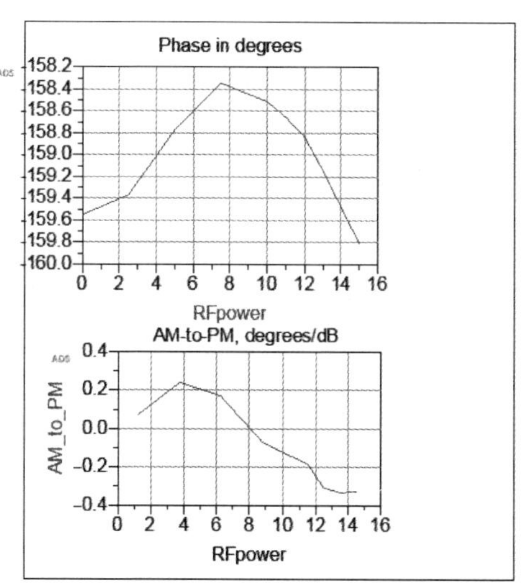


| Fundamental Frequency |
| --- |
| 2.500 GHz |

| Available Source Power dBm | AM-to-AM dB/dB | AM-to-PM degrees/dB |
| --- | --- | --- |
| 1.250 | 0.890 | 0.073 |
| 3.750 | 0.672 | 0.239 |
| 6.250 | 0.414 | 0.170 |
| 8.750 | 0.073 | −0.066 |
| 10.500 | −2.619E-4 | −0.142 |
| 11.500 | −0.020 | −0.184 |
| 12.500 | −0.028 | −0.307 |
| 13.500 | −0.037 | −0.334 |
| 14.500 | −0.048 | −0.328 |

Equations are on the "Equations" page.
Spectrum, gain compression and harmonic distortion plots are on "Spectrum, Gain, Harmonics" page.

图 6-43　AM-AM 和 AM-PM 仿真结果

# 第7章 振荡器设计

压控振荡器(VCO)是通信系统的核心模块,它为收发链路提供本振信号,为数字电路提供参考时钟,对于压控振荡器而言,采用波导和微波集成电路的传统振荡器技术成熟,然而存在着体积大、成本高昂和可靠性差的问题。近十几年来,硅基的互补金属氧化物半导体(CMOS)工艺得到了快速发展。

## 7.1 振荡器设计基础

### 7.1.1 振荡器原理

振荡器是一种能够通过自身产生某一特定频率信号的电路,在射频电路系统中,主要表现为压控振荡器(VCO),用于频率综合的锁相环及为混频器提供本振信号。由于振荡器在射频前端接收与发射链路中具有非常重要的作用,因此振荡器电路设计的好坏直接影响射频收发器的性能。

振荡器的核心是一个在振荡频率处具有正反馈的环路,为了保证振荡器起振并稳定振荡,必须满足 Barkhausen 准则,即系统开环增益大于或等于 1,相位偏移为 360°。在实际电路设计中,开环增益往往是计算值的 2～3 倍,主要为了克服工艺和温度造成的偏差,以及电路非线性造成的开环增益的下降。

环形振荡器和 LC 振荡器是目前运用最为广泛的两种振荡器。因 LC 振荡器具有更好的频谱特性及能够产生更高的振荡频率,因此在射频电路中得到了广泛的应用。LC 振荡器主要分为反馈型和负阻型两大类,反馈型有 Colpitts 振荡器、Hartley 振荡器和 Clapp 振荡器三种典型结构;负阻型主要为差分互耦 MOS 对管结构。反馈型振荡器对有源器件的跨导要求较高,导致功耗较大,因此当前在 CMOS 射频前端芯片设计中常采用负阻型振荡器结构。本章主要以负阻型振荡器为例进行讲解。

对负阻型振荡器采用单端能量补偿法进行分析,首先考虑一个理想的 LC 谐振电路,电路的谐振频率为 $\omega_0=1/\sqrt{LC}$,回路(Tank)的品质因数 $Q$ 为无穷大。而实际的电容、电感均具有电阻,振荡器振荡时,电容和电感之间转换的一部分能量在电阻中以热的形式损失了,因此其冲激响应为一衰减振荡,如图 7-1(a)所示。现如果将一个“负阻 $R_p$”与回路相并联,如图 7-1(b)所示,抵消回路中的正电阻,那么振荡将会维持。在实际电路中,“负阻”是由有源器件等效而来的，振荡器电路能够一直保持振荡，其能量来源于电路中的有源器件供给。

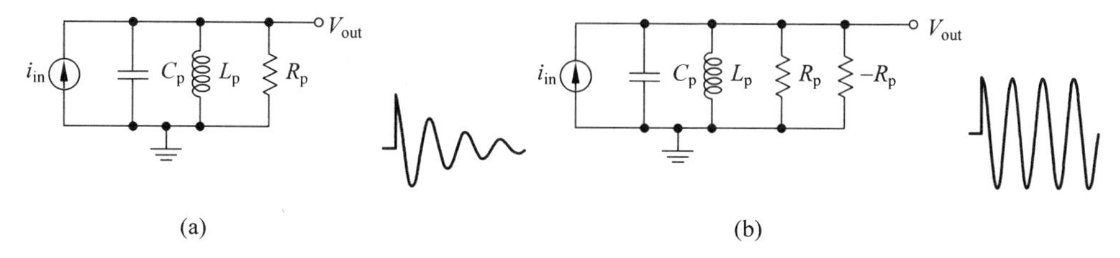


图 7-1　负阻振荡器原理

图 7-2 给出了 CMOS 射频集成电路最常用的差分负阻型振荡器电路结构。它的负阻电路部分是一个 MOS 互耦对，电流源 $I_s$ 提供偏置。根据小信号等效电路，容易证明该电路的输入阻抗为一个负阻，阻值为 $-2/g_m$，其中，$g_m$ 是晶体管的小信号跨导。若保证 $R_P \leqslant 2/g_m$，MOS 互耦对管就能够为 RLC 回路中的并联电阻 $R_p$ 消耗的能量进行不断补充，实现振荡器的稳定输出。

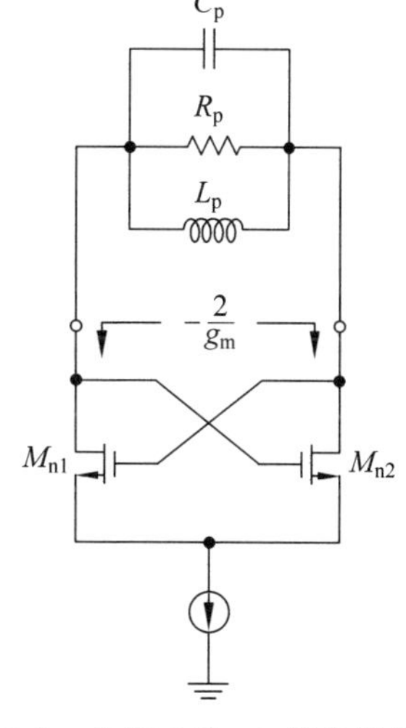


图 7-2　负阻互耦 LC 振荡器电路

## 7.1.2　振荡器主要技术指标

(1) 相位噪声

相位噪声反映振荡器的短期频率稳定度，是噪声特性在频域的表现，可以认为是各种类型的随机噪声信号对相位的调制作用。通常情况下，相位噪声指的是单边带相位噪声，用偏离载波中心频率某频率处的单位带宽内噪声功率谱密度与中心频率的功率谱密度的比值表示，单位为 dBc/Hz，其计算公式如下：

$$L_t\{\Delta\omega\} = 10\lg\left[\frac{P_{\text{sideband}(\omega_0+\Delta\omega,1\text{Hz})}}{P_{\text{carrier}}}\right]$$

式中，$P_{\text{sideband}(\omega_0+\Delta\omega,1\text{Hz})}$ 为偏离载波信号 $\Delta\omega$ 处单边带单位带宽内噪声功率，单位 dBm/Hz；$P_{\text{carrier}}$ 为载波信号功率，单位 dBm。

(2) 输出信号频谱纯度

为了使得能量都集中在振荡器的基频上，电路设计中要尽量抑制高次谐波的存在。输出信号的频谱纯度可以用总谐波失真(THD)来衡量。

(3) 输出振幅

增大输出振幅可以使输出波形对噪声不敏感。当 VCO 工作在电流限制区时输出振幅随工作电流上升，相位噪声随之降低。

(4) 功耗

振荡器的功耗与相位噪声、输出振幅等密切相关。它们之间存在一定的权衡和优化过程。

(5) 推频

推频(frequency pushing)是振荡器对电源电压的灵敏度。是指单位电源电压变化所引起的输出频率的变化量，单位为 MHz/V。推频可以反映电源噪声对相位噪声的影响。

(6) 频率牵引

振荡器输出端和负载若不匹配，会产生反射信号，干扰振荡器工作，造成输出频率偏移，频率牵引(frequency pulling)便反映负载引起的频率偏移量。

**VCO 的性能指标**

(1) 调谐范围

调谐范围是指 VCO 的最大振荡频率与最小振荡频率的差值，通常情况下也定义为 $(\omega_{max}-\omega_{min})$与中心频率 $\omega_0$ 比值的百分比形式。在实际设计中，这个范围除了要覆盖工作频率外，还要考虑到工艺偏差、温度变化以及寄生效应的影响。

(2) VCO 增益($K_{VCO}$)

对于一个理想的 VCO，其输出频率与控制电压呈线性关系：

$$\omega_{out}=\omega_0+K_{VCO}V_{ctrl}$$

$$K_{VCO}=\frac{\partial\omega_{out}}{\partial V_{out}}$$

式中，$\omega_{out}$ 是 VCO 的输出频率；$V_{ctrl}$ 是 VCO 的控制电压；$\omega_0$ 是控制电压为 0 时的振荡频率；$K_{VCO}$ 是 VCO 的增益，是指单位控制电压引起的输出振荡频率的变化。

(3) 调谐线性度

理想 VCO 的增益 $K_{VCO}$ 在整个调谐范围内保持为常数，但是实际电路中 VCO 的调谐特性往往表现出非线性，即其增益 $K_{VCO}$ 会随频率变化。$K_{VCO}$ 的大小会影响锁相环路的带宽和相位裕度，从而影响锁相环的稳定性。因此，希望在整个调节范围内使 $K_{VCO}$ 的变化最小，即频率对控制电压的变化有较高的线性度，这样才能保证锁相环在调节过程中的稳定性。

### 7.1.3 振荡器设计方法

下面给出 VCO 的一般设计方法供读者参考。

(1) 无源器件的选取考虑

LC 谐振回路主要由 MOS 可变电容、螺旋电感和提供频率粗调的开关电容阵列构成。电容与电感的大小应满足振荡频率的公式：

$$f_{osc}=\frac{1}{2\pi\sqrt{L(C_{var}+C_{array}+C_p)}}$$

式中，$C_{var}$ 是可变电容的值；$C_{array}$ 是开关电容阵列的值；$C_p$ 是回路中寄生电容的值，主要为 MOS 管的等效电容。在实际设计中，可变电容通常使用 MOS 电容，固定电容通常采用 MIM/MOM 电容。

电感是影响振荡器性能最为重要的无源器件，它的取值决定了振荡器的功耗、晶体管的尺寸以及振荡器的相位噪声。首先，谐振回路总体 $Q$ 值的倒数等于电感 $Q$ 值和电容 $Q$ 值的倒数之和，在 CMOS 工艺中，电感的 $Q$ 值在 10 左右，而电容的 $Q$ 值一般在 50～100 之间，因此谐振回路的品质因子由电感所制约，近似等于电感的品质因子，谐振回路的等效并联阻抗 $R_p$ 可以近似等于电感的等效并联阻抗。当输出电压幅度一定时，电感值越大，所需电流越小,功耗也越小。另外电感值越大,相位噪声越小。但是电感的取值不能太大,否则会使振荡频率对电容的变化比较敏感。

为了满足起振条件并留有一定的设计余量,晶体管的跨导 $g_m$ 应取为 $1/R_p$ 的 3～4 倍。因此电感的值直接决定了晶体管的尺寸。

电感的 $Q$ 值制约了谐振回路的总体 $Q$ 值,因此决定了整个振荡器的性能。电感的 $Q$ 在低频段随频率的升高而增大,随着频率继续升高,$Q$ 值会下降,因此应合理选择电感,使其在电路工作的频带范围内具有最大的 $Q$ 值。

(2) 交叉耦合对管设计考虑

在振荡器中互耦晶体管形成负阻补充谐振回路的损耗,在每个周期内,两个晶体管的状态互相转换,工作于大信号开关状态。晶体管的跨导要满足起振条件,这是振荡器能够正常工作的前提,即

$$g_m \geqslant \frac{1}{R_p} \cong \frac{1}{\omega LQ}$$

起振条件与振荡频率是密切相关的,最坏情况出现在最低振荡频率处。另外,考虑到工艺、温度和电源电压的变化,应留有一定的设计余量,通常选取 $g_m$ 为 $1/R_p$ 的 3～4 倍。如果跨导取得更大,会增加晶体管自身的噪声。晶体管的 $g_m$ 确定之后,由于偏置电流已经确定,得到了晶体管的 $g_m/I_D$ 比值,接下来根据沟道长度 $L$,即可以确定晶体管的宽度 $W$。由于晶体管的工作状态切换速度很快,沟道长度必须要尽量小,并且增加沟道长度会引起输出节点寄生电容增加,降低振荡器的调谐能力,因此互耦对晶体管的沟道长度通常在工艺允许的最小沟道长度附近取值。

(3) 电流源电路设计考虑

电感的 $L$ 值和 $Q$ 值确定之后,其等效并联阻抗也确定了,偏置电流与输出电压幅度成正比关系,此时输出电压幅度取决于偏置电流的大小,在此条件下,振荡器工作在电流限制区;当逐渐增加偏置电流到一定值时,单端输出电压幅度逐渐接近电源电压 VDD 而饱和,在此条件下输出电压为峰值时,MOS 晶体管甚至偏置电流源都进入线性区,此时振荡器工作在电压限制区。振荡器电压信号幅度越大其信噪比越高,对应的相位噪声通常越低。但是当振荡器进入电压限制区后,一方面振荡信号幅值饱和,另一方面 MOS 晶体管进入线性区时其输出阻抗降低,会降低谐振回路有效 $Q$ 值,损害振荡器的相位噪声性能。因此,**偏置电流的设计原则是,在满足功耗指标要求的情况下,偏置电流应尽量大**,这是由于在 LESSON 公式中相位噪声与功耗成反比关系,同时使振荡器工作在电流限制区和电压限制区交界处,从而得到最佳相位噪声。

例如,在电源电压为 1.8V 情况下,选择单端输出电压幅度为 1.4V,为了保证电流源在振荡峰值也能工作在饱和区,选择电流源的过驱动电压为 0.4V,此时偏置电流为

$$I_{ss} = \frac{\pi V_{out}}{2R_p}$$

式中,$V_{out}$ 为振荡器单端输出电压幅度;$R_p$ 为中心频率 $f_{osc}$ 处的谐振回路等效并联阻抗。有了过驱动电压和偏置电流就可以确定电流源的尺寸,通常为了减小闪烁噪声,电流源晶体管的 $L$ 要大于最小沟道长度。

在实际设计振荡器时,首先根据振荡频率确定电感、电容的初值,然后根据功耗确定偏

置电流及MOS器件参数，这些参数的最终取值需要通过仿真优化后获得。设计效率主要取决于设计者的经验，良好的初值设置能够有效缩短仿真优化时间。在负阻型振荡器设计中，确定电感电容初值时若能预先估算MOS互耦对管的寄生电容，则能容易地算出固定谐振频率下的电感和电容初值。根据经验，表7-1给出了不同特征尺寸CMOS工艺下的MOS互耦对管的寄生电容估算值。

**表7-1 不同CMOS工艺下MOS互耦对管电容估算值**

（栅宽2μm，并联管子数4，栅指数8）

| 工艺 | 180nm | 90nm | 65nm |
|---|---|---|---|
| 电容(fF) | 270 | 140 | 100 |

## 7.2 ADS设计振荡器实例

为简化设计过程，使读者能尽快掌握一般振荡器的设计方法，本案例以固定频率振荡器的设计为例讲解使用ADS和Cadence的仿真方法，该仿真方法同样适用于对VCO的仿真。

设计指标：

(1) 振荡频率：2.48GHz；

(2) 相位噪声：在1MHz偏移下小于－110dBc。

### 7.2.1 原理图输入

采用互耦对管的负阻振荡结构，在ADS中新建原理图，如图7-3所示。

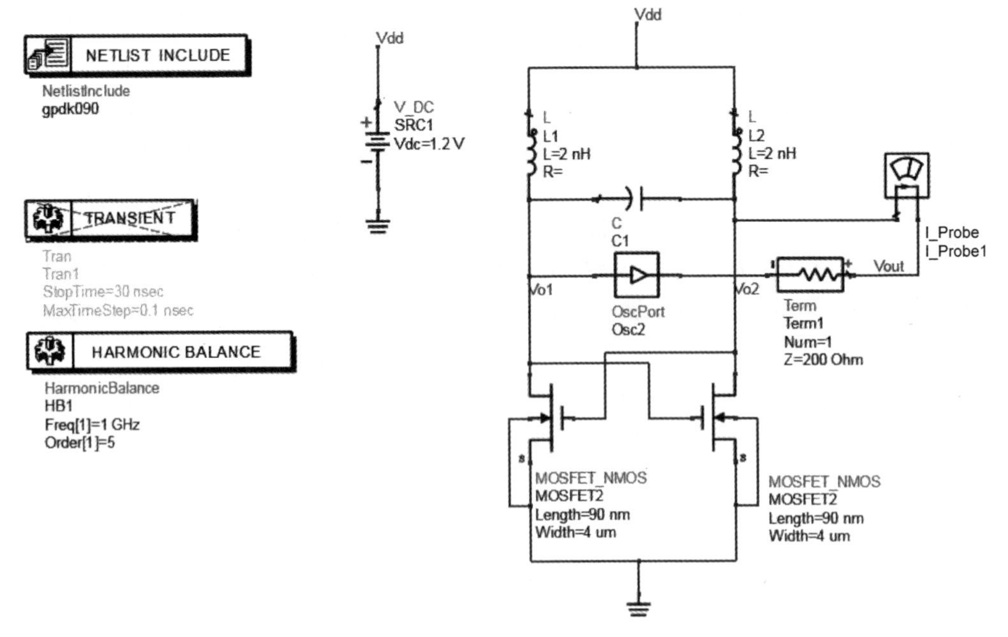


图7-3 振荡器原理图

各元件设置如下：

(1) Netlist Include：来自 Data Items 面板，设置 gpdk090 工艺中 MOS 管子的 spectre 模型文件，见图 7-4。

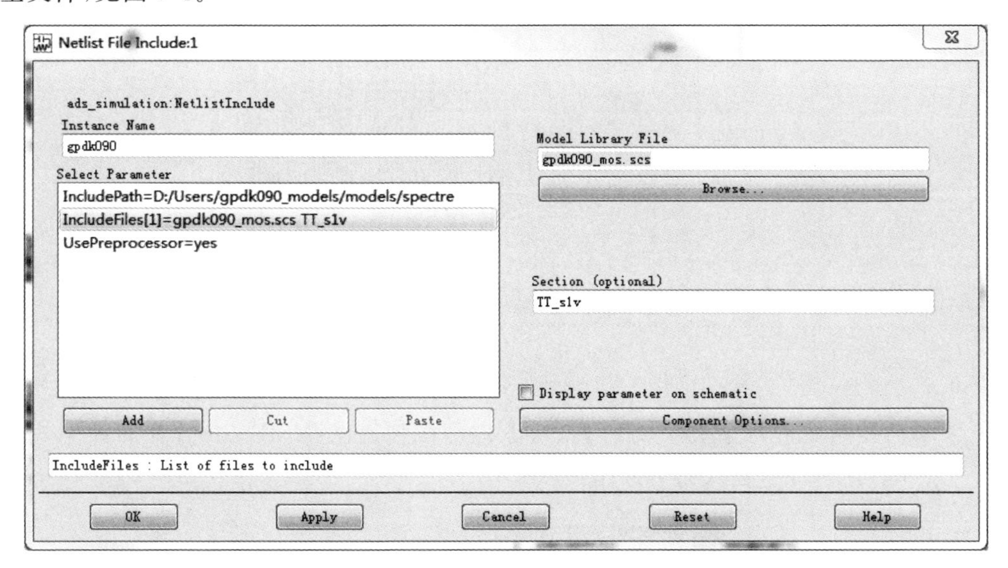


图 7-4　Netlist Include 属性设置

(2) MOS 互耦对管(MOSFET_NMOS)：来自 Devices—MOS 面板。属性 model 设置为 gpdk090_nmos1v，栅长设置为 90nm，栅宽设置为 4μm，并联管数设置为 4。

(3) 电容($C$)：来自 Lumped—Components 面板，设置为 1pF。

(4) 电感($L$)：来自 Lumped—Components 面板，设置为 2nH。

(5) 直流电源(V_DC)：来自 Sources—Freq Domain 面板，Vdc 设置为 1.2V。

(6) 振荡端口(OscPort)：来自 Probe Components 面板，设置 NumOctaves 为 4，其余默认。

(7) 负载端口(Term)：来自 Simulation—S_Parameter 面板。设置阻抗为 200Ω。

(8) 电流探测元件(I_Probe)：来自 Probe Components 面板。

仿真设置：

(1) 瞬态仿真(TRANSIENT)：设置 Start time 为 10ns，Stop time 为 30ns，Max time step 为 0.1ns，Min time step 为 0.001ns。

(2) 谐波平衡(Harmonic Balance)：在 Freq 属性中设置基频为 1GHz，order 为 5；在 Oscillator 属性中设置 Enable Oscillator Analysis，Method 选择 Use Oscport；在 Noise 属性中 Nonlinear noise 方框打钩，首先单击进入 Noise(1)，设置 Sweep Type 为 Log，Start 为 0Hz，Stop 为 10MHz，Pts./decade 为 100。然后进入 Noise(2)，选择输出节点为 Vout，加入噪声计算框中。

### 7.2.2　输出频率、输出功率与相位噪声仿真

(1) 先在时域进行瞬态仿真，在原理图中使 HB 仿真部件无效(Deactive)。运行仿真后在结果显示界面单击 Eqn 图标，输入方程 Vo=Vo2－Vo1，然后得到 Vo 的波形如图 7-5 所

示。可以看出振荡器的起振和稳定输出的波形。

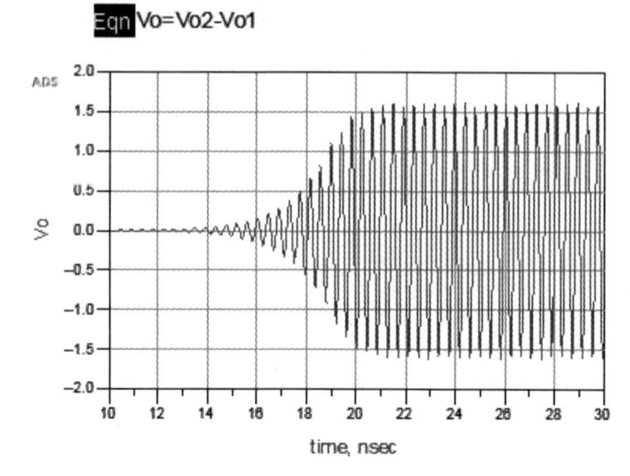


图 7-5 振荡器的时域仿真波形

(2) 然后在频域进行谐波平衡仿真，在原理图中使 TRANSIENT 仿真部件无效，HB 仿真有效。运行仿真后，输入如下方程：

```
Eqn vot=ts(HB.Vo1)−ts(HB.Vo2)
Eqn Pdc=real(-conj(HB.SRC1.i[0]*1.8))
Eqn Pout=0.5*real(HB.Vout[1]*conj(HB.I_Probe1.i[1]))
Eqn PoutdBm=10*log(Pout)+30
```

在结果显示界面，首先单击右边面板中的矩形图输出，在 equations 中选择 vot，得到时域波形图(图 7-6(a))；

单击右边面板中的矩形图输出，选择 Vout 变量，单击 add vs..，选择 freq，然后单击 trace options，在 trace type 面板中选中 spectral，得到频谱图(图 7-6(b))；

单击右边面板中的矩形图输出，选择 pnmx 变量，得到相位噪声图(图 7-6(c))；

单击右边面板中的 list 输出，在 equations 中分别选择 Pdc，Pout 和 PoutdBm，得到输出功率值，如图 7-6(d)所示。

可以看出，振荡器的基波频率为 2.48GHz，相位噪声在 1MHz 偏移处近似为－123dBc，输出功率接近 3mW。

### 7.2.3 推频仿真

推频(frequency pushing)仿真的主要目的是考查电源电压 Vc 变化对输出频率的影响。

(1) 增加变量 Vc 并将直流电源 V_DC 的电压设置为变量 Vc，变量 Vc 的初值任意。

(2) 在 HB 仿真设置中，Sweep 属性中设置 Parameter to sweep 为 Vc，start 为 0.5，stop 为 2.8，step-size 为 0.1。

运行仿真，在输出矩形图结果属性中选择 plot_vs(freq[::,1]，Vc)，所得结果如图 7-7 所示。

### 7.2.4 频率牵引仿真

频率牵引(frequency pulling)仿真的目的是考察负载变化对振荡器的影响，反映了振荡

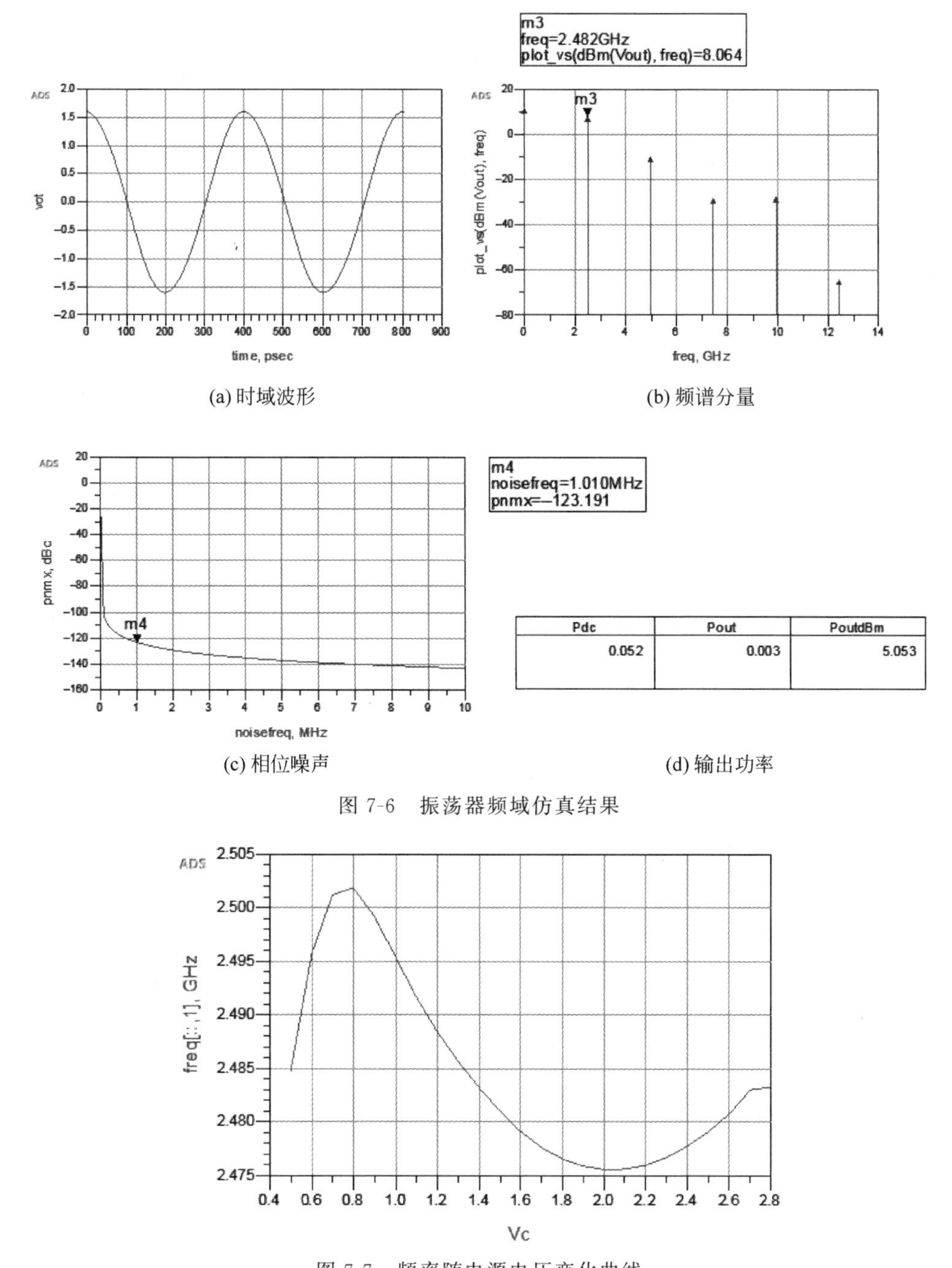


| Pdc | Pout | PoutdBm |
|---|---|---|
| 0.052 | 0.003 | 5.053 |

(a) 时域波形　(b) 频谱分量

(c) 相位噪声　(d) 输出功率

图 7-6　振荡器频域仿真结果

图 7-7　频率随电源电压变化曲线

器对输出匹配的容限程度，一般看频率的波动范围。在本案例中，我们通过调节负载反射系数获取振荡频率的波动曲线。

为了构造一个与驻波比(VSWR)及相位关联的可变负载，我们在原理图中使用 ads_datacmps 元件库中的 S1P_Eqn 组件进行相应设置。电路原理图如图 7-8 所示。

(1) 设置 S1P_Eqn 属性 S[1,1]＝load，load 为变量，Z[1]＝100Ω。增加 3 组变量分别如下：

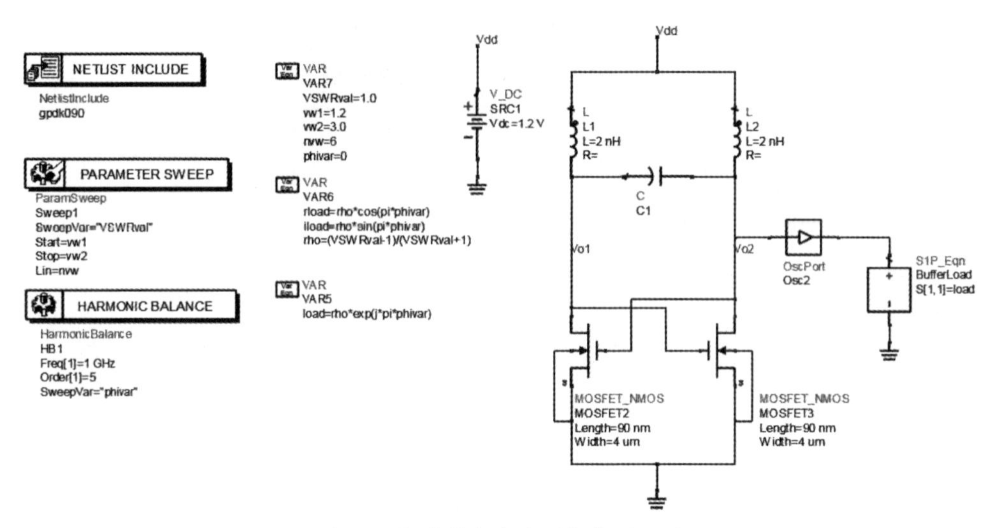

图 7-8 振荡器频率牵引仿真原理图

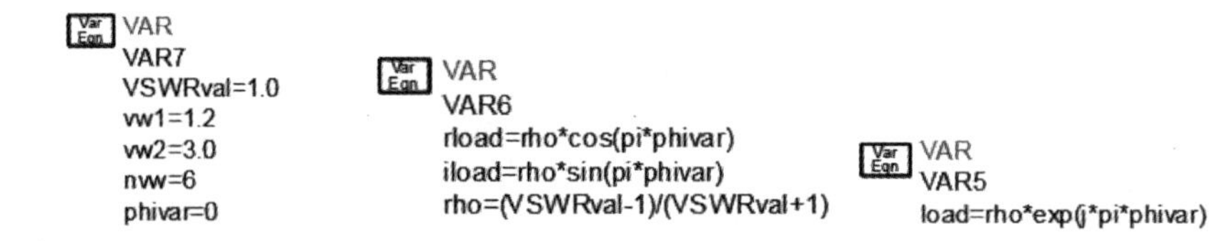


(2) 设置参数扫描(PARAMETER SWEEP)组件,在 Sweep 面板中设置扫描参数为 VSWRval(驻波比变量),Sweep Type 为 Linear,Start 为 vw1,Stop 为 vw2,Num of pts. 为 nvw。切换至 Simulations 面板,设置 Simulation1 为 HB。

(3) 设置谐波平衡(HARMONIC BALANCE)组件,在 Freq 面板中设置基波频率为 1GHz,Order 为 5。在 Sweep 面板中设置扫描参数为 phivar(相位变量),Start 为 0,Stop 为 2,Step-size 为 0.1。在 Oscillator 面板 Enable Oscillator Analysis 项中,Method 选择 Use Oscport。在 Output 面板中 Save by name 栏增加变量 iload,nvw,rload,vw1 和 vw2。

(4) 运行仿真,在结果显示界面,首先构造一个驻波比(VSWR)的滑动标尺,在右边面板中单击矩形图标,输入 vs([0::sweep_size(VSWRval)-1],VSWRval),在 Plot Options 中设置 $y$ 坐标轴(yAxis)Min 为 0,Max 为 1e6,Step 为 1e6。然后在 Trace Option 中设置线的颜色和粗细,Color 为蓝色,Thickness 为 6 points。最后在生成的图中加入一个新的 Marker,注意该 Marker 名为 m1,最终结果如图 7-9 所示。

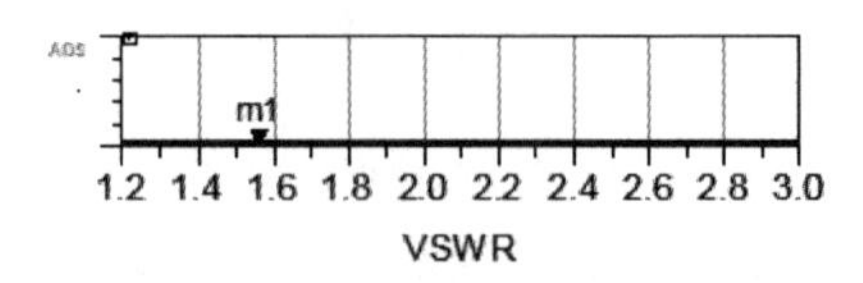

图 7-9 振荡器负载驻波比滑动标尺

(5) 在显示结果界面,在右边面板中单击 Eqn 图标输入如下表达式:

```
Eqn refl=rload+j*iload
Eqn kk=(nvw[0,0]-1)*(indep(m1)-vw1[0,0])/(vw2[0,0]-vw1[0,0])
```

其中,refl 为反射系数,kk 为随着 m1 滑动变化的驻波比变量。

在显示结果界面右边面板单击矩形图标，输入表达式 freq[kk,::,1]，生成振荡器频率随驻波比变化的波动曲线，如图 7-10 所示，其中横坐标为相位，变化范围为 0～2π。

(6) 在显示结果界面右边面板单击 Smith 图标，输入表达式 refl[kk,::]，生成在史密斯圆图上随驻波比 m1 滑动变化的负载反射系数圆。其中相位变化范围为 0～2π。如图 7-11 所示。

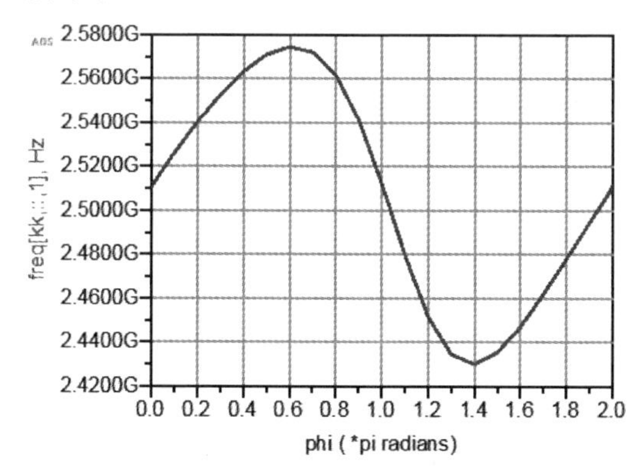


图 7-10　振荡器频率随驻波比变化的曲线

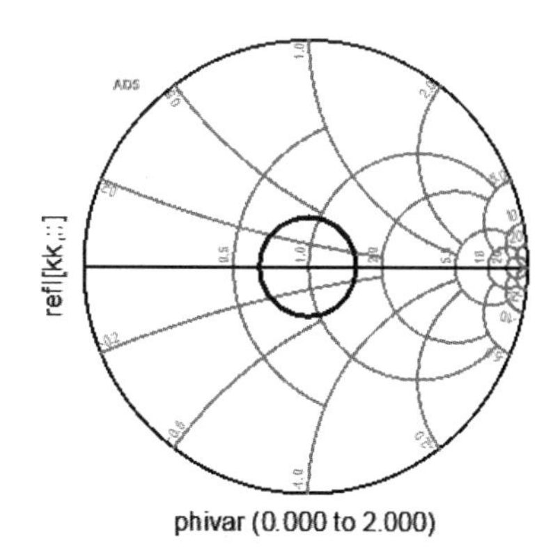


图 7-11　随驻波比变化的负载反射系数圆（相位 0～2π）

滑动 m1 从小变大时，负载驻波比变大，反射系数圆变大，表明振荡器输出匹配变差，同时图 7-10 中的频率波动范围增大。

## 7.3　Cadence 与 ADS 联合设计振荡器实例

在本案例中，使用 Cadence 实现振荡器电路的前仿真和版图设计，使用 ADS 实现电感的仿真设计，然后将电感仿真数据导入 Cadence 进行电路的联合仿真。

### 7.3.1　原理图输入

(1) 确保之前已正确配置好 IC615 运行的工作目录 gpdk090oa，目录中应包含 cds.lib、display.drf 和 .cdsinit（视配置而定）文件。在 Cadence 中新建 Library，取名 osc，选择 Attach to an existing technology library，选择工艺库 gpdk090。

(2) 在 osc 库中新建原理图 Cell，取名为 osc1。

(3) 调入元件并连线，振荡器原理图如图 7-12 所示。

◆ 使用 gpdk090 库中的 nmos1v 器件，NMOS 互耦管的栅长为 100nm，栅宽为 4μm，栅指数 fingers 为 8，并联数 Multiplier 为 4；

◆ 使用 analog 库中的电感 $L=2\text{nH}$，电容 $C=1\text{pF}$，负载电阻 $R=100\Omega$。

◆ 使用 analog 库中的单脉冲电流源 ipulse 作为振荡器的起振扰动信号，设置属性 i1=1mA，i2=0。增加直流电压源 Vdc=1.2V。

### 7.3.2　输出频率、相位噪声与输出功率仿真

(1) 在原理图界面单击菜单 Launch—ADE L，打开仿真工具 ADE，在 ADE 界面中首

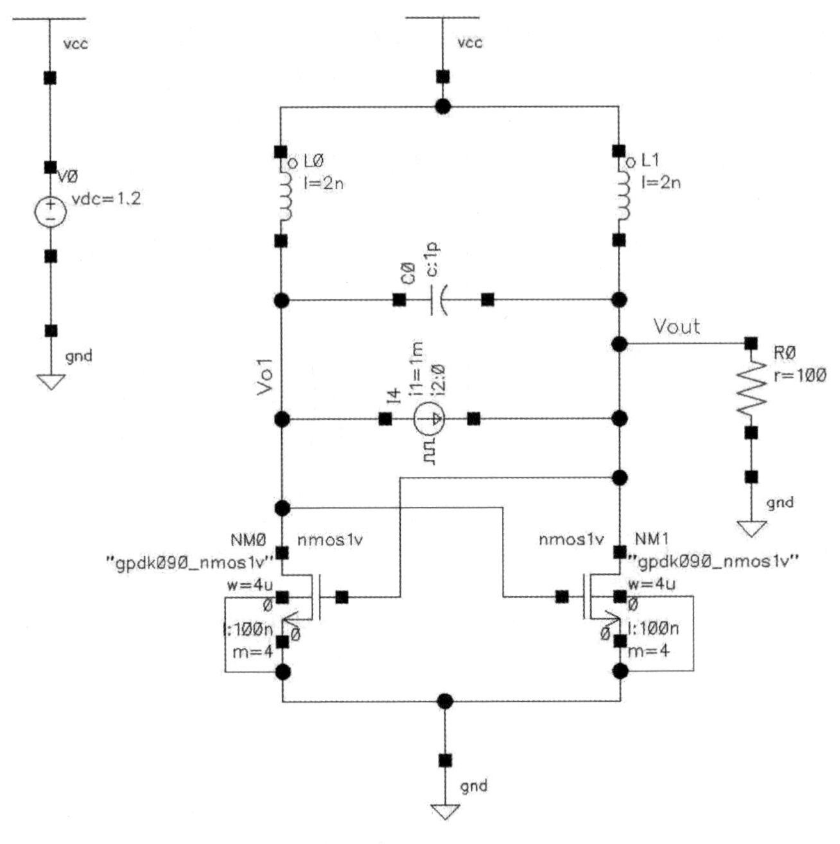


图 7-12　振荡器原理图

先单击菜单 Setup—Model Libraries，确认仿真模型是否设置正确，如图 7-13 所示，应为 gpdk090. scs 文件，Section 为 NN。

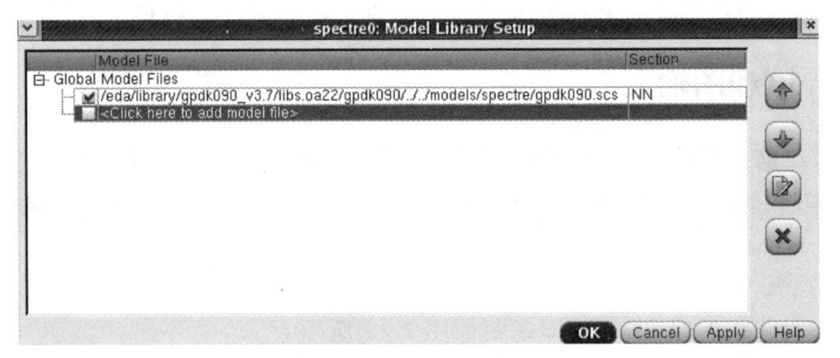


图 7-13　仿真模型库设置

(2) 单击菜单 Analyses—Choose，选择 pss 分析，设置 Beat Frequency 为 1G，谐波次数 Number of harmonics 为 5，tstab 为 10n，Oscillator 项打钩，在原理图中分别选择 Oscillator node 为输出端(/Vout)，Reference node 为地(/gnd!)，如图 7-14 所示。

(3) 单击菜单 Analyses—Choose，选择 pnoise 分析，此时默认的 PSS Beat Frequency 为 1G，设置参数如图 7-15 所示。

(4) 设置完成后的 ADE 界面如图 7-16 所示。然后单击右侧 netlist and run 绿色图标，运行仿真。

Choosing Analyses -- Virtuoso® Analog Design Environmer
Engine
Shooting
Harmonic Balance
Fundamental Tones
# Name Expr Value Signal SrcId
Large
Clear/Add
Delete
Update From Hierarchy
Beat Frequency
Beat Period
1G
Auto Calculate
Output harmonics
Number of harmonics
5
Accuracy Defaults (errpreset)
conservative
moderate
liberal
Additional Time for Stabilization (tstab)
10n
Save Initial Transient Results (saveinit)
no
yes
Oscillator
Oscillator node
/Vout
Select
Reference node
/gnd!
Select
Osc initial condition
default
linear
Sweep
New Initial Value For Each Point (restart)
no
yes
Enabled
Options...
OK
Cancel
Defaults
Apply
Help

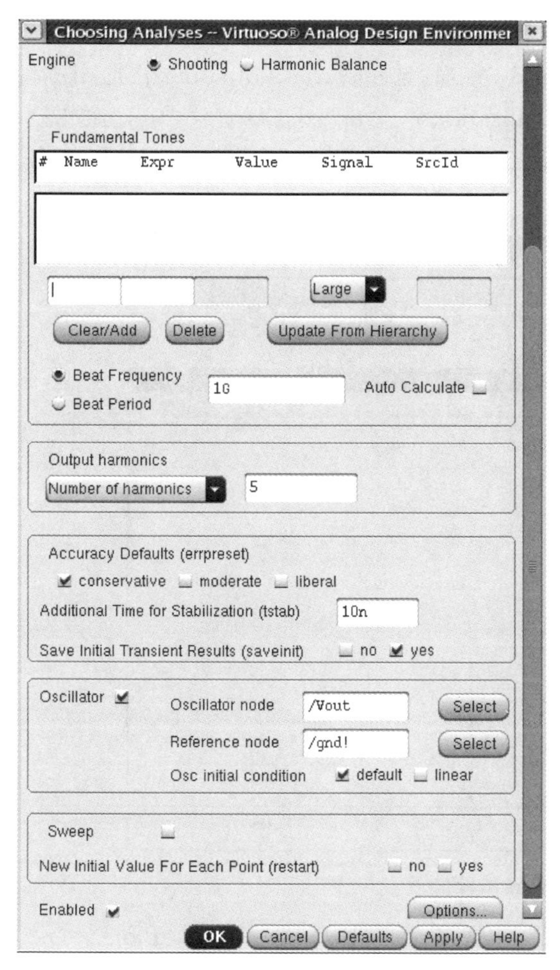

图 7-14 pss 仿真设置

Choosing Analyses -- Virtuoso® Analog Design Environmer
Periodic Noise Analysis
PSS Beat Frequency (Hz)
1G
Sweeptype
relative
Relative Harmonic
1
Output Frequency Sweep Range (Hz)
Start-Stop
Start
1k
Stop
10M
Sweep Type
Logarithmic
Points Per Decade
Number of Steps
10
Add Specific Points
Sidebands
Maximum sideband
15
When using shooting engine, default value is 7.
Output
voltage
Positive Output Node
/Vout
Select
Negative Output Node
/gnd!
Select
Input Source
none
Noise Type
jitter
jitter: jitter measurement at the output
FM
PM
FM jitter for autonomous circuit
OK
Cancel
Defaults
Apply
Help

图 7-15 pnoise 设置界面

Virtuoso® Analog Design Environment (1) - osc osc1 schematic
Launch
Session
Setup
Analyses
Variables
Outputs
Simulation
Results
Tools
Help
cādence
27
Design Variables
Name
Value
Analyses
Type
Enable
Arguments
1 pss
1G 5 /Vout /gnd!
2 pnoise
15 1K 10M 10 /Vout /gnd!
Outputs
Name/Signal/Expr
Value
Plot
Save
Save Options
> Results in /home/xlking/gpdk090oa/simu
Plot after simulation:
Auto
Plotting mode:
Replace
mouse L:
M:
R:
2(4)
Load State ...
Status: Ready
T=27 C
Simulator: spectre

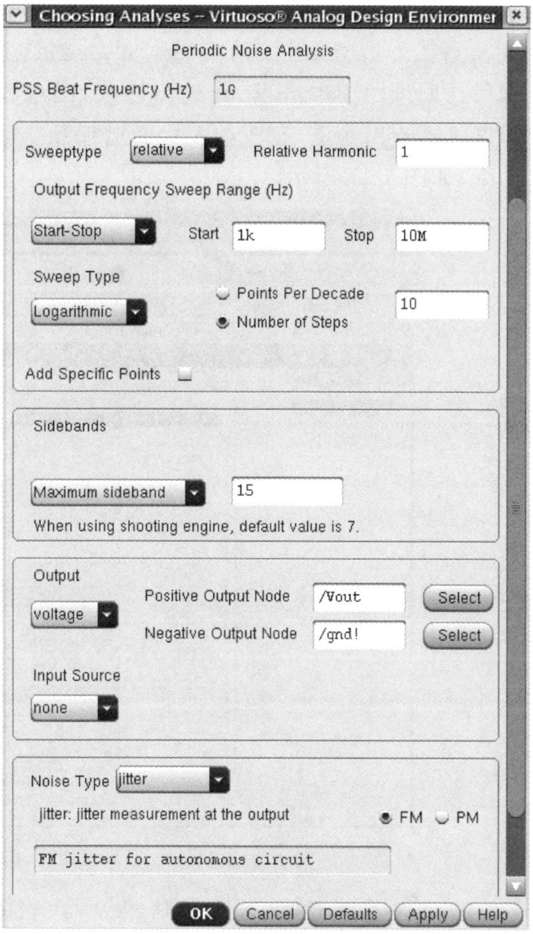

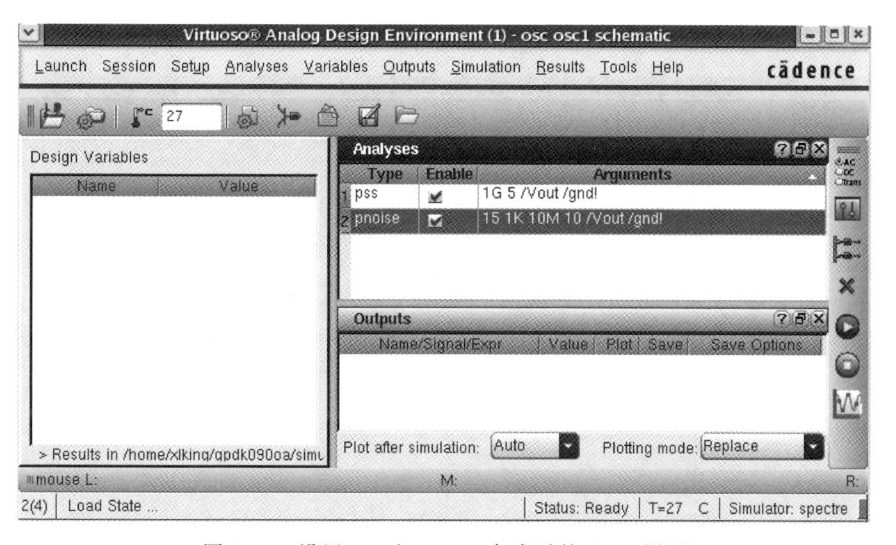

图 7-16 设置 pss 和 pnoise 完成后的 ADE 界面

(5) 查看频谱仿真结果。在 ADE 界面单击菜单 Results—Direct Plot—Main Form，选择 pss，在 Function 栏选 Power，Select 栏选 Net，Sweep 栏选 spectrum，Modifier 栏选 dBm，然后在原理图中单击 Vout 输出连线，出现 Visualization & Analysis XL（V&A）界面并显示振荡器输出频谱，在 V&A 界面增加新 Marker（单击小红旗图标），读出基波频率和输出功率，如图 7-17 所示。

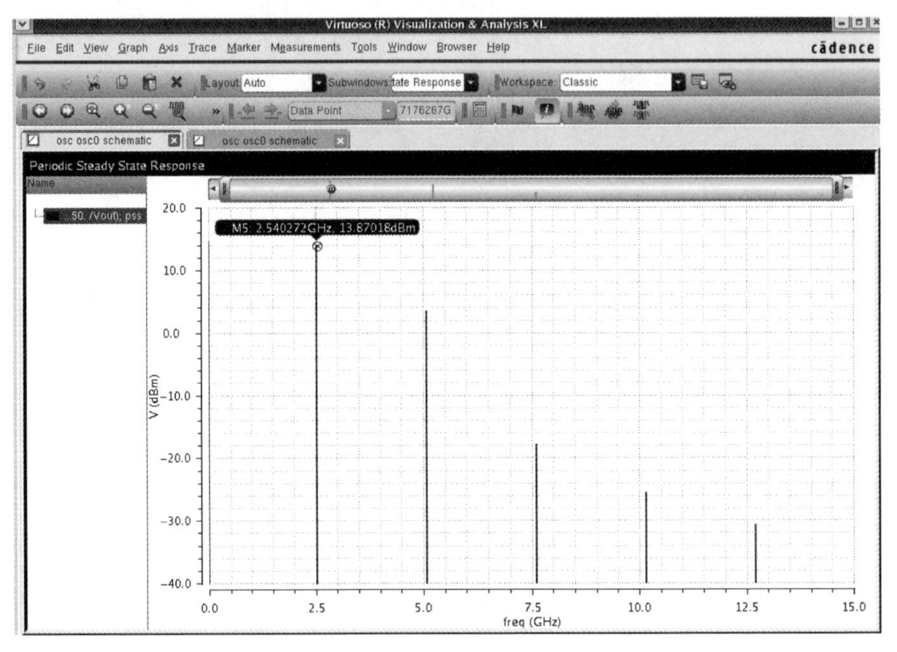


图 7-17 振荡器输出频谱

(6) 查看相位噪声仿真结果。在 ADE 界面单击菜单 Results—Direct Plot—Main Form，选择 pnoise，Plotting Mose 栏选 New Win，在 Function 栏选 phase Noise，单击 Plot，在 V&A 界面中出现相位噪声曲线，如图 7-18 所示，可以看出在 1MHz 频率处的相位噪声约为 $-131$dBc/Hz。

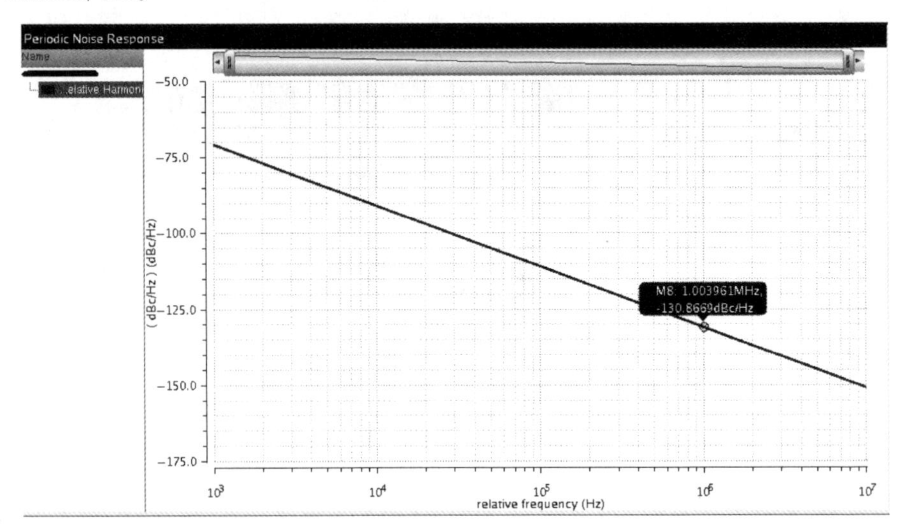


图 7-18 振荡器相位噪声

### 7.3.3 采用顶层测试模块仿真频率和相位噪声

之前的仿真是将振荡器与激励源放在同一个原理图中进行的，这样带来的问题是不方便进行原理图至版图的转换以及无法进行版图参数提取后的仿真。在实际设计中，一种更为通用及规范的做法是通过建立顶层原理图测试模块（Testbench）实现对各单元电路的仿真，这种方法将版图的电路与仿真所需的附加电路分离，可以方便实现版图设计与后仿真、电路与电磁场的联合仿真，并且更为系统化和层次化。

（1）新建一个原理图单元，取名 osc1，重新输入振荡器核心电路，由于电感需要通过电磁场仿真获得其物理参数，所以在此处并不包括电感元件，我们将电感元件放在顶层测试模块中。MOS 器件和电容的参数如前不变，在振荡器的差分输出端及接地端新增 pin 脚，电路原理图如图 7-19 所示。

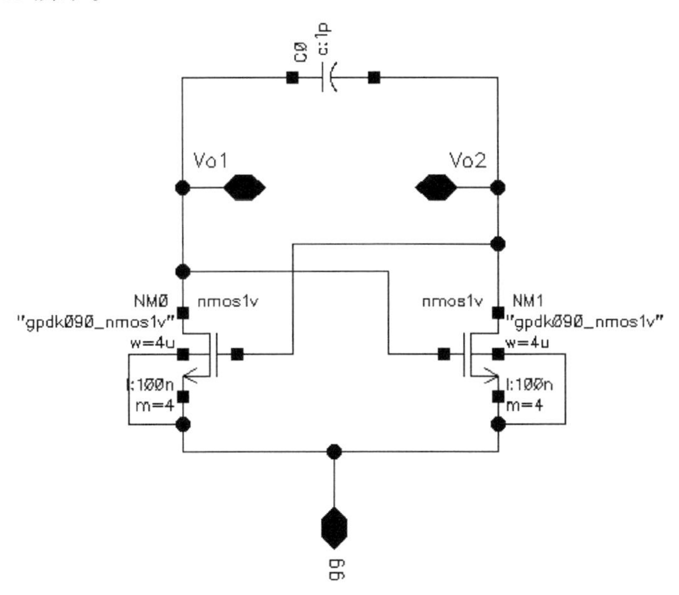


图 7-19 振荡器单元原理图

（2）建立振荡器模块符号，在原理图中单击菜单 Create-Cellview-from Cellview，创建振荡器的符号（symbol），如图 7-20 所示。

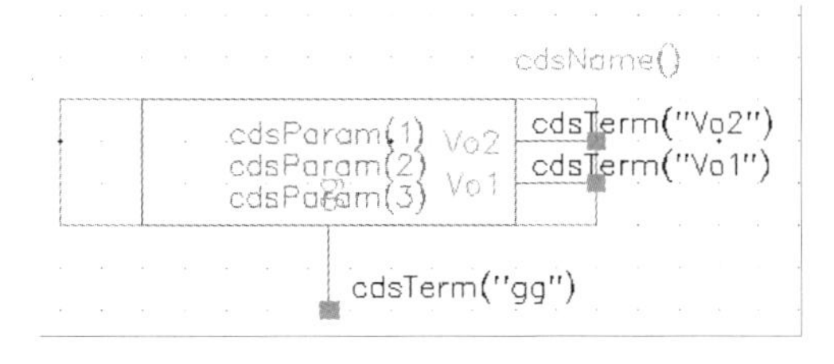


图 7-20 振荡器符号

（3）建立顶层测试模块。新建原理图，取名 testbench。调入刚才创建的振荡器符号（按键“i”（Add Instance），从 osc1 单元中调入 symbol），在原理图中添加其他元件并连线，注意在输出连线上添加网络名 Vout，如图 7-21 所示，其中将直流电源的 VDC 设置为变量 Vdd。

（4）在原理图中单击菜单 Launch-ADE L，打开仿真设置环境，添加原理图中的设计变量 Vdd（在 ADE 界面单击菜单 Variables-Copy From Cellview），设置 Vdd 为 1.2，然后先设置 pss 仿真和 pnoise 仿真，设置内容参照之前图 7-14 与图 7-15。最后运行仿真，参照前面的方法可得到振荡器的频谱图和相位噪声。

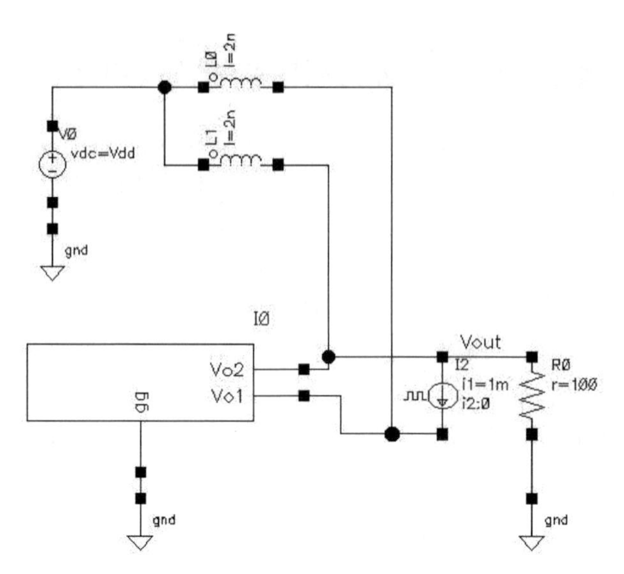


图 7-21 振荡器顶层测试模块

## 7.3.4 推频与频率牵引仿真

首先进行推频仿真(frequency pushing)：

(1) 在 ADE 仿真界面中重新设置 pss 仿真,在 Sweep 栏中新添加变量扫描,设置 Variable Name 为 Vdd,Start 为 0.5,Stop 为 3,Step Size 为 0.1,如图 7-22 所示。

(2) 设置 pnoise 仿真,参照图 7-15。最后得到的 ADE 仿真界面如图 7-23 所示。

(3) 运行仿真。单击菜单 Results-Direct Plot-Main Form,选择 pss,在 Function 栏选 Harmonic Frequency,选择基波频率,如图 7-24 所示,最后单击 Plot,得到振荡器的推频扫描曲线如图 7-25 所示。

可以看出,当电源电压从 0.5V 变化到 3V 时,振荡器输出频率也会发生波动。在 Direct Plot Form 界面中选择 pnoise,看相位噪声(Phase Noise)输出,如图 7-26 所示。可以看出,除了 Vdd 为 3V 时相位噪声偏离较大外,其余电压对应的相位噪声均比较接近。

频率牵引仿真：

在 Cadence spectre 中进行频率牵引仿真时,需要引入可变负载模块(Port Adaptor)实现负载的幅值和相位可调。其目的是通过改变负载获取振荡器的频率变化范围,反映振荡器对端口匹配的容忍程度。在实际设计中应使振荡器在指定的输出匹配下,频率随负载相位的变化最小。通常要求输出端口的驻波比小于 2,折算成反射系数要求其幅值小于 0.33,即端口的回波损耗大于 10dB。

(1) 直接复制 testbench 单元并取名为 Frequency_pull,在复制过来的单元中新增 PortAdaptor 连接振荡器输出端与负载电阻(在 rfExamples 库中,若你的 libraries 中没有这个库,则需要在 CIW 界面菜单 Tools-library path editor 中手动添加 rfExamples 路径,$CDS_INST_DIR/tools/dfII/samples/artist/rfExamples,该目录存放在 cadenceic 615 安装目录下),设置属性 Frequency 为 2.5G,Phase of Gamma 为 phi,Mag of Gamma 为 refl,

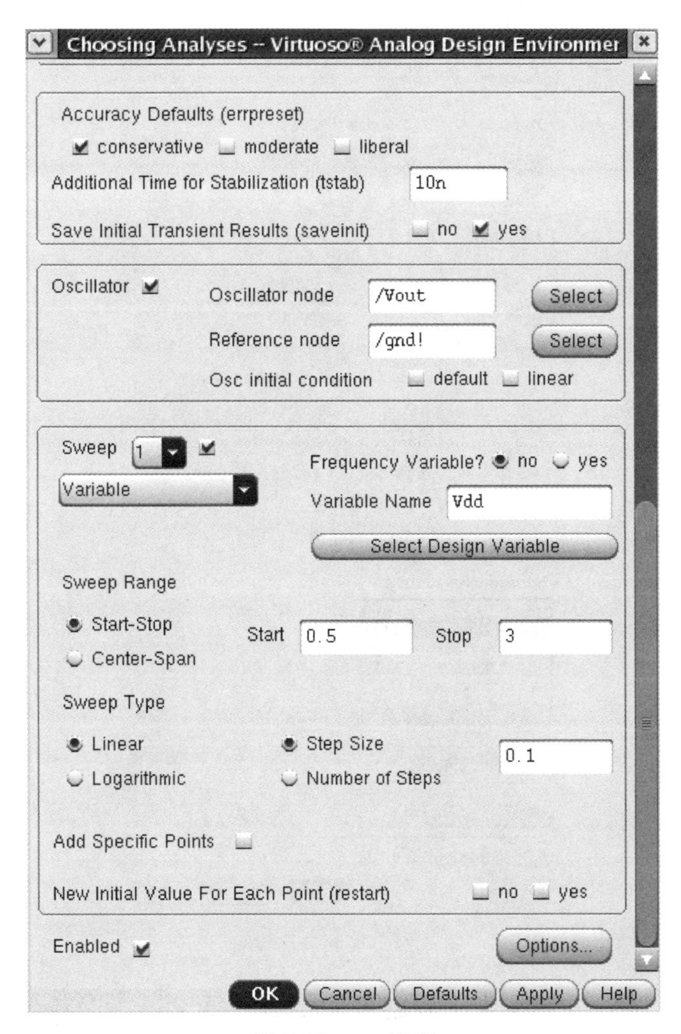


图 7-22　pss 设置

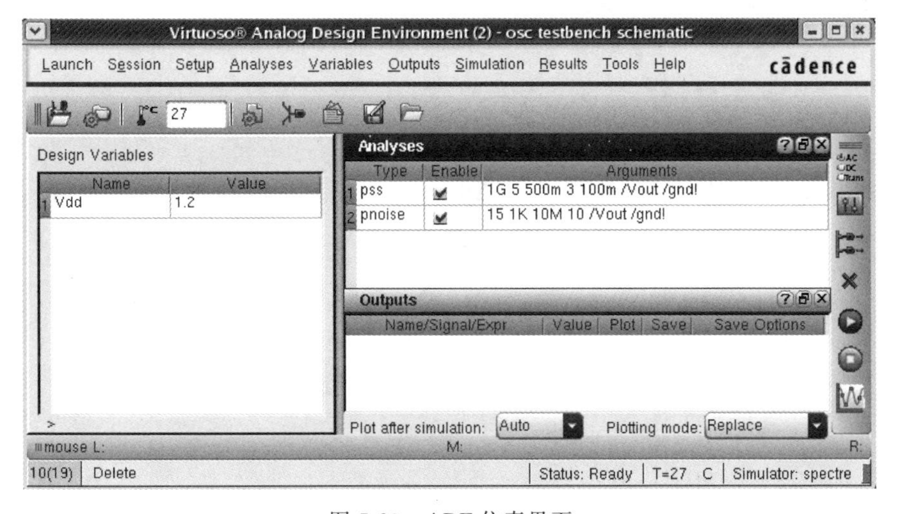


图 7-23　ADE 仿真界面

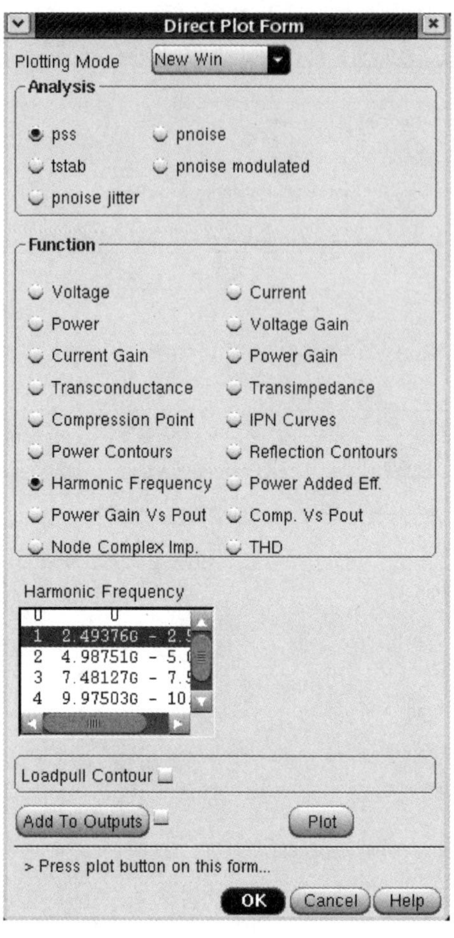


图 7-24　推频输出设置

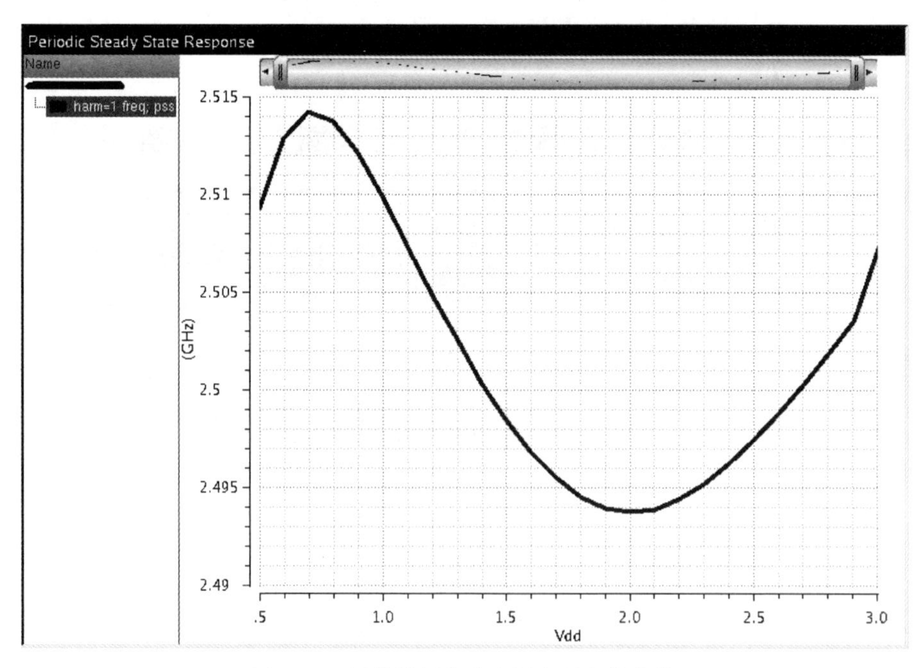


图 7-25　振荡器频率随电源电压变化曲线

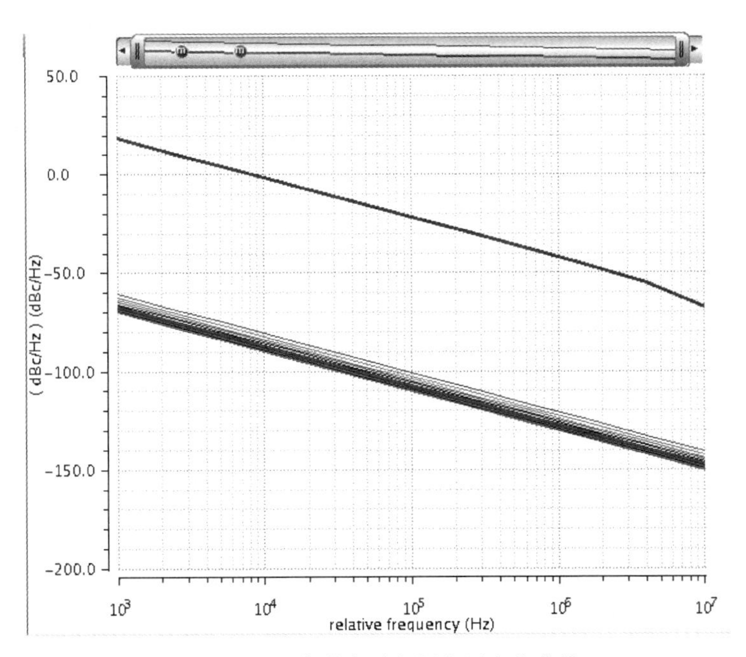


图 7-26 相位噪声随电源电压变化曲线

Reference Resistance 为 100(注意该电阻需与负载电阻一致)。所得振荡器频率牵引原理图如图 7-27 所示。

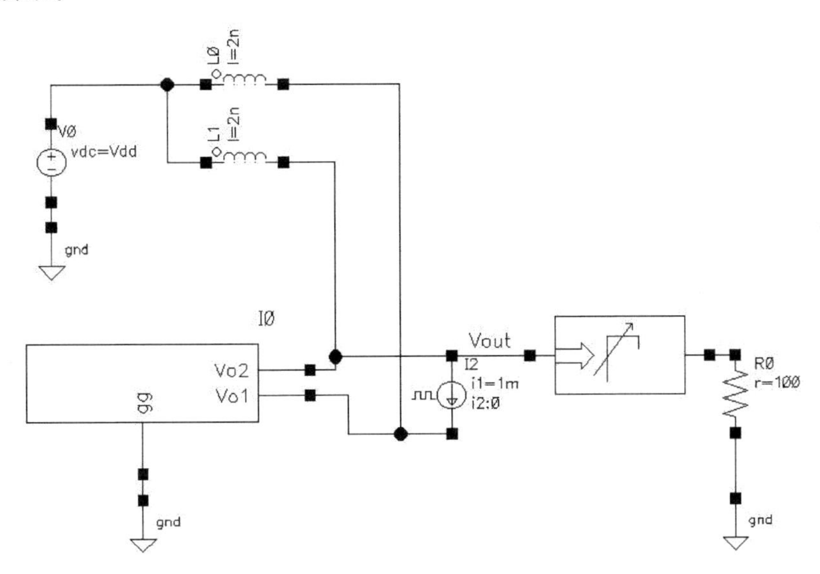


图 7-27 振荡器频率牵引原理图

(2) 在仿真环境 ADE 界面下先调入变量(单击菜单 Variables—Copy From Cellview),设置变量初值 phi 为 0,refl 为 0.3,Vdd 为 1.2。

(3) 选择 pss 仿真,设置 Beat Frequency 为 1G,Output harmonics 栏选 Number of harmonics 为 5,tstab 为 10n,Oscillator 项打钩,设置 Oscillator node 为原理图上的 Vout 连线(/Vout),Reference node 为地(/gnd!),Sweep 项打钩,扫描变量为 phi,扫描范围设置 Start 为 0,Stop 为 359,Step Size 为 5。

(4) 在 ADE 界面单击菜单 Tools—Parametric Analysis,设置扫描反射系数变量 refl,如图 7-28 所示。最后单击绿色运行小图标进行参数扫描仿真。

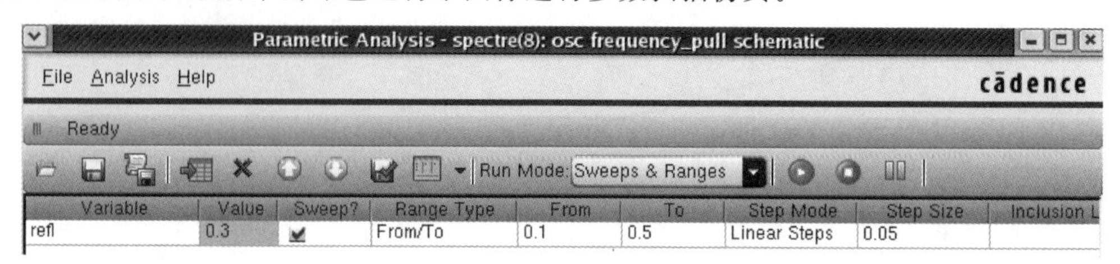


图 7-28 refl 参数扫描设置

(5) 查看仿真结果。在 ADE 界面单击菜单 Results—Direct Plot,Plotting Mode 项选 New Win,Analysis 栏为 pss,Function 栏选 Harmonic Frequency,选择基波频率,然后单击 Plot 输出结果。得到频率牵引结果如图 7-29 所示。可以看出端口反射系数越小(端口匹配越好),振荡器频率随负载相位的波动越小,反之则越大。

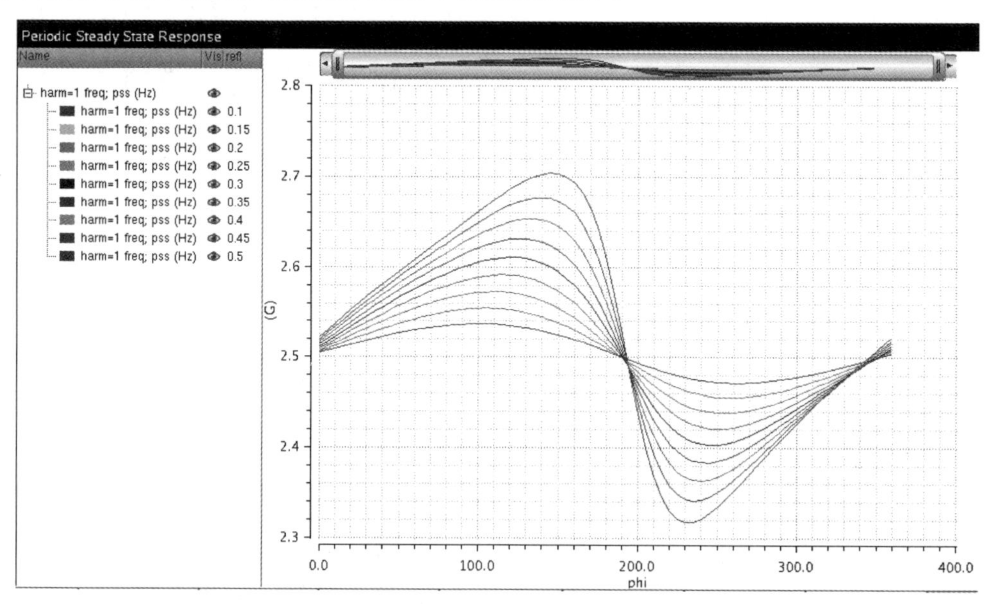


图 7-29 振荡器频率随负载相位变化曲线(反射系数扫描从 0.1～0.5)

## 7.3.5 版图设计

振荡器的版图主要包括互耦 MOS 对管、电容和电感,其中电感通过 ADS 电磁场仿真后获取物理尺寸并导入到 Cadence 版图中,所以我们需要首先进行 MOS 管和电容的版图设计,这部分版图设计完成后先进行不包括电感的后仿真,重新优化电感的参数后进行电感设计,最后将电感版图包括进去实现完整的后仿真。因此实际的版图设计过程需要反复多次才能完成。

(1) 进入前面设计的振荡器原理图 osc1(注意不包含源和电感,图 7-19),单击菜单 Launch—Layout XL,在出现的对话框中选择 Create New,默认 OK,进入版图编辑界面。

(2) 从原理图生成版图器件。单击版图编辑界面下方的 图标,或者单击菜单

connectivity-Generate-All From Source，出现版图生成对话框，如图 7-30 所示。将 Generate 面板中 PR Boundary 前面的打钩去掉，其余默认。在 I/O Pins 面板中可以改变 Pin 的大小，默认的 Pin 宽度与高度尺寸为 0.12μm，此处将其改为 0.5μm。单击 OK 后生成版图元件如图 7-31 所示。其中两个最大的矩形为电容，在电容的左右下方是 2 个 NMOS 器件，每个 NMOS 由 4 个小管子并联构成，端口引脚符号 Pin 在原点附近，尺寸较小，需要对版图放大后才能找到。

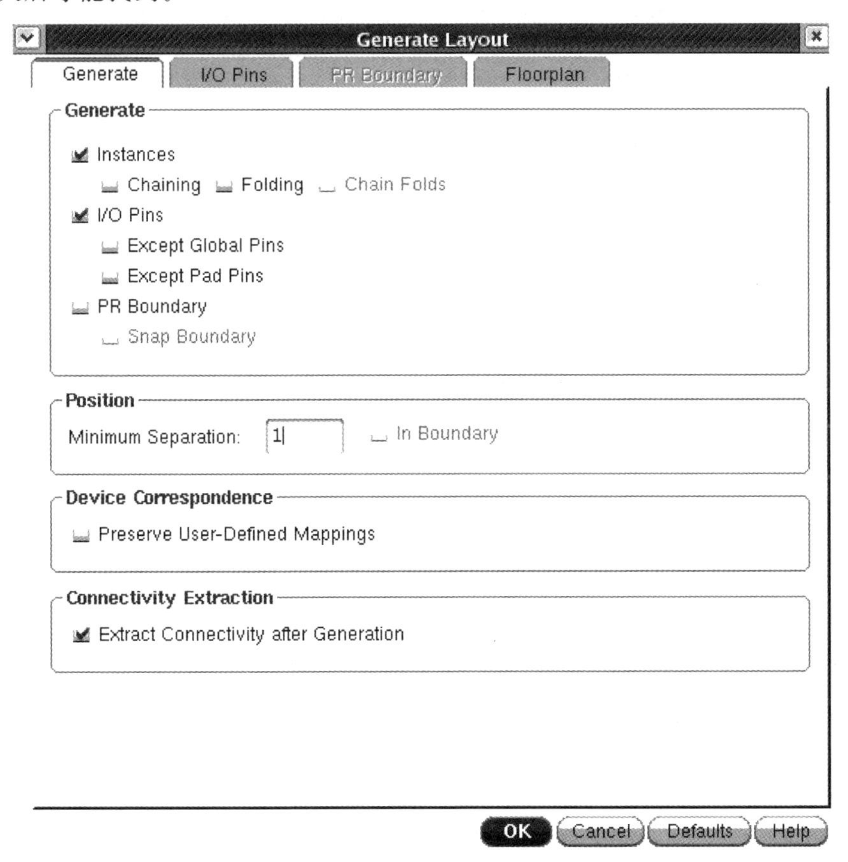


图 7-30　版图生成对话框

(3) 版图布局。根据振荡器电路的原理结构，射频电路的布局应尽量满足器件互连线最短且对称的原则，本案例中调整 NMOS 对管，放置于电容下方，并尽量靠近，在 MOS 互耦对管下方留出位置放置电感，电感不宜放在电容上方，否则会因为电感端口至 MOS 对管的互连线较长而引入寄生电感。当然这个布局仅为参考，在实际设计中需要根据具体情况，如 pad 的位置、信号的隔离等因素，调整布局更为合理。

(4) 版图设计规则检查(DRC)。在版图设计过程中定期做版图 DRC 是一个非常好的习惯，除非你对该工艺的设计规则非常熟悉，否则你会发现在最后做 DRC 时积累了太多错误，而其中好多错误都是重复的，若早做 DRC 的话则可以提前避免很多重复错误，节省设计时间。因此建议在版图设计过程中常做 DRC。

Diva、Assura 和 Calibre 是 3 种用于对版图进行 DRC、LVS 和参数提取的工具，其中后两者更为常用，Assura 是 Diva 的升级版。本案例中使用 Assura 进行 DRC。在版图界面中

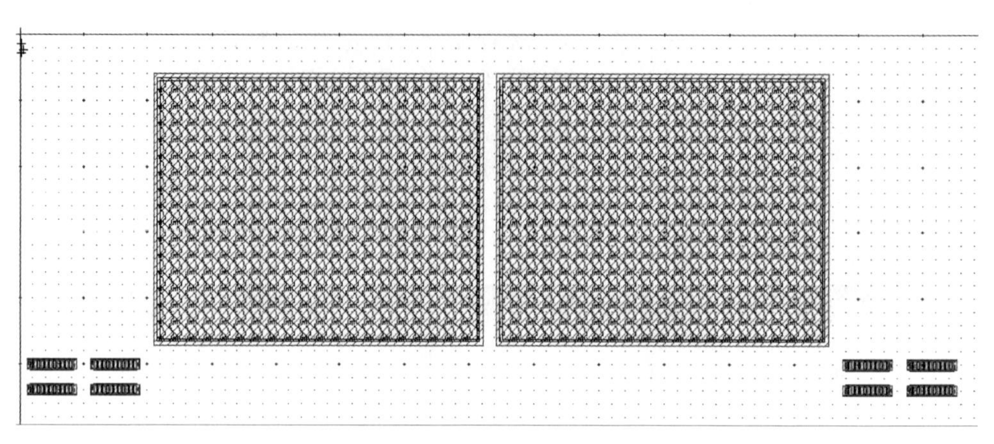

图 7-31　版图元件

单击菜单 Assura-Technology，设置 assura 的工艺技术文件 assura_tech. lib，该文件在 gpdk090 的安装目录下。然后单击菜单 Assura-Run DRC，在对话框中选择 Technology 为 gpdk090，如图 7-32 所示。

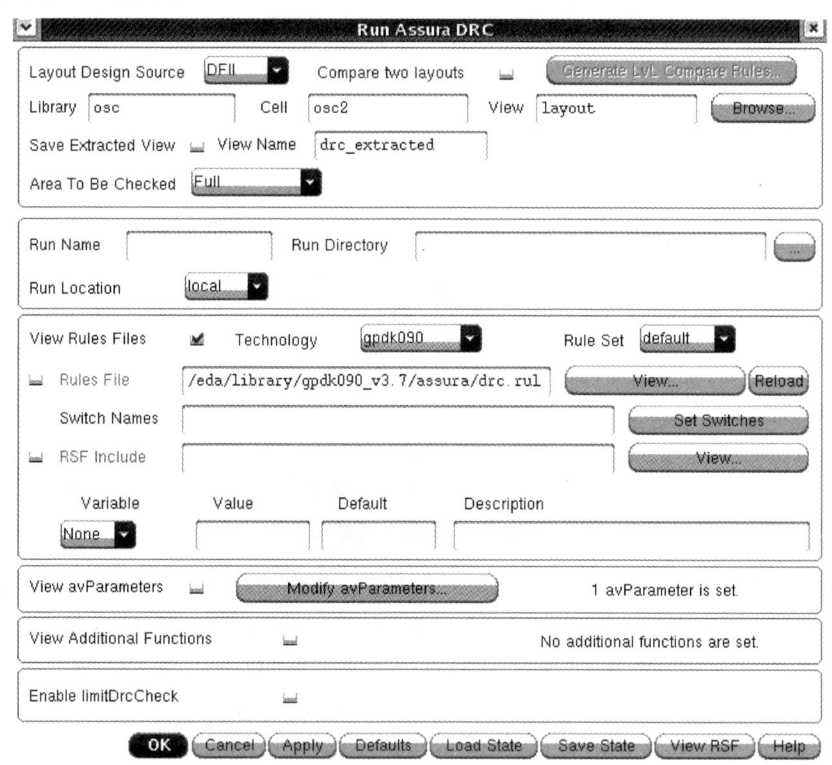


图 7-32　Assura DRC 设置

运行 DRC 后，查看错误结果，如图 7-33 所示。其中第一和最后一个错误“psubstrate_StampErrorFloat”“LATCHUP. 2”是因为 NMOS 管的衬底悬浮未接地的原因，需要在 NMOS 管附近(25μm 范围内)增加一个 M1_PSUB 的 contact，然后将其用 M1 金属层连接到地平面。其余错误均为金属走线的间距及面积不满足设计规则，指的是 MOS 管的栅、漏、源及电容的端口连接金属。在设计中需要通过合理的引出这些金属走线以逐步改正

DRC 错误。

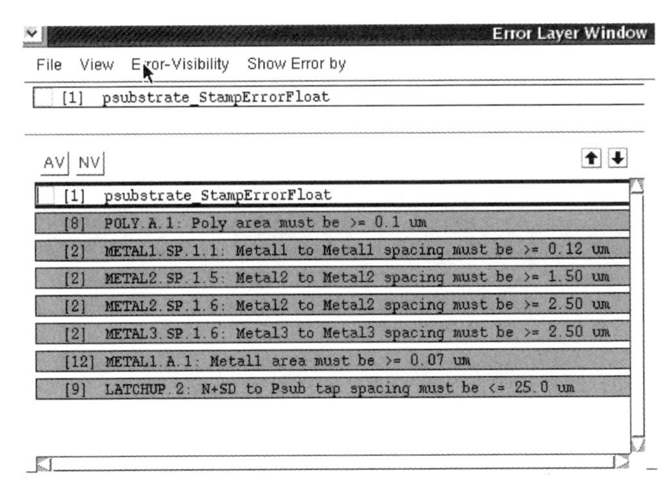


图 7-33 DRC 错误结果

(5) 版图器件布线。

本案例中使用了 2 个 NMOS 器件，每个 MOS 器件均由 4 个小 MOS 管并联组成。对于多 MOS 管的并联版图连接方式有多种方法，此处采用最简单的连接方式，保持 MOS 器件的布局不变，4 个小 MOS 管的中间引出栅极，上边引出漏极，下边引出源极，如图 7-34 所示。

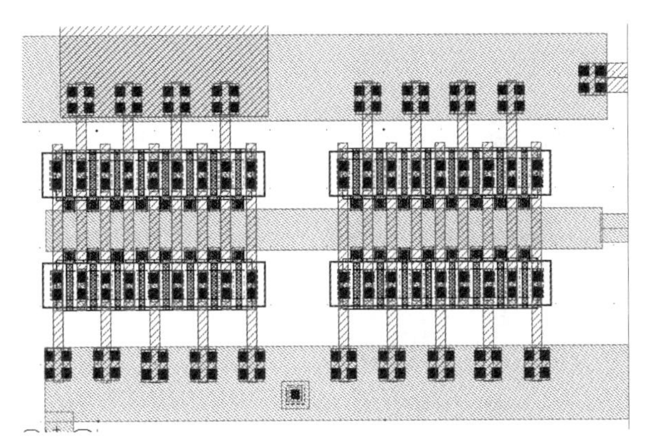

图 7-34 4 单元 NMOS 并联连接

3 个端口 Pin 符号应分别放置于两个 MOS 管漏极输出端和地平面上(注意引脚的层属性为 M1，所以应放在 M1 金属层上)，完成后的版图如图 7-35 所示。再次检查 DRC 无误即可进行 LVS 了，若 DRC 出现 off grid 错误可忽略。

(6) 版图与原理图比对检查(LVS)。单击菜单 Assura-Run LVS，在出现的对话框中选择 Technology 为 gpdk090，如图 7-36 所示。然后运行 LVS，出现原理图与版图完全匹配则通过，否则需要返回版图查找原因并修改，直至版图与原理图的 mismatch 数为 0。

## 7.3.6 版图参数提取与后仿真

为了衡量版图中互连线的寄生参数对所设计的振荡器电路性能的影响，在电路后仿真

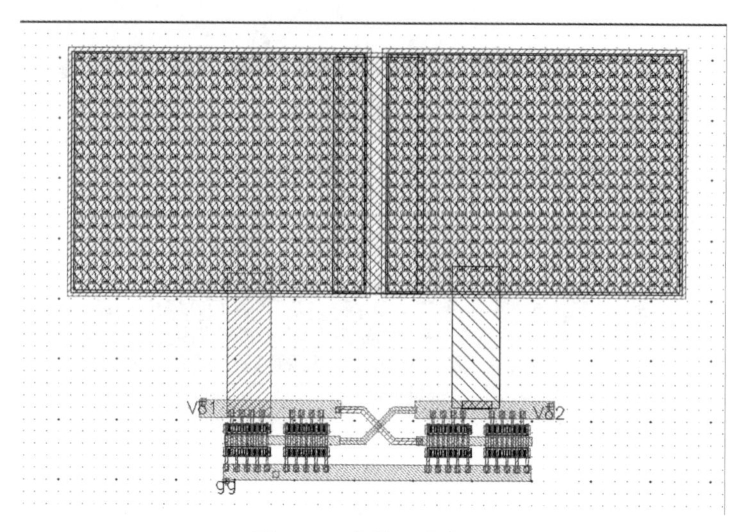

图 7-35 布线后的版图

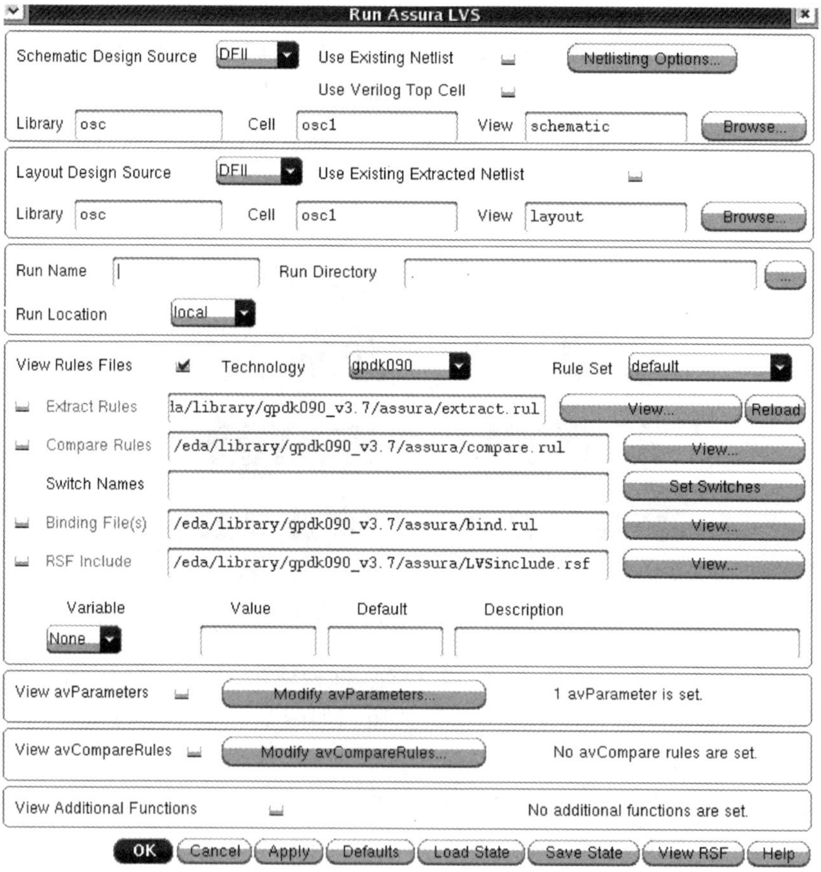

Run Assura LVS

Schematic Design Source DFII Use Existing Netlist Netlisting Options...

Use Verilog Top Cell

Library osc Cell osc1 View schematic Browse...

Layout Design Source DFII Use Existing Extracted Netlist

Library osc Cell osc1 View layout Browse...

Run Name Run Directory ...

Run Location local

View Rules Files Technology gpdk090 Rule Set default

Extract Rules la/library/gpdk090_v3.7/assura/extract.rul View... Reload

Compare Rules /eda/library/gpdk090_v3.7/assura/compare.rul View...

Switch Names Set Switches

Binding File(s) /eda/library/gpdk090_v3.7/assura/bind.rul View...

RSF Include /eda/library/gpdk090_v3.7/assura/LVSinclude.rsf View...

Variable Value Default Description

None

View avParameters Modify avParameters... 1 avParameter is set.

View avCompareRules Modify avCompareRules... No avCompare rules are set.

View Additional Functions No additional functions are set.

OK Cancel Apply Defaults Load State Save State View RSF Help

图 7-36 LVS 设置

时需要考虑版图的寄生参数。

(1) 首先进行版图寄生参数提取。注意在用 Assura 做 RCX 之前必须要先做一次 LVS,否则 RCX 的结果可能不会被更新。单击菜单 Assura-Run RCX,在出现的对话框中设置如下：Setup 面板中 Technology 为 gpdk090，RuleSet 为 default，Output 为 Extracted View，如图 7-37 所示。在 Extraction 面板中设置 Extraction Type 为 RC，Ref Node 为 gnd!，如图 7-38 所示。参数提取运行结束后，会在 OSC1 单元中生成 av_extracted 文件，该文件包含了版图提取寄生电容、电阻的参数。

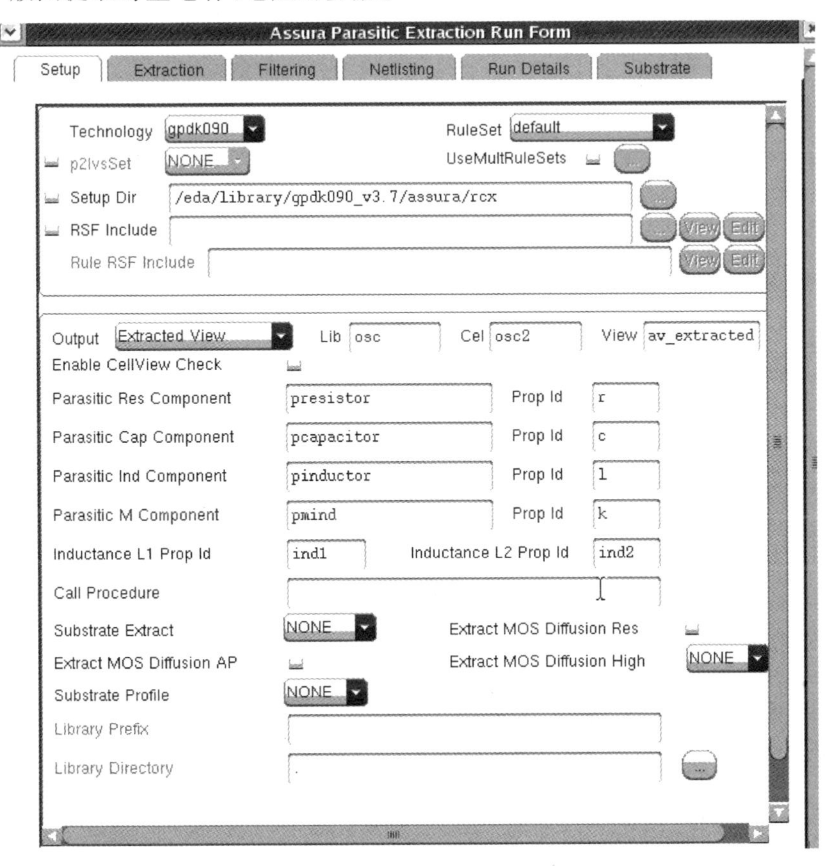


图 7-37　参数提取 RCX 设置 1

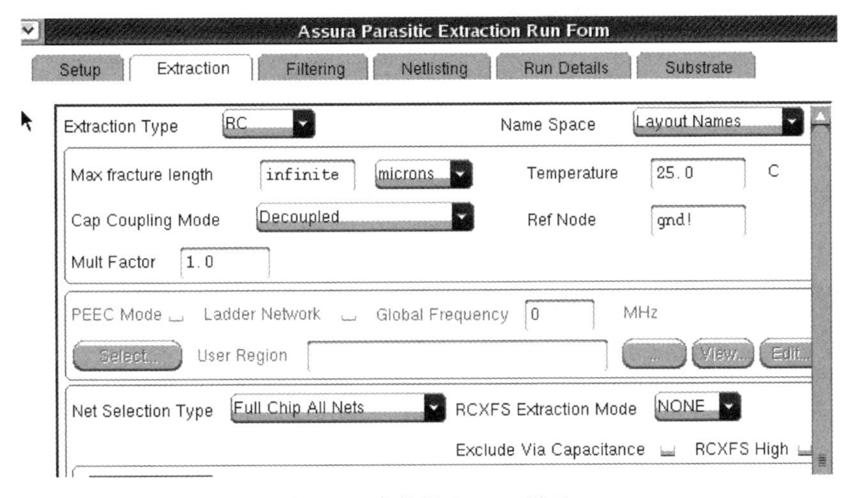


图 7-38　参数提取 RCX 设置 2

(2) 在顶层测试单元中建立 config 配置文件。在库管理器中单击菜单 File—New—Cellview,在出现的对话框中选择 Type 为 config,单击 OK 按钮后,出现 New Configuration 对话框,在 View 栏选择 schematic,然后单击 Use Template,Name 栏选择 Spectre,如图 7-39 所示。完成后出现针对 testbench 的 config 界面,如图 7-40 所示。我们可以在 Table View 面板中对 osc1 的使用模块进行选择原理图或参数提取电路的设置,鼠标移动到 osc1 栏对应的 View to Use 列,右键选择 Set Cell View-av_extracted,这样就设置了 osc1 使用参数提取后的电路,如果选择 schematic 则设置 osc1 为原理图电路。最后必须要单击保存设置。此时打开 config 文件,出现 testbench 原理图,单击 osc1 模块进入底层可观察到参数提取后生成的原理图。

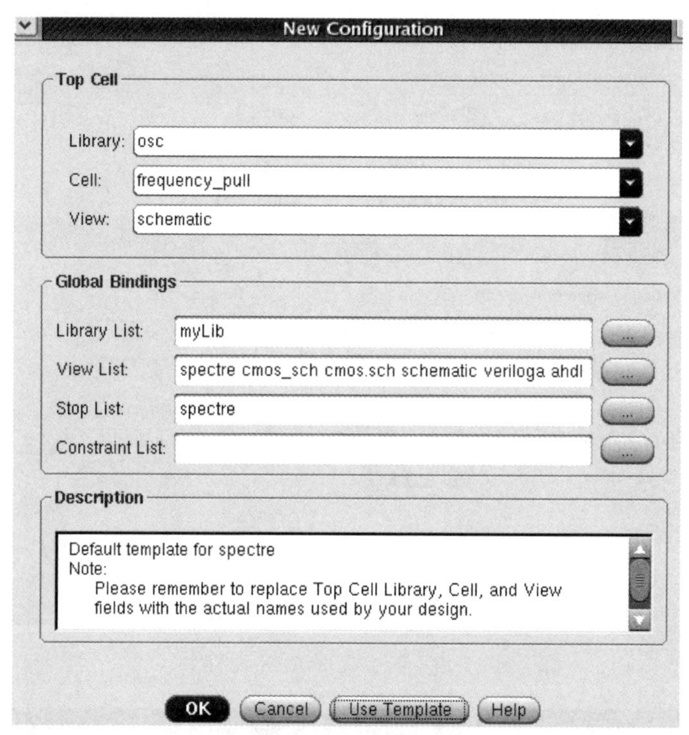


图 7-39 config 文件配置

(3) 后仿真。在 config 原理图中,打开 ADE 界面,设置 pss 仿真,设置 beat frequency 为 1G,Number of harmonics 为 5,tstab 为 10n,Oscillator node 为/Vout,Reference node 为/gnd!。运行仿真后可以发现基波频率和幅值均有所下降,说明版图寄生参数对振荡器性能的影响较大,后仿真与前仿真的频谱对比如图 7-41 所示。

### 7.3.7 使用 ADS 设计谐振电感

电感是射频集成电路中最为重要的无源器件,它的版图需要通过电磁场仿真优化后获得。

(1) 在 ADS 中新建版图单元,取名为 ind_diff。使用最顶两层金属层 M9 和 M8 设计电感。本案例中用到 2 个大小一样的电感,并且电感的一端均接电源,因此在实际设计中可以将这两个电感组合在一起形成平面对称螺旋电感的结构,其中心抽头通过 Via 从金属层

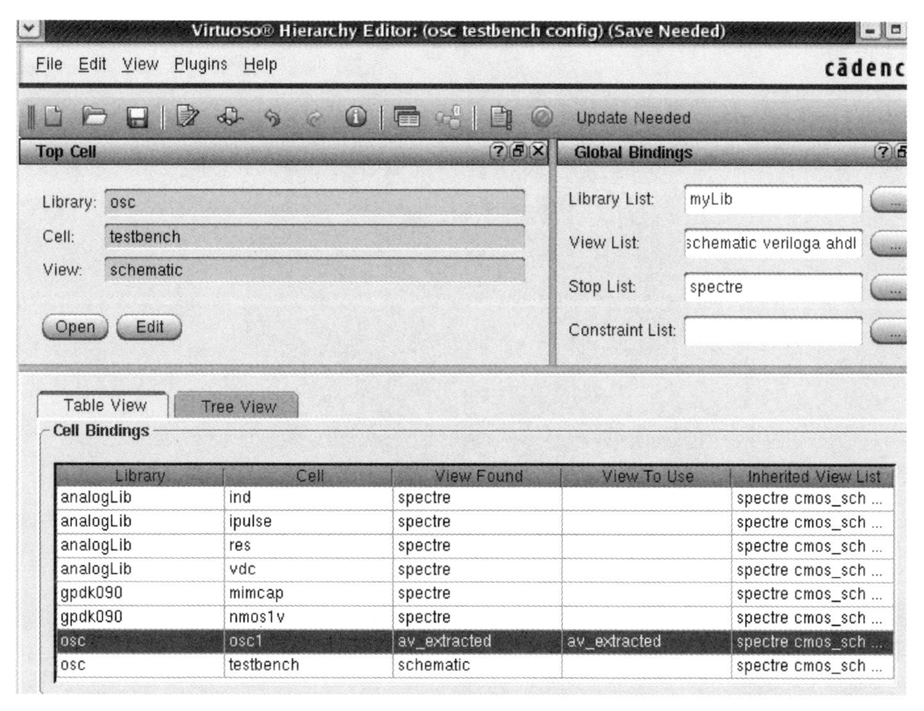


图 7-40 顶层测试模块的 config 界面

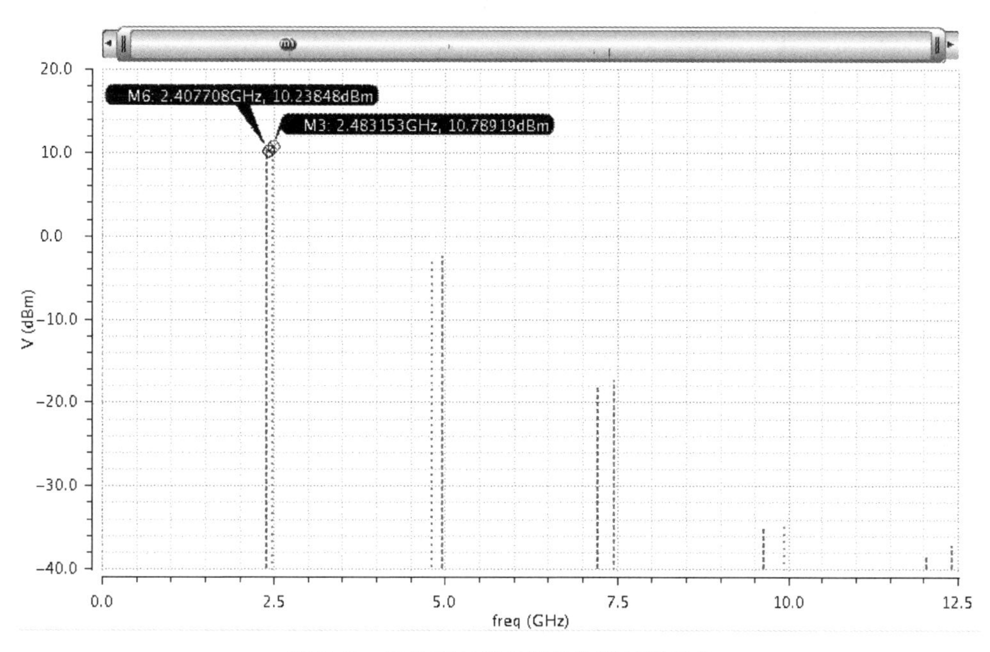


图 7-41 后仿真与前仿真的频谱结果对比

M7 引出作为公共端接电源。本案例中设计电感参数分别为：线宽 9μm，线圈间距 2μm，最内圈的直径 145μm，线圈匝数 4。电感主要采用顶层金属层 M9 设计，第 8 层金属层 M8 实现两线圈在中间交叉部分的跨接，如图 7-42 所示。

（2）电磁场仿真设置。单击 EM 图标，进入 EM Setup for simulation 界面，如图 7-43 所示。设置 Setup Type 为 EM Simulation/Model，EM Simulator 为 Momentum Microwave。

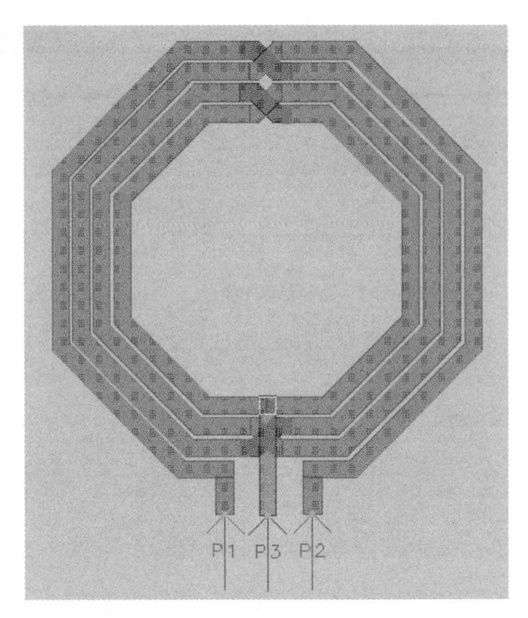


图 7-42 平面对称螺旋电感结构

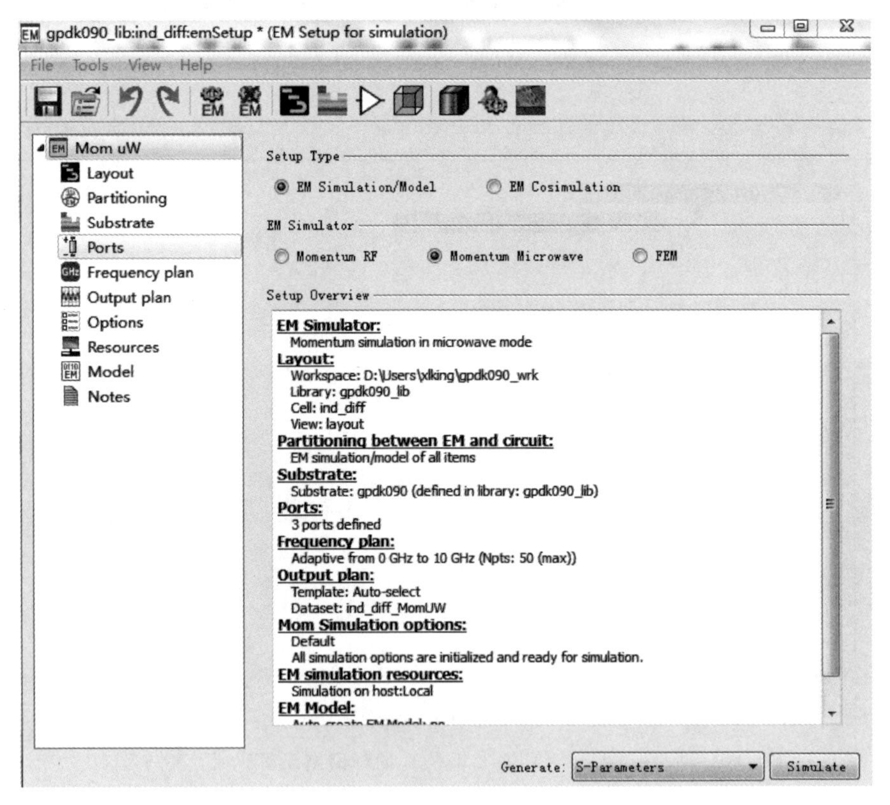


图 7-43 Momentum 电磁场仿真设置界面

设置衬底(Substrate),因之前已做过衬底设置,直接选择 gpdk090 工艺的衬底文件,该衬底文件在第 2 章已进行过详细设置说明。

设置端口 Ports。在 Ports 栏单击 Edit,在电感版图中已设置了 3 个 Port,因此出现的

Port Editor 界面中有 1,2,3 这 3 个端口,软件默认为单端口设置,即各端口的参考点为地(Gnd),如图 7-44 所示。本案例设计的电感由于是由两个相同电感串联组合构成,两电感的中间连接点为公共电源输入(交流接地),因此可以采用差分电感模式进行仿真。鼠标点中 P2 并将其拖往 1 端口的负极性端,代替 Gnd,如图 7-45 所示。

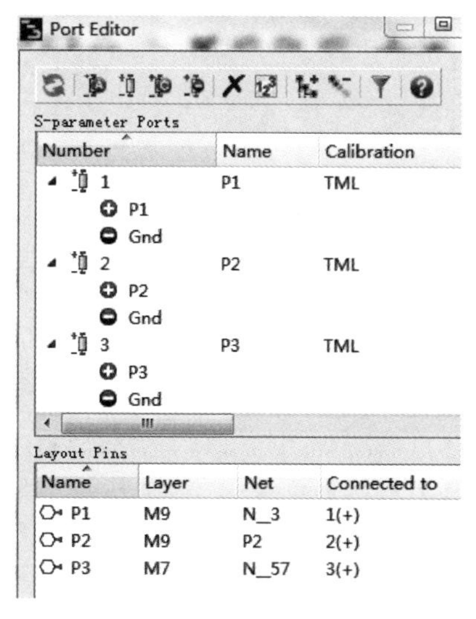


图 7-44　单端口设置

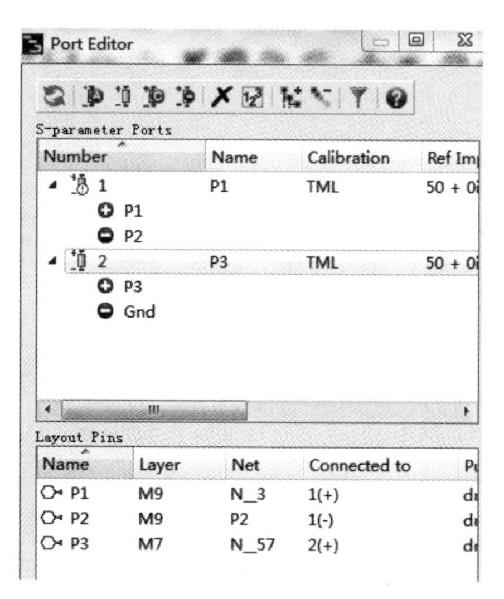


图 7-45　差分端口设置

设置频率扫描(Frequency Plan),设置 Type 为 Adaptive,Fstart 为 0GHz,Fstop 为 10GHz,Npts 为 50。运行仿真,结束后会形成 ind_diff_MomUW.ds 和 ind_diff_MomUW_a.ds 这两个结果数据文件,其中前一个文件是原始数据文件,后一个带_a 的文件是对原始数据进行自适应(adaptive)插值处理后的数据文件。

(3) 建立电感的原理图测试文件(testbench)。新建原理图,Cell 名称为 ind_diff(可直接选择之前建立过的 ind_diff 单元)。在原理图中调入 S2P 组件(来自 Data Items 面板)构成电感的 testbench,如图 7-46 所示。

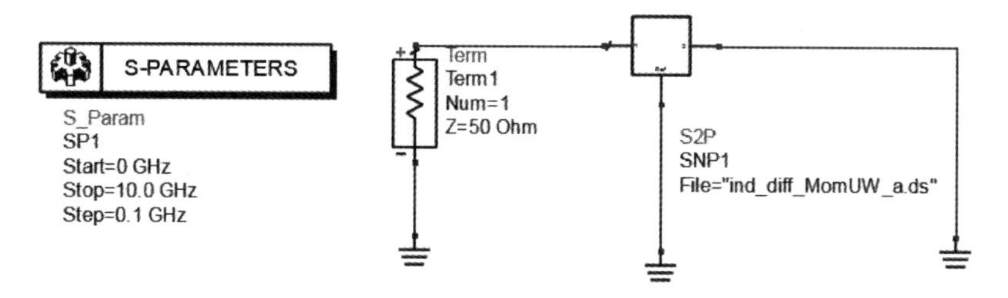


图 7-46　电感测试原理图

进入 S2P 组件的属性设置,在 File Name 栏选择电磁场仿真生成的结果文件,ind_diff_MomUW_a.ds,File Type 为 Dataset。

S 参数仿真设置,设置扫描起始频率 Start 为 0GHz,结束频率 Stop 为 10GHz,Step-size 为 0.1GHz。

在数据结果显示界面首先输入电感和品质因数的计算公式,如下所示:

```
Eqn L=im(Z(1,1))/(2*pi*freq)*1e9
Eqn Q=im(Z(1,1))/re(Z(1,1))
```

然后获得电感值与 $Q$ 随频率变化的曲线,如图 7-47 所示。

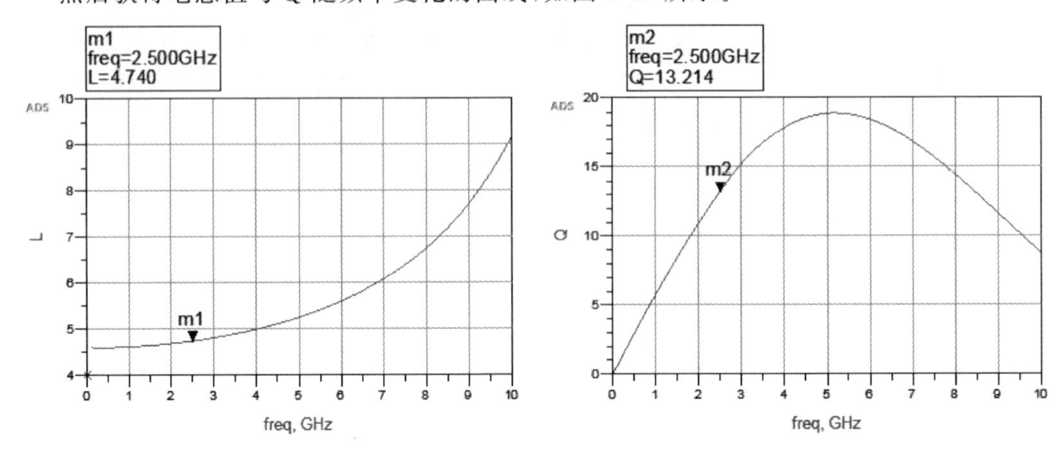


图 7-47 电感值与品质因数 $Q$ 仿真结果

可以看出在 2.5GHz 时,差分电感的数值为 4.7nH,每一路电感值约为 2.3nH,品质因数 $Q$ 约为 13。如在电感测试原理图中将 S2P 的端口 2 不接地而是悬空,则仿真结果不变,说明所设计的平面螺旋对称电感的中心抽头对交流信号是虚地的。

(4) 重新对电感版图仿真并导出数据。由于电感实际在版图中的连接应具有 3 个端口,所以需要在 Momentum 仿真设置中将差分端口恢复为单端口,然后重新进行一次电磁场仿真。最后将数据以 touchstone 的格式导出,提供给 Cadence 仿真所用。在结果显示界面单击菜单 Tools-Data File Tool,选择 Mode 为 Write data file from dataset,Output file name 为 ind_diff. s3p,File format to write 项选择 Touchstone,在 Dataset to read 栏选择 Dataset name 为 ind_diff_MomUW_a,如图 7-48 所示。

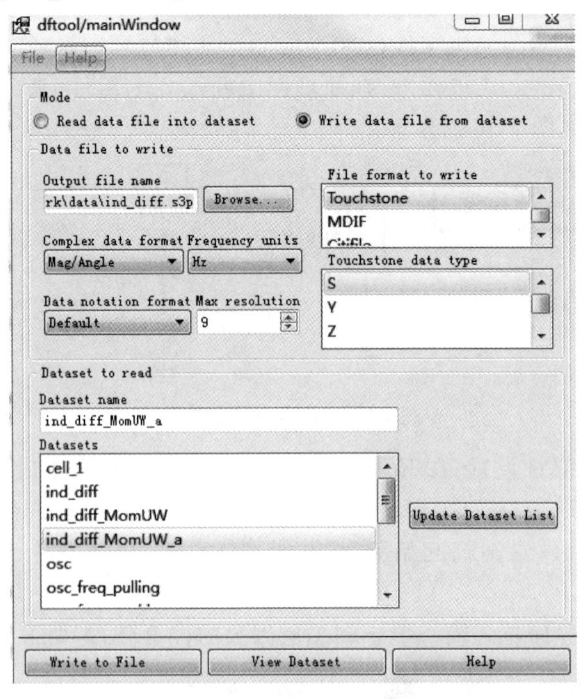


图 7-48 数据导出设置

这样我们就将所设计的电感的电磁场仿真 *S* 参数数据导出为 s3p 文件，该文件将在 Cadence 的后仿真中进行调用。

### 7.3.8 加入电感电磁场仿真数据的后仿真

需要再次返回 Cadence 进行后仿真，此时考虑了电感的电磁场仿真结果，因此后仿真的结果更加接近实际的结果。将 Momentum 仿真的 s3p 文件放在/gpdk090oa/项目工程目录下。

（1）修改顶层测试文件。打开顶层 testbench 的 config 文件，按 I 键调入元件，在 analoglib 库中找到 n3port 元件，它为三端口 *S* 参数调用组件，放置在原理图中取代原先的 2 个理想电感。n3port 元件属性设置中 S-parameter data file 为 ind_diff. s3p，Interpolation method 设置为 rational，S-parameter data format 项选 touchstone，如图 7-49 所示。图 7-50 为修改后的原理图。

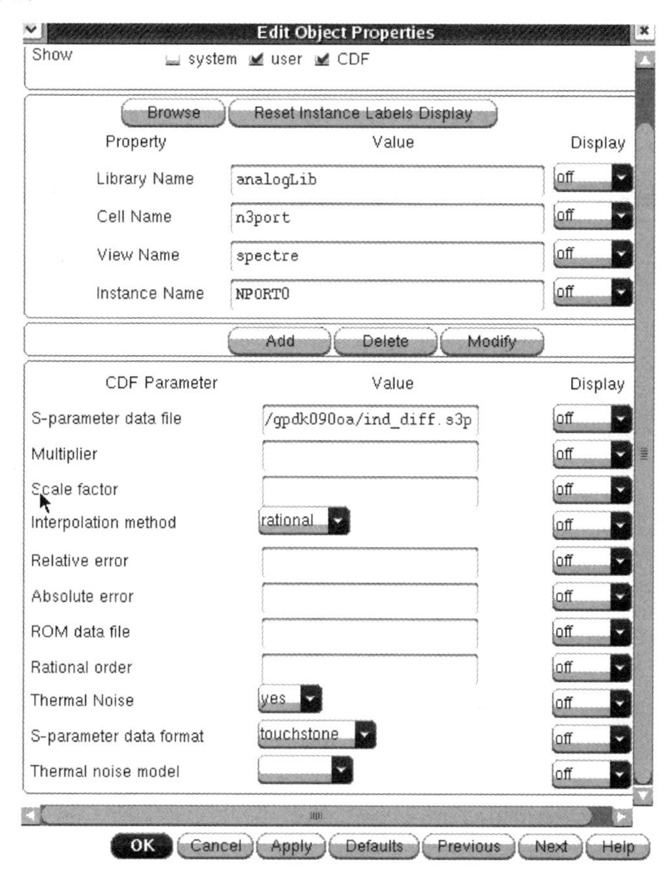


图 7-49 三端口组件 *S* 参数文件设置

（2）确保 osc1 模块底层为参数提取后的原理图(av_extracted)，进入 ADE 仿真界面，选择 pss，设置同前，重新进行后仿真。可观察到引入电感电磁场仿真数据后，振荡器的频率下降较为厉害，大约掉到 2.19GHz。因此还需进一步对电路和版图进行优化，提升频率。一种比较简单的方法是减小谐振固定电容的数值。

（3）减小电容，修改版图。本案例中将电容数值减小，首先在 osc1 的原理图中修改电

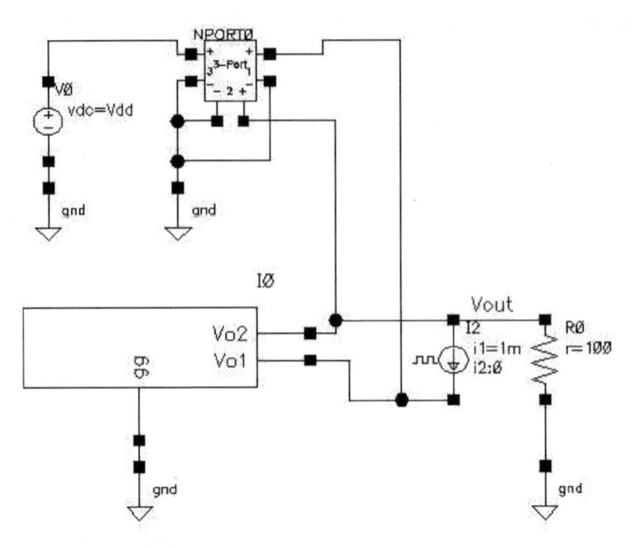


图 7-50　修改后的顶层测试原理图

容尺寸为 20μm×20μm。然后在版图中单击菜单 Connectivity—Update-Components and Nets，出现更新设置对话框，Update Layout Parameters 项打钩，如图 7-51 所示。

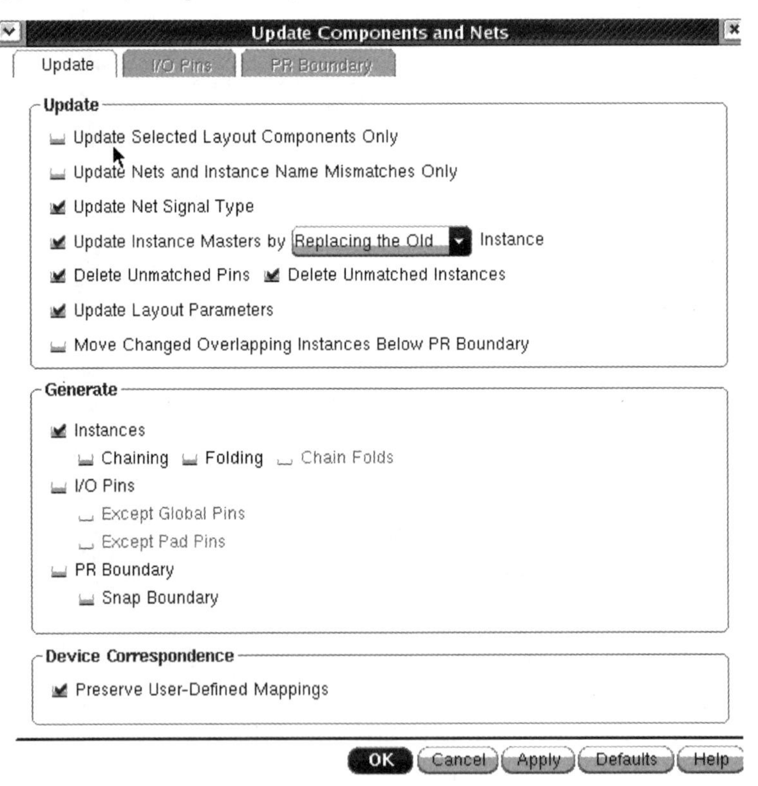


图 7-51　版图参数更新设置

参数更新完成后，版图中的电容尺寸变小，重新连接电容并调整版图，然后依次进行 DRC、LVS 和 RCX 操作，确保版图无误，参数提取后保存。

（4）返回顶层测试模块，打开 ADE 界面重新进行 pss 和 pnoise 仿真。图 7-52 是电容变化前后的振荡器输出频谱对比，电容未改变时的基波频率为 2.19GHz，电容变小后基波频率上升至 2.43GHz。图 7-53 给出了电容变小后的相位噪声曲线。

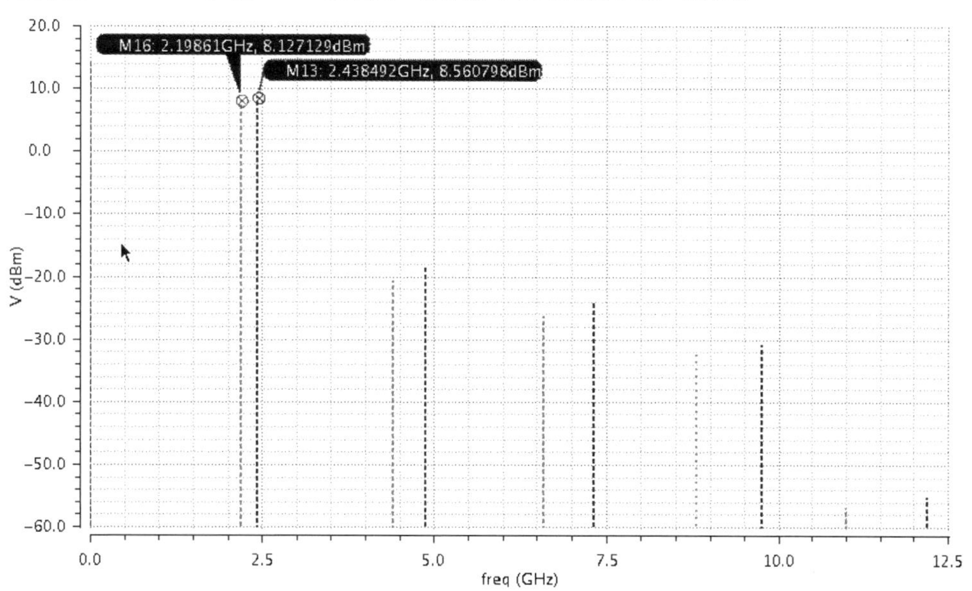


图 7-52 电容变化前后的振荡器输出频谱对比

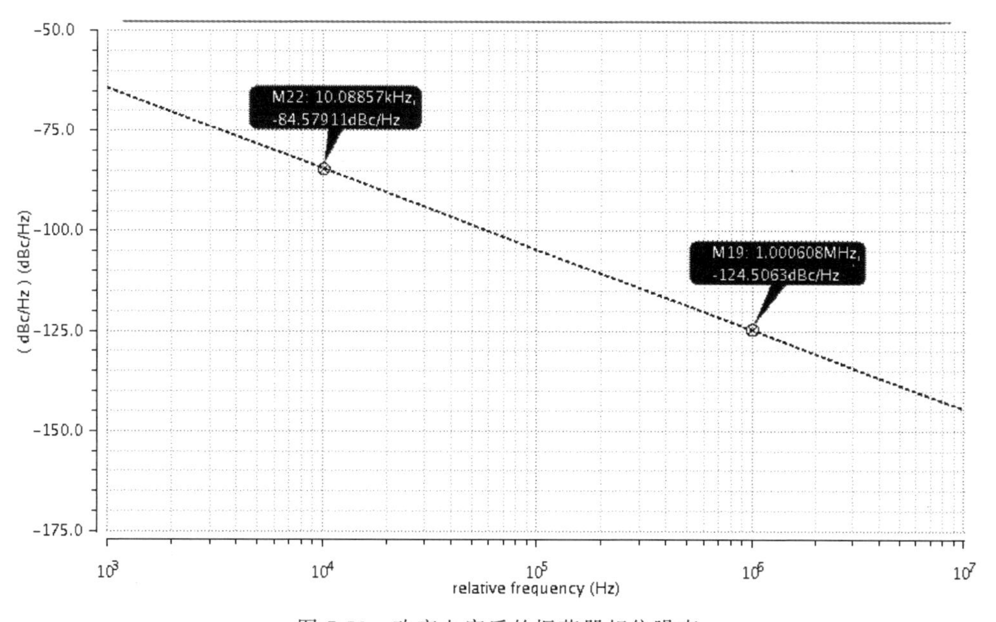


图 7-53 改变电容后的振荡器相位噪声

通过以上过程，可以看出射频振荡器的设计与优化是一个较为复杂的过程，本案例注重让读者掌握相应的仿真操作，学会如何去仿真振荡器电路，而对于振荡器的深入研究与设计则需要读者在实践中不断积累设计经验，根据具体情况考虑电路结构与版图中的各种问题及因素，在此基础之上才能设计出高质量的振荡器。

### 7.3.9 进一步完善版图

至此我们已经完成了振荡器设计的大部分工作，接下来需要将 ADS 中的电感版图导入到 Cadence 版图中，若该振荡器为单片设计则还需增加电源、地及信号 pad，包括 esd 保护。

(1) 编写工艺层映射文件。在 ADS 中导出电感版图之前需要先准备好工艺层映射 map 文件，该文件非常简单，可以自己直接编写，也可以从厂家提供的 pdk 中获得。Gpdk090 工艺提供的 map 文件在其 pdk 的 stream 目录下。由于本案例中 ADS 电感版图使用的衬底是经过简化后的，金属层和 Via 的层名及层号与实际工艺定义的层有所不同，不能直接调用工艺提供的 map。此处我们根据 ADS 中使用的层与工艺提供的层映射关系，自己编写一个 map 文件。使用文本编辑工具 ultraedit，输入内容如下，保存文件名为 layer.map。

```
# LayerName  Purpose  LayerNumber  Datatype
   M1        drawing      7          0
   M2        drawing      9          0
   M3        drawing      11         0
   M4        drawing      31         0
   M5        drawing      33         0
   M6        drawing      35         0
   M7        drawing      38         0
   M8        drawing      40         0
   M9        drawing      42         0
   Via2      drawing      39         0
   Via3      drawing      41         0
```

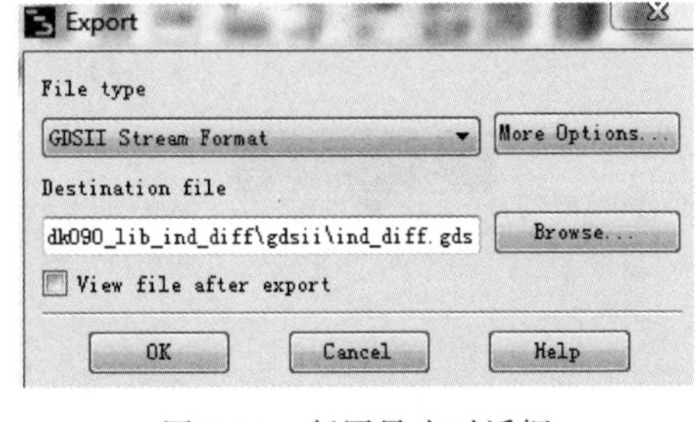


图 7-54 版图导出对话框

(2) ADS 导出电感版图。在 ADS 电感版图编辑界面中，单击菜单 File—Export，出现 Export 对话框，如图 7-54 所示。File type 栏选择 GDSII Stream Format。

单击 More Options，在 Layer 面板中选择 Load custom layer map file，然后单击 Load layer map file，找到刚才编写的 map 文件并确定。设置后的结果如图 7-55 所示。单击 OK 按钮后生成 ind_diff.gds 文件。

(3) Cadence 导入电感版图。在 Cadence 的 CIW 主界面菜单，单击 File—Import—Stream，在导入版图设置中 Stream File 栏选择刚才 ADS 生成的 ind_diff.gds 文件，Library 栏选择 osc，Top Level Cell 栏输入导入的单元名称 ind_diff(注意该名字需与 ADS 中电感的版图名称一致，否则导入时会出错)，Attach Technology Library 栏选择 gpdk090。设置好后单击 Apply，Cadence 会自动将 gds 文件导入至 osc 库中。在 osc 库中会发现新增加了一个 ind_diff 单元，打开该单元版图，显示为导入的电感，如图 7-56 所示。

(4) 完成版图。将 ind_diff 单元中的电感版图复制到振荡器 osc1 的版图中，为了满足设计规则，电感中使用到的 Via 需要重新添加，删除原先的 Via，重新添加 M9_M8、M8_M7 的 Via(按 O 键)。将振荡器的输出端通过 M9 金属层连接到电感的输出端，电感的中心公

Options Layer

Layer map file

Load custom layer map file

|  | Layer name | Purpose name | GDS layer | GDS Datatype | Export |
|---|---|---|---|---|---|
| 1 | M1 | drawing | 7 | 0 | ☑ |
| 2 | M2 | drawing | 9 | 0 | ☑ |
| 3 | M3 | drawing | 11 | 0 | ☑ |
| 4 | M4 | drawing | 31 | 0 | ☑ |
| 5 | M5 | drawing | 33 | 0 | ☑ |
| 6 | M6 | drawing | 35 | 0 | ☑ |
| 7 | M7 | drawing | 38 | 0 | ☑ |
| 8 | M8 | drawing | 40 | 0 | ☑ |

Add row　Delete row　Save layer map file...　Load layer map file...

OK　Cancel　Help

图 7-55　加载 map 文件后的设置显示

共端通过 M7 金属层连接至电源线 VDD。若振荡器为单片设计,需要增加 pad 将信号线、电源和地平面引出。本案例给出一个简单的 pad 布局设计,考虑振荡器的输出为差分端口,因此信号 pad 设计为 GSGSG 结构,相邻 pad 中心间距为 100μm,电源 VDD 的 pad 设计在左右两侧,完全对称。电源 VDD 的 pad 需带 esd 保护。Pad 尺寸为 70μm×70μm。完成后的版图如图 7-57 所示。最后需要通过 DRC 和 LVS。

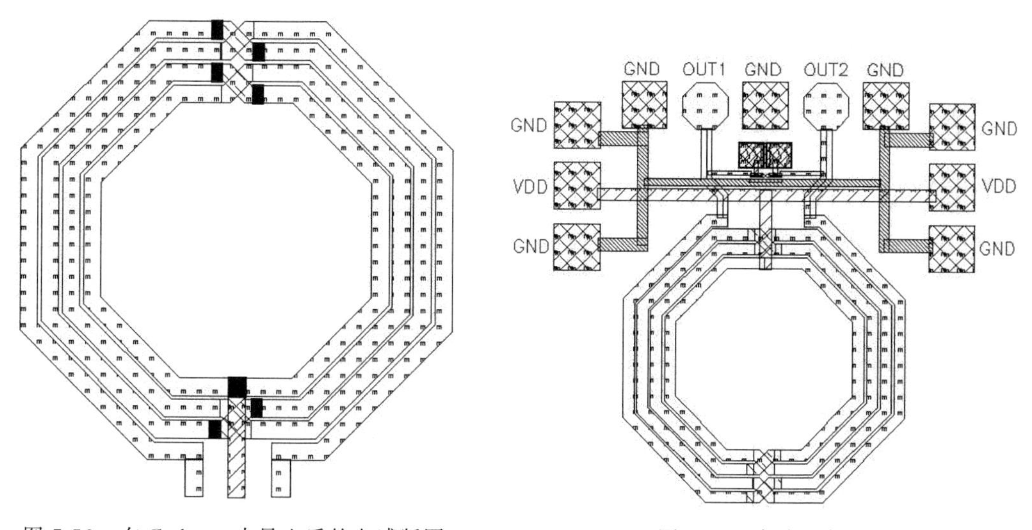


图 7-56　在 Cadence 中导入后的电感版图

图 7-57　完成后版图

本实例给出了振荡器从原理图至版图设计的完整过程,鉴于篇幅,本实例中的版图并未最优化,一方面电感未采用衬底屏蔽层以减少损耗,另外电源和地平面也未做优化设计,因此实际的性能还会有所下降。

# 第8章

# 锁相环设计

锁相环是一种把输出相位和输入相位相比较的负反馈控制系统，能使压控振荡器的输出时钟信号与输入时钟信号形成频率和相位的同步，同时可以抑制输入信号的噪声和压控振荡器的相位噪声。从结构上可以分为模拟锁相环、数模混合锁相环和全数字锁相环，模拟锁相环又包含整数分频锁相环和小数分频锁相环。

## 8.1 锁相环设计理论基础

在通信系统中产生可变的本振(LO)信号的方法有以下几种：倍频/混频、直接数字频率合成(DDS)和锁相环(PLL)技术。其中倍频/混频方法杂散较大，谐波难以抑制；DDS 器件工作频率较低且功耗较大；而 PLL 技术相对来说具有应用方便灵活与频率范围宽等优点，是现阶段主流的频率合成技术。

### 8.1.1 基本工作原理

锁相环(phase locked loop，PLL)是一个相位跟踪系统。基本的锁相环电路框图如图 8-1 所示，主要包括鉴频鉴相器(PFD)、电荷泵(CP)、低通滤波器(LF)、压控振荡器(VCO)及分频器(DIV)。实际应用中有多种多样的环路，都是由基本环路变化而来的。

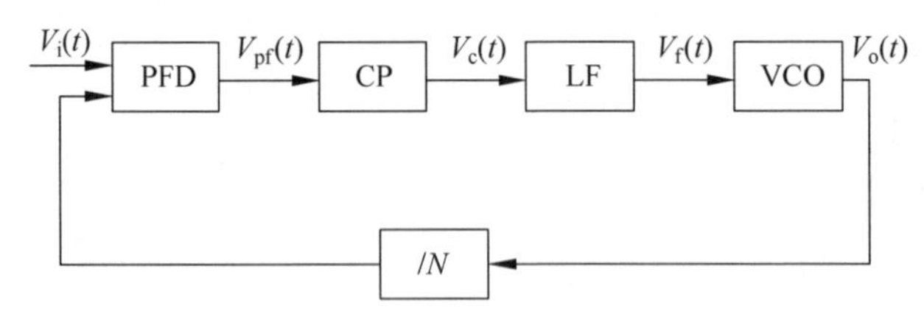


图 8-1 锁相环电路框图

图 8-1 中，输入信号 $V_i(t)$，输出信号为 $V_o(t)$，将输出信号经过分频后反馈到输入端，形成反馈系统。当反馈信号 $V_d(t)$ 与输入的参考信号 $V_i(t)$ 在频率和相位上均同步之后，环路达到稳定，输出稳定信号 $V_o(t)$，其频率为输入参考信号频率的 $N$ 倍。下面分别介绍每个模块的基本功能。

鉴频鉴相器(PFD)是用来比较输入参考信号和反馈信号的相位和频率的，此模块的输

出信号 $V_{pf}(t)$ 在一定程度上表征了输入参考信号和反馈信号的相位及频率的差别。

电荷泵(CP)用来将鉴频鉴相器所反映出的输入参考信号和反馈信号的差别转换为电压控制信号,此模块的输出端 $V_c(t)$ 是一个电压控制信号。

环路滤波器(LF)用来滤除整个环路产生的高频分量,净化电荷泵的输出控制电压,保证环路性能,增加系统的稳定性。

压控振荡器(VCO)受到环路滤波器的输出电压控制,根据输入控制电压的大小来改变输出端信号的频率高低,最终使得输出信号频率稳定在需要的频率点即输入参考信号频率的 $N$ 倍上。

分频器(DIV)将环路的输出信号减小到原来的 $1/N$ 再反馈到输入端,与输入参考信号进行比较。

总体来说锁相环电路是相位频率误差控制系统,通过比较输入、输出信号之间的相位和频率差,产生一个与误差相关的控制电压,用来控制压控振荡器的振荡频率。在环路锁定的过程中,反馈信号的频率和相位逐渐接近输入参考信号,当这两个信号的频率和相位无限接近时,环路就进入锁定状态,输出一个频率固定的信号,此时,误差控制电压为一个固定值。

### 8.1.2 电荷泵锁相环线性模型及传递函数

由于 PFD 输入、输出信号的离散特性以及 CP 的非线性特性,电荷泵 PLL 本质上是一个离散非线性系统。目前虽有不少文献对电荷泵 PLL 的离散线性模型和离散非线性模型展开了研究,但通常较为复杂,一般只用于分析低阶环路系统。对于高阶环路系统来说,为了简化分析过程,通常采用连续线性近似来进行分析。将 PFD 和 CP 输出的离散电流脉冲 $(I_{UP}-I_{DN})$ 近似为与离散脉冲的平均值 $I_{ave}$ 相等的连续信号,即用一个线性斜坡来近似电荷泵输出波形。工程上一般认为只要满足 PLL 的开环增益单位带宽($f_c$)小于参考频率($f_{ref}$)的 1/10,电荷泵 PLL 就可以用连续线性模型来分析。为了确保环路设计的准确性,避免潜在的不稳定性,在实际的设计中,选取的环路闭环带宽通常小于 $f_{ref}/10$,部分情况下甚至更小。

为了研究电荷泵 PLL 的线性响应,首先推导各个模块电路在 $S$ 域的传输函数,并利用标准的数学方法来分析线性模块电路。

(1) 压控振荡器

VCO 是一个输出频率受电压控制的振荡器,其输出频率的表达式为

$$\omega_{out}=\omega_0+K_{VCO}V_{tune}(t)$$

在环路锁定过程中,$\omega_0$ 的值固定不变,因此在对 VCO 进行相位域传输分析时,仅仅考虑 $K_{VCO}V_{tune}(t)$ 部分。由于相位是频率对时间的积分,故 VCO 输出相位的表达式为

$$\theta_{out}(t)=\frac{K_{VCO}}{s}V_{tune}(s)$$

故 VCO 相位域传输函数为

$$\frac{\theta_{out}(s)}{V_{tune}(s)}=\frac{K_{VCO}}{s}$$

上式表明,在环路中 VCO 是一个积分器。因此,即使 VCO 的振荡频率能够立即响应

$V_{tune}$ 的变化，但相位的变化存在一定的时延。

（2）可编程分频器

在 PLL 中，分频器将 VCO 的输出频率除以 $N$，同时也将 VCO 的输出相位除以 $N$，在相位域上，分频器相当于一个增益为 $1/N$ 的模块，其对应传输函数为

$$\frac{\theta_{div}(s)}{\theta_{out}(s)}=\frac{1}{N}$$

（3）鉴频鉴相器和电荷泵

PDF 和 CP 级联电路将 PDF 输入信号的相位差转换成 CP 的输出电流。那么，连续线性模型中，PDF 与 CP 组合在一起可等效为一个"受相位差控制的电流源"。当 PDF 的输入信号的相位差为 $\theta_{\varepsilon}$ 时，CP 的输出平均电流为

$$I_{ave}=\frac{\theta_{\varepsilon}}{2\pi}I_{p}$$

因此，PDF 和 CP 级联组合后的鉴相灵敏度增益 $K_{pd}$ 为

$$K_{pd}=\frac{I_{p}}{2\pi}$$

在 $S$ 域，PDF 和 CP 级联电路可用增益 $K_{pd}$ 来表示，与 $S$ 不相关，因此可认为是无记忆的。

（4）环路滤波器

环路滤波器为低通滤波器，可将 CP 输出的脉冲电流转化为 VCO 控制端直流电平信号，并滤除其中的高频分量和噪声。分析时，一般用 LPF 的传递函数 $Z(s)$ 来表示其特性。

### 8.1.3 PLL 的技术指标

（1）频率范围

频率范围是指频率合成器输出的最低频率（$f_{min}$）至最高频率（$f_{max}$）的范围。$k=f_{max}/f_{min}$ 为频率覆盖系数。当频率覆盖系数 $k$ 较大时，要分成几个频段。一般来说，频率合成器的频率覆盖系数主要取决于压控振荡器的频率可变范围。

（2）频率间隔（$f_{ch}$）与信道总数

频率间隔（$f_{ch}$）是指频率合成器两个相邻频率点的间隔。它应符合通信机所要求的信道间隔。

（3）频率转换时间

从一个频率值转换到另外一个频率值并达到锁定所需要的时间为频率转换时间。对于直接频率合成，频率转换时间取决于信号通过窄带滤波器所需要的建立时间，而对于 PLL 频率合成，频率转换时间则取决于环路进入锁定所需要的暂态时间，即环路的捕捉时间。

（4）频率稳定度

频率稳定度是频率合成器的主要指标之一。它表征频率合成器工作于规定频率上的能力，还反映频率作随机变化的波动情况，此变化可以说明外界条件变化和内部参数变化时，频率合成器输出频率的精度。频率合成器输出长期频率的稳定度和精确度直接取决于内部或外部标准频率源的稳定度和精确度。内部标准频率源通常由晶振提供。

（5）噪声

噪声用于表征输出信号的频谱纯度。频率合成器的噪声一般有两类，一是相位噪声，

二是寄生干扰。这些噪声主要有两个来源：一是由内部电路所产生的非相干噪声，二是非线性工作部件产生的(如混频器所产生的相干寄生信号)。相位噪声的频谱是位于有用信号两边的对称的连续频谱，寄生干扰是频率合成器中产生的一些离散的、非谐波信号的干扰。

### 8.1.4 PLL传递函数及稳定性分析

我们使用的PLL芯片的鉴相器输出通常是基于电荷泵结构的，因此下面均以电荷泵PLL为例进行讲解。根据上一小节分析的各模块数学模型，可得S域PLL完整的连续线性模型如图8-2所示。在此基础上，可对PLL的传递函数、环路稳定性以及性能相关的环路参数等进行讨论。对于基于电荷泵结构的PLL，它锁定或接近锁定时可近似等效为一个线性的反馈系统，其系统框图如图8-2所示。

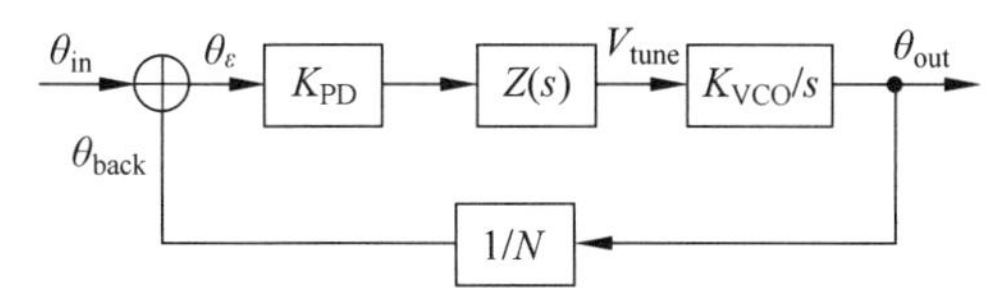


图8-2 电荷泵PLL相位域连续线性模型

开环传递函数$H_{OL}(s)$：当环路反馈支路断开时，为环路输出相位$\theta_{out}$与环路输入相位$\theta_\varepsilon$之比，定义表达式为

$$H_{OL}(s)=\frac{\theta_{out}(s)}{\theta_\varepsilon(s)}=\frac{I_P}{2\pi}\cdot Z(s)\cdot\frac{K_{VCO}}{s}\cdot\frac{1}{N}$$

闭环传递函数$H_{CL}(s)$：当环路闭合时，为输出相位$\theta_{out}$与输入相位$\theta_{in}$之比，定义表达式为

$$H_{CL}(s)=\frac{\theta_{out}(s)}{\theta_{in}(s)}=\frac{H_{OL}(s)}{1+H_{OL}(s)/N}$$

由上式可知，环路闭环传递函数具有低通特性；当环路锁定时，PDF输入信号的频率差为零，稳态相位差$\theta_\varepsilon$恒定且趋于0，由失配决定其大小；当环路采用不同结构的环路滤波器时，将具有不同的传递函数。

接下来分析环路的稳定性。PLL作为一个线性负反馈系统，可用经典控制理论来分析其稳定性。从开环传递函数来看，当$H_{OL}(s)$的增益等于1时对应的相移超过180°，则环路不稳定；从闭环传递函数来看，当$H_{CL}(s)$的所有极点都位于S平面的左半平面，则环路稳定，若$H_{CL}(s)$至少有一个极点位于右半平面，则环路不稳定。理论上，可采用奈奎斯特稳定判决和根轨迹法等来判断闭环传递函数极点是否位于S平面的右半平面。实际中，通常利用开环传递函数的波特(Bode)图来判断环路的稳定性。

环路滤波器为低通滤波器，是一个线性电路，其结构选择及参数设计对PLL环路的稳定性以及整个系统的性能都有重要的影响，下面将针对LPF的电路结构展开分析。

图8-3(a)给出的LPF只存在一个电容，$Z(s)=1/sC$，只在$S=0$处增加一个极点。从开环传递函数增益波特图上可以看出，当$H_{OL}(s)$的增益等于1时，相移恰好为180°。其中，开环传递函数单位增益单位频点被称为PLL的环路带宽，定义为$\omega_c$。在实际的工程应用中，考虑到诸多非理想因素的影响，环路中电路参数可能发生变化而导致PLL的不稳定。

注意，进行环路设计时，不仅要满足稳定性要求，还应具有足够的稳定裕度，以确保当电路参数变化时它仍能保持稳定。工程中，通常用相位裕度(PM，phase margin)$\theta_m$来进行描述，它定义为开环传递函数单位增益对应相位 $\theta(\omega_c)$ 与 $-180°$ 的相位之差，即 $\theta_m = \theta(\omega_c) - (-180°) = \theta(\omega_c) + 180°$。PM 越大则环路越稳定，但其响应速度会变慢。实际应用中，$\theta_m$ 通常设为 60°，至少为 45°。

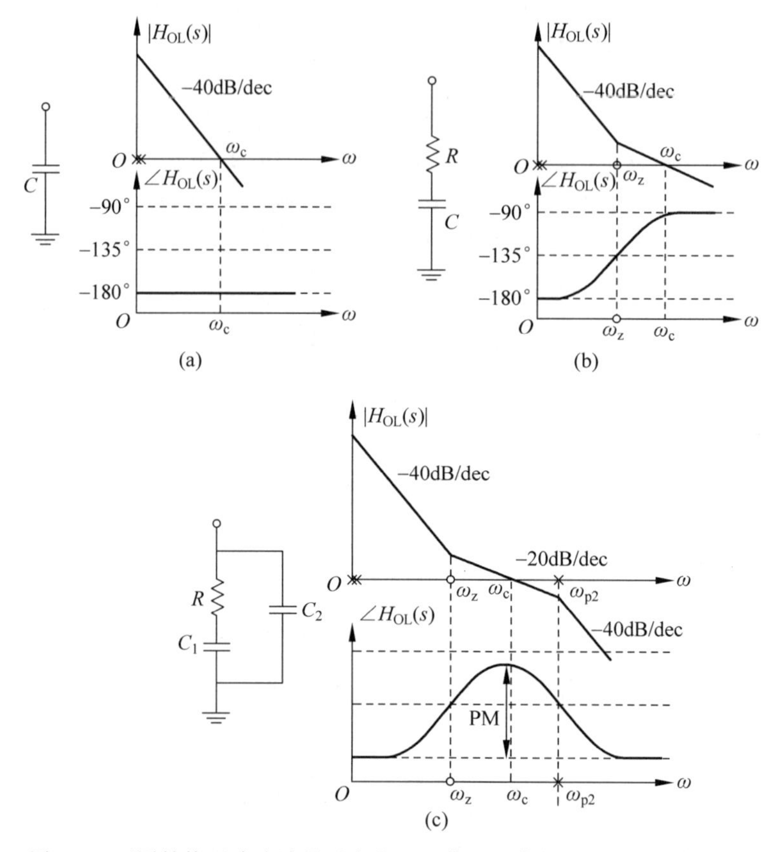


图 8-3　不同结构环路滤波器对应的开环传递函数幅度和相位变化曲线

(a) 只存在单电容的 LPF；(b) 电阻与电容串联构成的 LPF；(c) 存在一个电阻和两个电容构成的二阶 LPF

如图 8-3(b)所示，将一个电阻 $R$ 与电容 $C$ 串联，使得 LPF 传递函数中加入一个稳定零点，$Z(s)=(1+sRC)/sC$。合理设置零点的坐标值可提供有效的相位裕度，以确保环路稳定性。然而，在高频段，传递函数 $Z(s)$ 的值近似等于电阻 $R$，存在以下两个问题：

(1) 电流脉冲 $I_P$ 注入环路滤波器会产生一个过冲电压 $V_{out}$，其幅度值为 $I_P R$，这可能将 CP 充放电电流或 VCO 的频率调谐推出其动态线性范围。

(2) 当 PLL 锁定时，理想情况下 CP 的输出电流为零。然而，电路失配将导致 PDF/CP 产生频率为 $\omega_{ref}$ 的电流脉冲，注入 LPF 产生脉冲电压，在输出频谱上产生杂散，其幅度正比于 $|Z(j\omega_{ref})|$。

上述问题可能严重影响 PLL 的瞬态建立和输出频谱纯度，这些影响可以通过增加一个并联电容来降低，图 8-3(c)给出了对应原理图，并联电容 $C_2$ 用于进一步减小 $Z(s)$ 在高频时的阻抗值。传递函数 $Z(s)$ 的表达式为

$$Z(s) = \frac{1}{s(C_1 + C_2)} \frac{1 + sC_1 R}{1 + sC_1 C_2 R/(C_1 + C_2)}$$

由于引入电容 $C_2$ 的目的是滤除 PLL 环路带宽以外的信号(例如 $\omega_{ref}$ 处信号)，其电容

值应远远小于 $C_1$，即 $C_2 \ll C_1$。在低频处，$Z(s)$ 近似等于 $1/s(C_1+C_2)$；在中频处，$Z(s)$ 近似等于 $R$，在高频处，$Z(s)$ 近似等于 $1/sC_2$。

上式表明，LPF 存在一个零点和两个极点，分别为

$$\omega_Z = \frac{1}{RC_1}, \quad \omega_{p1} = 0, \quad \omega_{p2} = \frac{C_1 + C_2}{RC_1C_2}$$

若假设 $(C_1+C_2)/C_2 = b$，那么将存在

$$\omega_{p2} = b\omega_Z$$

对应 LPF 传递函数的表达式可以化简为

$$Z(s) = R\,\frac{b-1}{b} \cdot \frac{1+s/\omega_z}{s(1+s/\omega_{p2})/\omega_z}$$

将 $Z(s)$ 代入开环传递函数 $H_{OL}(s)$ 可得：

$$H_{OL}(s) = A \cdot \frac{b-1}{b} \cdot \frac{1+s/\omega_z}{s^2(1+s/\omega_{p2})/\omega_z}$$

其中，$A$ 为

$$A = \frac{I_p K_{VCO} R}{2\pi N}$$

对应开环传递函数的波特图如图 8-3(c)所示，其中给出了环路极点和零点的位置，接下来将对环路稳定性条件进行分析。零点的存在使得下降斜率由 $-40$dB/dec 变为 $-20$dB/dec，更重要的是相位从 $-180°$ 开始提高，当幅度为 1 或 0dB 时，对应为环路的相位裕度 $\theta_m$。

将 $j\omega$ 代替开环传递函数 $H_{OL}(s)$ 中的 $s$，根据环路带宽 $\omega_c$ 的定义，$|H_{OL}(j\omega)| = 1$，即可获得 $\omega_c$。详细的推导过程如下：

$$|H_{OL}(j\omega)| = A \cdot \frac{b-1}{b} \cdot \frac{\omega_Z}{\omega_C^2} \cdot \frac{\sqrt{1+\omega_C^2/\omega_Z^2}}{\sqrt{1+\omega_C^2/\omega_{p2}^2}} = 1$$

$$\omega_C = A \cdot \frac{b-1}{b} \cdot \frac{\omega_Z}{\omega_C} \cdot \frac{\sqrt{1+\omega_C^2/\omega_Z^2}}{\sqrt{1+\omega_C^2/\omega_{p2}^2}} = A \cdot \frac{b-1}{b} \cdot \frac{\omega_{p2}}{\omega_C} \cdot \frac{\sqrt{\omega_Z^2+\omega_C^2}}{\sqrt{\omega_{p2}^2+\omega_C^2}}$$

$$= A \cdot \frac{b-1}{b} \cdot \frac{\omega_{P2}/\sqrt{\omega_{P2}^2+\omega_C^2}}{\omega_C/\sqrt{\omega_Z^2+\omega_C^2}}$$

由于 $\theta_Z = \arctan(\omega_C/\omega_Z)$，$\theta_{p2} = \arctan(\omega_C/\omega_{p2})$，那么，环路带宽 $\omega_C$ 为

$$\omega_C = A \cdot \frac{b-1}{b} \cdot \frac{\cos(\theta_{p2})}{\sin(\theta_Z)}$$

根据开环传递函数定义，开环传递函数的相位裕度 $\theta_m$ 可以表示为

$$\theta_m = \theta(\omega_C) + 180° = -180° + \theta_Z - \theta_{P2} + 180° = \arctan\left(\frac{\omega_C}{\omega_Z}\right) - \arctan\left(\frac{\omega_C}{\omega_{p2}}\right)$$

理想情况下，相位裕度应该最大化以确保环路的稳定性。实际中，考虑到工艺角或温度的变化会使得 LPF 中的电阻值和电容值发生变化，环路设计时需保证足够的相位裕度。对上式进行求导，获得环路最大相位裕度对应的环路带宽为

$$\omega_C = \sqrt{\omega_Z \cdot \omega_{p2}} = \sqrt{b} \cdot \omega_Z = \frac{1}{\sqrt{b}}\omega_{p2}$$

将 $\omega_C$ 代入相位裕度 $\theta_m$ 表达式中可获得最大相位裕度为

$$(\theta_m)_{max}=\arctan\frac{\sqrt{b}\cdot\omega_Z}{\omega_Z}-\arctan\frac{\omega_{p2}}{\sqrt{b}\cdot\omega_{p2}}=\arctan\left(\frac{b-1}{2\sqrt{b}}\right)$$

通过最大相位裕度表达式可知，首先，要想获得最优稳定性，环路带宽应该为 LPF 的零点和第二极点的几何平均数，此时对应的相位裕度最大；其次，环路最大相位裕度只取决于 LPF 的电容之比 $b$，它是 LPF 的第二极点和零点频率之比。通过给出不同的 $b$ 对应的环路相位裕度可知，当 $b$ 的值大于 8 时，环路满足稳定性要求。

若将环路带宽表达式代入 $\theta_Z=\arctan(\omega_C/\omega_Z)$ 和 $\theta_{P2}=\arctan(\omega_C/\omega_{P2})$ 中，则满足 $\sin(\theta_Z)=\cos(\theta_{P2})$，于是有

$$\omega_C=A\cdot\frac{m-1}{m}=\frac{I_P K_{VCO} R}{2\pi N}\cdot\frac{C_1}{C_1+C_2}$$

则此时 PLL 的闭环传递函数可以表示为

$$H_{CL}(s)=\frac{1+s/\omega_Z}{1+\dfrac{s}{\omega_Z}+ms^2(1+s/\omega_{p2})/A\omega_Z(m-1)}$$

此时，环路滤波器的阶数为二阶，由于 VCO 在原点处存在一个极点，故该 PLL 系统的阶数为三阶。PLL 系统阶数总比环路滤波器的阶数高一阶。由于该 PLL 系统的开环传递函数在原点处存在两个极点，因此，称它为Ⅱ型 PLL 系统。当开环传递函数在原点处只存在一个极点时，对应的 PLL 被称为Ⅰ型 PLL 系统。

典型的 PLL 开环传递函数波特图如图 8-4 所示。

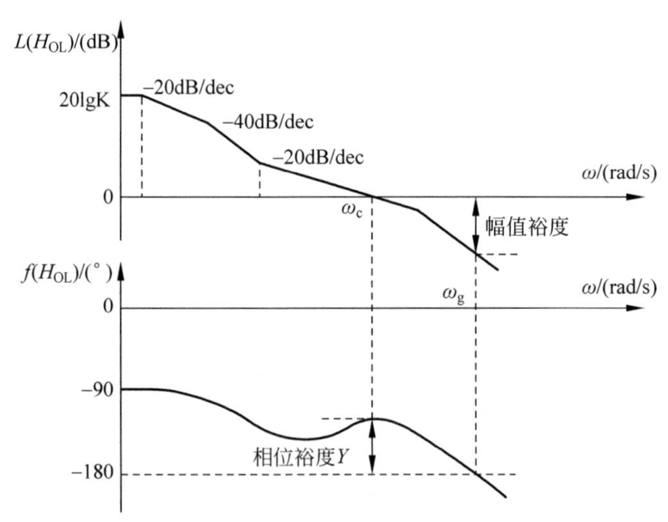


图 8-4　锁相环开环传递函数的波特图

图 8-4 中，$\omega_c$ 为环路增益降为 0dB 时的频率，即通常所说的环路带宽。幅值裕度和相位裕度是描述系统稳定度的两个关键参数，定义如下：

$$幅值裕度=-L[H_{OL}(\varepsilon_g)]$$

$$相位裕度\ \gamma=180+\varphi(\omega_c)$$

式中，$L(H_{OL})=20\lg H_{OL}$。

工程中，系统的幅值裕度一般会设计为大于 6dB，即系统开环增益再变大 2 倍也不会到达不稳定状态。而相位裕度一般要求为 30°～60°，通常取 45°。若相位裕度加大，系统响应的过渡时间会变长。

### 8.1.5　电荷泵锁相环相位噪声分析

相位噪声指的是由各种随机噪声造成的输出信号瞬时频率或相位的随机变化。它是评价频率源输出信号频谱纯度的重要指标。相位噪声的存在会降低电视图像的清晰度，影响卫星定位的准确度以及降低通信数据传输和接收的准确度。

在理想情况下，振荡器的输出信号是一个纯正的正弦波，可以表示为 $V_{out}(t)=V_o\sin(\omega_0 t+\theta)$，其中，$V_0$ 为输出信号的幅度，$\theta$ 为固定的参考相位。在频域上表现为频率 $\omega_0$ 处的单一脉冲 $\delta(\omega_0)$。现实中由于噪声的存在，振荡器输出信号的相位和幅度会存在一定程度的波动，因此输出信号的表达式将变为

$$V_{out}(t)=V_o[1+a(t)]\sin(\omega_0 t+\theta(t))$$

由于相位和幅度波动 $\theta(t)$ 和 $a(t)$ 的存在，输出信号频谱不再是单一的脉冲，而是在振荡频率 $\omega_0$ 的两边存在连续的边带分量。在时域上，它表现为波形的抖动，即一个正弦波信号在过零点处存在不确定性。

振荡信号频谱以调制边带的形式分布在载波信号的两边，与载波频率 $\omega_0$ 成对称关系，在实际分析问题时，通常只选取其中一个边带即可。为了量化相位波动 $\theta(t)$，将偏离载波频率 $\Delta\omega$ 处、1Hz 带宽内一个相位调制边带噪声功率与载波功率之比定义为单边带(SSB, single side band)相位噪声，单位为 dBc/Hz，其对数表达式为

$$\tau(\Delta\omega)=10\lg\left(\frac{(\omega_0+\Delta\omega)\text{ 频率处 1Hz 带宽内噪声功率}}{\text{载波功率}}\right)$$

振荡器输出正弦信号相位上的抖动是如何转换成频域上的相位噪声边带的呢？考虑到设计良好的高质量振荡器的输出信号幅度通常是稳定的，通常认为 $a(t)$ 不随时间变化。若假设相位波动为单音信号，$\theta(t)=\theta_m\sin(\omega_m t)$，其中 $\theta_m<<1$，则振荡器的输出将变为

$$V_{out}\approx V_0\sin(\omega_0 t+\theta(t))+\frac{V_0\theta_m}{2}[\sin((\omega_0+\omega_m)t)-\sin((\omega_0-\omega_m)t)]$$

从上式可以得出，振荡器的输出频谱中包含了窄带 FM 信号，致使 $\omega_0\pm\omega_m$ 频率分量的产生。当各种噪声源杂散分量同时作用时，将产生不纯正正弦信号的噪声边带频谱，像裙摆一样。

相位噪声的噪声源主要包括随机性噪声和寄生频率分量组成的杂散干扰。随机性噪声通常由电路本身产生的热噪声、闪烁噪声、散弹噪声等对振荡器调幅调相所引起，频谱上表现为载波频率两边的连续边带分量；杂散干扰主要是由信号混频、倍频、分频、鉴相处理等电路的非线性特性造成的。工程上，通常把在信号频谱中幅度高于噪声而又不是信号谐波分量的所有离散频谱看作是杂散。

频率综合器的输出频谱常受相位噪声和杂散的影响，其中，相位噪声由各种随机频率分量引起，而杂散由单音频率噪声引起，只位于 PLL 输出信号指定频偏处。相位噪声和杂散的起源虽然不同，但本质上都属于小信号调制干扰输出信号相位，因此，二者均可用相位传输线性模型来进行研究分析。

### 8.1.6　电荷泵锁相环相位噪声传递函数

在对频率综合器的输出相位噪声进行计算时，这里仅考虑内部随机噪声的影响。假设

PLL 中各模块本身为理想无噪声器件，它产生的噪声等效为某一电压、电流或相位的输入，如图 8-5(a)所示，其中，$S_{\theta\_REF}$、$S_{\theta\_VCO}$ 和 $S_{\theta\_DIV}$ 分别为参考信号、压控振荡器和分频器的等效相位噪声功率谱密度，对应单位为 $rad^2/Hz$，$S_{IP}$ 和 $S_{Vtune}$ 分别对应电荷泵和环路滤波器的等效电流噪声功率谱密度和电压噪声功率谱密度，单位分别为 $A^2/Hz$ 和 $V^2/Hz$。

通常情况下，除 VCO 引入的相位噪声外，其他噪声在确定频率范围内均可视为高斯白噪声。而 VCO 的相位噪声 $S_{\theta\_VCO}$ 却包含了 $1/f^3$ 区域和 $1/f^2$ 区域两部分。

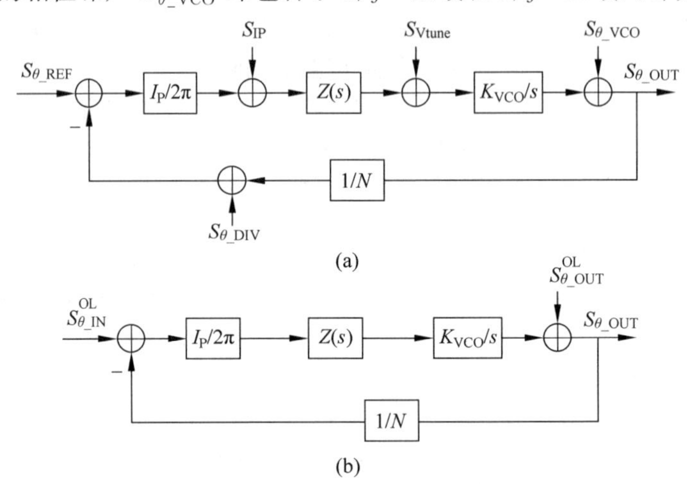


图 8-5 电荷泵锁相环线性相位噪声模型

(a) 各模块电路噪声；(b) 等效到输入端和输出端后的噪声模型

PLL 内部所有模块均为非线性，在进行相位噪声计算时必须将非线性特性考虑在内。尽管如此，各模块的噪声却可以通过一个线性连续时间模型传送到输出端。为了方便，通常将各模块噪声转换到 PLL 的输出端和输出端，如图 8-5(b)所示，可得到

$$S_{\theta\_IN}^{OL}(f)=S_{\theta\_REF}(f)+S_{\theta\_DIV}(f)+S_{IP}(f)\cdot\left(\frac{2\pi}{I_P}\right)^2$$

$$S_{\theta\_OUT}^{OL}(f)=S_{\theta\_VCO}(f)+S_{Vtune}(f)\cdot\left(\frac{K_{VCO}}{2\pi f}\right)^2$$

上两式中的上标 OL 指在环路开环时转换所得相位噪声。对于一个三阶Ⅱ型 PLL，整体输出相位噪声可以表示为

$$S_{\theta\_OUT}(f)=S_{\theta\_IN}^{OL}(f)\cdot|\mathrm{LP}(\mathrm{j}2\pi f)|^2+S_{\theta\_OUT}^{OL}(f)\cdot|\mathrm{HP}(\mathrm{j}2\pi f)|^2$$

$$\mathrm{LP}(s)=\frac{N\cdot G_{loop}(s)}{1+G_{loop}(s)}=\frac{N\beta(1+1/\tau_Z)}{s^3+s^2b/\tau_Z+s\beta+\beta/\tau_Z}$$

$$\mathrm{HP}(s)=\frac{1}{1+G_{loop}(s)}=\frac{s^2(1+b/\tau_Z)}{s^3+s^2b/\tau_Z+s\beta+\beta/\tau_Z}$$

由 LP($s$)可知，输入参考噪声 $S_{\theta\_IN}^{OL}$ 表现为低通特性，且直流增益为 $N^2$。输出参考噪声 $S_{\theta\_OUT}^{OL}$ 主要取决于 VCO 的相位噪声 $S_{\theta\_VCO}$，由 HP($s$)可知，其传递函数表现为高通特性，故当频率超出环路带宽时，输出参考噪声 $S_{\theta\_OUT}^{OL}$ 即为整体输出相位噪声 $S_{\theta\_OUT}$。因此，当 PLL 锁定时，位于环路带宽内的 VCO 低频噪声能够被反馈环路修正，而环路带宽外的高频噪声则无法被环路跟踪以致不能被修正。

在实际应用中，环路带宽的设置首先考虑 PLL 的噪声特性而非锁定时间要求。图 8-6 中虚线给出了典型的开环情况下等效的输入端和输出端的噪声，其中输入参考噪声 $S_{\theta\_IN}^{OL}$ 为白噪声，输出参考噪声 $S_{\theta\_OUT}^{OL}$ 存在 $1/\omega^3$ 区域和 $1/\omega^2$ 区域两部分。如图 8-6(a)所示，在环路带宽内，输入参考噪声被放大 $N^2$ 倍，然后以每十倍频 −40dB 的速率下降。如果系统的零点频率比极点频率低得多，带内峰值会明显地增加相位噪声的累积。在图 8-6(b)中，输出参考噪声在 $1/\omega^3$ 区域和 $1/\omega^2$ 区域之间存在一个拐角频率，该频率大于 PLL 的环路带宽，对于深亚微米 CMOS 工艺通常满足这一情况。

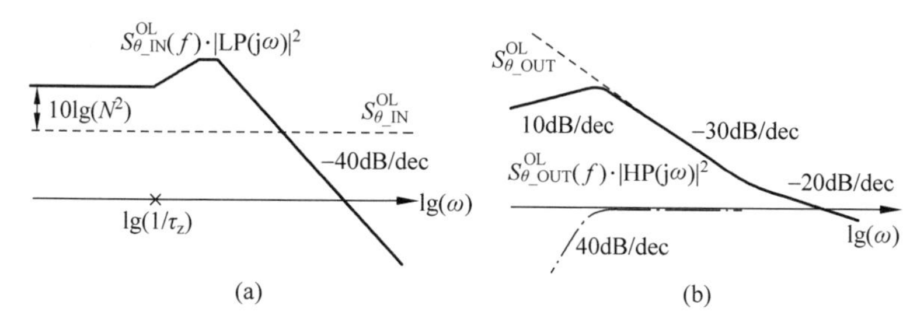


图 8-6　PLL 噪声传递函数曲线

(a) 输入参考噪声传递函数曲线；(b) 输出参考噪声传递函数曲线(图中虚线代表了开环噪声，实线代表了对应的输出谱线。图(b)中 HP 代表的高通传递函数用点画线表示)。

将输入和输出参考噪声对应的输出噪声放在一个坐标系中，并且将 PLL 的环路带宽设置为 VCO 相位噪声约等于 $N^2$ 倍输入参考噪声的频点。那么整体输出频谱将如图 8-7 所示。环路带宽内噪声主要由 $N^2$ 倍的输入参考噪声决定，而环路带宽外噪声主要由输出参考噪声决定，输出参考噪声通常为 VCO 的噪声，理论上，该情况下设置的环路带宽对应的输出相位噪声 $S_{\theta\_OUT}$ 通常是最低的。

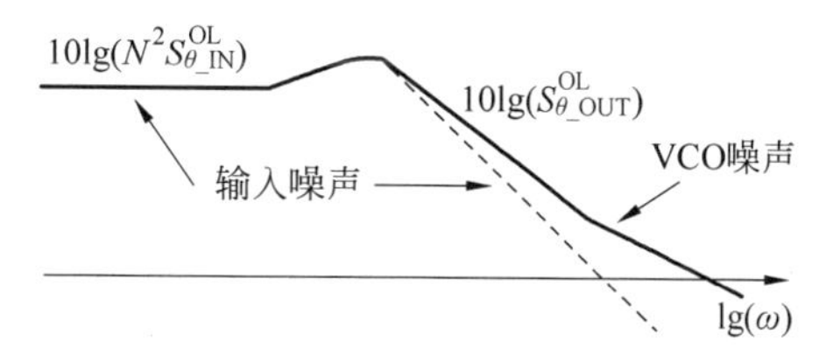


图 8-7　理论上优化环路带宽以获得最佳相位噪声

当环路带宽设置偏大时，如图 8-8(a)所示，将会引入更多输入参考噪声 $S_{\theta\_IN}^{OL}$，环路带宽外的 VCO 噪声将会被压缩；相反，当环路带宽设置偏小时，如图 8-8(b)所示，输出噪声频率谱上会引入一个峰值，类似 VCO 的相位噪声，此时，PLL 的整体输出噪声将主要取决于 VCO 的相位噪声。

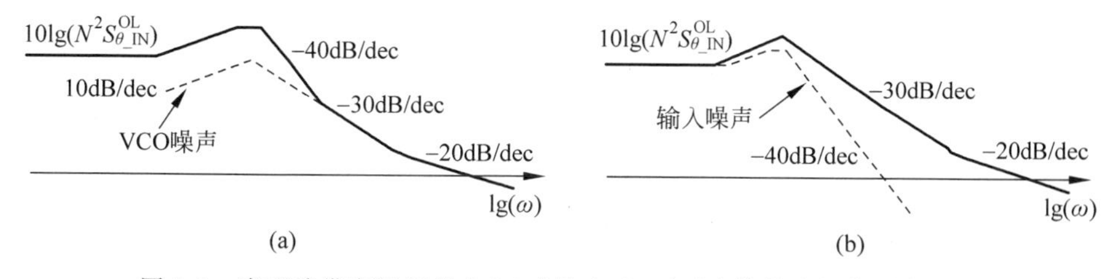


图 8-8　当环路带宽设置偏大(a)或偏小(b)时对应的输出相位噪声曲线

需要说明的是，环路相位噪声的优化与 PLL 的环路带宽设置是密不可分的，实际上，决定 PLL 环路带宽的参数，如 $K_{VCO}$、$I_{CP}$ 和 $N$ 等，同样决定了对应模型电路的噪声。

在实际的工程中，根据上一小结介绍的有关环路参数计算的说明，在设定环路带宽时，首先，应假设一个初始值，利用行为级仿真工具对相位噪声的传递函数进行仿真，通过仿真曲线判断当前设置的环路带宽是否合适，并重新设定环路带宽值进行仿真，直到相位噪声最优。故在相位噪声优化时，需理论结合经验，以获得最佳值。

### 8.1.7　PLL 设计方法

PLL 是一个复杂的系统，性能和稳定性必须要很好地考虑，整个设计的过程肯定是一个迭代和折中的过程。设计的参数，先是数学模型，再到系统模型，最后到晶体管级模型。图 8-9 描述了一个集成的 PLL 系统参数的设计方法。电荷泵 PLL 中包含了 VCO 和高速二分频器等高频模块，故在仿真过程中需要高数字采样率，然而电路中还包括了低频模块如 PFD 和 CP 等，它们所需仿真时间远大于高频模块。高采样率导致仿真时间步长减小，这会大大增加电路系统仿真的时间。因此，在进行电路级仿真之前，通常采用行为级模型对系统进行仿真。通过行为级系统仿真可以初步了解整个系统的工作情况并对环路参数进行一定的优化修正。本次设计中采用工具 AD 提供的 PLL 相关仿真的工具进行行为级的系统仿真，进而获得环路的锁定状态及噪声特性等，如图 8-9 所示。

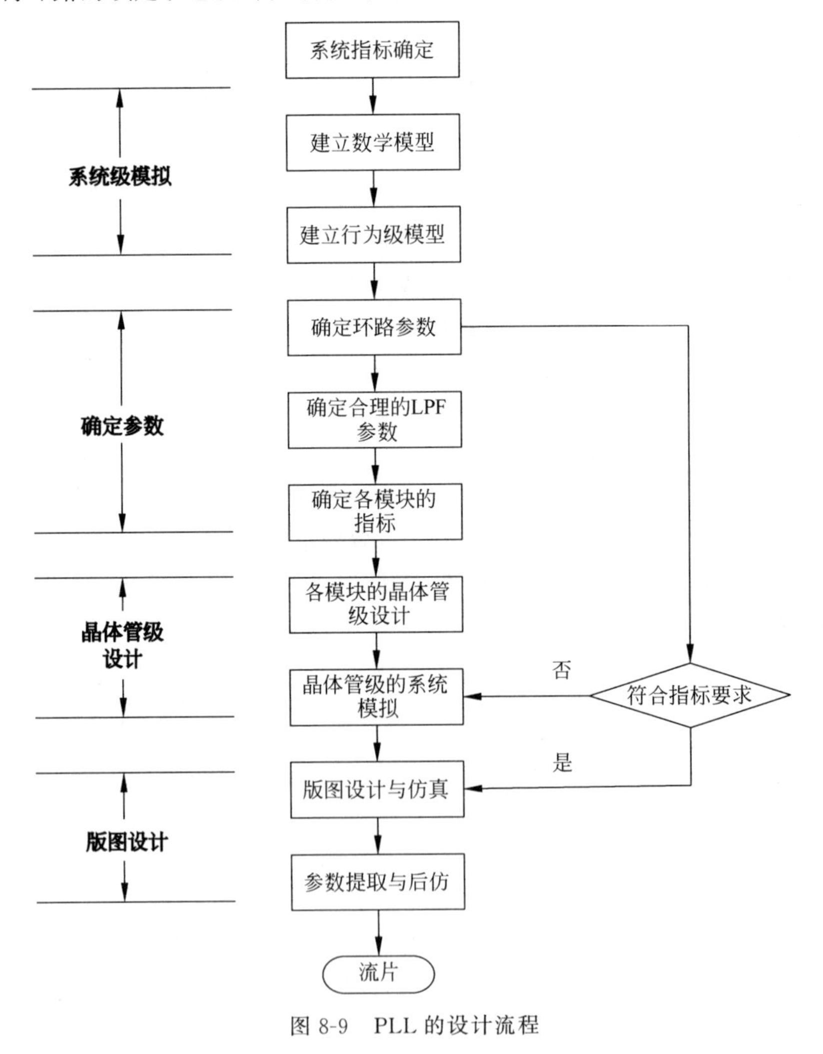


图 8-9　PLL 的设计流程

# 8.2　ADS设计PLL实例

## 8.2.1　PLL行为级建模仿真

本节使用ADI公司的PLL芯片ADF4111作为案例来讲解。该芯片为整数分频芯片，图8-10为ADF4111的功能框图。

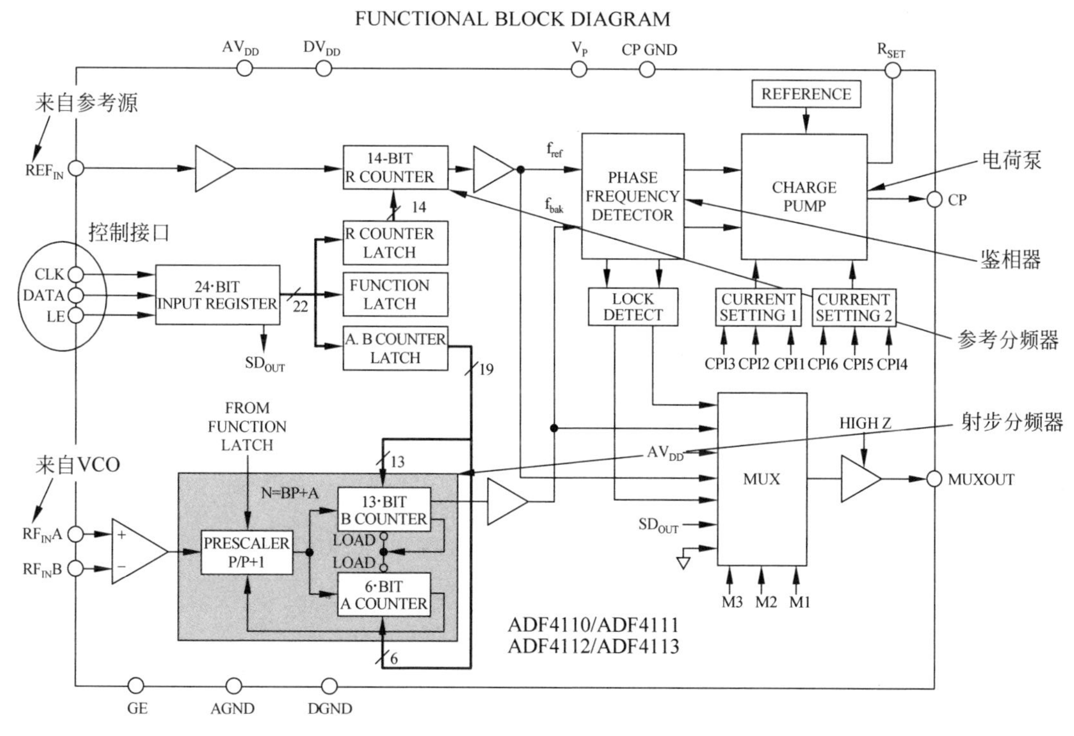


图8-10　ADF4111功能框图

下面以一个实际案例来讲解如何利用ADS计算合适的环路滤波器并估算其锁定时间和相位噪声。

设一窄带项目采用的PLL芯片为ADF4111,各个系统模块的参数如下。

VCO输出频率：900MHz±10MHz;

VCO压控增益：12MHz/V;

VCO相位噪声：在1kHz处为−80dBc/Hz,在100kHz处为−120dBC/Hz;

参考源频率：10MHz;

系统频率间隔：200kHz;

参考源相位噪声：在1kHz处为−130dBc/Hz,在100kHz处为−145dBC/Hz,噪底为−150dBC/Hz;

由于ADF4111是整数分频芯片,因此鉴相频率应选为系统频率间隔,即200kHz,则参考分频器的分频比应设置为50,射频分频器的分频比应设置为4500±50；芯片的电荷泵电流我们选取典型值5mA。

设计目标如下。

（1）VCO的输出频率：900MHz±10MHz。

（2）VCO压控增益：12MHz/V。

（3）VCO相位噪声：在1kHz处为小于−70dBc/Hz，在100kHz处为−100dBC/Hz。

（4）相位裕度：45°～50°。

（5）锁定时间：小于200μs。

## 8.2.2　PLL环路带宽仿真

环路滤波器决定了PLL环路中频谱纯度、锁定时间以及稳定系统的指标，下面就来讨论环路滤波器的设计。因为ADS2015中的Design Guide里面没有PLL的实例，所以在网络上下载 ADS_PLL_wrk，然后打开ADS2015。

（1）ADS主窗口中单击菜单File—Convert Project，弹出如图8-11所示的窗口，打开安装即可。

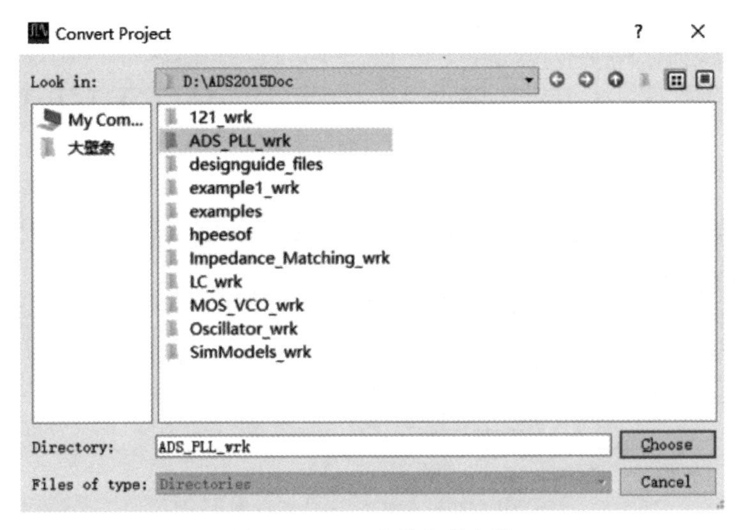


图8-11　PLL文件包的安装

（2）在原理图窗口单击菜单File—Open—Workspace—ADS_PLL_wrk，接着打开SYN_CP_FQ_P4P—schematic。双击生成环路滤波器的仿真原理图，如图8-12所示。

原理图分为5个部分。

其中，① 用于仿真系统闭环特性；

② 变量设置区，用于设置环路的各个参数；

③ 仿真系统的开环特性；

④ 仿真环路滤波器频率响应；

⑤ 仿真所需的仿真器、优化器、优化目标及公式编辑器。

（3）对变量控制器的设置

VAR1环路的各模块参数：

Kv=12MHz（压控增益）

Id=0.005mA（电荷泵的电流）

NO=4500（分频数）

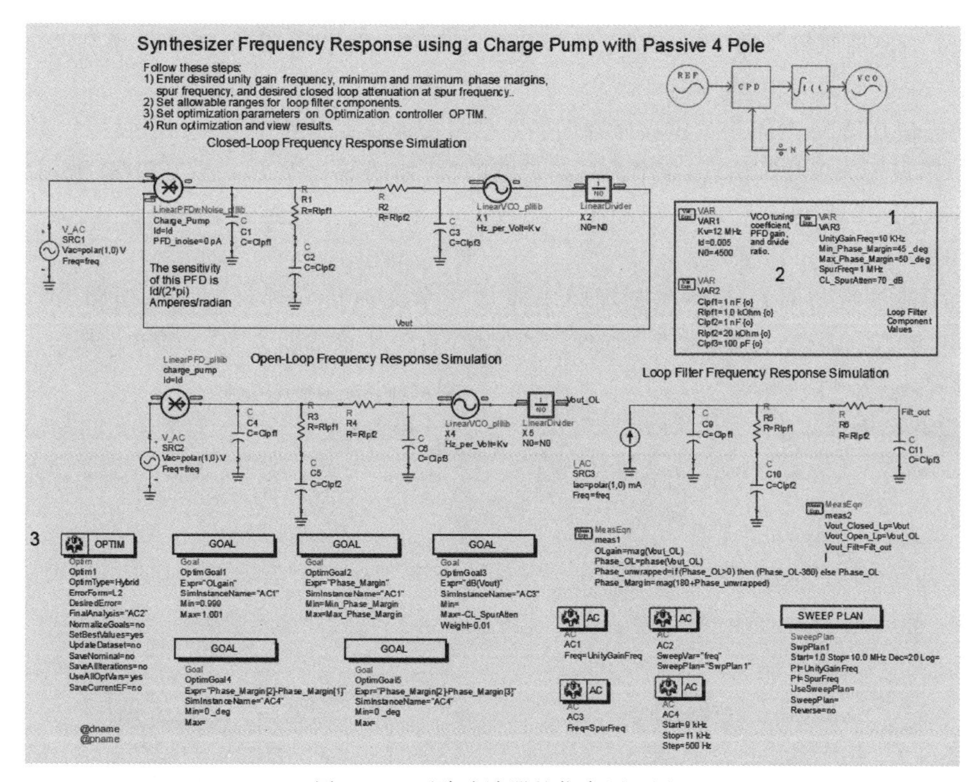


图 8.12　环路滤波器的仿真原理图

VAR2 存储的是环路滤波器的器件值。设置 3 个电容和 2 个电阻的初始值和优化范围，如图 8-13 所示。

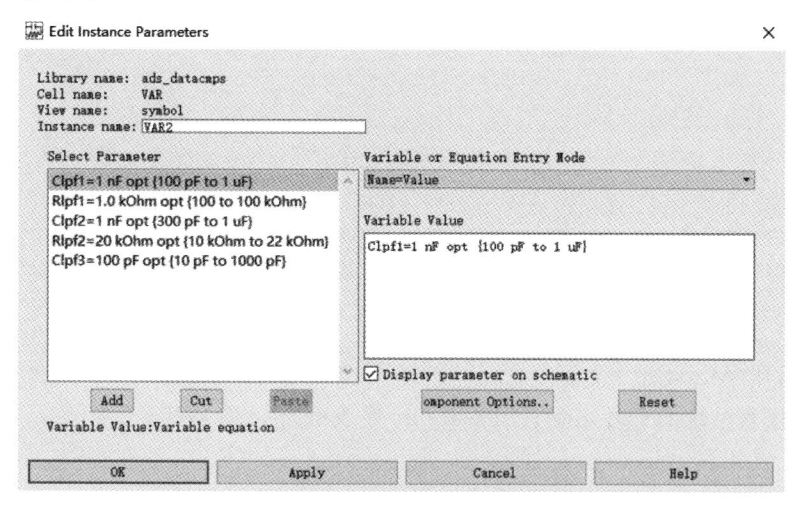


图 8-13　设置 VAR2

VAR3 设置目标参数：

UnityGainFreq＝10kHz(期望的环路带宽)

Min_Phase_Margin＝45_deg(期望的最小相位裕度)

Max_Phase_Margin＝50 _deg(期望的最大相位裕度)

SpurFreq 和 CL_SpurAtten 保留原值。

(4) 对原理图第 5 部分的 3 个交流仿真器、1 个优化器、3 个优化目标、2 个公式编辑器和一个扫描计划进行设置。

交流仿真器(AC)用于设定该原理图的小信号交流仿真。

AC1 设置为单频点仿真,频率为环路带宽的值,如图 8-14 所示; AC2 设置为使用扫描计划 SwpPlan1,扫描变量为 freq,如图 8-15 所示; AC3 同样设置为单频点仿真,频率设定为 SpurFreq,如图 8-16 所示。

为了能进行仿真还需要在原理图中添加一个交流仿真控件。在原理图窗口单击 Simulation-AC,选择一个交流仿真控件插入原理图,AC4 设置如图 8-17 所示。

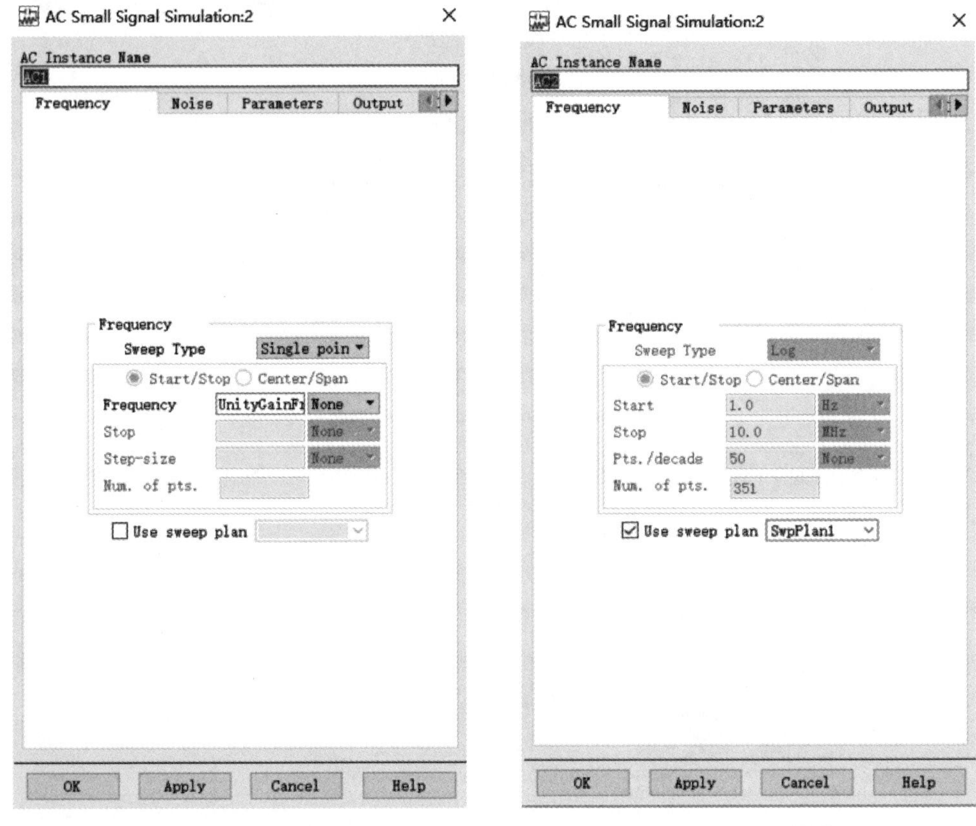


图 8-14 AC1 的设置

图 8-15 AC2 的设置

公式编辑器(MeasEqn)设置。

OLgain 代表系统的开环增益; Phase_OL 代表开环输出的相位; Phase_Margin 表示相位裕度。设置如图 8-18 所示。

优化器(OPTIM)用于设定优化算法的类型。

优化算法选择 Hybrid 即混合类型,Number of iterations 次数为 1000,如图 8-19 所示。

优化目标(GOAL): 把优化目标设置成期望目标。

OptimGoal1: 优化参量设置为 OLgain,设置如图 8-20 所示。优化目标为 AC1 所指定的频率范围,系统的开环增益应该满足 0.999<OLgain<1.001。

OptimGoal2: 设置如图 8-21 所示,环路带宽 10kHz 处的相位裕度为 45°~50°。

OptimGoal3 代表杂散抑制的设置，如图 8-22 所示。

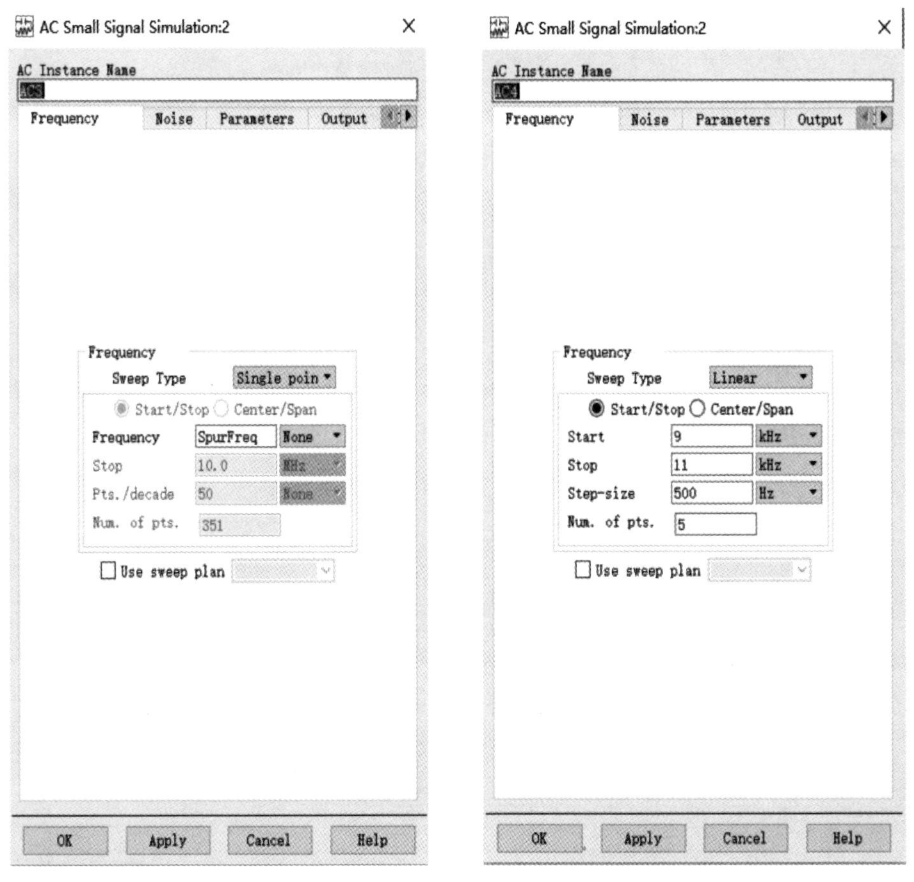


图 8-16　AC3 的设置

图 8-17　AC4 的设置

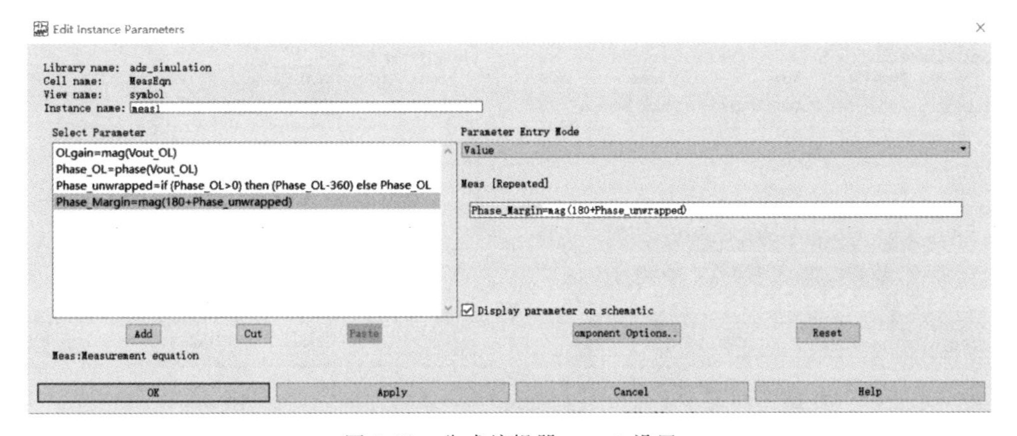


图 8-18　公式编辑器 meas1 设置

以上 3 个优化目标控件只能保证相位裕度在 10kHz 处满足限定条件。但是并不能保证相位裕度在 10kHz 处达到最大。因此，增加两个优化目标控件。因为 AC4 的频率范围为 9～11kHz，仿真频率间隔为 500Hz，所以频点数是 5 个，那么第 2 个频点是 10kHz。单击菜单 Optim-stat-DOE，选择两个优化目标控件插入到原理图中。

如图 8-23 所示，对 GOAL4 和 GOAL5 进行设置。

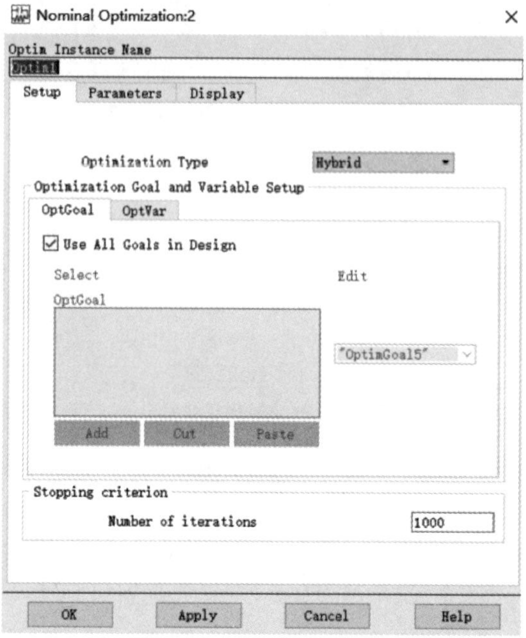

Nominal Optimization:2

Optim Instance Name

Optim1

Setup　Parameters　Display

Optimization Type　Hybrid

Optimization Goal and Variable Setup

OptGoal　OptVar

Use All Goals in Design

Select　Edit

OptGoal

"OptimGoal5"

Add　Cut　Paste

Stopping criterion

Number of iterations　1000

OK　Apply　Cancel　Help

图 8-19　优化器的设置

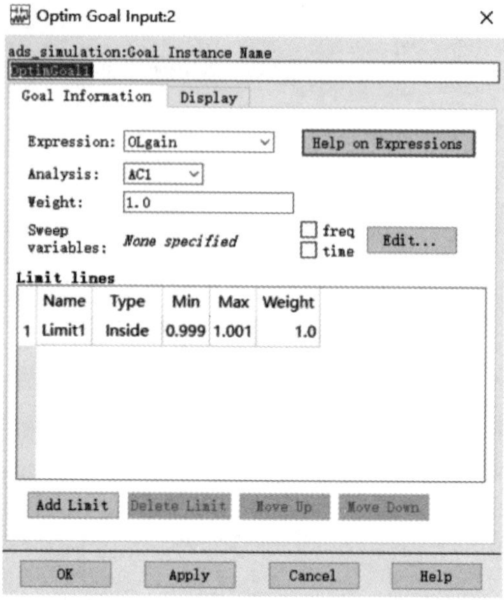

Optim Goal Input:2

ads_simulation:Goal Instance Name

OptimGoal1

Goal Information　Display

Expression: OLgain　Help on Expressions

Analysis: AC1

Weight: 1.0

Sweep variables: None specified　freq　time　Edit...

Limit lines

| | Name | Type | Min | Max | Weight |
|---|---|---|---|---|---|
| 1 | Limit1 | Inside | 0.999 | 1.001 | 1.0 |

Add Limit　Delete Limit　Move Up　Move Down

OK　Apply　Cancel　Help

图 8-20　优化目标 GOAL1 设置

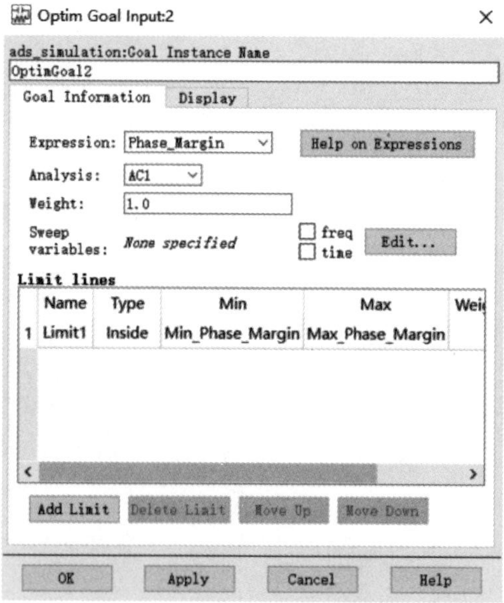

Optim Goal Input:2

ads_simulation:Goal Instance Name

OptimGoal2

Goal Information　Display

Expression: Phase_Margin　Help on Expressions

Analysis: AC1

Weight: 1.0

Sweep variables: None specified　freq　time　Edit...

Limit lines

| | Name | Type | Min | Max | Wei |
|---|---|---|---|---|---|
| 1 | Limit1 | Inside | Min_Phase_Margin | Max_Phase_Margin | |

Add Limit　Delete Limit　Move Up　Move Down

OK　Apply　Cancel　Help

图 8-21　优化目标 GOAL2 设置

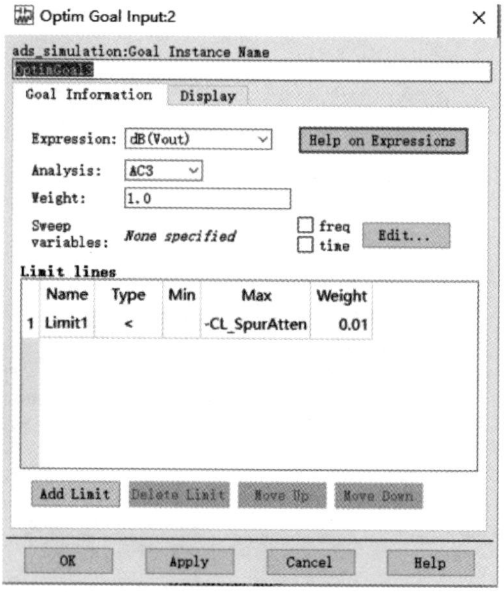

Optim Goal Input:2

ads_simulation:Goal Instance Name

OptimGoal3

Goal Information　Display

Expression: dB(Vout)　Help on Expressions

Analysis: AC3

Weight: 1.0

Sweep variables: None specified　freq　time　Edit...

Limit lines

| | Name | Type | Min | Max | Weight |
|---|---|---|---|---|---|
| 1 | Limit1 | < | | -CL_SpurAtten | 0.01 |

Add Limit　Delete Limit　Move Up　Move Down

OK　Apply　Cancel　Help

图 8-22　优化目标 GOAL3 设置

完成电路图参数的设定，单击 Simulate 运行仿真，系统会自动弹出数据显示窗口，如图 8-24 所示。

在给定的电容和电阻的初始值条件下，开闭环幅值响应曲线可以得出单位增益频率 12.50kHz，开闭环相位响应曲线可以得出相位裕度 49.6°，满足设计的大于 45°小于 60°的设计目标。

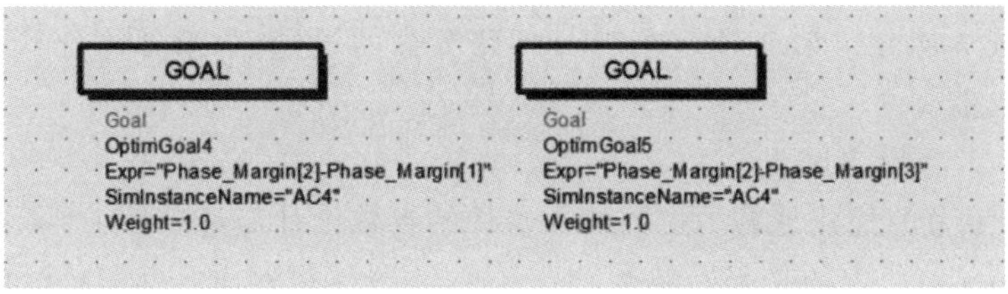

GOAL
Goal
OptimGoal4
Expr="Phase_Margin[2]-Phase_Margin[1]"
SimInstanceName="AC4"
Weight=1.0

GOAL
Goal
OptimGoal5
Expr="Phase_Margin[2]-Phase_Margin[3]"
SimInstanceName="AC4"
Weight=1.0

图 8-23　完成对 GOAL4 与 GOAL5 的设置

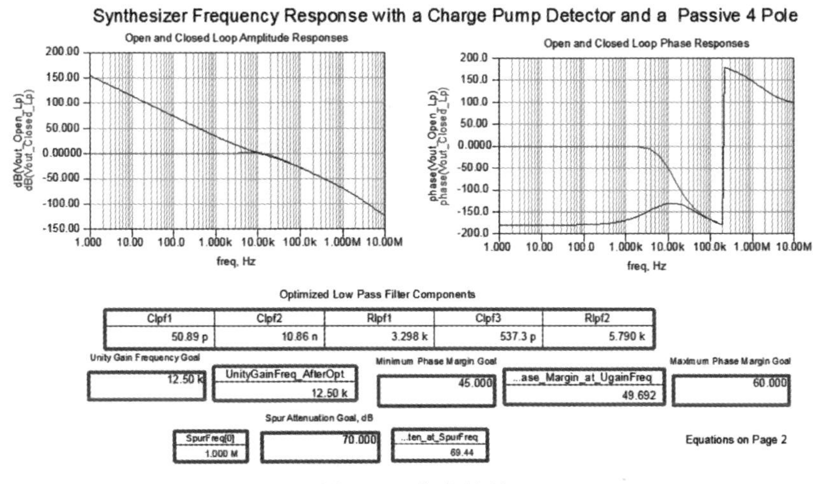


图 8-24　仿真结果

## 8.2.3　锁相环锁定时间与相位噪声仿真

在 ADS 主界面中选择 Folder View—SYN_CP_TN_P4P，双击打开电路原理图，如图 8-25 所示。

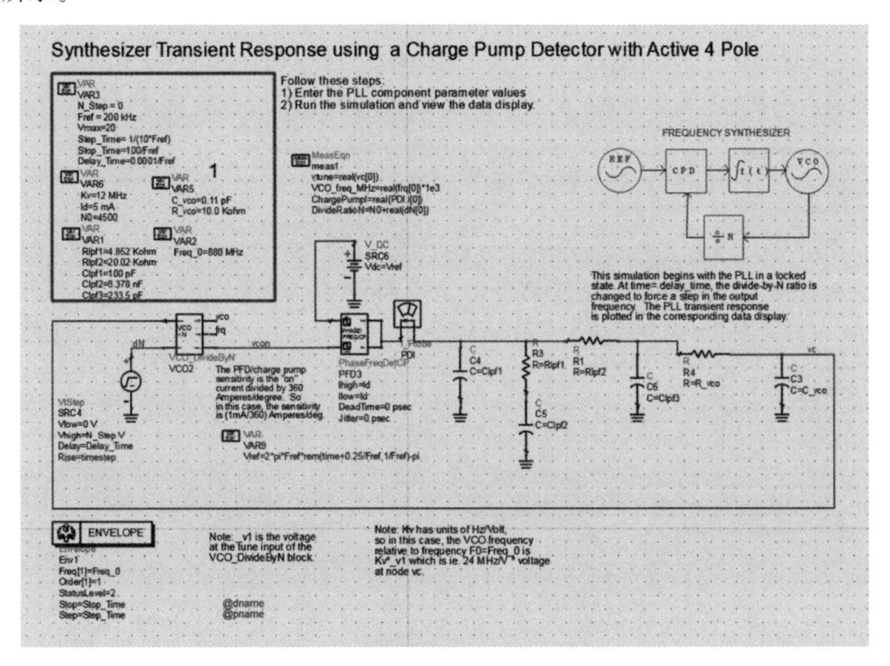


图 8-25　仿真原理图

原理图分成 3 部分。第 1 部分是 PLL 环路参数的设置区，第 2 部分是系统仿真框图，第 3 部分是仿真器。

第 1 部分：参数设置区

VAR1：由上节的优化计算后得到的元器件的参数设计变量控件 1。如图 8-26 所示。

VAR2：Freq_0 代表的是起始频率，即 VCO 调谐端控制电压为 0V 时的输出频率，设置如图 8-27 所示。

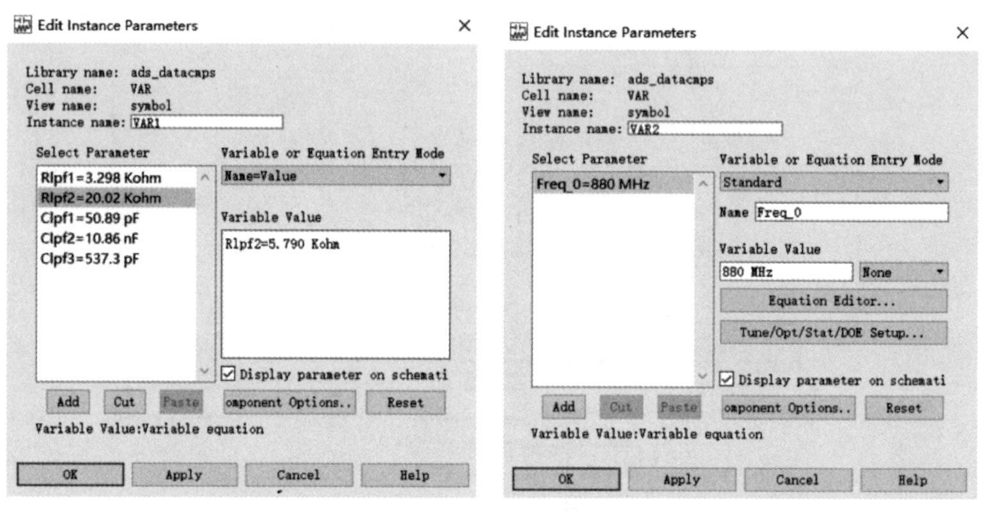


图 8.26　变量控制 VAR1　　　　图 8-27　变量控制 VAR2

VAR3：N_Step=0，表示 SRC4 的跳跃电压配置为 0V；Fref=200kHz，表示鉴相频率；Step_Time=1/(10 * Fref)，表示包络仿真器 Env1 的仿真步长；Stop_Time=100/Fref，表示包络仿真器 Env1 的仿真结束时间；Delay_Time=0.0001/Fref，表示仿真延迟时间。设置后的 VAR3 如图 8-28 所示。

VAR4：设置如图 8-29 所示，C_vco=0.11Pf，表示 VCO 的输入电容；R_vco=10.0kΩ，表示 VCO 的输入电阻。

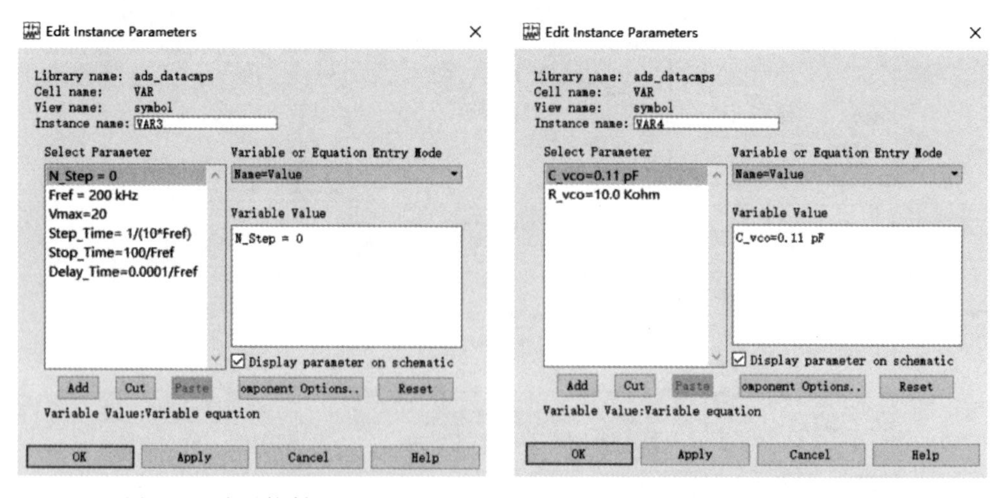


图 8-28　变量控制 VAR3　　　　图 8-29　变量控制 VAR4

VAR5：Kv＝12MHz，表示压控振荡器增益；Id＝0.005A，表示电荷泵的电流；NO＝4500，表示分频器的分频数，如图8-30所示。

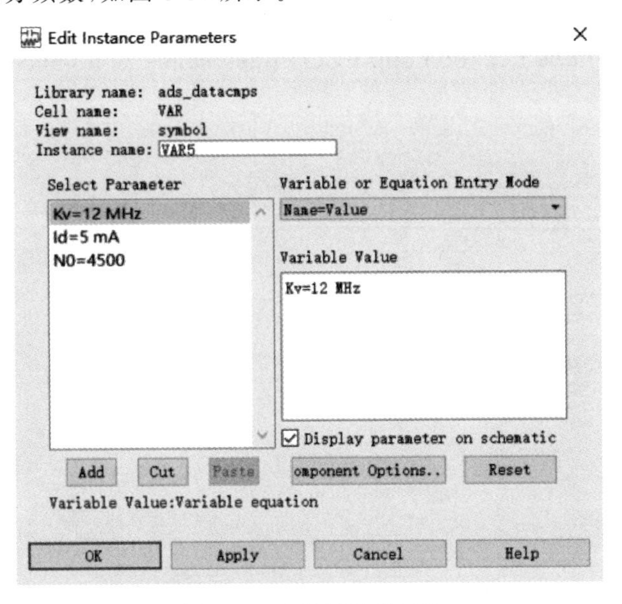


图8-30　变量控制VAR5

设置完成原理图中的变量控制器，即可单击工具栏中的Simulate开始仿真。

仿真完成后在数据显示窗口添加4个矩形窗口，分别显示电荷泵电流、压控振荡器锁定频率、压控振荡器锁定电压和分频器参数，如图8-31所示。从点m3可以看出压控振荡器锁定频率在900MHz，锁定时间为185$\mu$s。

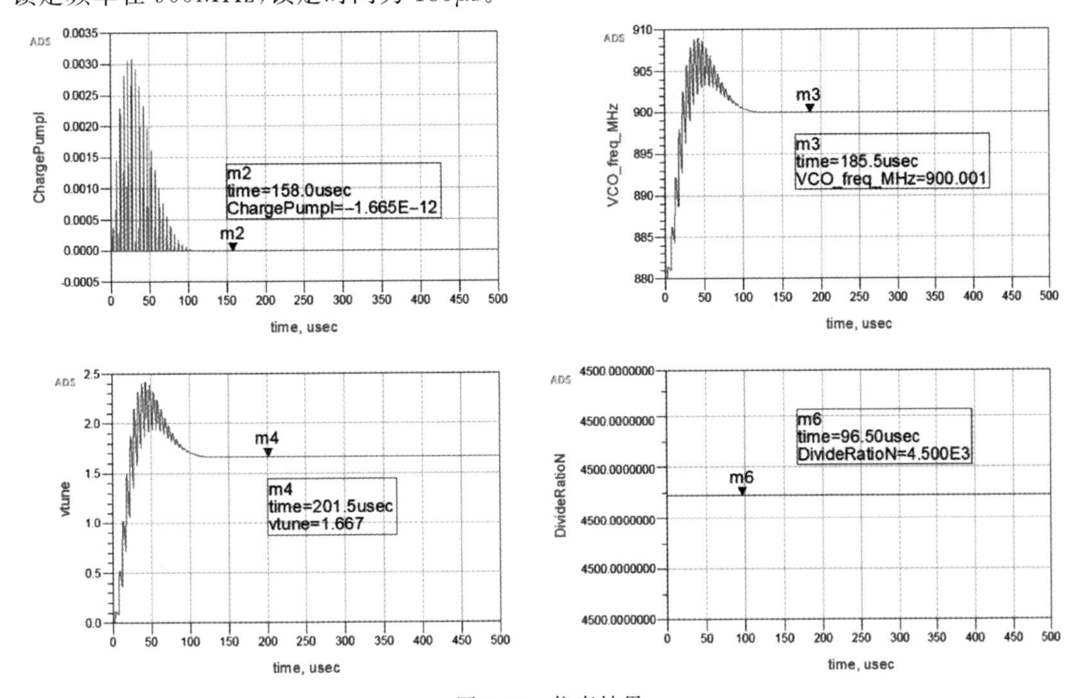


图8-31　仿真结果

在ADS主视窗中[Folder View]—[SYN_CP_PN_P4P]双击打开电路相位噪声仿真原理图，如图8-32所示。

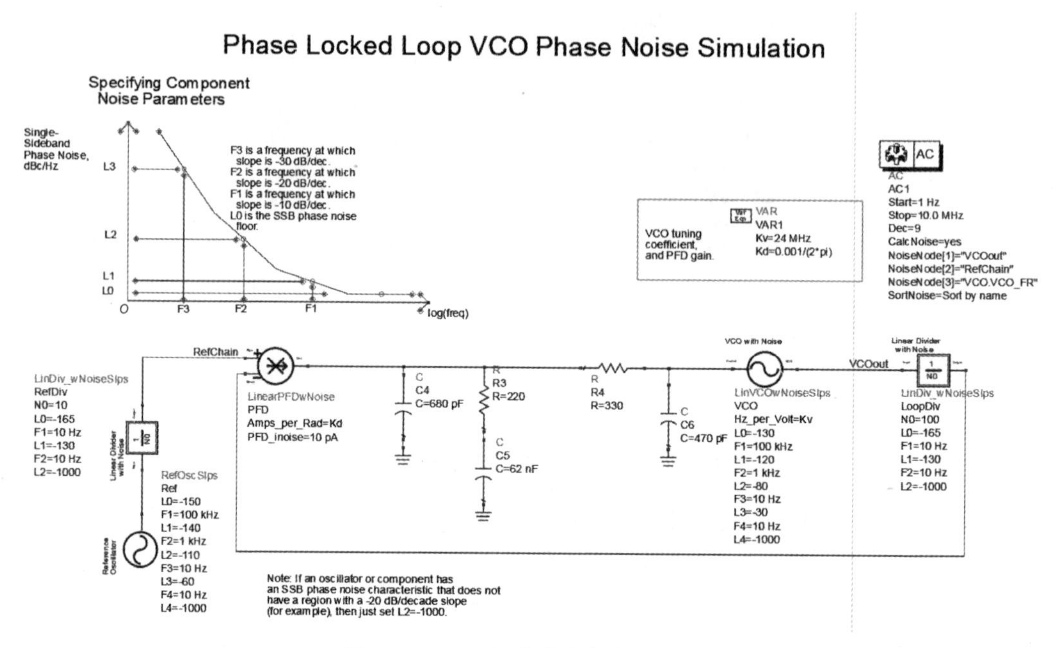


图8-32 PLL相位噪声仿真原理图

将环路计算参数带入如图8-32所示的仿真电路，同时，对各模块的相位噪声参数进行设置。最主要设置的对象为VCO的相位噪声，可根据Cadence中设计VCO的仿真结果对此处VCO的相位噪声进行设置，其他模块可采用初始参数。对电路进行仿真即可获得PLL的相位噪声曲线。

当环路带宽设置为12.5kHz时，对应的噪声响应曲线如图8-33所示，图中给出了VCO自身相位噪声曲线，输出参考噪声（即VCO噪声）对应到输出端噪声曲线，输入参考噪声（即参考信号声、PFD和CP噪声以及分频器声）对应到输出端噪声曲线和PLL总输出噪声曲线，本次设计中，环路带宽设置为12.5kHz时，PLL在1MHz处总输出噪声－128.9dBc/Hz。

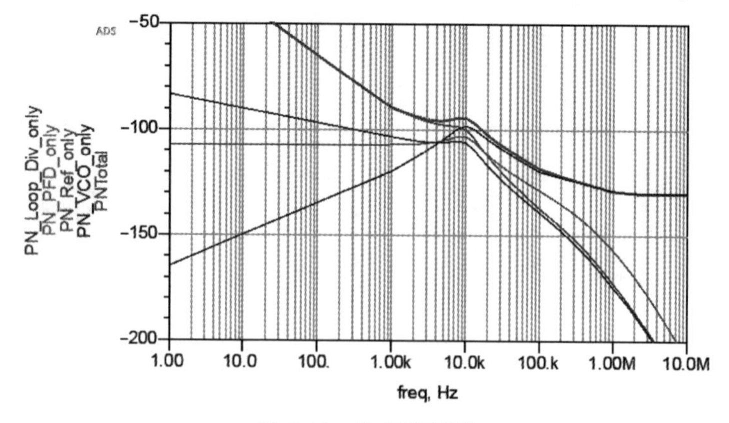


图8-33 仿真原理图

## 8.2.4 鉴频鉴相器设计仿真

鉴频鉴相器是频率综合器电路中的关键模块之一，主要用来比较参考信号和反馈信号的相位与频率然后形成误差电压。本节采用的是三态的 PFD 结构，运用标准的 CMOS 逻辑门完成。图 8-34 是鉴频鉴相器的原理图。PFD 由 3 个部分组成：D 触发器、延时单元和与门。$f_{REF}$ 是输入的参考信号，$f_{DIV}$ 是分频器的输出信号。

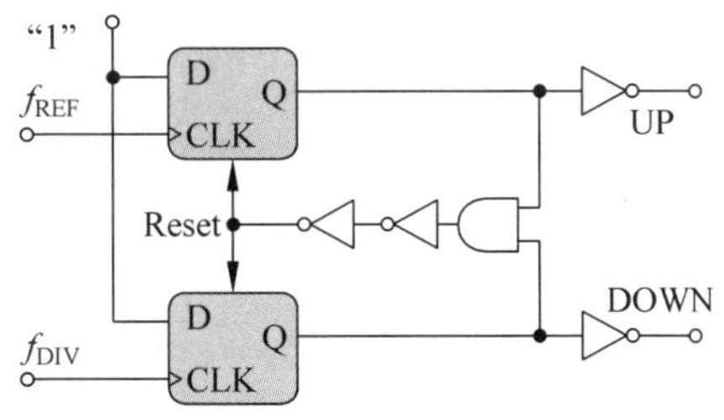


图 8-34 鉴频鉴相器的原理图

输出接缓冲，其中 UP 信号作为 PMOS 管的开关信号接奇数个反相器以使信号翻转并进行整形，DOWN 信号作为 NMOS 管的开关信号接偶数个反相器以对信号进行整形。

(1) 鉴频鉴相器的原理图

本设计采用 TSMC018 ADS 工艺库，作如图 8-35 所示的原理图。

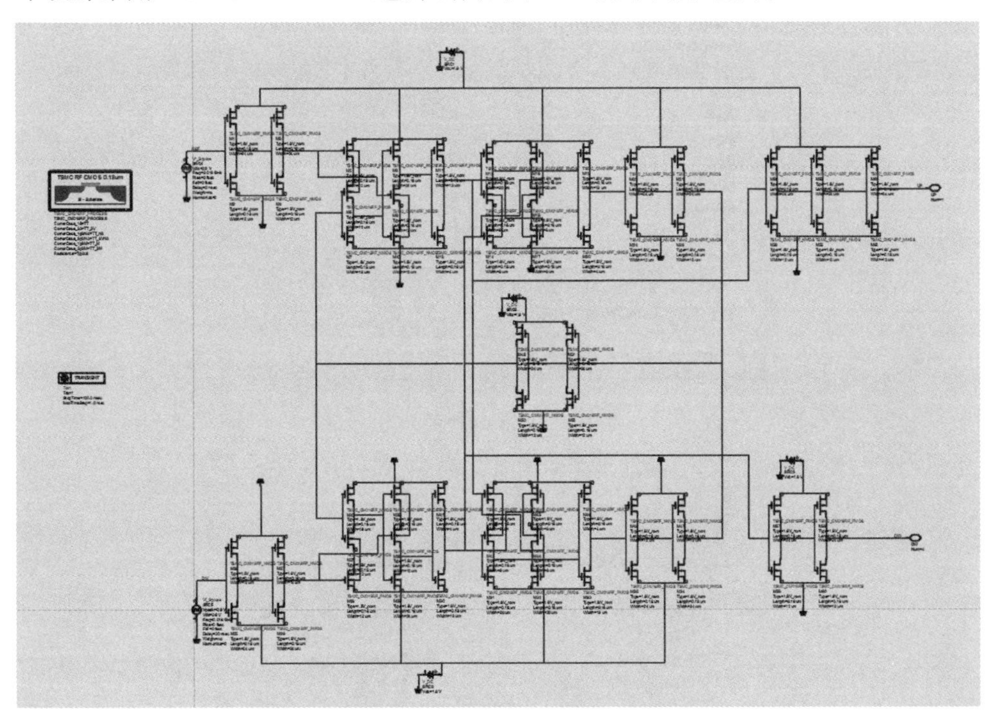

图 8-35 鉴频鉴相器的原理图

(2) 电路参数设置

电路中选择的 MOS 管模型，选择 TSMC_CM018RF_PMOS 与 TSMC_CM018RF_NMOS，如图 8-36 所示。MOS 管的参数设置如图 8-37 所示，只需要设置 MOS 管的 Length 与 Width，设置的参数值根据自己的需求而定。

信号源控制面板中选择 Source-Freq Domain—Square，如图 8-38 所示。

原理图中的参数设置完毕后，需要在原理图中添加工艺库中的 PROCESS，如图 8-39 所示，参数保存默认值即可。

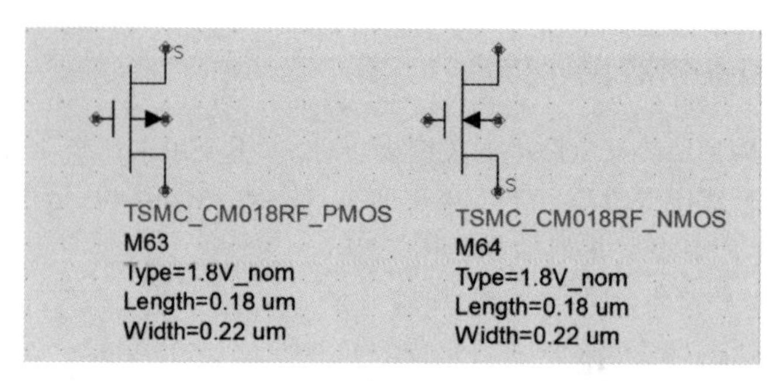


图 8-36 MOS 管模型

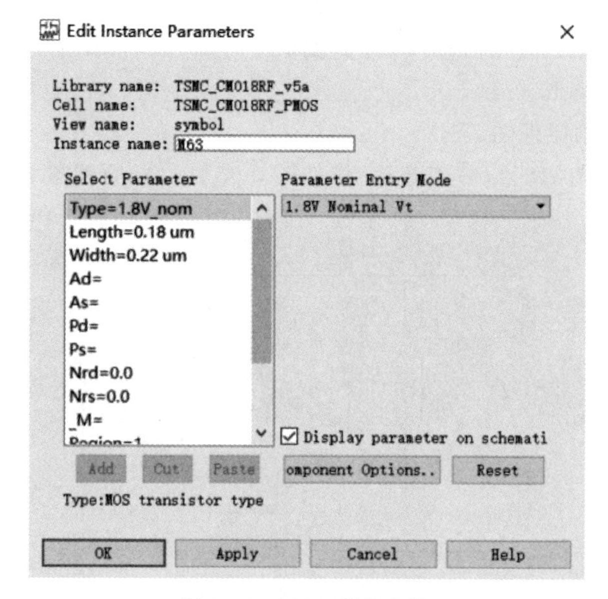


图 8-37 MOS 管的参数

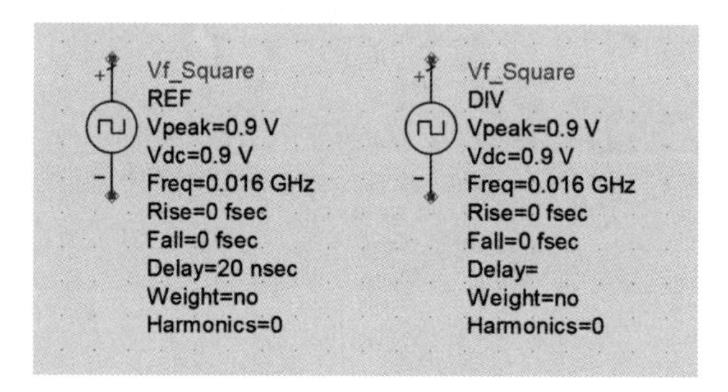


图 8-38 Square 的参数设置

最后插入瞬态的仿真控件，设置 Stop time=500ns，Max time step=1ns。

(3) 仿真结果分析

仿真结束后，弹出空白的数据显示窗口。在数据显示区，创建多个直角坐标系的显示方式，用来显示不同曲线。随后弹出 Plot Traces & Attributes 窗口，如图 8-40 所示，选择要显示的数据添加到右侧的 Traces 栏内。

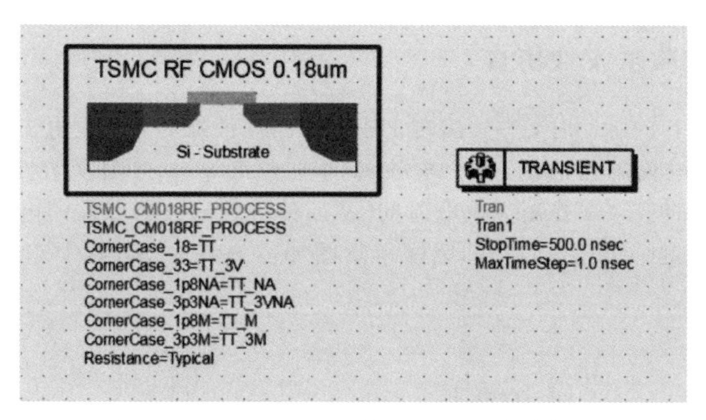


图 8-39 CMOS 0.18 工艺图以及瞬态仿真控件

单击 OK 按钮后，仿真结果如图 8-41 所示。图中表示当参考信号和反馈信号频率相同且参考信号相位滞后时，UP 信号在参考信号的上升沿到来时变成低电平，而 DOWN 信号在反馈信号的上升沿到来时变成高电平。在原理图窗口中，可以对两个信号源进行设置，从而得出在不同频率或者不同相位的情况下输出端的情况。

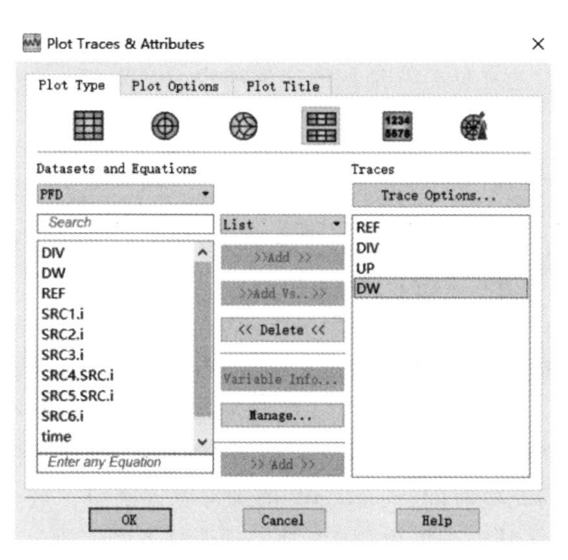


图 8-40 Plot Traces & Attributes 窗口

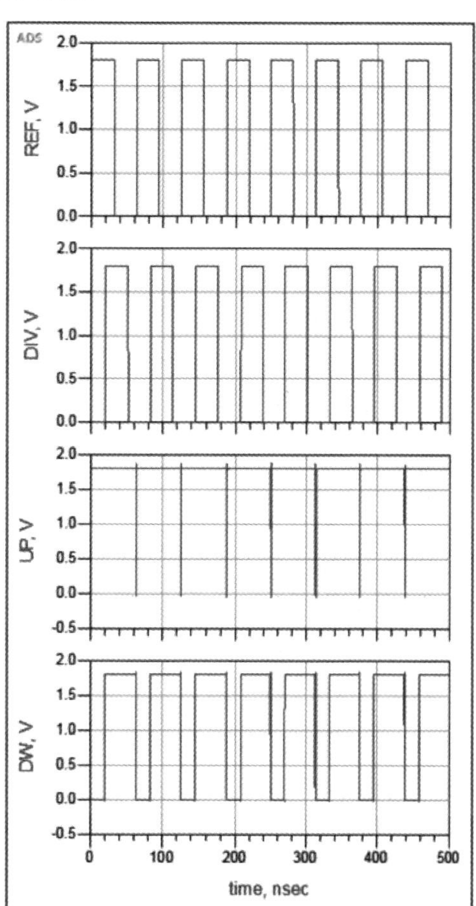


图 8-41 PFD 的瞬态仿真结果

## 8.2.5　电荷泵设计仿真

电荷泵将 PFD 的脉冲时间差输出转化成对环路滤波器的充放电电流。它是由两个开关和两个充放电电流源构成的，两个电流源的电流相等，两个开关在 PFD 输出 UP 和 DOWN 的输出脉冲控制下控制充放电时间，从而使环路滤波器存储的电荷取决于 UP 和 DOWN 的脉冲宽度。PFD 与 CP 的级联示意图如图 8-42 所示，图中左侧为上节设计的 PFD 结构。

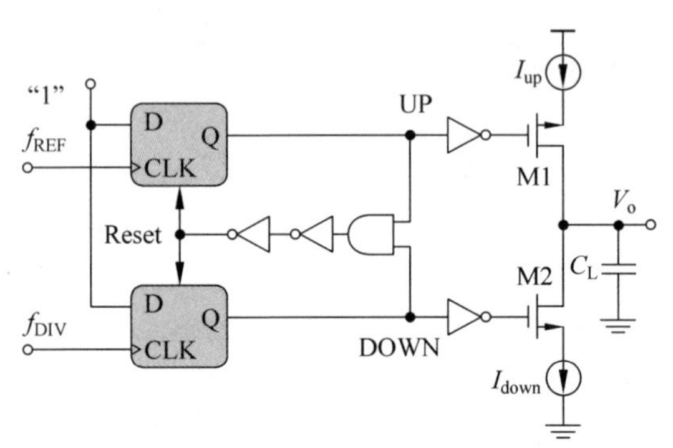


图 8-42　PFD 与 CP 的级联示意图

本节设计的电荷泵基于源端开关的单端输出结构，并在其中加入了运放形成负反馈从而提高充放电电流的匹配度。

（1）电路原理图

图 8-43 所示原理图中指出，右侧端口 1 与端口 5 是接 PFD 的输出信号，端口 2、端口 3 以及端口 4 连接的是运放；左侧的两个接口连接的是偏置电路。

（2）电路参数设置

本次仿真采用 CP 与 PFD 的级联仿真。PFD 接进电路中，参数设置参考上节。电荷泵电路的偏置结构设计如图 8-44 所示。

最后设计了增益为 66dB，相位裕度为 46°的互补差分结构的运放结构。电荷泵电路的完整电路图见图 8-45。

（3）仿真结果分析

仿真结束后，在数据显示窗口中选择创建多个直角坐标系的显示方式，来显示 PFD 与 CP 级联的数据。如图 8-46 所示 Plot Traces & Attributes 窗口，选择要显示的数据添加到右侧的 Traces 栏内。V0 为电荷泵的输出电压值与电容 $C_L$ 的电压值。

单击 OK 按钮后，仿真结果显示如图 8-47 所示。在图中，UP 和 DW 控制 M1 和 M2 对环路滤波器的电容充放电，从而使环路滤波器的电压上升或下降，而这个电压是压控振荡器的控制电压。PFD 和电荷泵联合起来的工作过程如下：首先，PFD 比较输入参考信号与分频器输出信号的相位和频率，然后 UP 和 DW 根据相位差输出脉冲，UP 脉冲的宽度控制 M1 管的导通时间，也就是电荷泵对滤波器的充电时间，同样，DW 的脉冲宽度决定了放电时间。因此，UP 和 DW 的脉冲宽度之差决定了滤波器的电压 V0 是上升还是下降。图 8-47 中输入参考信号的相位领先于分频器的工作时序。

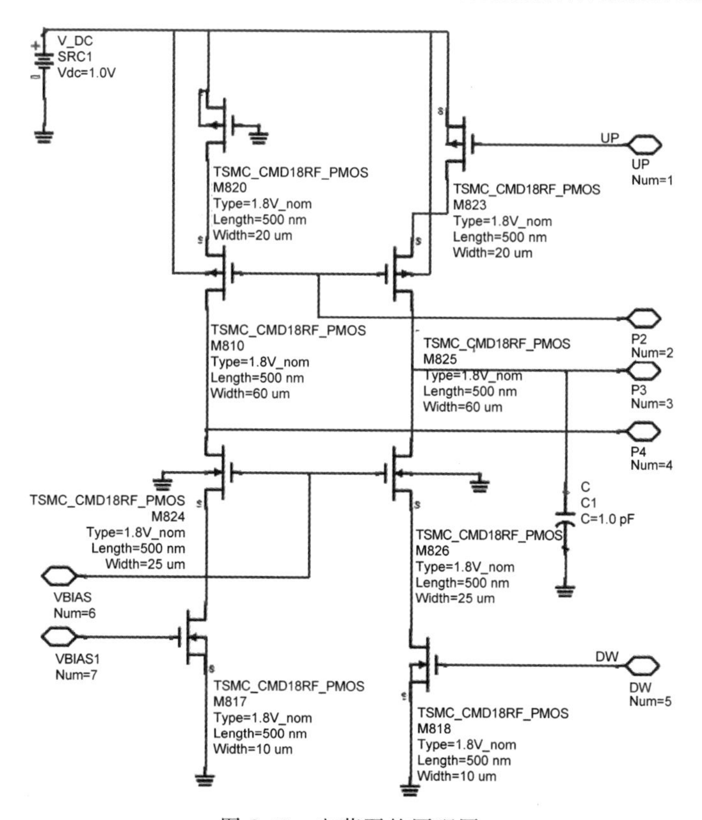


图 8-43　电荷泵的原理图

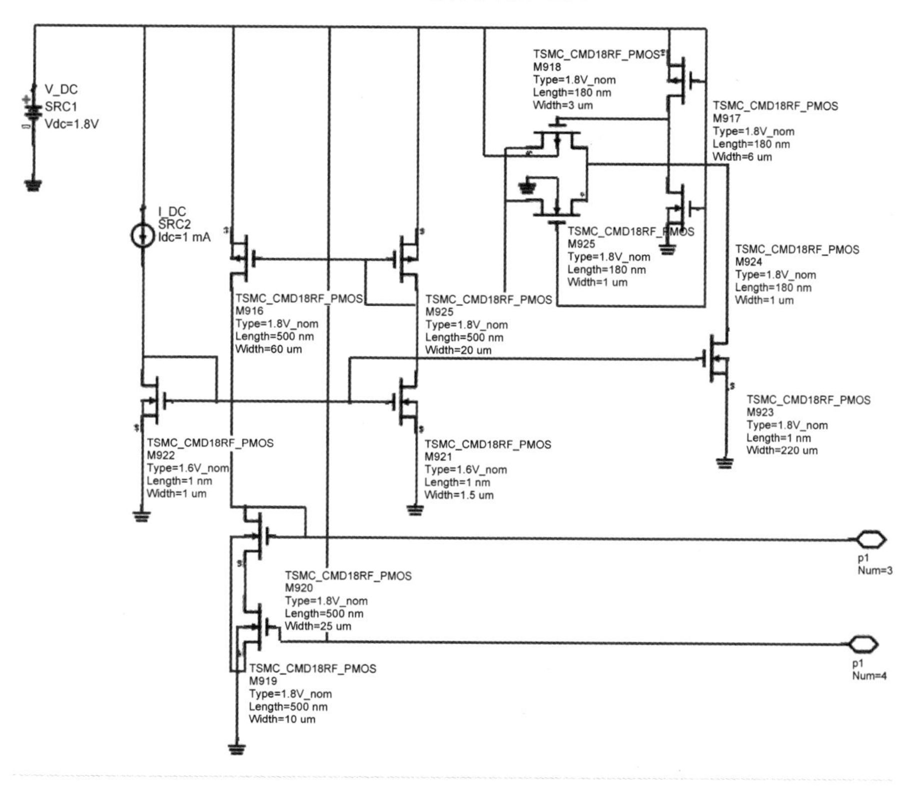


图 8-44　电荷泵电路的偏置结构

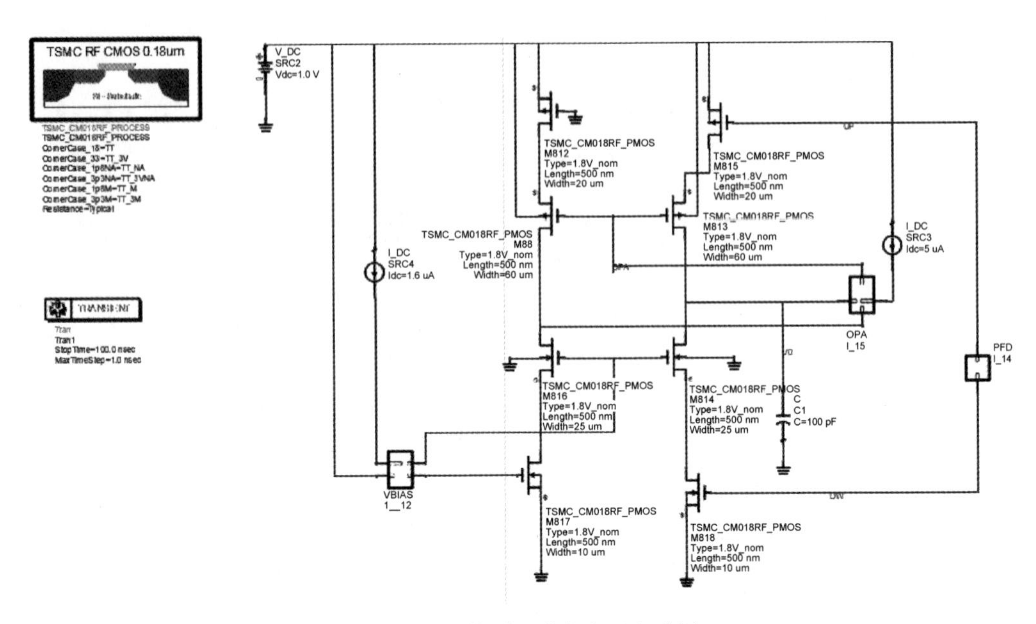

图 8-45　电荷泵电路的完整电路图

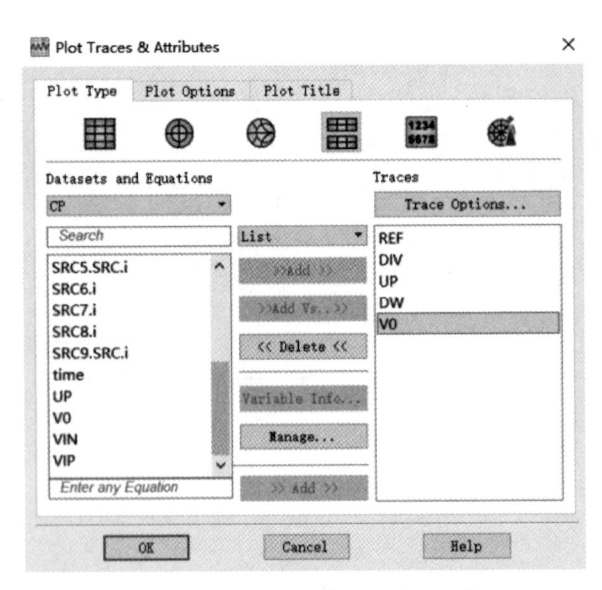

图 8-46　Plot Traces & Attributes 窗口

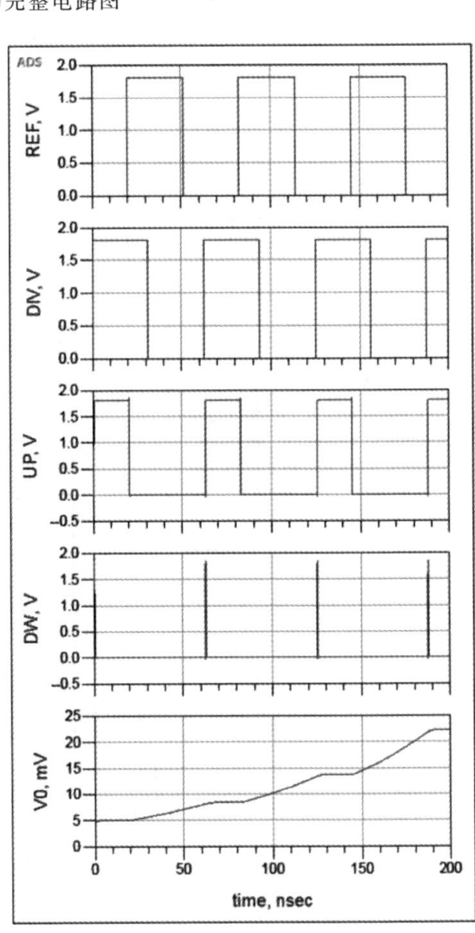

图 8-47　PFD 与 CP 级联的仿真结果

## 8.2.6　VCO 设计仿真

本节将创建一个工作空间，这个工作空间命名为“VCO”，以这个工作空间来完成接下来的设计。

设计指标如下。

振荡频率：1.8GHz；

相位噪声：在 100kHz 处为－100dBc/Hz。

压控振荡器分为 3 个部分设计，分为偏置电路、调谐网络和振荡器的终端网络。

(1) 偏置电路

设计指标：Vce＝6V；

Ic＝10mA。

① 在 vco 的工作空间中创建名称为“VCO_A”的原理图界面，在原理图界面中搭建原理图，如图 8-48 所示。

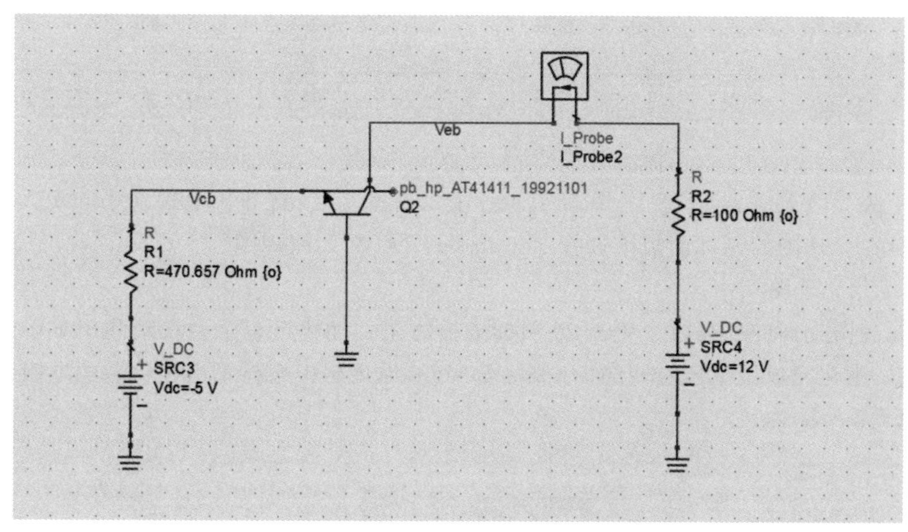


图 8-48　VCO 电路的偏置电路

原理图中的元器件如下。

R1：阻值 400Ω，优化范围为 100～800Ω；

R2：阻值 300Ω，优化范围为 100～600Ω；

SRC1：设置 Vdc＝－5V（在频域源 Source-Freq Domain 元件面板上，选择直流电压源 V_DC）；

SRC2：设置 Vdc＝12V；

I_Probe：探测元件(Probe Components)面板上，用来指示插入点的电流；

AT41411：在原理图工具栏元件库中搜索。

连接好原理图后在图中插入两个节点，Vcb 插入在电流指示表和晶体管之间，Veb 插入在电阻 R1 和晶体管之间。

② 优化偏置电路的设置

为了达到设计要求，需要优化电阻 R1 和 R2。在原理图的元件面板列表上选择 Optim-Stat-DOE 项，选择优化控件 Optim 和两个目标控件 GOAL 插入原理图，对两个目标控件设置如图 8-49 所示。

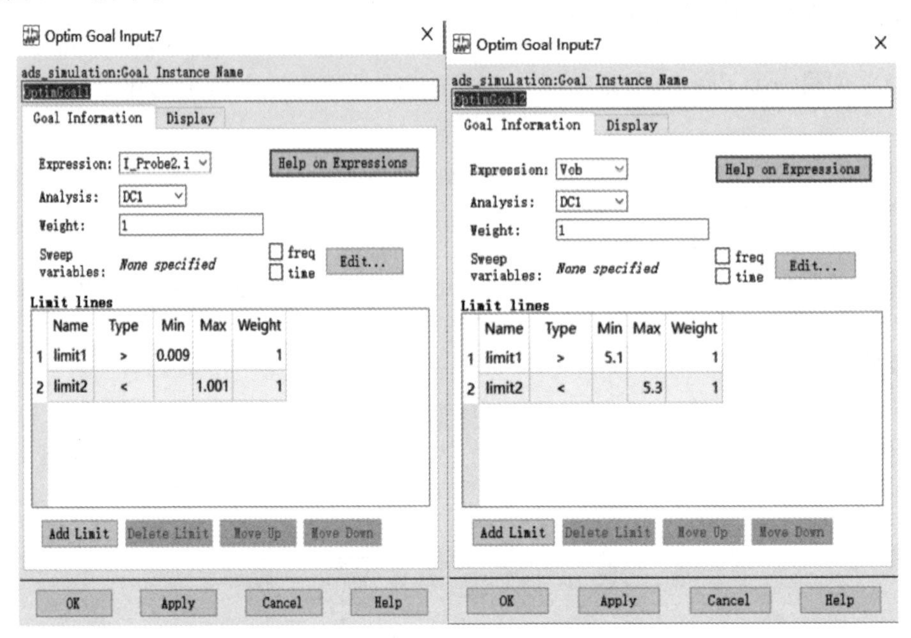


图 8-49　GOAL 的设置

接下来完成 Optim 设置：选择随机 Random 优化方式，优化次数选择 100 次。

最后在原理图的元件面板上选择 Simulation-DC 插入原理图。

③ 优化原理图

在原理图界面的工具栏中单击图标进行优化。优化过程中会自动跳出如图 8-50 所示的窗口，优化完成后单击左侧的 Update Design，原理图中会显示出优化后的电阻值。

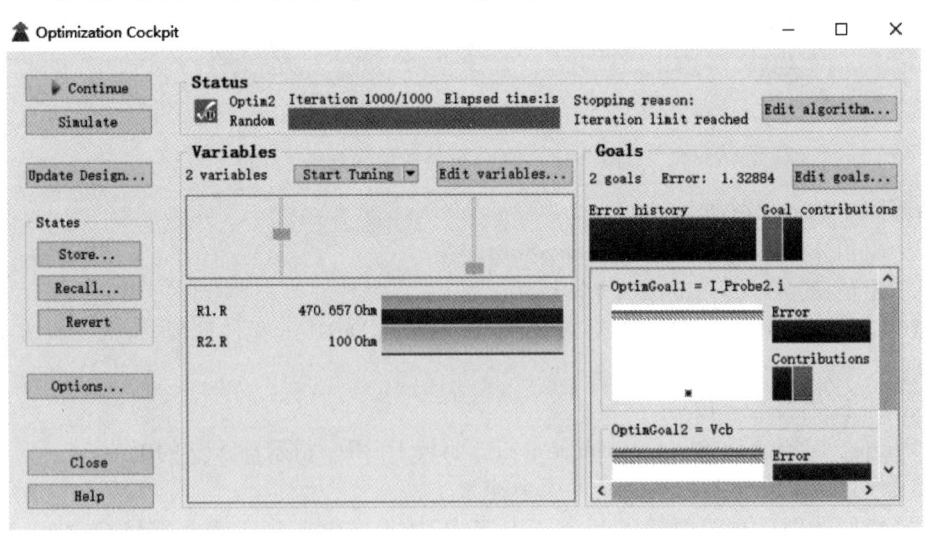


图 8-50　偏置电路的优化仿真

（2）调谐网络的设计

① 在工作区新建命名为 VCO_B 的原理图，搭建的调谐网络原理图如图 8-51 所示。

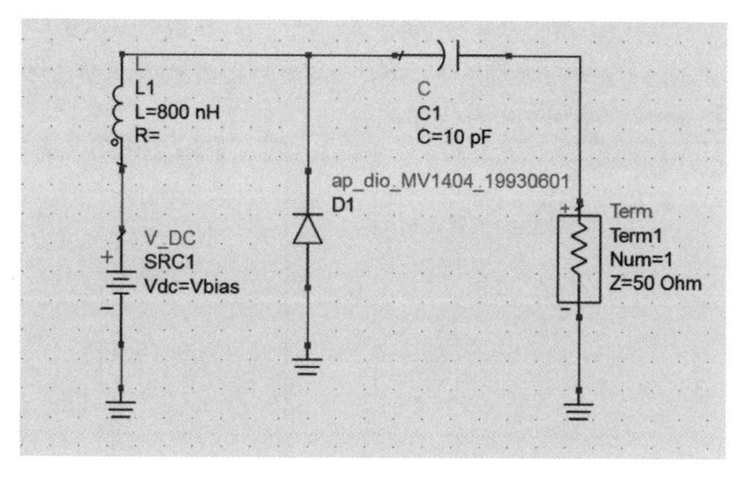


图 8-51　调谐网络原理图

原理图中的元器件如下。

C1：设置为 10pF；

L1：设置为 800nH；

D1：变容二极管，在元件库中搜索 MV1404；

SRC1：直流电压源设置为变量 Vdc＝Vbias V；

Term：选择 *S* 参数仿真元件面板，插入到原理图与调谐网络连接在一起，参数选择默认状态。

② 控制器的参数设置

VAR：工具栏插入变量 VAR，双击将变量设置为 Vbias＝5；

Zin：输入阻抗，可在 *S* 参数仿真元件面板中选中插入原理图；

S_PARAMETERS：仿真控制器 SP，设置为单点频率，频率值设为 1.0GHz；

PARAMETER SWEEP：*S* 参数面板中选择参数扫描控制器。扫描变量设置为 Vbias，扫描的仿真 SP1，扫描起始点为 1，扫描间隔值为 0.1，扫描终止值为 10，如图 8-52 所示。

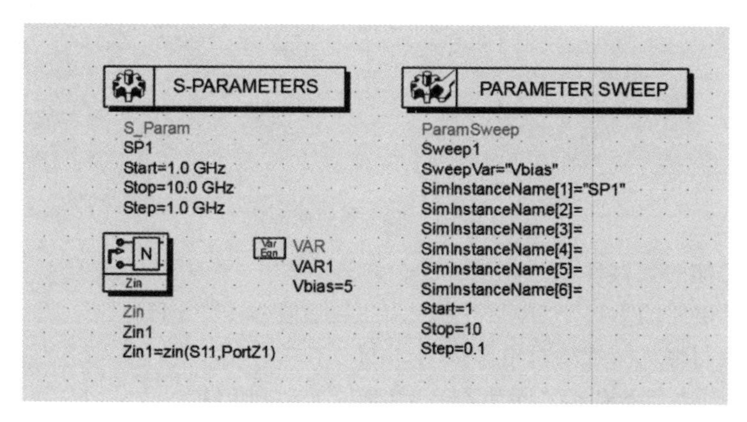


图 8-52　仿真控件的设置

③ 原理图仿真

单击仿真按钮运行仿真后，自动弹出数据显示窗口，需在数据显示窗口插入方程。方程为 C_Varactor=－1/(2＊pi＊freq[0,0]＊imag(Zin 1[0]))。在数据显示窗口选择矩形图和数据列表来显示电容 C_Varactor。从图 8-53 中得出,设置调谐网络时,变量 Vbias=3.8V。

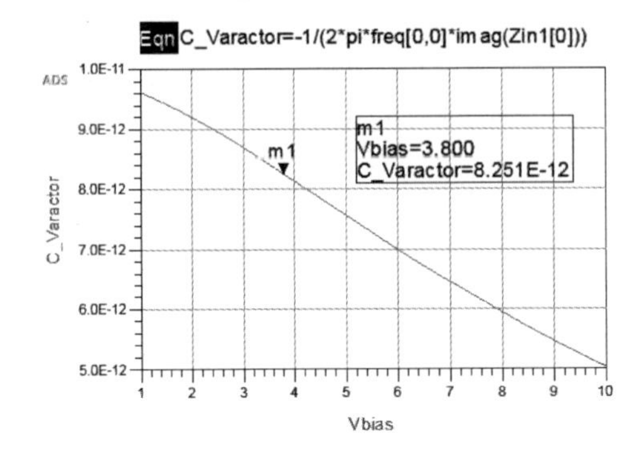


| Vbias | C_Varactor |
|---|---|
| 1.000 | 9.623E-12 |
| 1.100 | 9.586E-12 |
| 1.200 | 9.548E-12 |
| 1.300 | 9.509E-12 |
| 1.400 | 9.468E-12 |
| 1.500 | 9.426E-12 |
| 1.600 | 9.384E-12 |
| 1.700 | 9.340E-12 |
| 1.800 | 9.295E-12 |
| 1.900 | 9.249E-12 |
| 2.000 | 9.202E-12 |
| 2.100 | 9.154E-12 |
| 2.200 | 9.106E-12 |
| 2.300 | 9.057E-12 |
| 2.400 | 9.007E-12 |
| 2.500 | 8.956E-12 |
| 2.600 | 8.905E-12 |
| 2.700 | 8.853E-12 |
| 2.800 | 8.800E-12 |
| 2.900 | 8.747E-12 |
| 3.000 | 8.694E-12 |
| 3.100 | 8.640E-12 |
| 3.200 | 8.585E-12 |
| 3.300 | 8.530E-12 |
| 3.400 | 8.475E-12 |
| 3.500 | 8.419E-12 |
| 3.600 | 8.363E-12 |
| 3.700 | 8.307E-12 |
| 3.800 | 8.251E-12 |
| 3.900 | 8.194E-12 |

图 8-53　调谐网络仿真结果

(3) 振荡器的设计

① 结合前两节的偏置电路和调谐电路可以画出振荡器的原理图,见图 8-54。

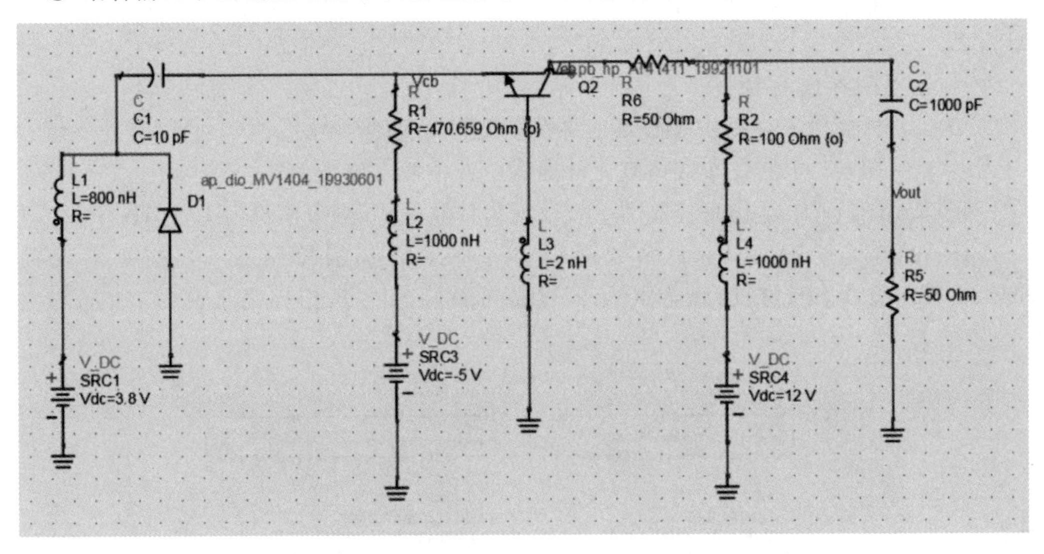


图 8-54　振荡器的原理图

原理图中增加的元器件如下。

L2：在偏置电路的 R1 与 SRC3 中插入,且电感值为 1000nH。

L3：在基极与地之间连接且电感值为 2nH。

L4：在电阻 R2 与 SRC4 之间插入,且电感值为 1000nH。

C2：在偏置与谐调电路的基础上,增加的电容值为 1000pF。

R5：阻值选择 50Ω,一端连接 C2,另外一端接地。

R6：阻值同样选择 50Ω,取代谐调电路中的电流检测表。

② 仿真器设置

原理图搭建好后，在原理图控制面板上，选择瞬态仿真控件并对其设置，设置如图 8-55 所示。

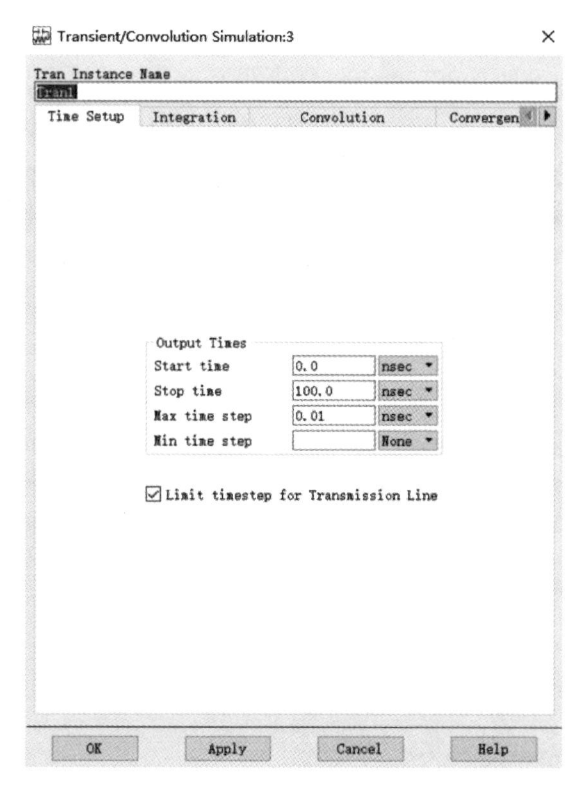


图 8-55　瞬态仿真设置

最后的工作就是在原理图中插入节点 Vout，作为输出的输出点。

③ 原理图仿真

单击原理图工具栏中的 Simulate。当仿真结束后会自动弹出数据显示窗口，在数据显示视图中添加矩形图显示方式，选择显示的量为 Vout。可以得到 Vout 的瞬态曲线图，如图 8-56 所示。

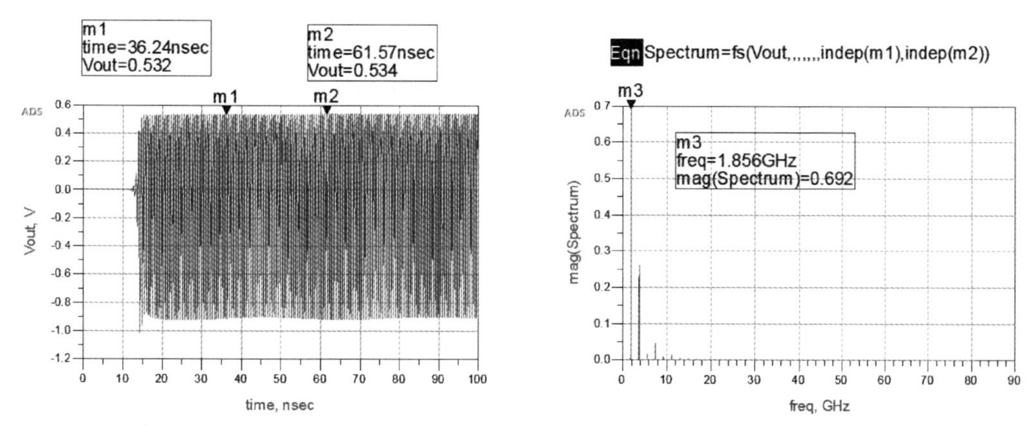


图 8-56　VCO 的仿真结果

### 8.2.7 环路滤波器设计仿真

环路滤波器是众多滤波器的一种，因为这种滤波器使用在环路中，因此称为环路滤波器。它在锁相环中的作用是对鉴相器输出误差电压中的高频部分、输出纹波以及带外噪声进行滤除，为压控振荡器提供纯净的直流控制电压，同时为系统提供一定的稳定裕度。环路滤波器是锁相环至关重要的一环，它的选择和设计是锁相环设计过程中必不可少的，也是整个设计成功与否的关键。

本节使用 ADS 的设计向导来学习设计符合技术指标要求的滤波器。

设计集总参数低通滤波器。

通带频率范围为 0～0.1GHz。

滤波器响应为切比雪夫(Chebyshev)。

通带内波纹为 0.5dB。

在 0.2GHz 的衰减大于 50dB。

特选阻抗选为 5MΩ。

(1) 启动 ADS 软件，打开主视窗。

(2) 在主视窗中单击菜单 File—New Workspace，弹出 New Workspace Wizard 对话框，在对话框中项目名称为 Filter，如图 8-57 所示。

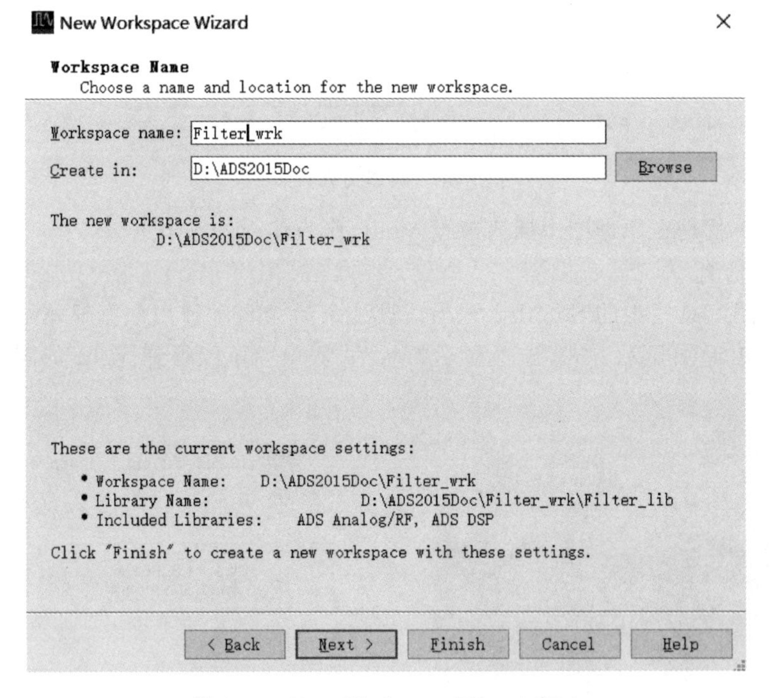


图 8-57 New Workspace Wizard 窗口

(3) 单击 Finish，完成创建项目，命名原理图为 LP。利用设计向导生成低通滤波器。

(4) 单击菜单 Design Guide—Filter，打开如图 8-58 所示的对话框，选择 Filter Control Window，打开图 8-58 所示的 Filter DesignGuide 对话框。

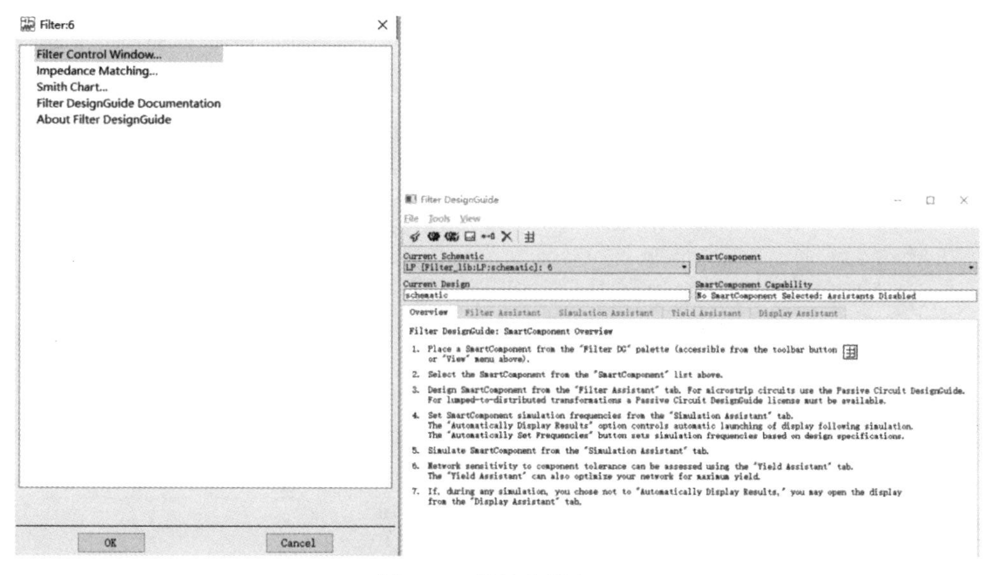


图 8-58 设计向导窗口

(5) 在 Filter DesignGuide 窗口中,单击工具栏中的 Component Palette-All,在原理图中出现滤波器设计向导元件面板,如图 8-59 所示,包括集总元件低通、高通、带通和带阻滤波器设计向导。

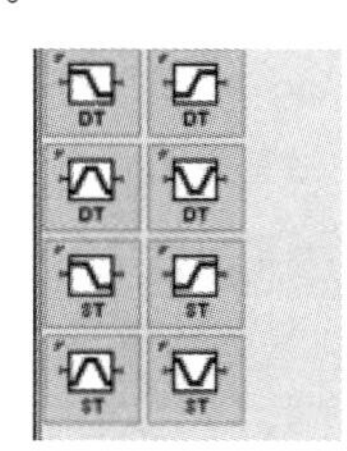

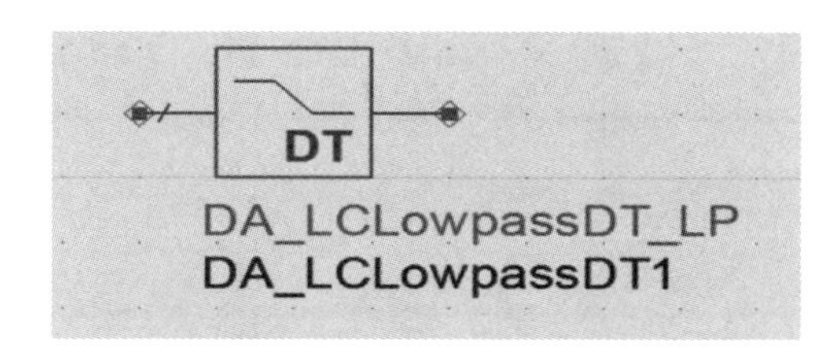


图 8-59 滤波器的元件面板以及双端口低通滤波器

(6) 在 Filter DG-All 元件面板上选择双端口低通滤波器,插入原理图,如图 8-59 所示。

(7) 重新回到 Filter DesignGuide 对话框中,选择 Filter Assistance 选项,打开如图 8-60 所示的滤波器设计助手对话框。将 SmartComponent 栏选为 DA_LCLowpassDT1。

Respones Type 为滤波器响应的方式,选择 Chebyshev; Source Inpedences 代表源阻抗,Load Inpedences 代表负载阻抗,选择默认值; Ap 代表滤波器通带的衰减,由设计指标可得 0.5dB; As 为滤波器阻带的衰减,也可由指标推导出为 30dB; Fp 代表滤波器通带的频率,设为 0.1GHz,Fs 代表滤波器阻带的频率,设为 0.2GHz。完成设置后,单击 Design。弹出如图 8-61 所示的电路图,接下来就是验证是否满足自己的设计要求。

单击工具栏中图标返回上级电路,并添加两个终端 Term,$S$ 参数仿真控件。

(8) 将两个终端 Term 连接低通滤波器得到的电路图如图 8-62 所示。

最后设置 $S$ 参数控件,如图 8-63 所示。

(9) 在原理图工具栏上单击 Simulate,在弹出的数据显示视窗中选择矩形框图,选择 dB(S(2,1))参量,然后单击 OK 即可。仿真结果见图 8-64。图中 m2 点处满足 0.2GHz 的衰减。m1 和 m3 证明了通带内波纹小于 0.5dB。

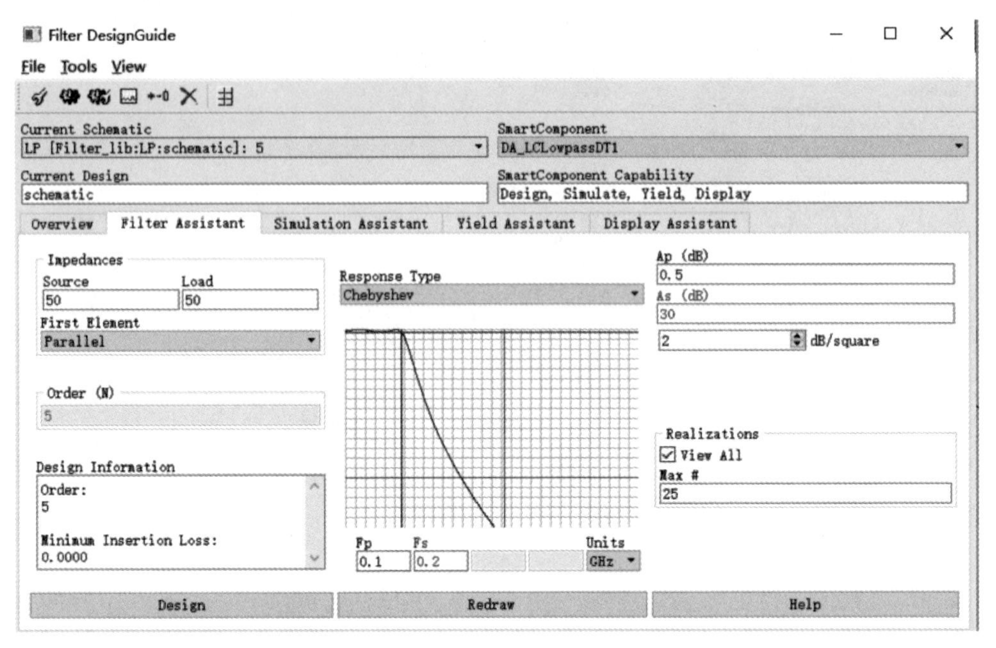


图 8-60 Filter DesignGuide 设置

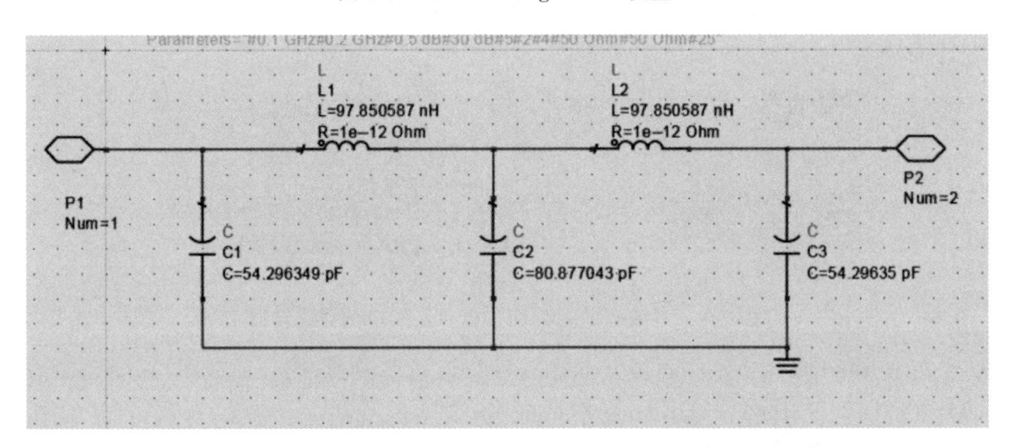


图 8-61 滤波器的内部电路

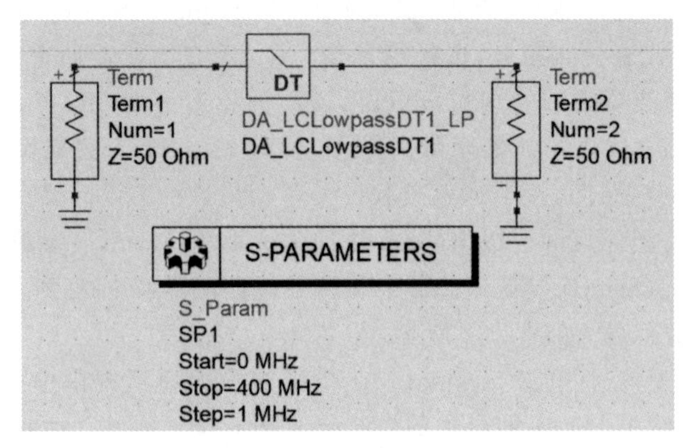


图 8-62 低通滤波器的电路结构

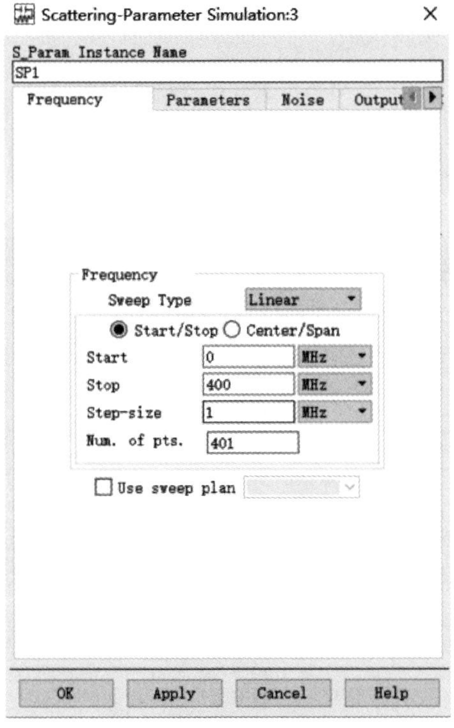


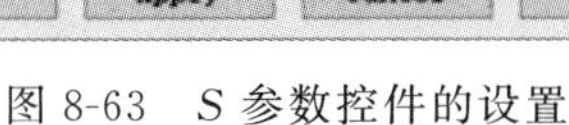
图 8-63 *S* 参数控件的设置

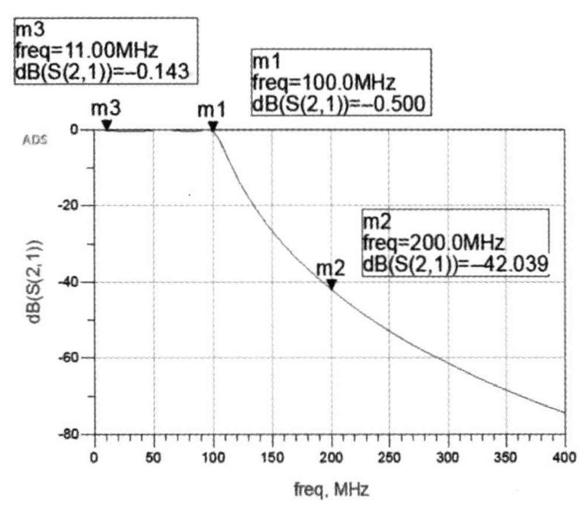


图 8-64 仿真结果图

## 8.2.8 分频器的设计仿真

(1) 创建项目

在 ADS 主视窗中单击图标，在搜索框中输入 Div。在右侧栏内添加 VAMS_Examples_wrk(见图 8-65)，添加完毕后打开工作区，选择 TestDividerN 文件夹。打开分频器电路图如图 8-66 所示。

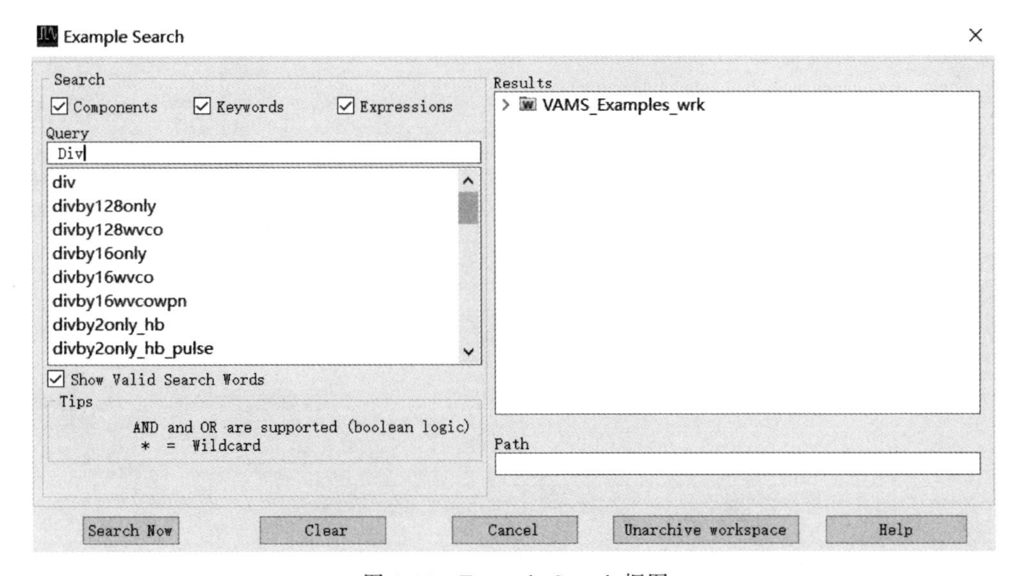


图 8-65 Example Search 框图

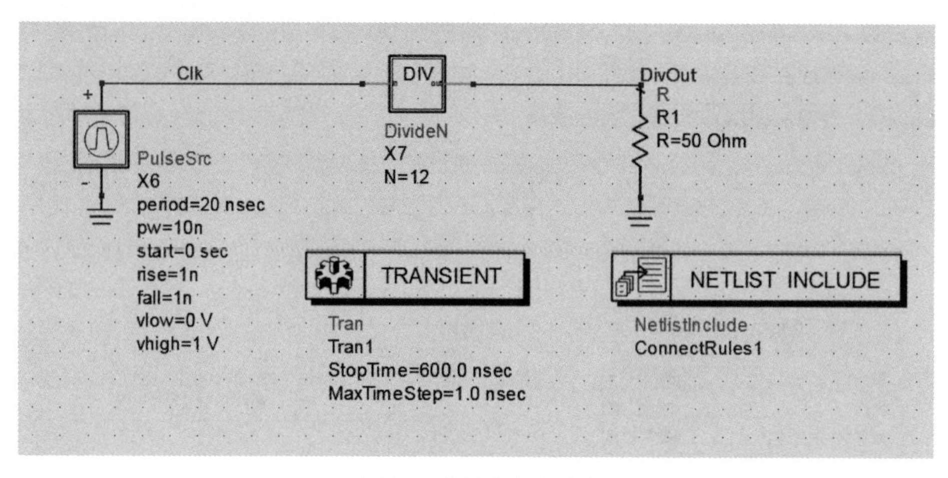


图 8-66　分频器的电路图

电路中的元器件如下。

PulseSrc：参数设置采用默认值。

DivideN：分频器，可以设置分频比 $N$ 的值。

R：电阻 $R1$ 的阻值，设置为 50Ω。

（2）仿真器设置

TRANSIENT：瞬态仿真的设置，设置开始和停止的时间以及最大时间步长，如图 8-67 所示。

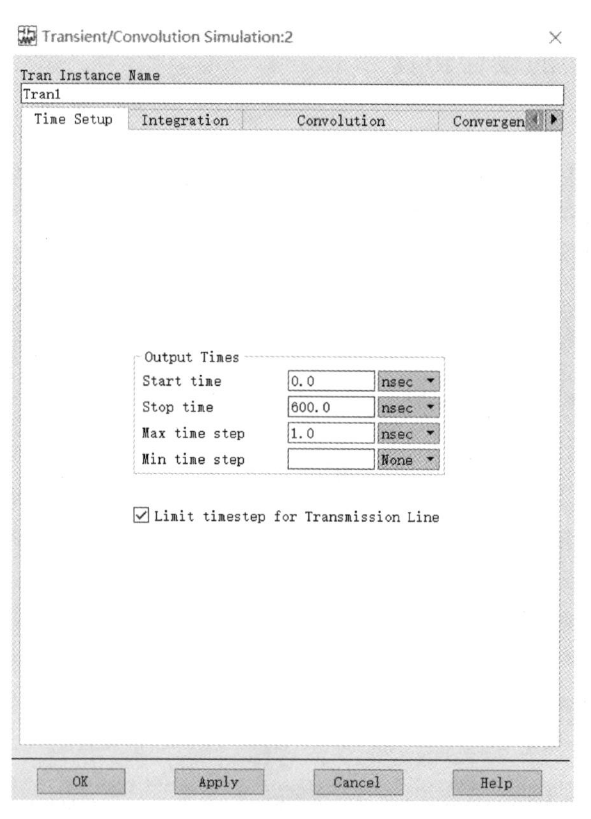


图 8-67　瞬态仿真控件的设置

NETLIST INCLUDE：采用默认值。

(3) 仿真结果图

分频器的仿真结果见图 8-68。从图中可以观察出分频器的分频比为 12，与设计的指标相符。

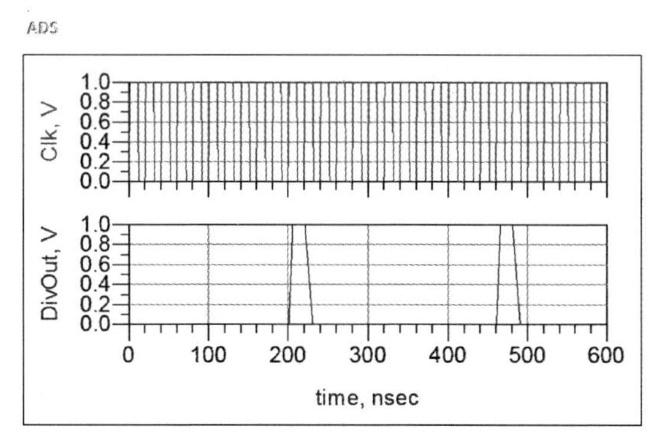


图 8-68 分频器的仿真结果

# 第9章 射频前端收发系统设计

射频通信系统主要应用在无线通信领域，各种射频无线通信系统有类似的结构，即接收机和发射机两部分。发射机的功能是将有用的低频信号和高频载波信号进行调制，将其变为在某一中心频率上具有一定带宽、适合通过天线发射的有足够辐射功率的电磁波。接收机的功能为从众多的电磁波中选出有用信号，并放大到解调器所要求的电平值后再由解调器解调，将已调信号变为低频调制信号。

## 9.1 收发机基本结构

### 9.1.1 接收机系统基本架构

射频接收系统通常由天线、射频滤波器、低噪声放大器、混频器、本振信号源、中频滤波器和中频放大器构成，其作用是将天线接收到的微弱射频信号进行滤波、下变频及放大，并转换为基带可处理的数字信号。最常见的三种射频接收机结构为超外差接收机、零中频接收机以及低中频接收机，三种结构都各具特点，在实际设计中，需根据指标、性能、成本等因素综合考虑，选择和优化具体的接收机结构。

(1) 超外差接收机

若天线接收的射频信号频率与本振信号源产生的本振信号频率不同，接收机称为超外差接收机，如图 9-1 所示。其工作过程为接收到的信号经过一个射频滤波器滤除频段外干扰，然后经过第二个滤波器滤除镜像信号。在第一次变频后射频信号被搬移到一个统一的中频上，再经过第三个滤波器滤除带外信号，然后再经过正交的信号搬移到基带。

常用的超外差接收机的中频频率在几十兆赫到几百兆赫。超外差接收机与零中频接收机相比，优点在于噪声低、灵敏度高、动态范围大以及频率选择性好。超外差接收机与零中频接收机的构成差异主要在于中频滤波器不同，超外差接收机的中频滤波器为带通滤波器。此外，镜像抑制滤波器和频率选择滤波器必须具有高品质因子的滤波特性来维持接收机的性能优势，因此接收机整体的功耗较大。其次，高品质因子的滤波器在系统集成上也有一定的困难。

(2) 零中频接收机

若天线接收的射频信号频率与本振信号源产生的本振信号频率相同，接收机称为零中

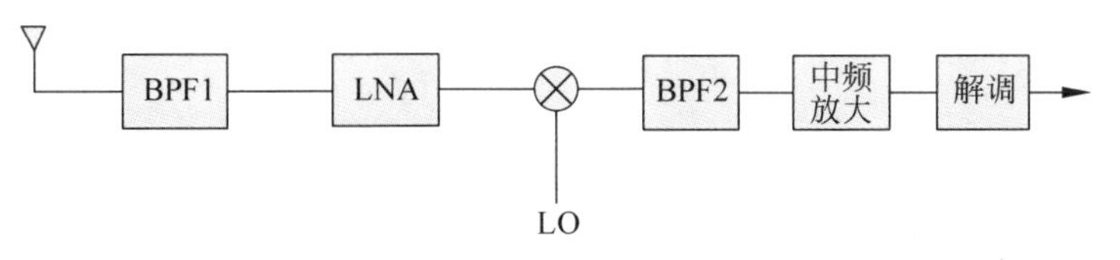


图 9-1　超外差接收机

频接收机，如图 9-2 所示。在零中频接收机中，经过滤波后的射频信号被直接下变频到基带。通过这种直接下变频的方式，混频器产生的镜像信号就是有用信号本身，这样可以大大减轻镜像信号干扰的问题，并且可以进一步通过正交下变频的方法来解决混频后上下边带交叠的问题。零中频接收机的中频滤波器为低通滤波器。

零中频接收机因为将射频信号直接下变频为基带信号，没有传统的镜像信号干扰问题，因此可以省掉中频放大器相关的模块，这样可以有效地降低功耗。它对 ADC 的要求也较其他结构低，并且链路结构和实现方式简单，大大提高了电路集成度，减少了片外元件，成本较低。但是零中频接收机的噪声与超外差接收机相比较大，并且由于变频后信号接近直流，具有直流失调和 $1/f$ 噪声的问题。此外还有由于本振端口和射频端口不是理想隔离引起的本振泄漏、I/Q 失配、偶次谐波干扰等诸多问题。

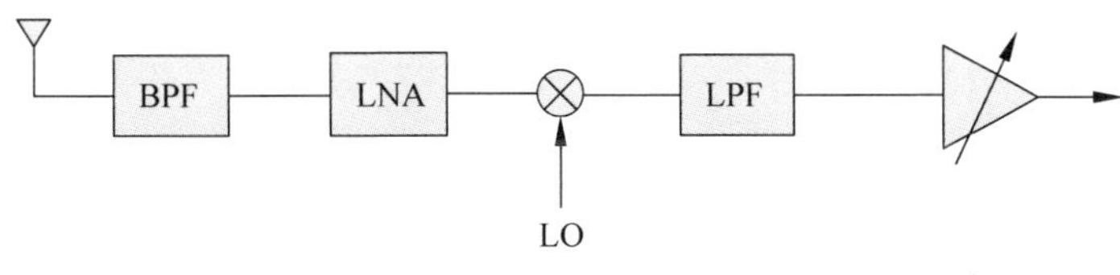


图 9-2　零中频接收机

(3) 低中频接收机

基于以上的讨论，超外差接收机会受到镜像信号的干扰，而零中频接收机由于下变频到接近直流信号，故理想情况下不会受到镜像信号的干扰但与之带来的是直流失调等问题。那么自然而然考虑到，能否使零中频接收机中的射频信号并非直接下变频到接近直流信号，而是取一个较低的频率值，从而既不会受到镜像信号的干扰，又不会受到直流失调的影响。因此人们提出了低中频接收机的概念，如图 9-3 所示。低中频接收机的核心是用一个仅具有正频率成分的复本地振荡信号来将射频信号转换到一个较低的中频。

对于低中频接收机来说，因为信号频率位于中频而不在直流，由混频所导致的直流偏移对中频不造成干扰，本振泄漏也不会带来影响，从而大大减少了对接收机尤其是混频各端口间的隔离要求，同时闪烁噪声的影响也会大大降低，再通过选取合适的转角频率，可以有效减小闪烁噪声。不过，也正因为如此，低中频接收机需要精准的本振信号来使得中频频率较为精准，所以振荡器和锁相环电路的设计复杂度也上升了。此外，该接收机还要求很好的 I/Q 路径正交匹配，否则电路失配将会加重。

## 9.1.2　发射机系统基本架构

在无线通信系统中，发射机主要完成信号的调制和功率放大，最终将高频的射频信号通过天线发射出去，因此一个基本的发射机框架应该包括基带、混频器和功率放大等几个部分，如图 9-4 所示。数模转换器将数字部分输出的信号转换成模拟基带信号，高频的本振信

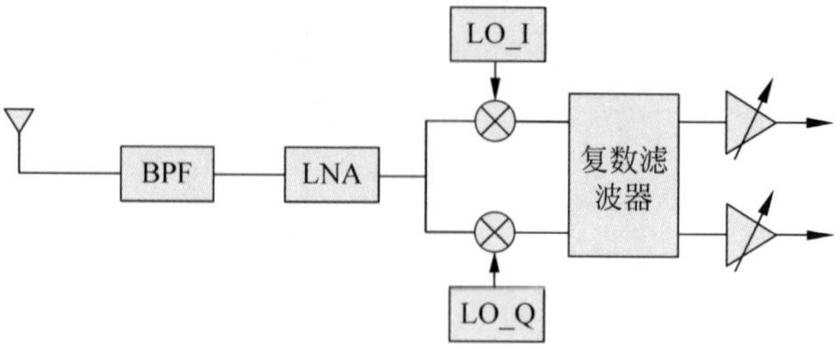

图 9-3 低中频接收机

号通过混频器将低频的基带信号调制成射频信号，射频信号经功率放大器放大至一定功率后从天线辐射出去，再通过无线信道传输至接收终端，这样完成了完整的无线信号发射过程。发射机一般具有频率、带宽、功率、效率和辐射杂散等性能参数。常用的射频发射机也有超外差和零中频等架构。

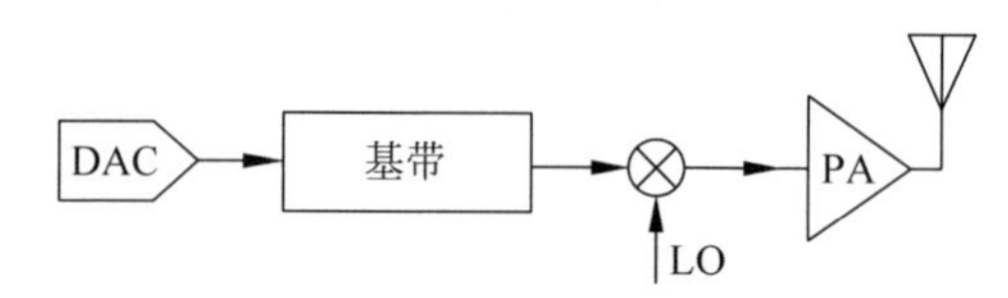


图 9-4 无线发射系统框图

(1) 超外差发射机

超外差发射机是最常使用的发射机，它的系统架构如图 9-5 所示，第一级上变频一般在数字域进行，这样可以使 I、Q 支路精确平衡，避免了 I、Q 不匹配对性能指标的恶化。随后由数模转换器(digital-to-analog converter，DAC)转化到模拟域，由中频带通滤波器(IF BPF)滤除混叠信号，之后由压控振荡器(voltage controlled oscillator，VCO)产生本振信号将信号在中频上调制为射频信号，通过镜像抑制滤波器(Image Reject Filter，IRF)剔除不期望出现的镜像边带信号和其他谐波信号，最终由射频放大器进行放大并馈入发射天线，超外差发射机的功率谱密度如图 9-6 所示。

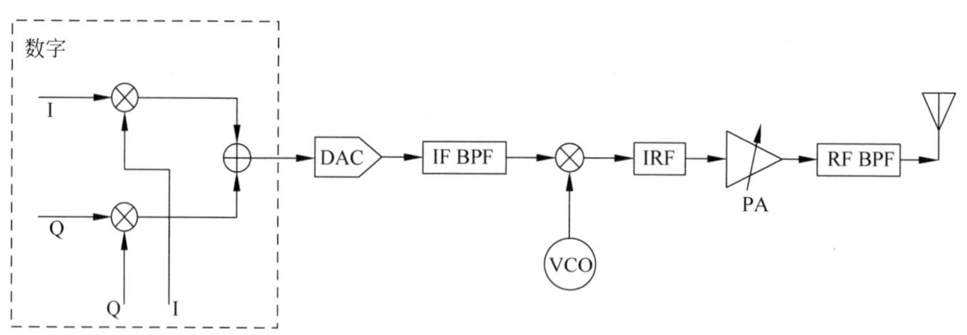


图 9-5 超外差发射机

该架构采取两次上变频使得本振频率和射频输出信号频率间隔足够远，从系统上避免了负载牵引效应，而且经过中频和射频两次滤波，很大程度上改善了发射机的杂散和噪声。

超外差发射机的集成度受限于镜像抑制滤波器。第二次上混频会产生一个关于本振信号对称的镜像信号，为了不干扰其他信道的信号，发射机对镜像信号要有足够的抑制率，因此这种结构对镜像滤波器要求比较高。此外，第二次上混频之后已经是射频信号，这对滤

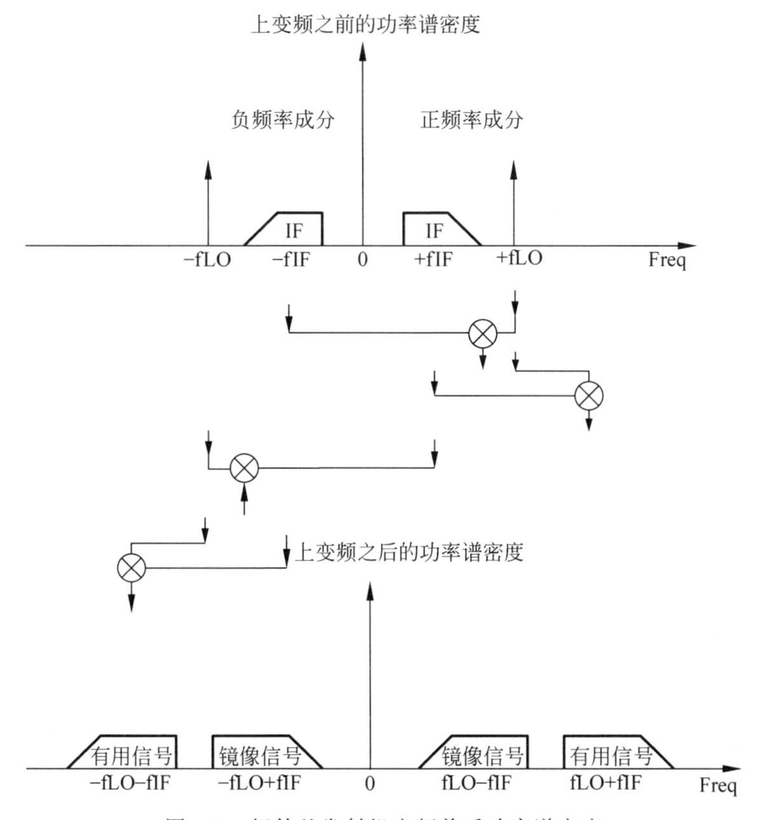


图 9-6　超外差发射机变频前后功率谱密度

波器的 $Q$ 值非常苛刻，在现有技术条件下无法做到集成。同时，采用片外滤波器需要考虑阻抗匹配的问题，需要额外消耗较多的功耗。

（2）零中频发射机

零中频发射机是发射机最自然和最直接的实现形式，如图 9-7 所示。数字域的数字信号经过 DAC 转换为处于零频处的模拟信号，通过模拟基带放大器和低通滤波器后，被上变频混频器提高到本振信号频率，最后由功率放大器完成功率放大，放大的功率信号最终加载到天线上，零中频发射机的功率谱密度如图 9-8 所示。

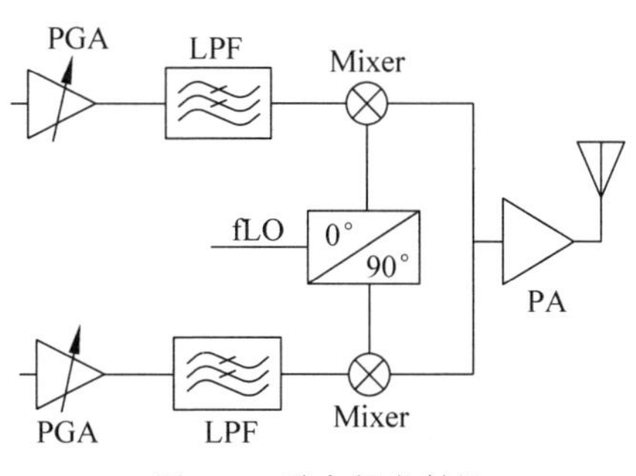


图 9-7　零中频发射机

这种结构的优点是由于本振泄漏和镜像边带均在信道附近，不会形成带外的干扰，不需要额外的镜像抑制滤波器。另外此类发射机结构简单，节省了芯片面积，降低了成本。

但它也存在缺陷。在这种结构中，最终的发射信号频率和本振频率相等，两者会互相产生耦合干扰。首先是在最终输出信号中产生本振泄漏，因为衬底耦合会将本振信号叠加在射频输出信号上，二者频率非常相近，无法进行滤波抑制本振泄漏。其次，功放输出信号会对本振形成干扰，称为本振牵引或注入锁定。

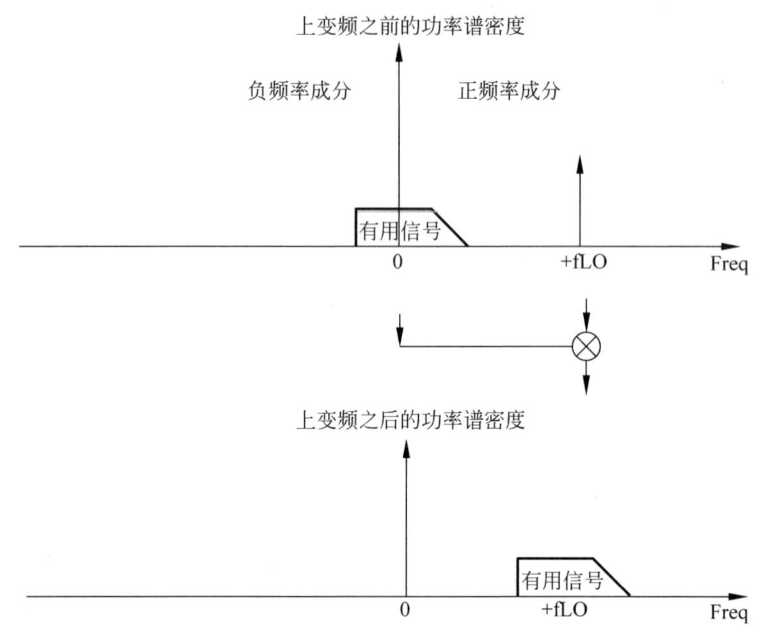


图 9-8 零中频发射机变频前后功率谱密度

# 9.2 收发机指标分析

## 9.2.1 灵敏度与噪声系数

灵敏度用来衡量接收机系统检测微弱信号的能力。灵敏度定义为射频无线接收机系统能够检测的最小信号功率 $P_{\min}$，通常以 dBm 来表示。而接收机系统的各种噪声会对接收机灵敏度产生很大影响，为了衡量系统的噪声性能，需要引入噪声因子 $F$(noise factor)和噪声系数 NF(noise factor)的概念，如式(9-1)所示。

$$F=\frac{P_{\text{ototal}}}{P_{\text{osource}}}=\frac{P_{\text{osource}}+P_{\text{int}}}{P_{\text{osource}}}=\frac{\text{SNR}_{\text{in}}}{\text{SNR}_{\text{out}}} \tag{9-1}$$

$$\text{NF}=10\lg F$$

式中，$P_{\text{ototal}}$ 为总输出噪声功率；$P_{\text{osource}}$ 为由信号源所引入的输出噪声功率；$P_{\text{int}}$ 为接收机本身产生的噪声功率，$\text{SNR}_{\text{in}}$ 为输入信噪比；$\text{SNR}_{\text{out}}$ 为输出信噪比。

则灵敏度与噪声因子的关系可以表示为

$$P_{\min}=\text{SNR}_{\min}\cdot RT\Delta f\left[\frac{T_{\text{a}}}{T}+(F-1)\right]\approx\text{SNR}_{\min}\cdot FkT\Delta f \tag{9-2}$$

式中，$\text{SNR}_{\min}$ 为接收机可以接收的最小信噪比；$k$ 为玻耳兹曼常数($\sim 1.38\times10^{-23}$J/K)；$T$ 为绝对温度；$\Delta f$ 为噪声带宽。

对于 $N$ 个模块级联的系统而言，系统总的噪声系数和等效噪声温度分别为

$$F=F_1+\frac{F_{2-1}}{G_{\text{A1}}}+\frac{F_{3-1}}{G_{\text{A1}}G_{\text{A2}}}+\cdots+\frac{F_{n-1}}{G_{\text{A1}}G_{\text{A2}}\cdots G_{\text{A}(n-1)}} \tag{9-3}$$

$$T_e = T_{e1} + \frac{T_{e2}}{G_{A2}} + \frac{T_{e3}}{G_{A1}G_{A2}} + \cdots + \frac{T_{en}}{G_{A1}G_{A2}\cdots G_{An-1}} \tag{9-4}$$

从上式可以看出，级联网络第一级的噪声对系统总的噪声影响最大。

设计具有较小噪声系数的接收前端系统和模块，可提升接收机灵敏度，有助于基带的正确解调。

### 9.2.2 线性度

线性度是一种对射频电路因非线性引起的一系列失真现象的描述。设计电路时，需要使得电路满足线性度要求，避免出现增益压缩、谐波失真或者互相调制等非线性的工作状态。

在小信号输入的情况下，模拟/射频电路可以近似为一个线性模型，可以使用泰勒级数来描述系统的非线性现象，即令 $x(t)$ 为射频电路的输入信号，$y(t)$ 为射频电路的输出信号，可得非线性系统泰勒展开式：

$$y(t) = a_0 + a_1 x(t) + a_2 x^2(t) + a_3 x^3(t) + \cdots \tag{9-5}$$

式中，$a_1$，$a_2$，$a_3$ 分别表示系统的增益、二阶非线性、三阶非线性系数。当射频输入信号 $x(t)$ 等于 $A\cos\omega t$ 时，此时输出信号 $y(t)$ 表示为

$$\begin{aligned} y(t) &= a_1 A\cos\omega t + a_2 (A\cos\omega t)^2 + a_3 (A\cos\omega t)^3 \\ &= \frac{1}{2}a_2 A^2 + \left(a_1 A + \frac{3}{4}a_3 A^3\right)\cos\omega t + \frac{1}{2}a_2 A^2 \cos 2\omega t + \frac{3}{4}a_3 A^3 \cos\omega t \end{aligned} \tag{9-6}$$

其中，直流项为 $\frac{1}{2}a_2 A^2$，此外还会出现谐波失真，如 $\cos 2\omega t$、$\cos 3\omega t$ 项分别为二次谐波分量、三次谐波分量。若忽略谐波项，仅考虑基波频率的项，那么此时 $y(t)$ 为

$$y(t) = \left(a_1 A + \frac{3}{4}a_3 A^3\right)\cos\omega t \tag{9-7}$$

则系统增益为

$$\frac{y(t)}{x(t)} = \frac{\left(a_1 A + \frac{3}{4}a_3 A^3\right)\cos\omega t}{A\cos\omega t} = a_1 + \frac{3}{4}a_3 A^2 \tag{9-8}$$

式中，若 $a_1$ 大于零时，$a_3$ 是小于零的，系统增益便为关于 $A$ 的减函数，那么就会发生增益饱和的现象，即增益压缩。通常用 1dB 压缩点描述系统的增益因非线性而不再继续维持线性关系，并产生增益下降 1dBm 的现象，此时增益下降 1dBm 所对应的功率点为 1dB 压缩点。

另一个常用来描述系统线性度的指标为三阶交调点(3-order intercept point，IP3)。实际情况下，输入信号存在干扰信号，可以用 $x(t) = A_1\cos\omega_1 t + A_2\cos\omega_2 t$ 表示，两者幅度一样，即 $A_1 = A_2 = A$，频率不同但非常接近。输出信号中除了基频信号外，还有其他频率成分如 $2\omega_1 \pm \omega_2$ 和 $2\omega_2 \pm \omega_1$。其中有些信号离目标频率较远，落在信道外，可以通过滤波器进行滤除，比如 $2\omega_1 + \omega_2$ 和 $2\omega_2 + \omega_1$。但是也有些信号落在信道内或者邻近信道，而无法通过滤波器滤除，如图 9-9 所示。

通常采用三阶交调量(IM3)以及三阶交调点(IP3)来描述由三阶项带来的交调效应。此外，对于级联的系统，各个模块输入端的 IIP3 和各个模块输出端的 OIP3 分别为

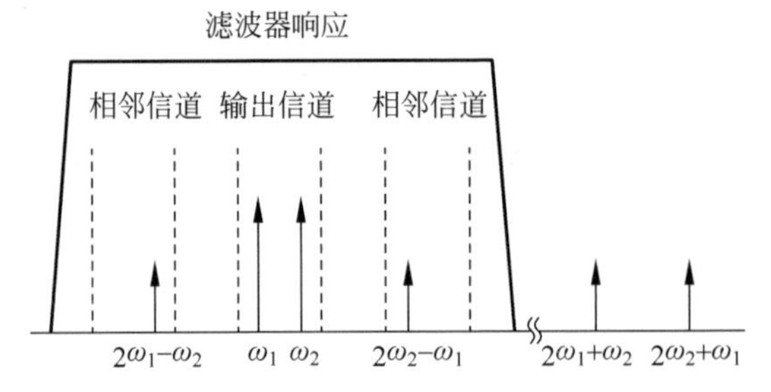


图 9-9 三阶交调导致的信道干扰

$$\frac{1}{\mathrm{IIP3}}=\frac{1}{\mathrm{IIP3}_1}+\frac{G_1}{\mathrm{IIP3}_2}+\frac{G_1G_2}{\mathrm{IIP3}_3}+\cdots+\frac{G_1\cdots G_{n-1}}{\mathrm{IIP3}_n} \tag{9-9}$$

$$\frac{1}{\mathrm{OIP3}}=\frac{1}{G_2\cdots G_n\,\mathrm{OIP3}_1}+\frac{1}{G_3\cdots G_n\,\mathrm{OIP3}_2}+\frac{1}{G_4\cdots G_n\,\mathrm{OIP3}_3}+\cdots+\frac{1}{\mathrm{OIP3}_n} \tag{9-10}$$

$\mathrm{IIP3}_n$,$\mathrm{OIP3}_n$ 是第 $n$ 级电路的三阶交调点,$G_n$ 为第 $n$ 级电路的增益。最后一级电路对于系统的三阶交调点的影响更大。

## 9.2.3 动态范围

动态范围是衡量接收机在不同工作环境下适应能力的重要指标。动态范围的定义方法有很多种,在接收机系统中常用无杂散动态范围(SFDR)来衡量接收机的性能,如图 9-10 所示。SFDR 定义为使系统的输入三阶交调项功率小于噪声基底 $FkT\Delta f$ 的最大输入信号功率和最小可检测的输入信号功率之比,计算公式为

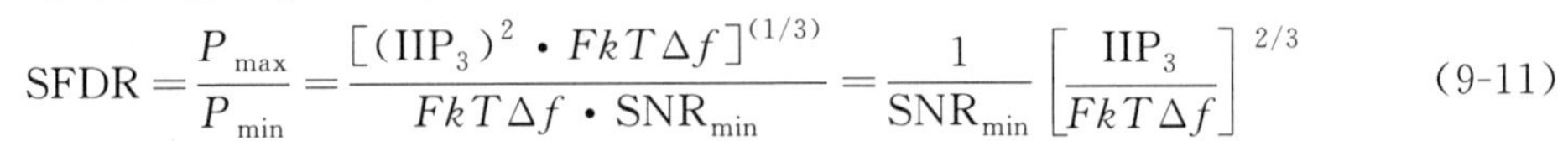

$$\mathrm{SFDR}=\frac{P_{\max}}{P_{\min}}=\frac{[(\mathrm{IIP}_3)^2\cdot FkT\Delta f]^{(1/3)}}{FkT\Delta f\cdot \mathrm{SNR}_{\min}}=\frac{1}{\mathrm{SNR}_{\min}}\left[\frac{\mathrm{IIP}_3}{FkT\Delta f}\right]^{2/3} \tag{9-11}$$

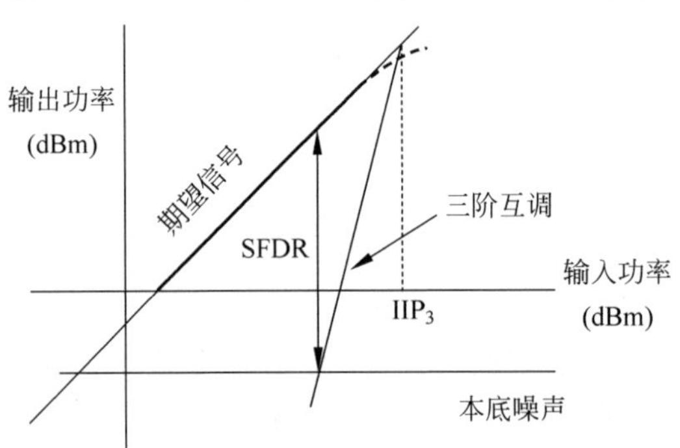


图 9-10 接收机动态范围

## 9.2.4 发射功率与效率

输出功率即发射机天线端口的功率水平,而发射机的最大输出功率将会影响无线系统的整体性能,要根据不同的应用场景来确定功率效率,即电路的输出功率与消耗的直流功率之比。发射机射频前端或整体发射机的效率都可用下式进行计算:

$$\eta=\frac{P_{\mathrm{OUT}}}{P_{\mathrm{DC}}} \tag{9-12}$$

式中，$P_{\mathrm{OUT}}$ 表示电路传递到负载的平均功率；$P_{\mathrm{DC}}$ 表示电路从电源获得的平均功率；$\eta$ 也可以被称作漏极效率(用于场效应晶体管电路)。用于描述电路效率的另一指标称为功率附加效率(power-added efficiency，PAE)，具体定义见6.1.2节，其计算公式为

$$\mathrm{PAE}=\frac{P_{\mathrm{OUT}}-P_{\mathrm{IN}}}{P_{\mathrm{DC}}} \tag{9-13}$$

相比漏极效率，功率附加效率在计算中同时考虑了输入功率，这是由于一般功率放大器的增益并不大(小于10dB)，如果只采用漏极效率，功率放大器的效率可能会被高估，因为高输出功率可能是由于高输入功率造成的，而PAE可以更好地衡量放大器的功率增益和效率。

### 9.2.5 单边带特性

理想发射机基带IQ两路的单音信号正交，因此发射机输出只有单音信号，但在实际情况下，由于多种非线性因素，发射机输出的就不仅仅是单音信号，还有本振信号、镜像信号以及其他频率成分，如图9-11所示。所以通常可以通过发射机的单边带特性观察发射机的载波泄漏、镜像抑制和线性度等特性。

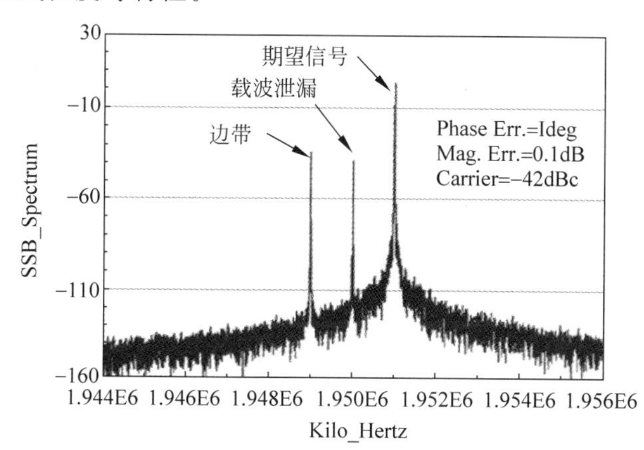


图9-11 发射机单边带频谱

发射机的正交特性可以由镜像抑制比(image rejection ratio，IRR)表示：

$$\mathrm{IRR}=\frac{(1+\varepsilon)^2+2(1+\varepsilon)\cos\Delta\theta+1}{(1+\varepsilon)^2-2(1+\varepsilon)\cos\Delta\theta+1} \tag{9-13}$$

式中，$\varepsilon$ 和 $\Delta\theta$ 分别代表IQ两路的幅度和相位失配，其中幅度失配主要考虑基带IQ信号的幅度偏差，相位失配主要考虑本振信号的相位偏差。由于镜像信号和有用发射信号的频率关于本振频率对称，间隔比较小而且频段比较高，所以很难通过普通的射频滤波器滤除。

在输入单音信号测试时，发射机的实际输出频谱中，除了镜像信号和载波泄漏，还会有其他频率分量的存在，如图9-12所示。这是由于发射机系统的非线性造成的，一般称为 $n$ 阶交调量(counter-intermodulation，CIM$n$)。

图9-12所示还可以近似成发射系统在频段边沿传输窄带信号时的输出频谱，经过调制器调制的有用信号频率为 $f_{\mathrm{LO}}+f_1$；由系统非线性产生的其他频谱分量，如 $f_{\mathrm{LO}}$ 为载波泄漏分量；由于模拟基带幅度失配和本振相位失配引起的 $f_{\mathrm{LO}}-f_1$ 为镜像边带分量；还有其

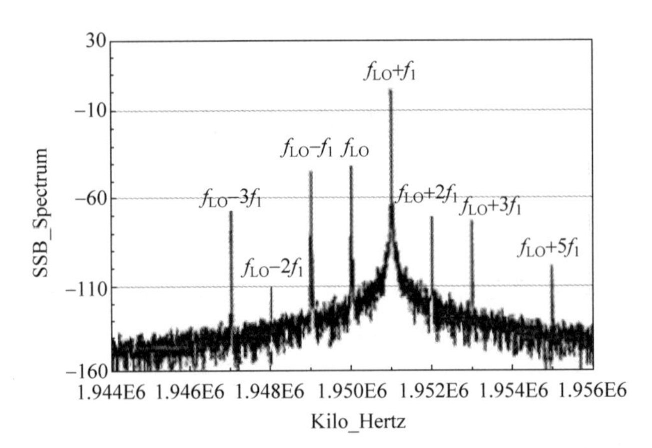


图 9-12 加入非线性的单边带频谱

他多次谐波分量和交调分量。

## 9.3 收发机基本模块

(1) 射频滤波器

射频滤波器的作用是选择工作频段,限制输入带宽,减少互调失真,抑制杂散信号,避免杂散响应,减少本振泄漏。

射频滤波器对接收机性能的影响较大,考虑到噪声和抗干扰等性能,对滤波器的滤波性能要求很高。目前主流的射频滤波器一般采用具有高品质因子的声表面波滤波器(surface acoustic wave,SAW),不过仍然面临着面积大、不易集成的缺点。

(2) 低噪声放大器

低噪声放大器是接收机的第一个有源模块,它的主要功能是提供足够的增益来抑制后面各级电路的噪声。同时,为了保证从天线接收来的微弱信号不被低噪声放大器本身电路的噪声所影响,要求低噪声放大器本身就应该具有很低的噪声。

由于低噪声放大器的前级通常为分立的射频带通滤波器,低噪声放大器常常必须对输入信号源表现一个特定的阻抗,或者差分输入的低噪声放大器的前级要放一个巴伦电路,这就要求在设计低噪声放大器时在输入端要进行阻抗匹配,在射频系统中阻抗典型值是50Ω。

(3) 混频器

混频器作为三端口元件,是接收机的第二个模块,包括了射频(RF)端、本振(LO)端和中频(IF)端。在接收机中,下混频器用于将低噪声放大器放大后的射频信号与频率综合器输出的本振信号进行混频,将射频信号变频到低频或者中频供后级模拟基带处理。在发射机中,上混频器将经过数模转换器转换过来的模拟信号,与频率综合器输出的本振信号进行混频。

混频器的混频功能在时域上表现为两个信号相乘,在频域上表现为频谱迁移,在实际电路中主要通过晶体管的非线性来实现。它的重要性能指标是线性度,反映了混频器可以正常进行变频工作时的信号功率,而由于处在接收机的前端,因此要求它同时具有较低的噪声。

(4) 中频滤波器

中频滤波器的作用是抑制相邻信道干扰,提供信道选择性,滤除混频器等产生的互调干扰，抑制其他杂散信号。

除了零中频接收机没有镜像信号干扰的问题，超外差接收机与低中频接收机都面临着镜像频率信号会对整个系统产生很大的噪声与干扰影响的问题。

因此，位于混频器之后的中频滤波器通常采用镜像抑制滤波器，从而实现对镜像信号频率上的热噪声进行抑制和消除。

(5) 中频放大器

中频放大器的作用是将中频信号放大到一定的幅度供后续电路处理，通常需要较大的增益并实现增益控制。目前通常采用可变增益放大器(VGA)与控制电路共同构成自动增益控制(AGC)环路，从而可实现较大范围的增益变化，并且当输入信号功率在该范围内变化时，使 AGC 环路能够提供一个稳定的输出功率。

(6) 功率放大器

功率放大器的作用是将高频且已经过调制的信号进行功率放大，以满足发送功率的要求，然后经过天线将其辐射到空间，保证在一定区域内的接收机可以接收到满意的信号电平，并且不干扰相邻信道的通信。

## 9.4 系统链路设计

ADS 在 2004 版本后就增加了通信链路预算工具，ADS 2013 之后版本的功能进一步增强，可以非常方便地实施射频收发系统的链路预算。

1) Budget 控制器

在 ADS 的原理图的元件列表上，选择链路预算仿真 Simulation-Budget 项，选择 Budget 控制器插入原理图中，图 9-13 为 ADS 中原理图的链路预算仿真元件 Budget 控制器。Budget 控制器提供了如下功能。

(1) 提供通信链路预算函数，方便用户测试。

(2) 支持对参数的调谐，扫描，优化和统计分析。

(3) 支持 AGC 环路预算，方便用户确定系统某一频率的功率。

(4) 将仿真结果与 Excel 进行无缝链接，方便后续处理。

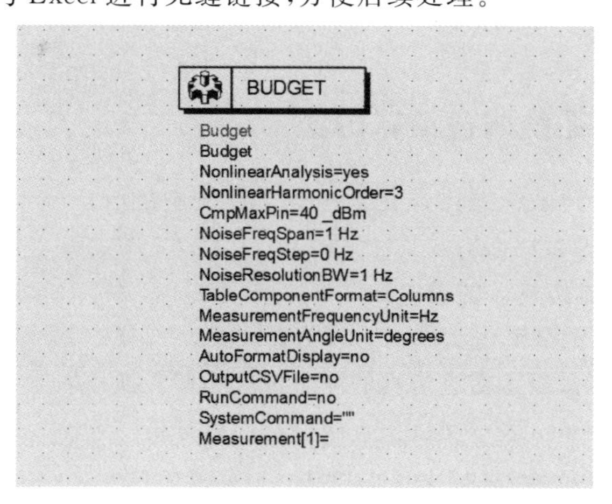


图 9-13　链路预算仿真元件 Budget 控制器

2）混频和本振预算工具

在ADS的原理图的元件列表上，选择链路预算仿真 Simulation-Budget 项，选择 MixerWithLO 插入原理图中，图9-14为ADS原理图中的链路预算仿真元件 MixerWithLO。MixerWithLO 集成了混频器和本振，功能如下。

（1）可以设置噪声系数；

（2）可以设置本振频率；

（3）可以设置二阶交调截点和三阶交调截点；

（4）可以设置输入输出反射系数；

（5）可以设置转换增益。

3）AGC环路增益预算工具

在ADS的原理图的元件列表上，选择链路预算仿真 Simulation-Budget 项，选择 AGC_Amp 元件和 AGCPCt1 插入原理图中，图9-15为ADS原理图中的链路预算仿真元件 AGC。AGC_Amp 元件和 AGC_PwrControl 用来进行AGC环路控制，功能如下。

（1）可以设置噪声系数；

（2）可以设置放大器最小增益；

（3）可以设置放大器最大增益；

（4）可以设置二阶交调截点和三阶交调截点；

（5）可以设置目标输出功率。

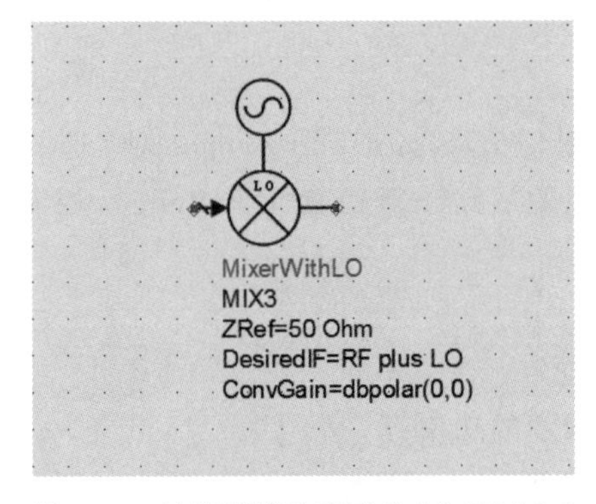


图9-14　链路预算仿真元件 MixWithLO

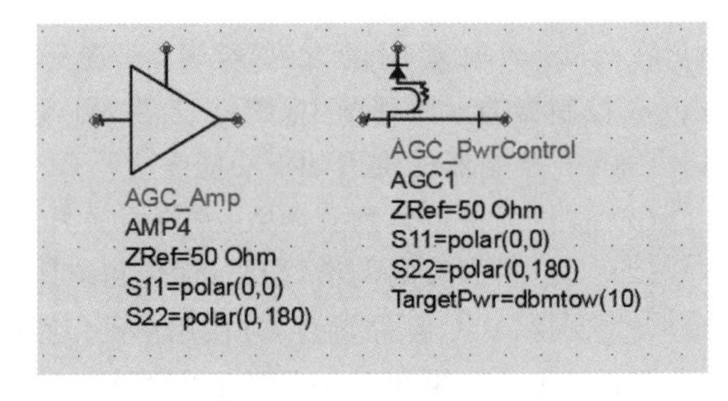


图9-15　链路预算仿真元件 AGC

## 9.4.1　接收机系统增益预算仿真

通过该仿真可以看到系统总增益在系统各个部分中的分配情况。以超外差接收机为例，该接收机原理图如图9-16所示。

其中，接收系统交流仿真器的设置如图9-17所示。

Freq＝2.2GHz，表示交流仿真单频率点仿真方式。

FreConversion＝yes，表示交流仿真的同时进行频率转换。

OutputBudgetIV＝yes，表示交流仿真中执行预算分析。

单击菜单 Simulate-Generate Budget Path，弹出 Generate Budget Path 对话框，在对话框中选择起始端口为输入端口 PORT1，终止端口为输出端 Term2，单击 Generate，生成增

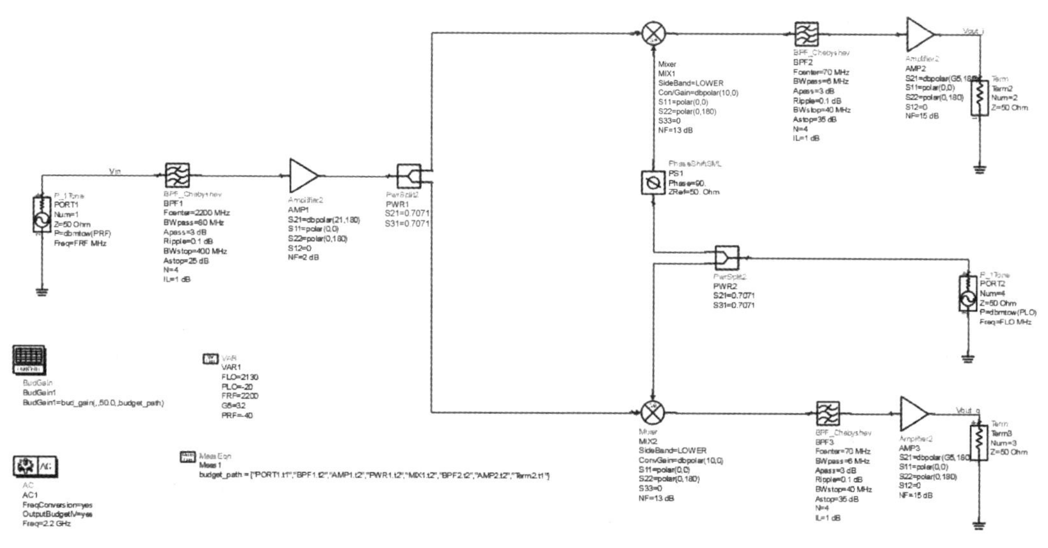


图 9-16 超外差接收机原理图电路

益预算路径，具体框图如图 9-18 所示。

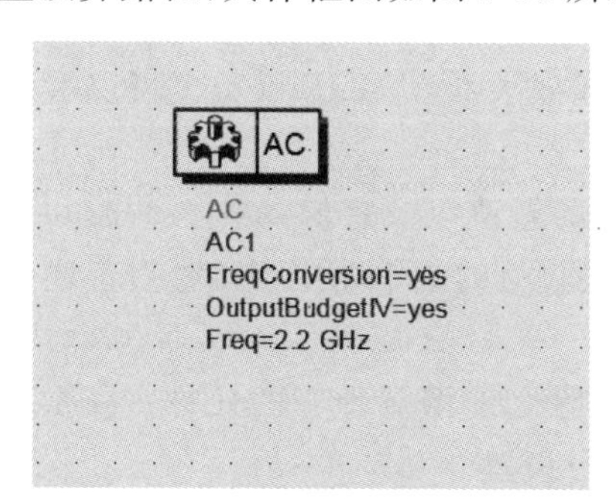


图 9-17 接收系统交流仿真控制器

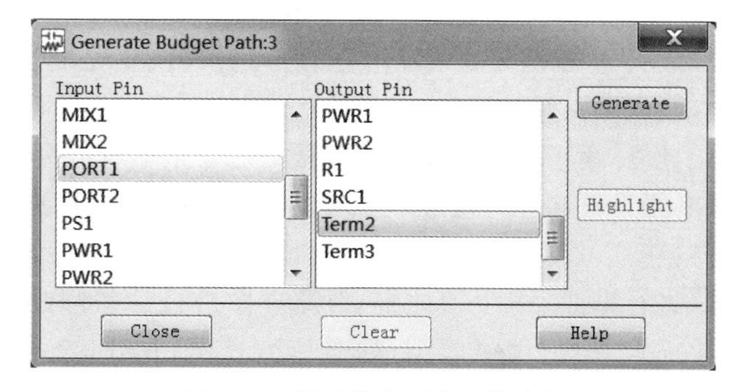


图 9-18 设置接收系统预算路径

生成成功后，在原理图中将出现增益预算方程，如图 9-19 所示。

图 9-19 增益预算方程

从 simulation-AC 元件面板中选择一个增益预算控制器，插入原理图中，预算路径为已经建立的"budget_path"。图 9-20 为 ADS 原理图中的增益预算控制器。

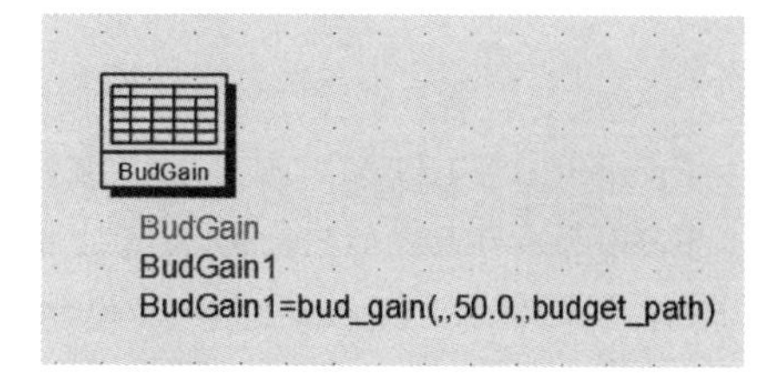


图 9-20 增益预算控制器

完成设置后，单击工具栏中仿真按钮进行仿真，仿真结束后，在数据显示窗口中插入 BudGain1 曲线的矩形图。但图中没有任何曲线生成。双击 Y 轴坐标，出现 Trace Options 窗口，选择 Trace Expression 选项，修改表达式，输入 BudGain1[0]，因为预算增益仿真必须指明频率，这里只有唯一的频率 2.1GHz，结果如图 9-21 所示。

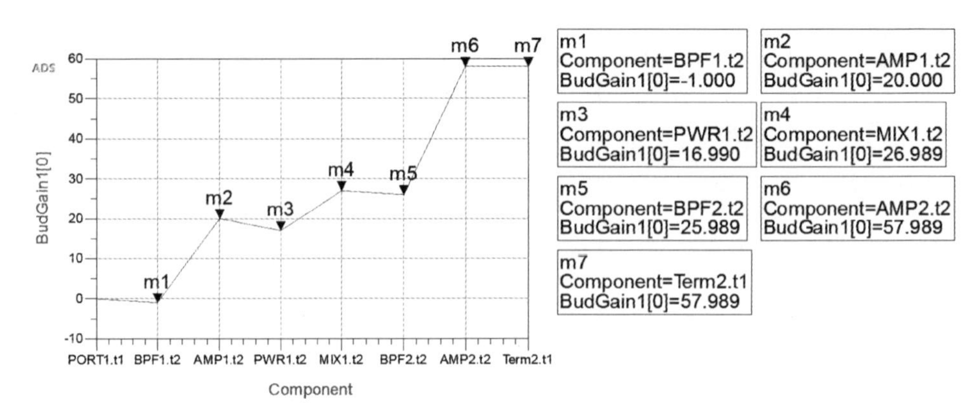


图 9-21 超外差接收机预算增益输出

如图 9-21 所示，在带通滤波器 BPF1 处系统增益是－1dB，这是因为射频带通滤波器有 1dB 的插入衰减。在射频放大器 AMP1 处系统增益是 20dB，这是射频放大器 21dB 增益减去带通滤波器 1dB 的插入损耗，系统前端总共有 20dB 增益。在功率分配器 PWR 处系统增益是 16.990dB，这是因为功率分配器有 3dB 的衰减。在混频器 MIX 处系统增益为 26.989dB，这是因为混频器有 10dB 的增益。在中频滤波器处系统的增益为 25.989dB。在中频放大器 AMP2 处系统增益为 57.989dB，这是因为中频放大器有 32dB 增益。可以看到在接收机输出端的增益达到 57.989dB。

此外，由于接收机的输出信号是射频频率与本振频率的差值以及它们的各次谐波和互调，各次谐波和互调通过中频滤波器时已经被衰减，通过接收机的频率响应可以查看上述频率转换。

进行谐波平衡仿真之前，对原理图进行一些修改：删除之前增益预算的元件；在原理图中插入谐波平衡仿真器，如图 9-22 所示，并对其参数进行设置。

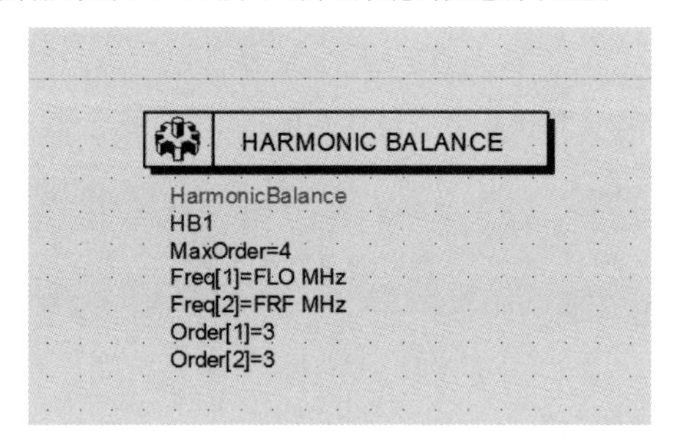


图 9-22 谐波平衡仿真控制器

Freq[1]＝FLO MHz，表示谐波平衡仿真的第一个基准频率为 FLO MHz。

Freq[2]＝FRF MHz，表示谐波平衡仿真的第二个基准频率为 FRF MHz。

Order[1]＝3，Order[2]＝3，表示谐波平衡仿真的第一个和第二个基波频率的最大谐波次数为 3。

MaxOrder＝4，表示谐波平衡时仿真最大混合阶数为 4。

运行仿真。仿真结束后，在数据显示窗口插入 Vin 的矩形图，显示输入端口 Vin 的仿真结果，并在 2.2GHz 处插入一个标记。Vin 的仿真结果如图 9-23 所示，由图中可以看出，输入端口在 2.2GHz 处信号功率为－40.002dBm，这与输入端口的单频功率源输入功率 FRF＝－40dBm 一致。

在数据显示窗口中插入中频输出端口 Vout_i 的仿真结果，并在 70MHz 处插入一个标记。Vout_i 的仿真结果如图 9-24 所示，由图中可以看出，中频输出端口在 70MHz 处信号功率为 17.989dBm，这是因为接收机有 57.989dB 的增益。

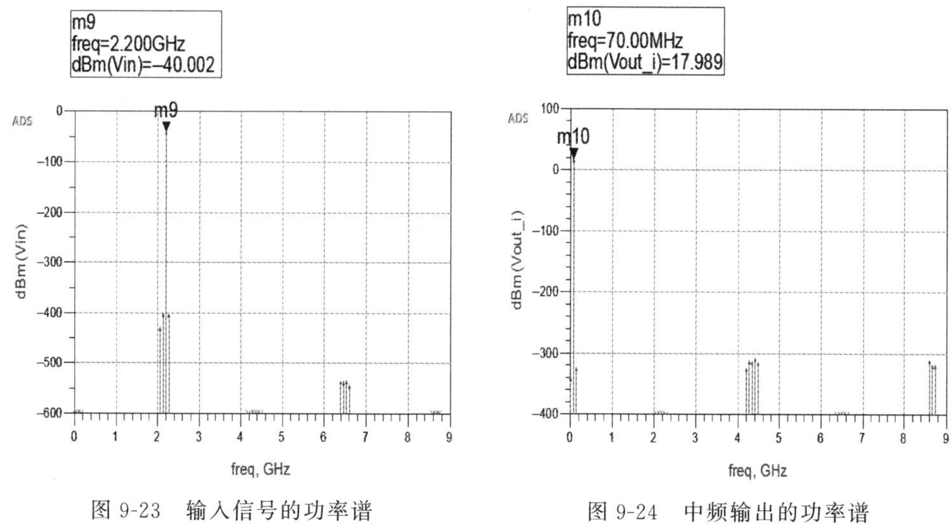


图 9-23　输入信号的功率谱　　　　图 9-24　中频输出的功率谱

## 9.4.2　发射机系统增益预算仿真

系统增益是射频发射系统的重要参数指标，射频发射系统增益预算仿真用于给出系统增益在系统各个部分中的分配情况，发射机原理图如图 9-25 所示。

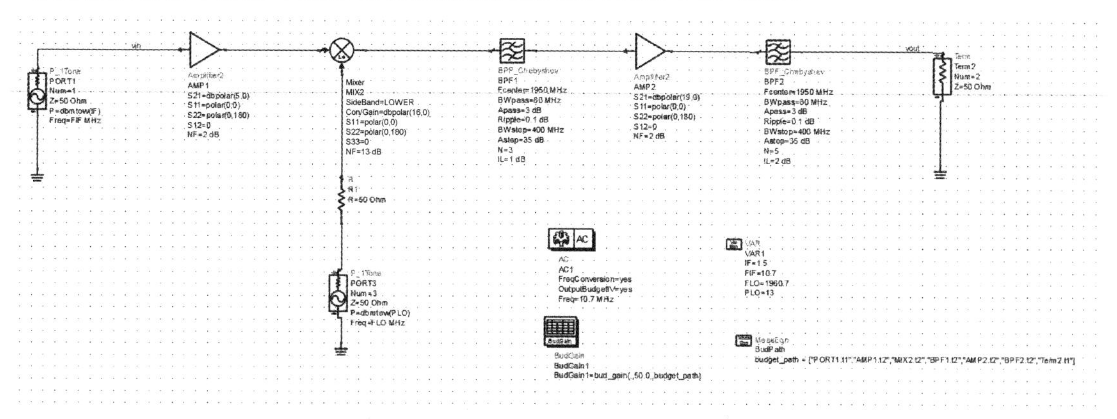

图 9-25　发射系统仿真原理图

发射机仿真器的设置与接收机类似，完成设置后进行仿真，依然选择输出为 BudGain[0]，表示指定单一频率数组的仿真，仿真结果如图 9-26 所示。

如图 9-26 所示，在中频放大器 AMP1 处，系统增益是 5dB，这是中频放大器的增益值。在混频器 MIX2 处系统增益是－1dB，这是因为混频器增益是－6dB。在射频滤波器 BPF1 处系统增益是－2dB，是考虑射频滤波器 1dB 的插入损耗。在射频放大器 AMP2 处，系统增

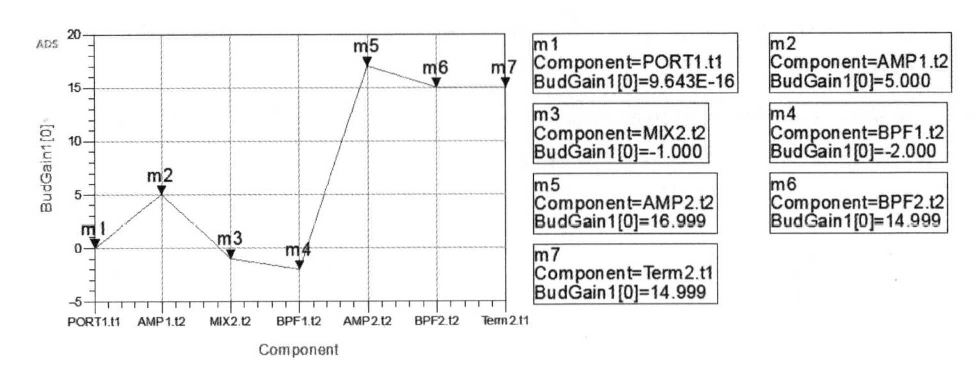


图 9-26 发射系统功率增益预算曲线

益为 16.999dB，因为射频放大器有 19dB 增益。在射频滤波器 BPF2 处，系统增益为 14.999dB，考虑射频滤波器有 2dB 的插入损耗。可以看到在发射机输出端的增益达到 14.999dB。

完成系统预增益仿真后，再进行发射机的频谱仿真。在数据显示面板插入 vin 的矩形图，显示 vin 的输出频谱，如图 9-27 所示，可以看到输入的 10.7MHz 中频信号频谱为 1.5dBm。再添加一个输出信号的频谱，如图 9-28 所示，本振信号 1960.7MHz 将中频信号 10.7MHz 调制到 1.971GHz 上进行发送，增益达到 16.466dBm，发射机功能设置正确。

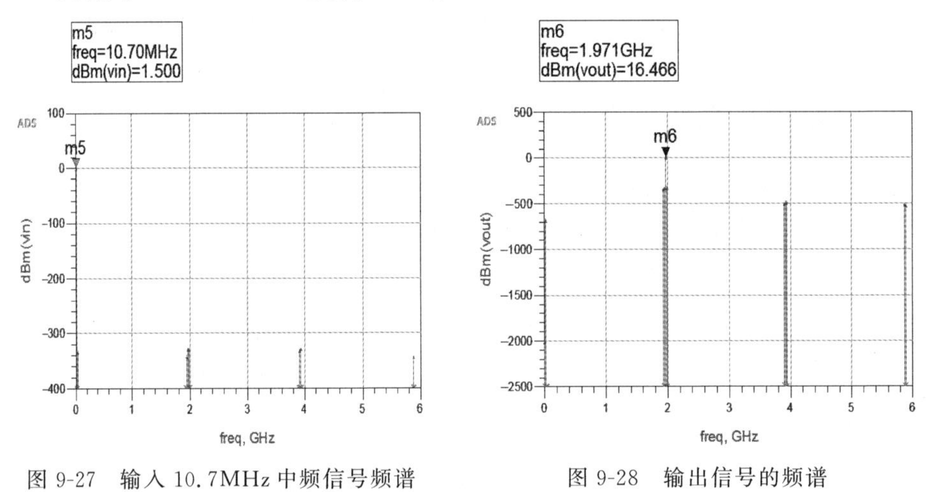


图 9-27 输入 10.7MHz 中频信号频谱　　图 9-28 输出信号的频谱

# 9.5 系统级设计与仿真验证

## 9.5.1 行为级建模方法

进行由顶端到底端的 RF 设计的第一步就是选择一个合适的 RF 架构。所谓的 RF 架构就是由一系列相互联系的射频功能模块构成，它们描述了一个接收机或者发射机是怎么工作的。我们能够通过一些通用的射频指标来定义这些功能模块，比如说 IP3、增益、带宽和噪声系数。

最开始进行设计时选择的 RF 结构必须能够使得仿真运行得很迅速。因为每一次仿真都需要涉及几百个模型，每个模型又很容易仿真经历数千个射频载波周期。在进行系统框架设计时采用的模型必须能够快速地缩小设计空间来实现更高的设计精度。

进行结构设计时，能够抑制射频（中频）载波的最有效的模型称为基带模型，相反，通带模型就不能抑制载波。

此外，为了得到一个合适的架构，我们可以使用电路优化功能来实现各个功能模块指标的折中。比如说，可以使用电路优化功能来最小化均方根（RMS）与误差矢量幅度（EVM），同时确保其他测量结果在可接受范围内。当你确定好每一个功能模块的指标后，必须给它们留有一点裕度。在模拟世界里指标没有裕度那是没有任何意义的。裕度的大小是设计者综合经验，分析和人为地决定得出的。这里有许多方法来使用基带模型得出合适的裕度，一种方法的是对一些感兴趣的指标进行 Monte Carlo 分析，另一种方法是使用反向优化功能，来确定最差的性能情况。

进行由顶端到底端的 RF 设计的第二步就是创建系统级的通带模型。系统通带模型的功能有：确定滤波器的性能是否满足期望；建立一个能够用来设计独立功能模块的端到端的测试电路。在进行通带模型测试时，同样可以通过 Monte Carlo 分析和电路优化功能分析来得到系统的裕度，只不过这里的裕度针对的不再是系统的数字信号处理（DSP）指标，而是端到端的 RF 指标了。在得到端到端的 RF 指标的可变化范围后，我们可以在测试电路中插入器件级功能模块，来得出系统距离超出设计指标的程度。

进行由顶端到底端的 RF 设计的最后一步是功能模块的器件级的实现。因为功能模块是以标准 RF 指标定义的，所以能够很容易测量这些模型参数来确保它们是在要求的裕度内的。此外，我们能够把被测的参数重新导入系统的基带模型中来检验系统的 DSP 指标，或者将器件级模型插入到通带模型中来检验系统的 RF 指标。

Rflib 中包括三种模型来帮助设计者进行基带建模：仪表模型，无记忆非线性模型，带记忆线性模型。

仪表模型提供了 DSP 系统相关的激励，诊断，性能指标。无记忆非线性模型和带记忆线性模型都能够用来仿真 RF 结构中的功能模块，并且能够用通用的 RF 指标来定义它们。

## 9.5.2　使用 Spectre RF 进行系统级设计和仿真验证

接下来就是在结构设计阶段怎么使用基带模型。基于 Cadence Spectre RF 工具，其设计步骤如下。

（1）以简单的接收机为例，搭建基带模型，如图 9-29 所示。

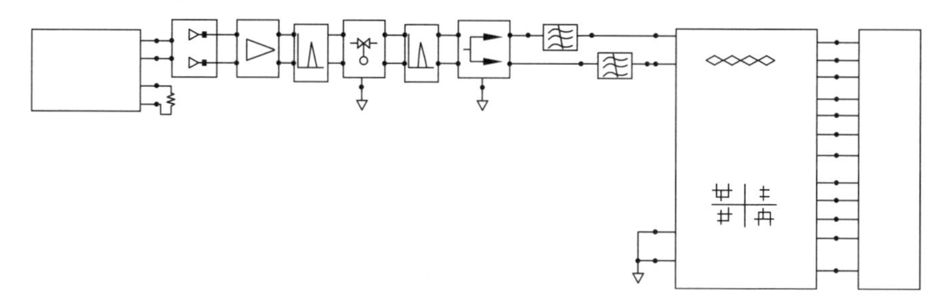

图 9-29　接收机的基带模型

（2）使用电路优化功能来均衡各个模块之间的指标。

（3）为接收机搭建一个通频带测试电路。

**1. 基带模型的建立**

1）原理图的绘制

设计指标：本振频率 2.3GHz，射频信号频率 2.1GHz。

（1）在新建的电路原理图窗口，单击 Add-Instance，在 rfLib 库中选择 CDMA_reverse_xmit 放置到原理图中作为一个 CDMA 信号源，产生一个反相链路的 IS-95 信号。

因为本案例不需要使用 CDMA 信号源上的二进制输出节点，所以在这两个节点间连上一个 1kΩ 的电阻来避免仿真时的警告。

（2）在 rfLib 库中选择 BB_driver，放置到原理图中，修改参数如图 9-30 所示。BB_driver 的作用在于感应基带的电压信号，并放大它。

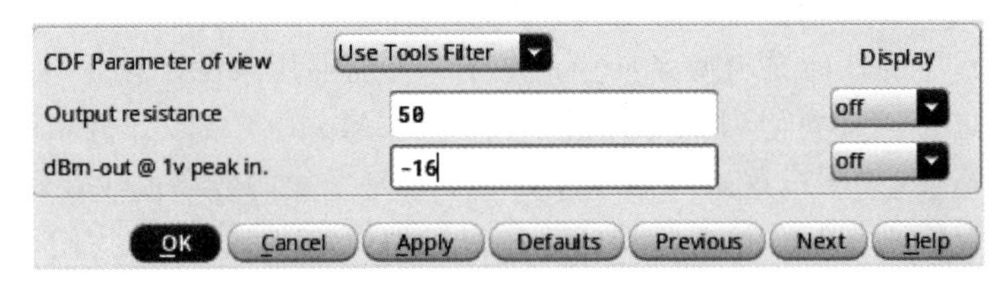


图 9-30　BB_driver 的 CDF 参数值

（3）在 rfLib 库中选择低噪声放大器 LNA_BB，放置到原理图中，修改参数如图 9-31 所示。

| CDF Parameter of view | Use Tools Filter | Display |
| --- | --- | --- |
| Available pwr gain[dB] | lna_gain | off |
| input resistance | 50 | off |
| output resistance | 50 | off |
| input referred IP3[dBm] | lna_ip3 | off |
| noise figure [dB] | 10 | off |
| am/pm sharpness | 2 | off |
| cmp[dBm] | lna_ip3 | off |
| \|radians\| @ cmp | .05 | off |
| \|radians\| @ big input | .7 | off |
| {1,0,-1} for {cw,none,ccw} | 1 | off |

OK　Cancel　Apply　Defaults　Previous　Next　Help

图 9-31　LNA 的 CDF 参数值

{1,0,−1} for {cw,none,ccw}表示相移的方向，1 表示顺时针，0 表示没有相移，−1 表示逆时针。

|radians|@cmp 表示输出相移在 1dB 压缩点处的绝对值。

|radians|@ big input 表示在输入功率无穷时的输出相移的绝对值。

aM/pM sharpness 表示输出相移随输入功率变化的陡峭程度。

（4）在 rfLib 库中选择带通滤波器 BB_butterworth_bp，放置到原理图中，修改参数如

图 9-32 所示。当滤波器后接 RF 转 IF 的混频器时，carrier frequency 栏必须是 IF 频率。因为滤波器是由电感和电容构成的，它们存在速度电压，而 carrier frequency 就是用来计算速度电压的。

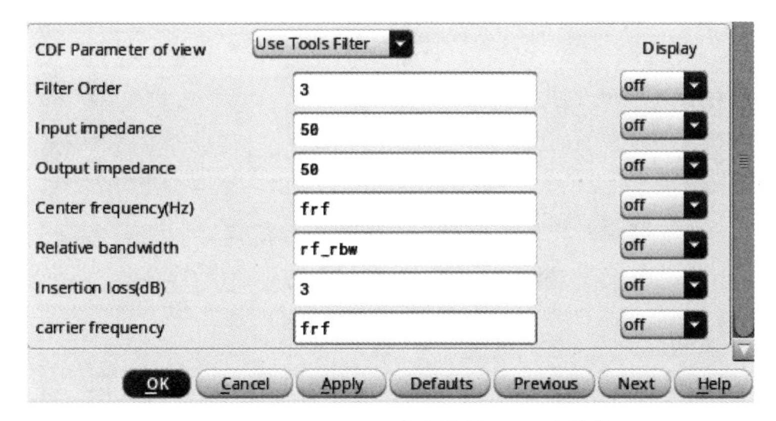


图 9-32　Butterworth 滤波器的 CDF 参数值

Filter Order 表示滤波器阶数(≥2)。

Relative bandwidth 表示滤波器相对带宽。

Insertion loss 表示滤波器的插入损耗。

(5) 在 rfLib 库中选择射频转中频的混频器 dwn_cnvrt，放置到原理图中，修改参数如图 9-33 所示。

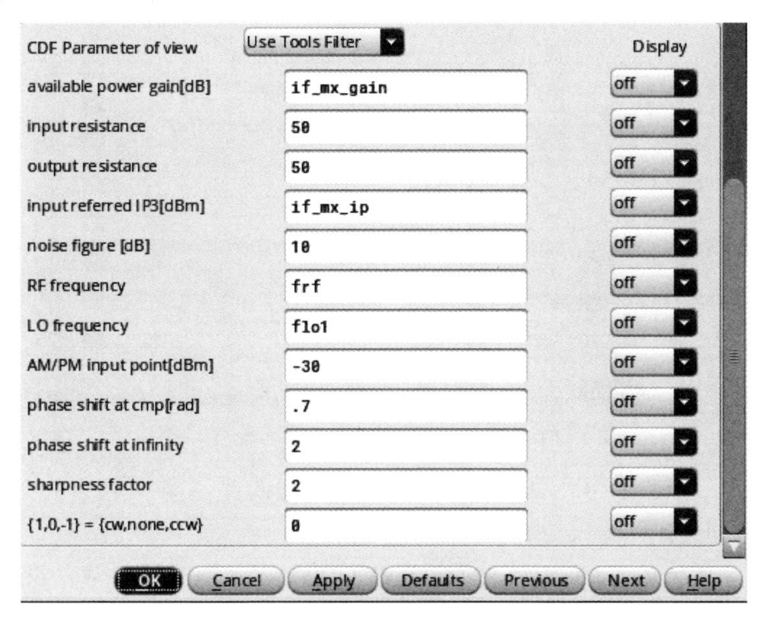


图 9-33　RF-to-IF 混频器的 CDF 参数值

(6) 在 rfLib 库中选择带通滤波器 BB_butterworth_bp，放置到原理图中，修改参数如图 9-34 所示。

(7) 在 rfLib 库中选择解调器 IQ_demod_BB，放置到原理图中，修改参数如图 9-35 所示。

available I-mixer gain 表示 I 路的混频器增益。

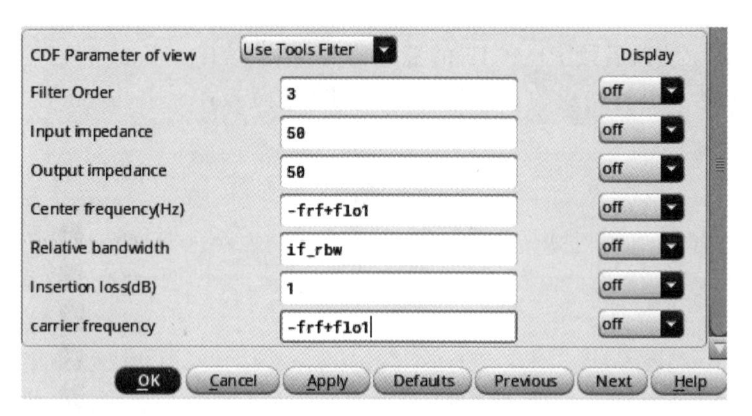


图 9-34　第二级 Butterworth 滤波器的 CDF 参数值

| CDF Parameter of view | Use Tools Filter | Display |
| --- | --- | --- |
| input resistance | 50 | off |
| output resistance | 50 | off |
| noise figure [dB] | 2 | off |
| available I-mixer gain[dB] | 0 | off |
| available Q-mixer gain[dB] | 0 | off |
| I-[dBm] input referred IP3 | 40 | off |
| Q-[dBm] input referred IP3 | 40 | off |
| I_cmp | -30 | off |
| Q_cmp | -30 | off |
| I-radians@I_cmp | .7 | off |
| Q-radians@Q_cmp | .7 | off |
| I-radians@big I-input | 2 | off |
| Q-radians@big Q-input | 2 | off |
| I-sharpness factor | 2 | off |
| Q-sharpness factor | 2 | off |
| {1,0,-1} for {cw,none,ccw} | 0 | off |
| Q {1,0,-1} for {cw, none,ccw} | 0 | off |

OK　Cancel　Apply　Defaults　Previous　Next　Help

图 9-35　IQ 解调器的 CDF 参数值

I-[dBm]input referred IP3 表示 I 路的输入三阶交调点。

I_cmp 表示相移点的输入功率。

{1,0,−1} for {cw,none,ccw}表示相移的方向,1 表示顺时针,0 表示没有相移,−1 表示逆时针。

I-radians@I_cmp 表示输出相移在输出功率点的相移弧度。

I-radians@big I-input 表示输入功率无穷时的输出相移。

I-sharpness factor 表示随着输入功率的增加相移发生的快慢。

(8) 在 rfLib 库中选择低通滤波器 butterworth_lp,放置到原理图中,修改参数如图 9-36 所示。

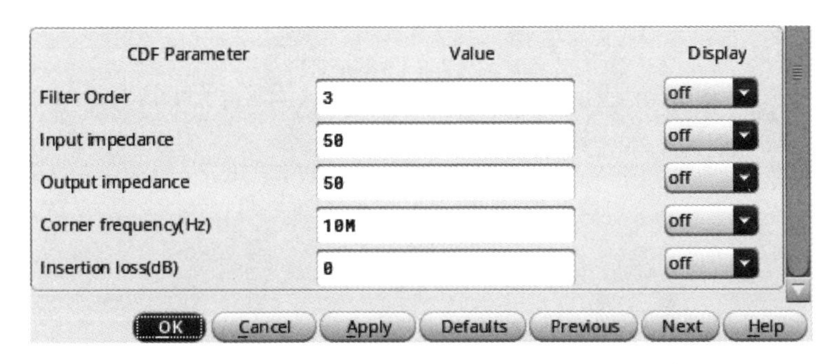


图 9-36　butterworth_lp 低通滤波器的 CDF 参数值

Corner frequency 表示滤波器的转折频率。

(9) 在 rfLib 库中选择工具模块 offset_comms_instr，放置到原理图中，修改参数如图 9-37 所示。offset_comms_instr 模块能够产生用于生成眼图、眼图数据、星座图和错误向量幅度的波形。

| CDF Parameter of view (Use Tools Filter) | Value | Display |
| --- | --- | --- |
| symbols per second | 1228800 | off |
| I-sampling delay (secs) | 134n | off |
| number of symbols | 2 | off |
| max eye-diag volts | 1 | off |
| min eye volts | -1 | off |
| number of hstgm bins | 100 | off |
| I-noise (volts^2) | 0 | off |
| Q-noise (volts^2) | 0 | off |
| statistics start time | 30u | off |
| input resistance | 50 | off |

OK　Cancel　Apply　Defaults　Previous　Next　Help

图 9-37　offset_comms_instr 的 CDF 参数值

symbols per second 决定了输入波形被采样的速度，同时也是生成眼图的必要的参数。

I-sampling delay(secs)意味着采样器的相位，可以通过进行一次仿真后观察眼图来得到最理想的延迟，即眼图从 0 时刻到张开到最大的时间为理想的延迟时间。

I-noise 和 Q-noise(volts^2)用来表示高斯随机变量的方差。

max eye-diag volts、min eye volts 和 number of hstgm bins 用来描述仿真得到的直方图，直方的宽度等于(max voltage min voltage)/(number of bins)，而这个直方图描述了 I 路的输入电压在采样时刻的分布情况。

statistics start time 表示统计开始的时间。

(10) 在 rfLib 库中选择 instr_term 放置到原理图中，把各个元件按照图 9-38 所示连接好，这样就构成了完整的接收机的基带模型。

在 ADE 窗口设置变量值，如图 9-39 所示。

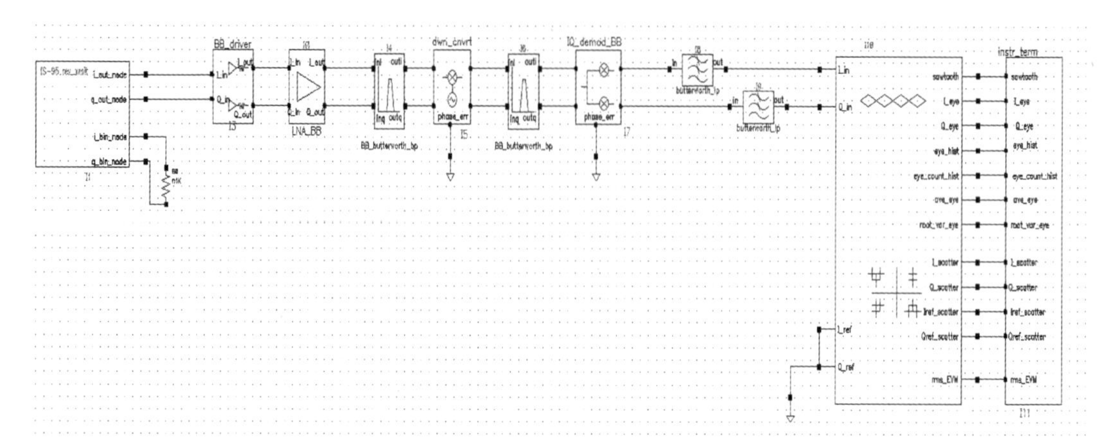


图 9-38　完整的接收机基带模型

Design Variables

| | Name | Value |
|---|---|---|
| 1 | _rbw | 200m |
| 2 | o1 | 2.3G |
| 3 | f | 2.1G |
| 4 | _mix_gain | 10 |
| 5 | _mix_ip | 35 |
| 6 | a_gain | 15 |
| 7 | a_ip3 | -5 |
| 8 | f_rbw | 100m |

图 9-39　接收机变量值

单击菜单 analyses—choose...或者图标选择仿真类型，如图 9-40 所示，选择 tran 仿真，仿真时间设定为 130u，单击瞬态仿真界面的 Options，在 outputstart 栏输入 30u，如图 9-41 所示。单击 OK 回到 analog design environment 窗口，如图 9-42 所示。

在 analog design environment 窗口单击菜单 simulation-netlist and run，仿真器开始运行，如果设置或者电路有误，仿真器会停止并显示 unsuccessful，在状态窗口会显示出错的信息，可以根据提示信息改正电路或者仿真器的设置。如果仿真成功会显示 successful，此时可以看仿真结果。

2）眼图和瞬态输出结果

仿真结束后在 ADE 窗口，单击菜单 Results-Direct Plot-Transient Signal，选择电路图上 offset_comms_instr 的 sawtooth 和 I_eye 为输出，得到瞬态波形，如图 9-43 所示。

在波形窗口单击 Axis，选择 Y vs Y 得到眼图，如图 9-44 所示。

3）I 路取样点处的电压直方图

瞬态仿真后选择 offset_comms_instr 的 eye_hist 和 eye_count_hist 为输出，得到瞬态波形。

在波形窗口单击 Axis，选择 Y vs Y 得到的图形是很没有规律的，双击曲线，弹出如图 9-45 所示的窗口，更改图形特性，在 Type/Style 栏选择 bar，得到如图 9-46 所示的直方图。直方图展示了 I 路输入电压在采样时刻的分布状况。

4）接收模块的星座图

瞬态仿真后选择 offset_comms_instr 的 I_scatter 和 Q_scatter 为输出，得到瞬态波形。在波形窗口单击 Axis，选择 Y vs Y 得到新的图形，双击曲线，在 Type/Style 栏选择 Points，得到如图 9-47 所示的星座图。星座图描绘了 I 路输入和 Q 路输入采样的分布特性。

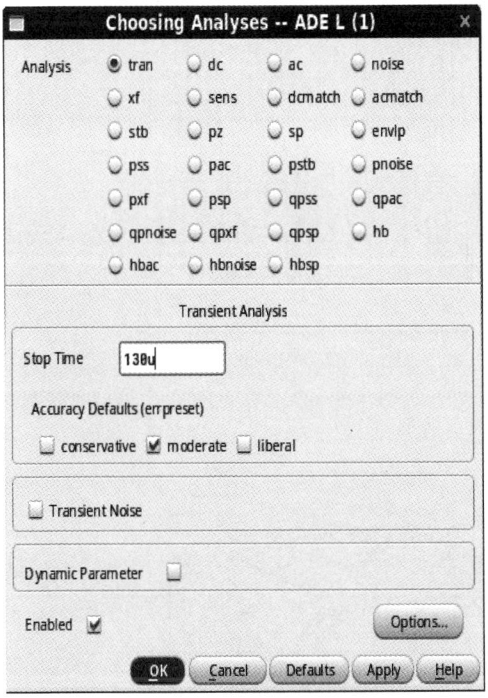

图 9-40　瞬态设置界面

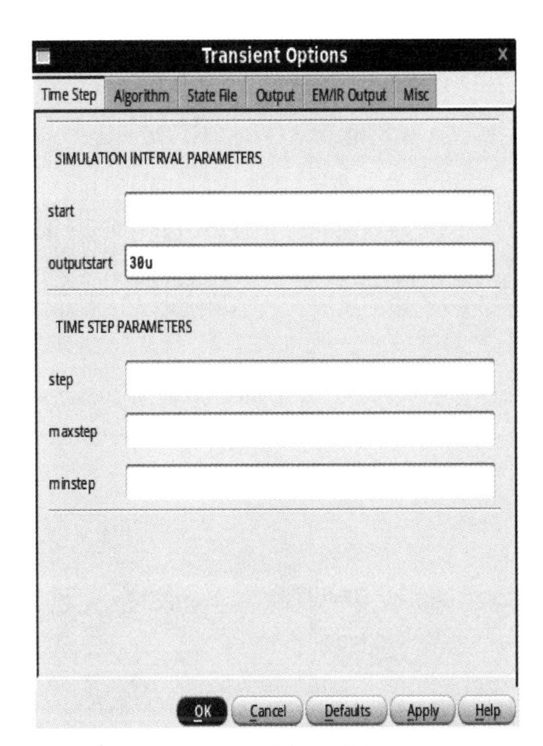


图 9-41　瞬态选项界面

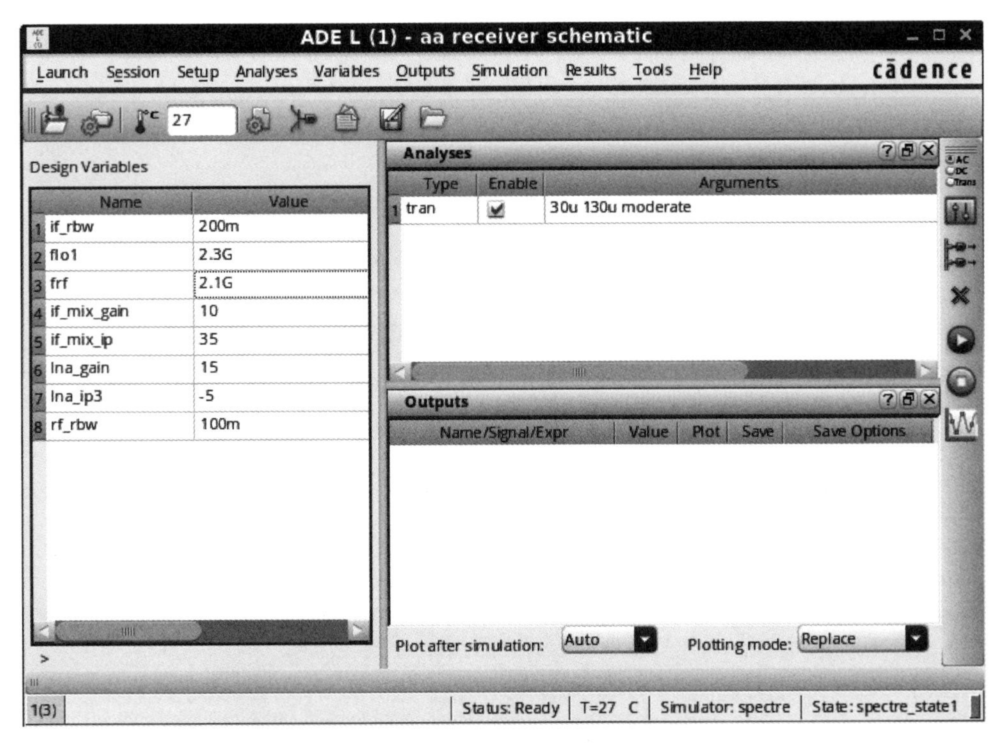


图 9-42　analog design environment 窗口

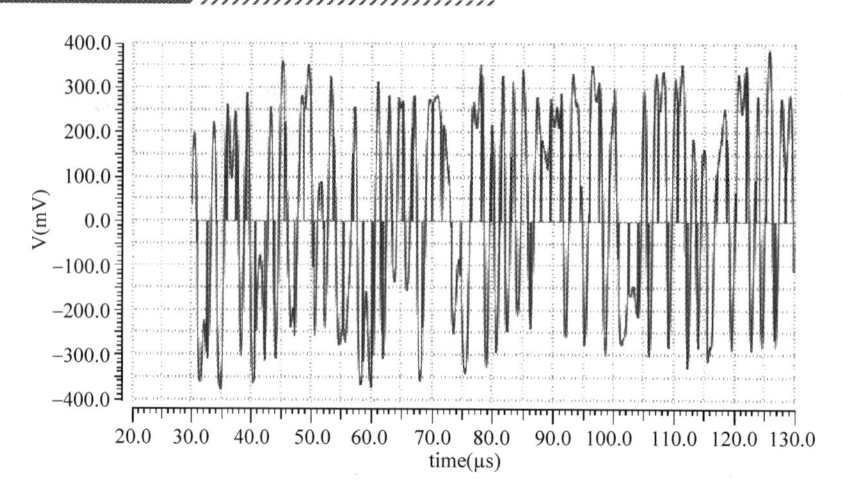


图 9-43 瞬态输出波形

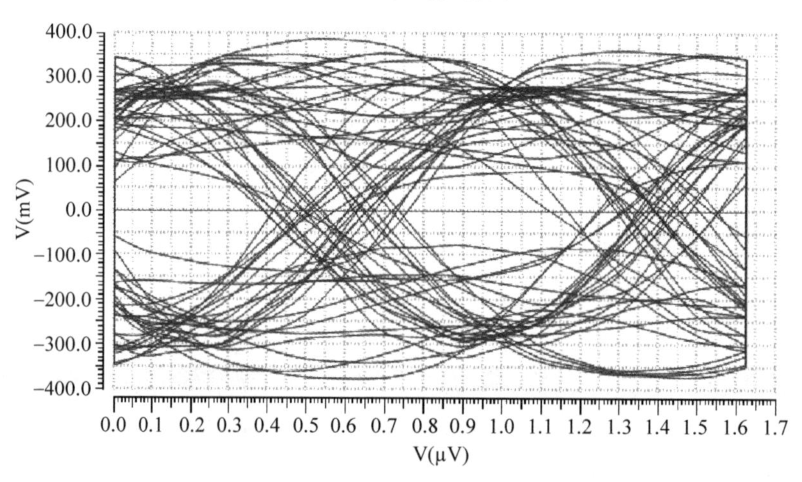


图 9-44 眼图

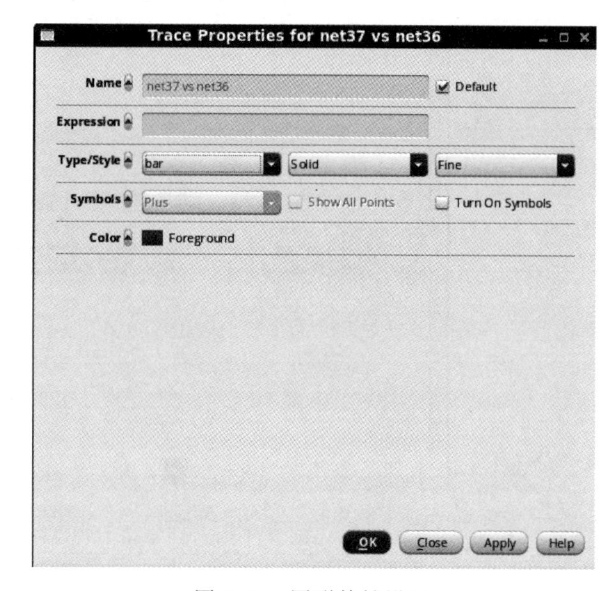


图 9-45 图形特性设置

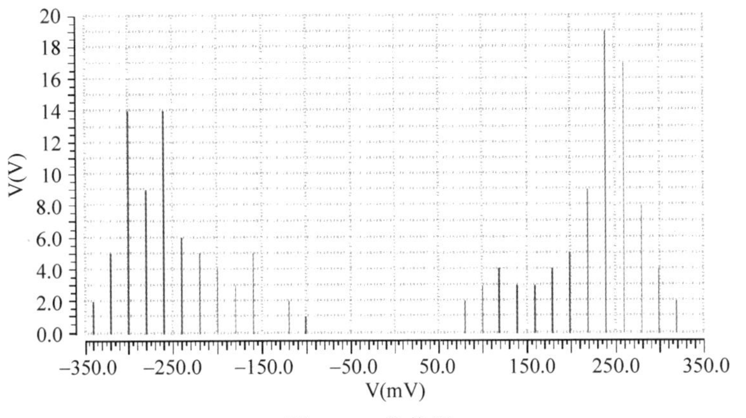


图 9-46 柱状图

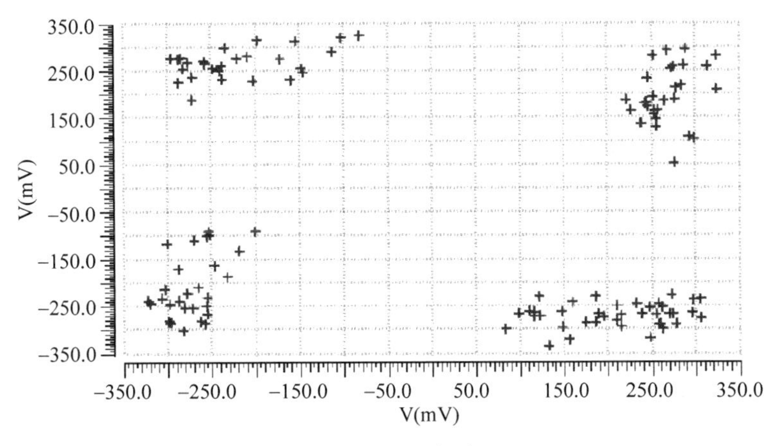


图 9-47 星座图

5）误差矢量幅度测试

此外，我们同样可以使用 offset_comms_instr 来估算均方根 EVM。误差矢量幅度（EVM）表征的是理想的接收机模型和实际的接收机模型间的矢量差。它是接收机的性能指标之一。在进行行为级仿真时，可以通过改变某个功能模块的参数来评估该模块对系统 RMS EVM 的影响。

以前文所搭建的接收机通路为基础，新建的 RMS EVM 测试电路如图 9-48 所示。

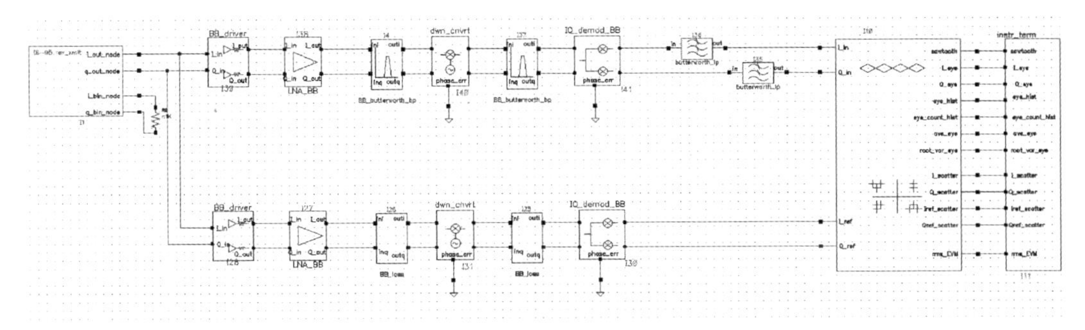


图 9-48 双路的接收机模型

图 9-48 中，上面一条支路模拟的是实际的接收机链路，下面一条支路模拟的是理想的接收机链路。对理想的支路参数进行修改。

其中，LNA_BB 的 Input referred IP3 [dBm]改为 100，{1，0，−1} for {cw，none，ccw}改为 0，从而消除 AM/PM 的转换。

dwn_cnvrt，IQ_demod_BB 的 IP3 均改为 100。其中，BB_loss 是用来进行 EVM 计算的，与实际支路中滤波器相比，设置有同样的插入损耗。其余参数均与之前设置的实际支路一样。瞬态仿真设置跟上文一样。仿真结束后，选择 offset_comms_instr 模块上的 rms_EVM 作为瞬态输出，得到的 RMS EVM 波形如图 9-49 所示。

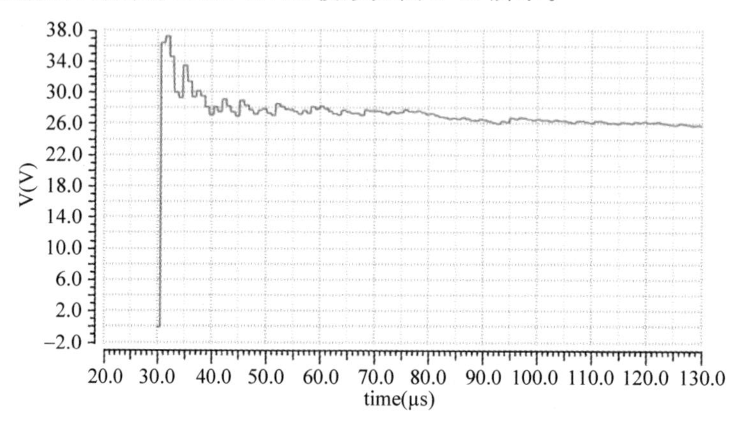


图 9-49 RMS EVM 波形

RMS EVM 的波形从 30μs 开始，这正是我们一开始设置的统计开始时间，当电压降到 25.84V 左右时，波形不再发生明显的波动，说明在 130μs 时刻，数据全都被收集到了，则 RMS EVM 值为 25.84%。

**2. 使用优化功能来实现 RMS 噪声的最小化**

在上一步 RMS EVM 测试电路的基础上建立原理图，如图 9-50 所示。

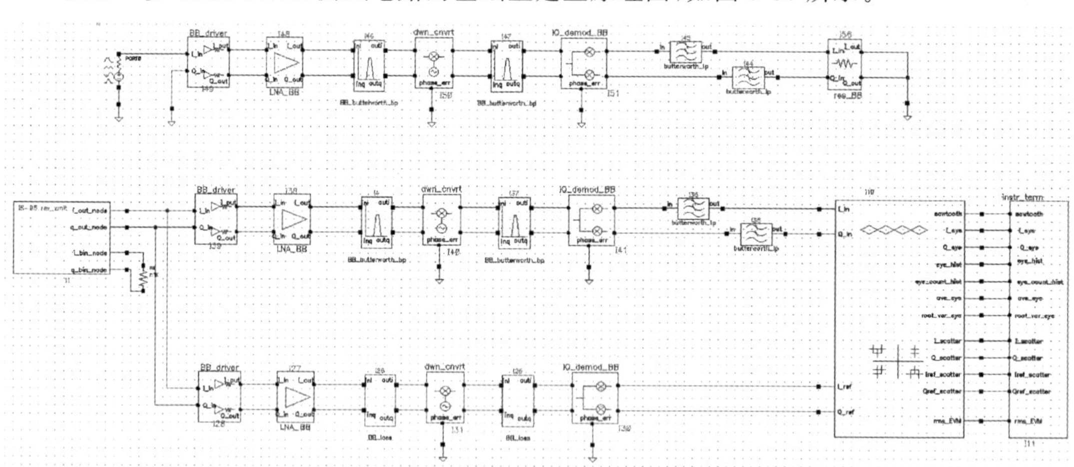


图 9-50 带产生噪声的接收机电路

输入 port 设置为：Source type 为 DC，DC 电压设为 50mV，Display small signal params 项打勾，其中 AC Magnitude 设置为 1V，AC phase 设置为 0，如图 9-51 所示。

仿真器的设置：瞬态仿真的设置和前文一样，此外选择 noise 仿真：扫描变量为频率，频率范围为 0～100MHz，在 Output Noise 项，选择电压，Positive Output Node 栏选择的是

res_BB 的 I_in 处的网络，Negative Output Node 栏选择的是 res_BB 的 I_out 处的网络。在 Input Noise 项，选择 port，Input Port Source 栏选择的就是输入的 port，如图 9-52 所示。

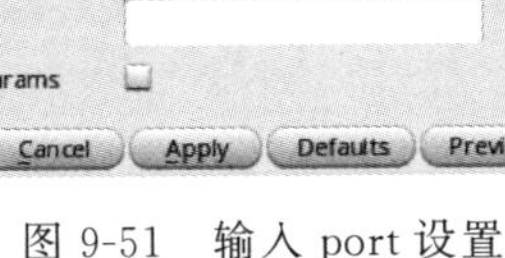


图 9-51 输入 port 设置

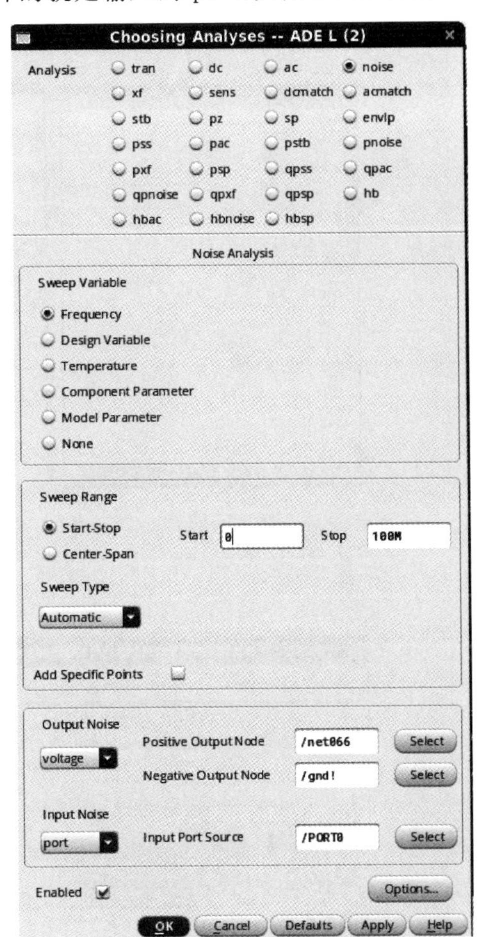


图 9-52 Noise 仿真设置

设置好仿真过程后，单击 OK 返回 analog design environment 窗口，如图 9-53 所示，运行仿真，确保仿真能够正确地完成，单击 Launch 打开 ADE XL，进行优化。

1）第一优化目标

打开 ADE XL 后，单击菜单 Tools-calculator，在 calculator 功能板块，选择 rmsNoise，设置范围为 0～100M，确定后就生成了表达式 rmsNoise(0 100M)，然后将表达式导入到 ADE XL 的输出，如图 9-54 所示。

2）第二优化目标

在 calculator 界面，选中 vt，然后在原理图界面选择 rms_EVM 输出连线，在 calculator 的缓存界面就出现了 VT("/net44")，在功能模块中，选择 value，Interpolate At 中设置值为 130u，如图 9-56 所示。确认后生成表达式 value(VT("/net44") 130u )，然后将表达式导入到 ADE XL 的输出，如图 9-55 所示。

3）第三优化目标

在 calculator 界面，选中 vt，然后在原理图界面选择 offset_comms_instr 的 I_in，在

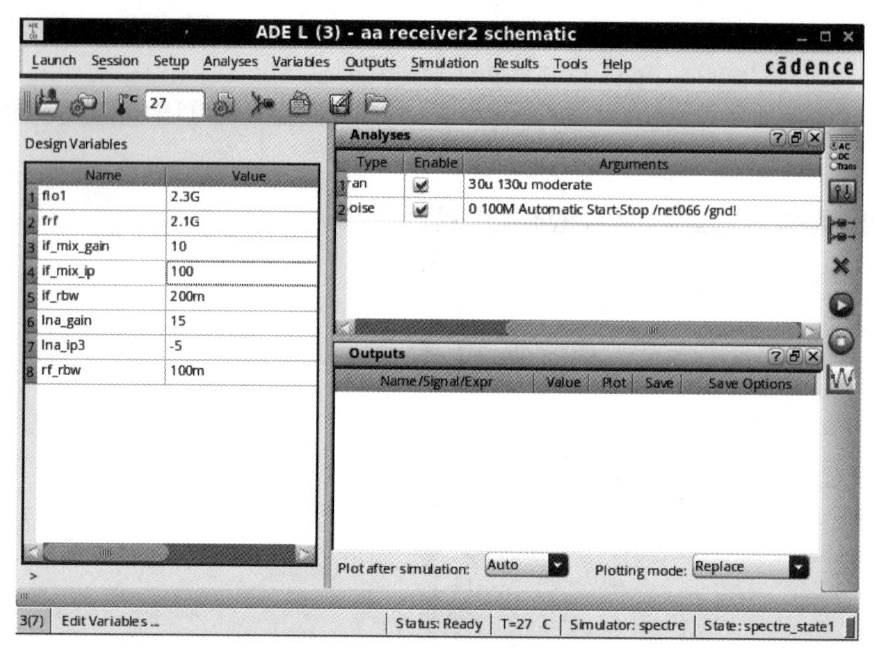


图 9-53　analog design environment 窗口

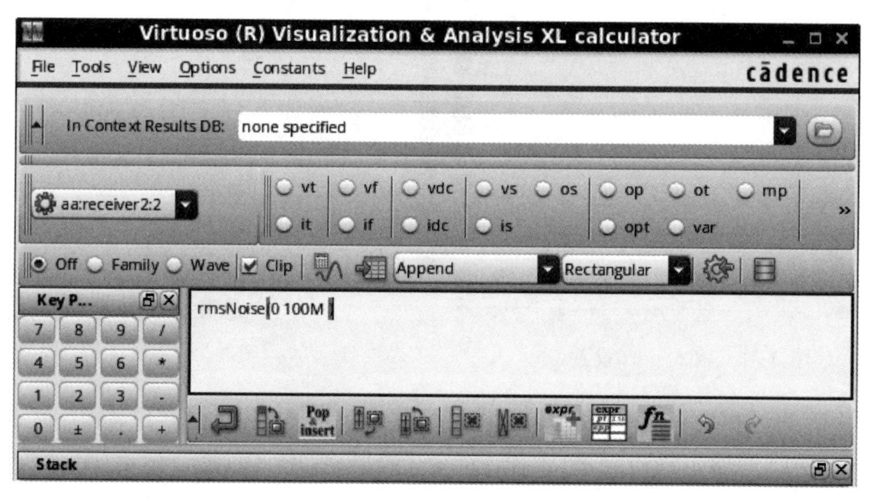


图 9-54　Calculator 窗口(1)

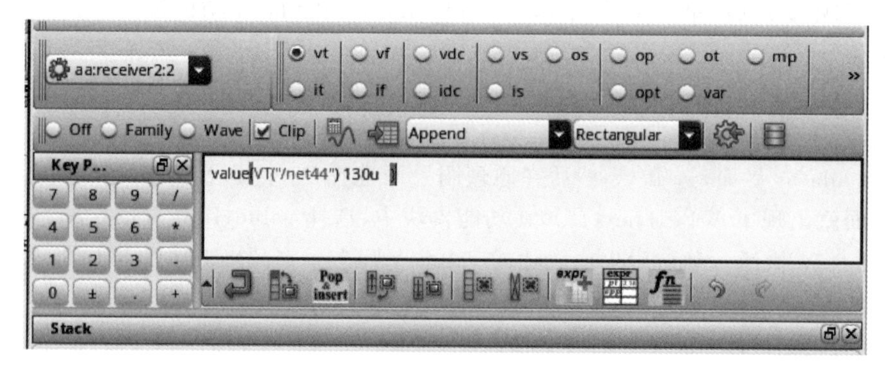


图 9-55　Calculator 窗口(2)

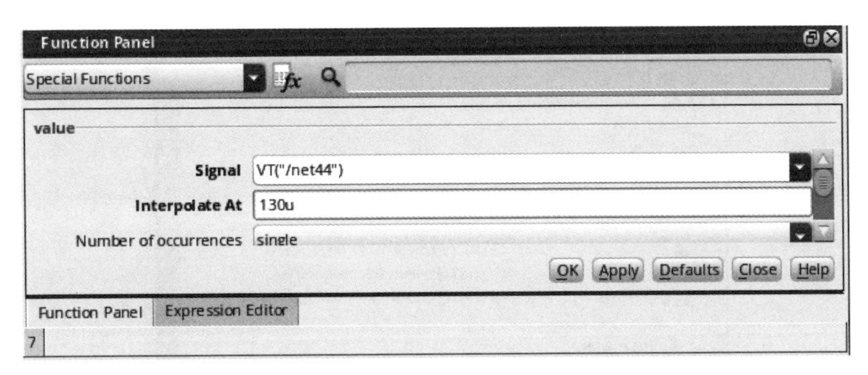


图 9-56　calculator 的功能控制窗口

calculator 的缓存界面就出现了 VT("/net31")，在功能模块中选择 rms，生成表达式 rmsVT("/net31")，然后将表达式导入到 ADE XL 的输出，如图 9-57 所示。

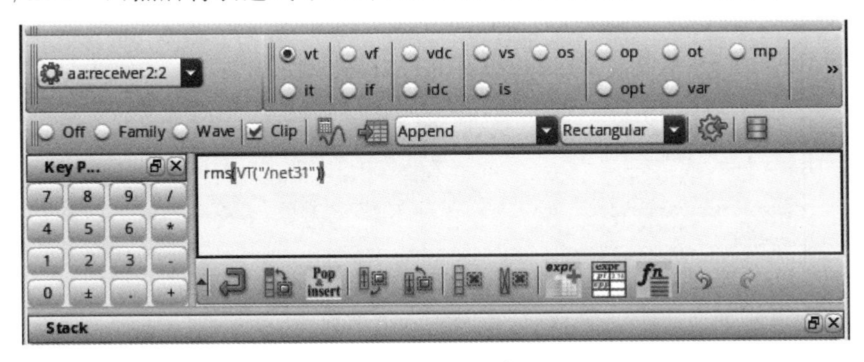


图 9-57　Calculator 窗口(3)

当所有的优化目标设置好，就要对优化目标的优化方向进行设置，在 Outputs Setup 界面，对 3 个优化目标进行如图 9-58 所示设置。

| Name | Type | Details | EvalType | Plot | Save | Spec |
|---|---|---|---|---|---|---|
| rmsNoise | expr | rmsNoise(0 100000000) | point | ✔ | | min 0.1u |
| evm | expr | value(VT("/net44") 0.00013) | point | ✔ | | < 25 |
| sig_level | expr | rms(VT("/net31")) | point | ✔ | | > 300m |

图 9-58　Outputs Setup 界面设置

在第一栏 name 中对 3 个优化目标分别命名为 rmsNoise，evm，sig_level。在 Spec 栏里分别对 3 个目标的优化方向进行设置。假定 rmsNoise 的设计目标是最小化到 0.1u，evm 的优化目标是小于 25，sig_level 的优化目标是大于 300mV。

此外还需要对变量进行设计，可以在 Data View 栏的 Global Variables 项中对自变量进行设置，可以设置仿真的范围和变化方式，如图 9-59 所示。由于选取较多点的话，仿真时间过长，所以这里对于每个变量的仿真步长设置较大，实际可以根据需要进行分配。

设置变量后，单击工具栏上的绿色图标开始优化，仿真时间与采用的优化点数目有关。在 Result 界面就会出现优化时每一个优化点的具体情况，包括此时优化点的值和是否满足一开始设置的优化目标，如图 9-60 所示。

在仿真结束后，在 Result 界面，右键单击一个仿真参数，选择 Plot Across Design Points，就显示出了在不同的优化点下的结果。图 9-61 显示的是 3 个优化目标在每一个优化点下的优化结果。

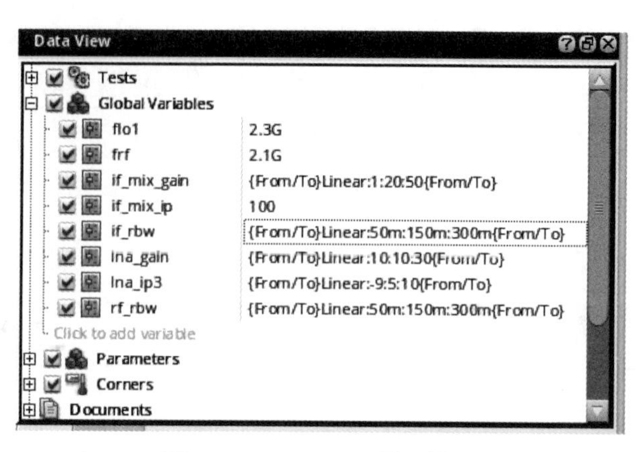


图 9-59 Data View 界面设置

Outputs Setup | Run Preview | Results | Diagnostics

Detail | Replace

| Point | Test | Output | Nominal | Spec | Weight | Pass/Fail |
|---|---|---|---|---|---|---|
| Parameters: if_mix_gain=1, if_rbw=50m, lna_gain=10, lna_ip3=-9, rf_rbw=50m | | | | | | |
| 1 | aa:receiver2:2 | sig_level | 33.5m | > 300m | 1 | fail |
| 1 | aa:receiver2:2 | evm | 38.5 | < 25 | 1 | fail |
| 1 | aa:receiver2:2 | rmsNoise | 5.723u | minimize 0.1u | 1 | fail |
| Parameters: if_mix_gain=1, if_rbw=50m, lna_gain=10, lna_ip3=-9, rf_rbw=200m | | | | | | |
| 2 | aa:receiver2:2 | sig_level | running | > 300m | 1 | |
| 2 | aa:receiver2:2 | evm | running | < 25 | 1 | |
| 2 | aa:receiver2:2 | rmsNoise | running | minimize 0.1u | 1 | |

图 9-60 优化结果界面

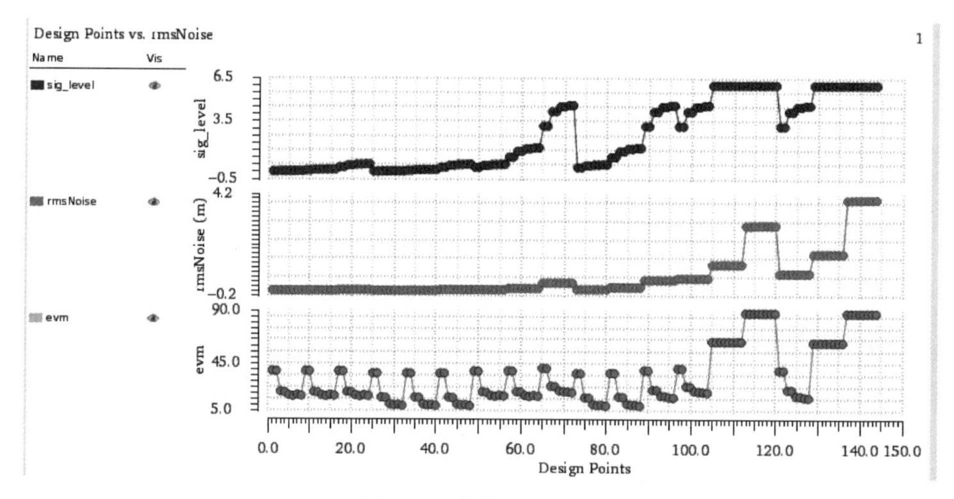


图 9-61 优化结果波形

如果需要的优化目标不能够实现，就需要选择更多的优化点进行仿真。

总体来说半自动设计流程由以下几个步骤组成。

(1) 建立测试电路；

(2) 给模块参数提供裕度；

(3) 给系统性能设立边界条件；

(4) 确定最小化(最大化)的指标；

(5) 运行优化功能；

（6）评估结果。

称之为半自动设计流程的原因在于，在经过一两次的结果评估后，我们可能需要重新设定参数裕度，重新设计优化目标，增减限制条件和增减变量参数。

**3. 基于整体架构的通带图**

在设计好系统的整体结构后，我们能够快速地建立这个结构模型的通带图。通带模型能够检测出在基带模型中所遗漏的问题。比如，尽管基带模型快速地评估了滤波器对基带信号所做的处理，但是这并不意味着滤波器一定移除了我们不想要的载波谐波。

此外，基带模型也不是评估镜像抑制最好的方法。因为尽管基带模型能够准确地模拟出信号是怎么传给一个镜像抑制接收机的，但是它不能准确地仿真出传递到接收机输出的镜像信号分量大小。

接收机的通带模型的设计步骤如下。

（1）搭建通带原理图；

（2）进行端到端的 RF 测量；

（3）测量 1dB 压缩点，1dB 压缩点通常作为发射机的指标，因为它比较容易测量，所以这里用来验证这个流程。

搭建的通带原理图如图 9-62 所示。

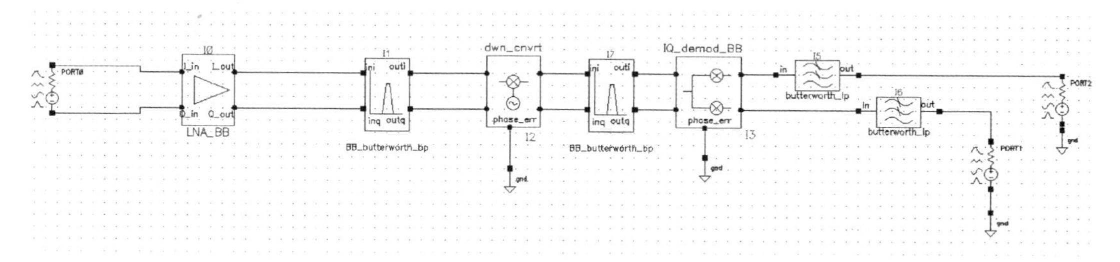


图 9-62　接收机通带原理图

其中，输入 port 的 Source type 选择为 sine，Frequency name 设置为 fin，频率设为 frf，Amplitude 设为 power，如图 9-63 所示。输出 port 均为 dc 类型。将 IQ_demod_BB 的最后一项参数 flo 设为－frf＋flo1，在基带模型中这里不需要本振频率，但是通带模型需要。

| CDF Parameter | Value | Display |
|---|---|---|
| Port mode | ◉ Normal ○ HarmonicPort | off |
| Resistance | 50 Ohms | off |
| Reactance | | off |
| Port number | | off |
| DC voltage | | off |
| Source type | sine | off |
| Frequency name 1 | fin | off |
| Frequency 1 | 2.1G Hz | off |
| Amplitude 1 (Vpk) | | off |
| Amplitude 1 (dBm) | power | off |
| Phase for Sinusoid 1 | | off |
| Sine DC level | | off |
| Delay time | | off |

图 9-63　pss 仿真 port 设置

在保存好原理图后，新建一个 config 文件，单击 Use Template，设置 Template 名字为 spectre，在 View list 栏中将 veriloga_PB 加在第一项，如图 9-64 所示。

保存好后，单击 open，打开 config 下的原理图。

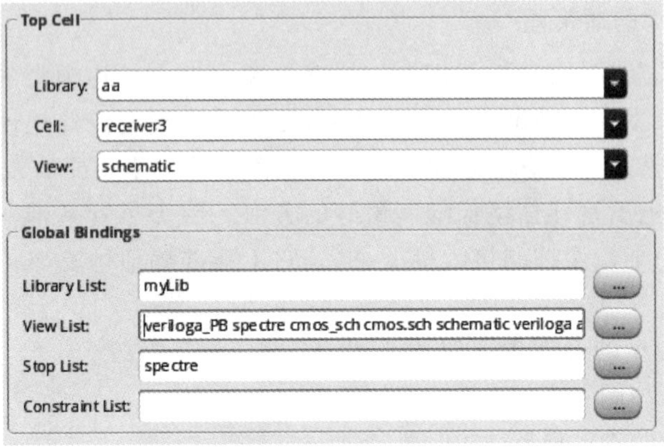

图 9-64 config 设置界面

给 power 设置初值为 −16，其他变量的设置参照前文的参数，运行 pss 仿真，输入一个新基波命名为 LO，给定频率是 2.3GHz，自动计算 Beat Frequency，在谐波数目栏输入 1，扫描 power，给定范围是 −32～0，步长是 10，如图 9-65、图 9-66 所示。

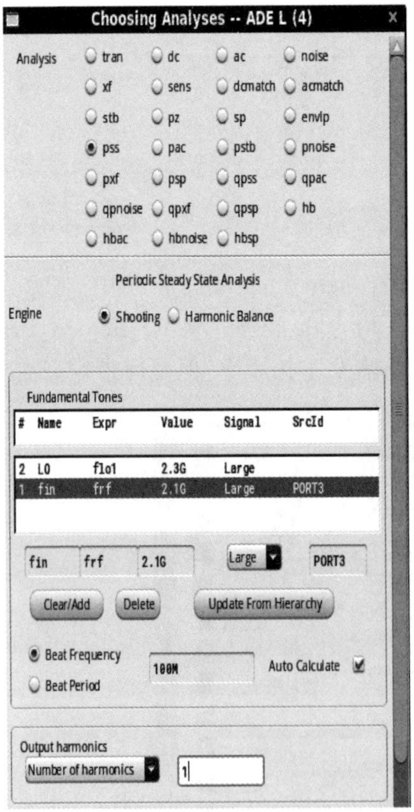

图 9-65 pss 仿真设置界面

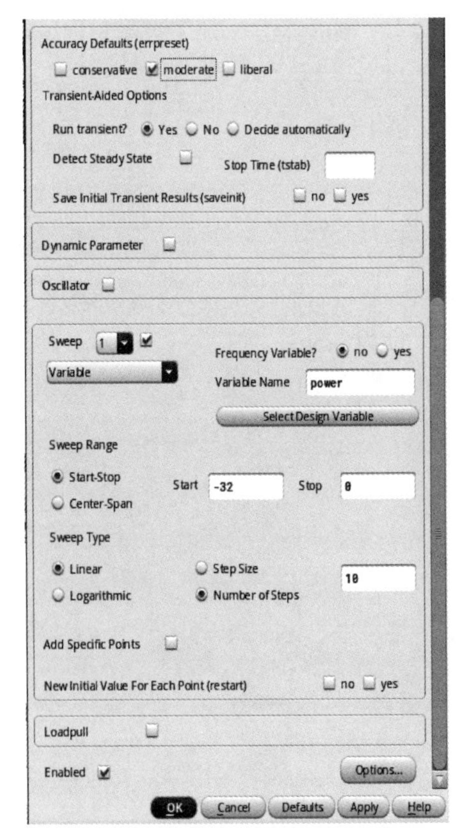


图 9-66 设置 pss Sweep 项

初始设置完成，进行仿真，仿真结束后，单击菜单 Result-Direct plot-Main Form，弹出如图 9-67 所示的窗口。在 Function 项选择 Compression Point，Select 栏选择 Port(fixed R(port))，Format 栏选择 Output Power。Gain Compression 栏选择 1，因为端到端系统产生的是基带输出，所以选择的是 0 次谐波，然后分别单击两个输出 port，结果显示，1dB 压缩点分别为－33.089dB 和－15.7409dB，如图 9-68、图 9-69 所示。

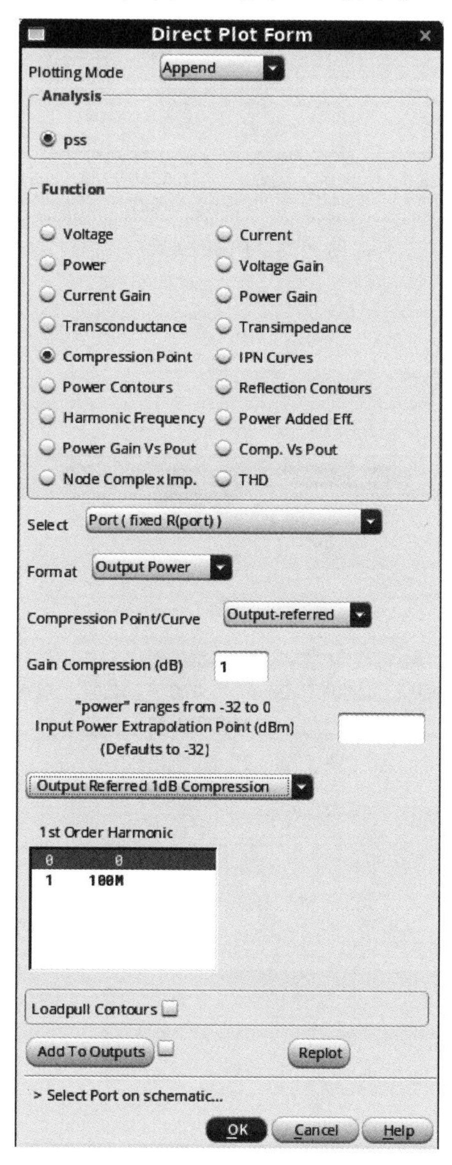


图 9-67　查看 P1dB 结果

**4. 接收机前端的行为级仿真**

本实验的射频前端电路图如图 9-70 所示，左侧为射频输入 port，右侧为中频输出 port。

**5. pss 的仿真**

在进行 pss 仿真之前，将电路的输入 port 的源信号的类型、源阻抗、幅度和频率进行设

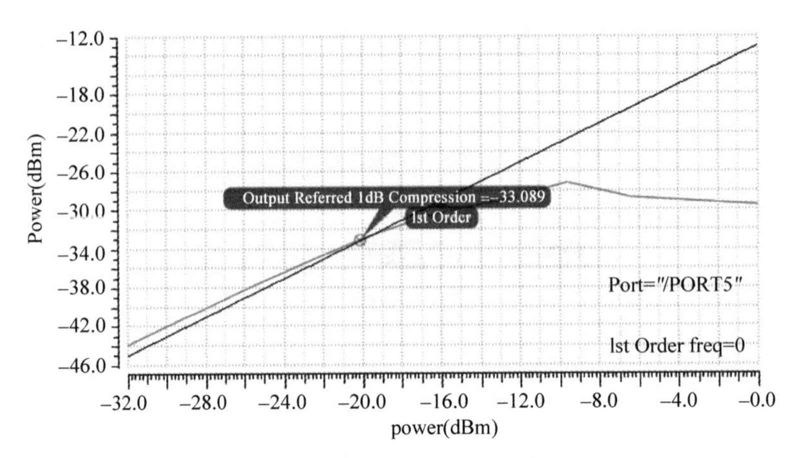


图 9-68 P1dB 结果(1)

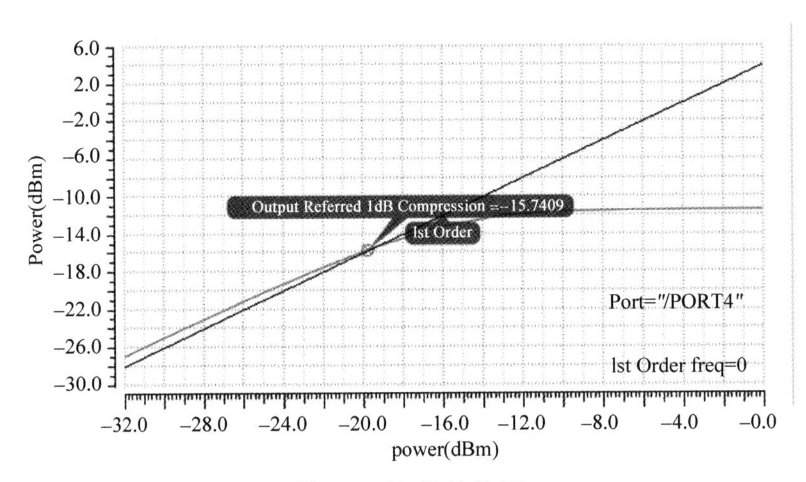


图 9-69 P1dB 结果(2)

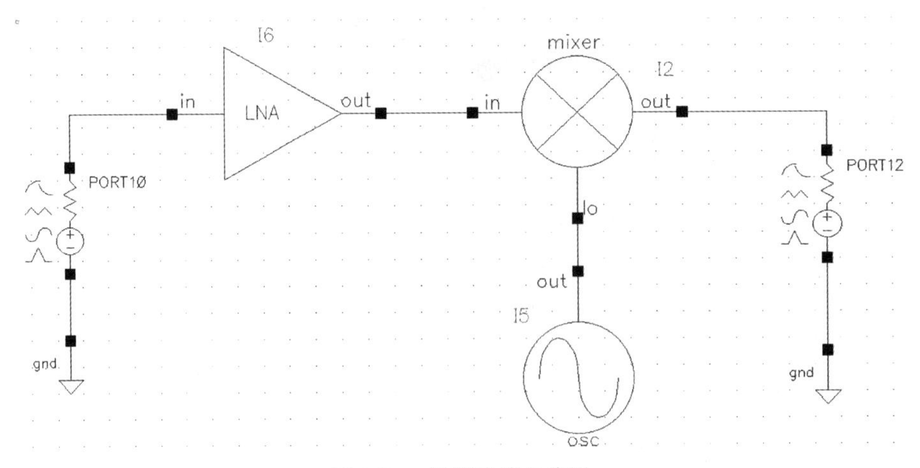


图 9-70 射频前端电路图

置,如图 9-71 所示。

低噪声放大器是接收机的第一级有源电路,它本身应有很低的噪声并提供足够的增益以抑制后续电路的噪声。在 rfLib 库中选择 lna,放置到原理图中,修改参数如图 9-72 所示。

| CDF Parameter | Value | Display |
| --- | --- | --- |
| Port mode | ◉ Normal ○ HarmonicPort | off |
| Resistance | 50 Ohms | off |
| Reactance | | off |
| Port number | 1 | off |
| DC voltage | | off |
| Source type | sine | off |
| Frequency name 1 | frf1 | off |
| Frequency 1 | frf1 Hz | off |
| Amplitude 1 (Vpk) | | off |
| Amplitude 1 (dBm) | prf | off |
| Phase for Sinusoid 1 | | off |
| Sine DC level | | off |
| Delay time | | off |

图 9-71 输入 port 设置

| CDF Parameter of view | Use Tools Filter | Display |
| --- | --- | --- |
| Noise Figure (dB) | 2 | off |
| Input referred IP3(dBm) | 5 | off |
| Gain(dB) | 10 | off |
| Reverse isolation(dB) | 60 | off |
| Reference impedance of port 1 | 50 | off |
| Input capacitance(pF) | 0 | off |
| Reference impedance of port 2 | 50 | off |
| Output capacitance(pF) | 0 | off |
| Input return loss(dB) | -25 | off |
| Input impedance mismatch sign | 1 | off |
| Output return loss(dB) | -25 | off |

OK Cancel Apply Defaults Previous Next Help

图 9-72 低噪声放大器的参数设置

Noise Figure=2 表示低噪声放大器的噪声系数为 2dB。

Input referred IP3=5 表示输入三阶交调点为 5dBm。

Gain=10 表示增益为 10dB。

Reverse isolation=60 表示 $S_{12}$ 为−60dB。

Input return loss=−25 表示 $S_{11}$ 为−25dB。

Output return loss=−25 表示 $S_{22}$ 为−25dB。

混频器是射频收发机中的核心单元,其作用就是实现频率转换。在低中频接收机中,混频器通常处于低噪声放大器的下一级,实现射频信号到易处理的低中频信号的转换。混频器的性能直接影响到接收机的性能以及系统其他模块的指标要求,比如较低的噪声性能可以减小对前级低噪声放大器的增益指标的压力,而高转换增益又可以降低后级电路对系统的噪声贡献。但是混频器的增益又不能太大，否则可能导致后级电路饱和而不能正常工作。

在 rfLib 库中选择 mixer，放置到原理图中，修改参数如图 9-73 所示。

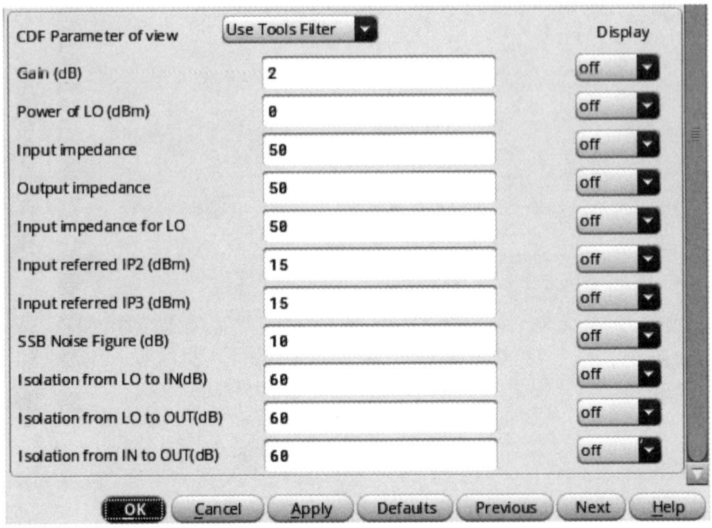

| CDF Parameter of view | Use Tools Filter | Display |
|---|---|---|
| Gain (dB) | 2 | off |
| Power of LO (dBm) | 0 | off |
| Input impedance | 50 | off |
| Output impedance | 50 | off |
| Input impedance for LO | 50 | off |
| Input referred IP2 (dBm) | 15 | off |
| Input referred IP3 (dBm) | 15 | off |
| SSB Noise Figure (dB) | 10 | off |
| Isolation from LO to IN(dB) | 60 | off |
| Isolation from LO to OUT(dB) | 60 | off |
| Isolation from IN to OUT(dB) | 60 | off |

OK Cancel Apply Defaults Previous Next Help

图 9-73 混频器的参数设置

Gain=2 表示混频器增益为 2dB。

Power of LO=0 表示本振输入功率为 0dBm。

Input referred IP2=15 表示输入参考二阶交调点为 15dBm。

Input referred IP3=15 表示输入参考三阶交调点为 15dBm。

SSB Noise Figure=10 表示 SSB 噪声系数为 10dB。

Isolation from LO to IN=60 表示 $S_{12}=-60$dB(1 端口表示输入端口，2 端口表示本振端口，3 端口表示输出端口)。

Isolation from IN to OUT=60 表示 $S_{31}=-60$dB。

Isolation from LO to OUT=60 表示 $S_{32}=-60$dB。

振荡器用于提供本振信号，在 rfLib 库中选择 osc，放置到原理图中，修改参数如图 9-74 所示。

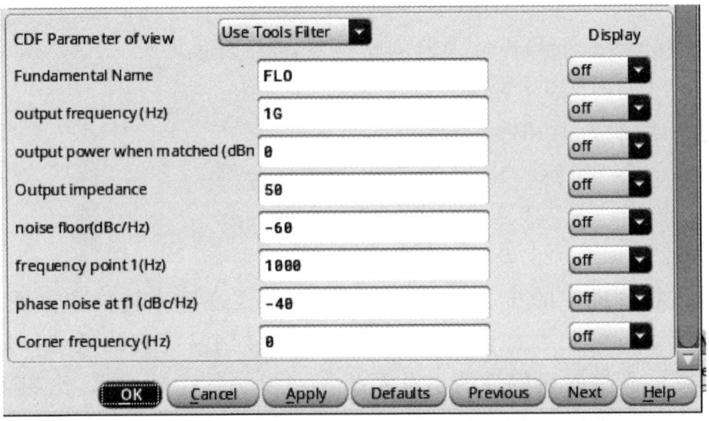

| CDF Parameter of view | Use Tools Filter | Display |
|---|---|---|
| Fundamental Name | FLO | off |
| output frequency (Hz) | 1G | off |
| output power when matched (dBn | 0 | off |
| Output impedance | 50 | off |
| noise floor(dBc/Hz) | -60 | off |
| frequency point 1 (Hz) | 1000 | off |
| phase noise at f1 (dBc/Hz) | -40 | off |
| Corner frequency (Hz) | 0 | off |

OK Cancel Apply Defaults Previous Next Help

图 9-74 振荡器的参数设置

输出端口 port 中的 Source type 改为 dc，源电阻为 50Ω 即可，如图 9-75 所示。

| CDF Parameter | Value | Display |
|---|---|---|
| Port mode | ◉ Normal ○ HarmonicPort | off |
| Resistance | 50 Ohms | off |
| Reactance | | off |
| Port number | 3 | off |
| DC voltage | | off |
| Source type | dc | off |
| Display small signal params | ☐ | off |
| Display temperature params | ☐ | off |
| Display noise parameters | ☐ | off |
| Multiplier | | off |

OK Cancel Apply Defaults Previous Next Help

图 9-75 输出端口 port 的参数设置

(1) 增益的仿真

首先在 analog Design Environment 窗口中选择 Variables-edit，将 prf 和 frf 赋予初值，如图 9-76 所示。

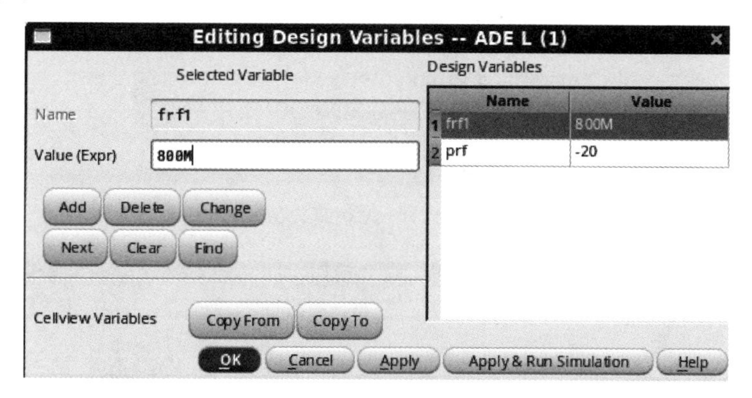


图 9-76 输入变量设置

然后单击菜单 analyses—choose 选择 pss 仿真器。Beat Frequency 项选择 Auto Calculate，选择需要的谐波次数，Accuracy Default 项选择 moderate，如图 9-77 所示，单击 OK 结束设置，回到 analog design environment 窗口，如图 9-78 所示。

运行仿真，仿真结束后单击菜单 Results—direct plot，弹出如图 9-79 所示的窗口，Function 项选择 power，Select 栏选择 port，Modifier 项选择 dBm。然后在原理图上选择输入输出 port，就使输入和输出点的频谱显示在波形窗口中。如图 9-80 所示，输入 800MHz 处的射频信号，其输入功率为－19.5248dBm，经过低噪声放大器放大，并由混频器下混频至 200MHz 处的中频输出信号，如图 9-81 所示，输出的功率为－9.11634dBm，因此该接收机前端系统的功率增益为－9.11634dBm－(－19.5248dBm)≈10.41dBm。

(2) 1dB 压缩点的仿真

选择 pss 仿真器，选择 Sweep，如图 9-82 所示，进行输入功率扫描设置，扫描变量设置为

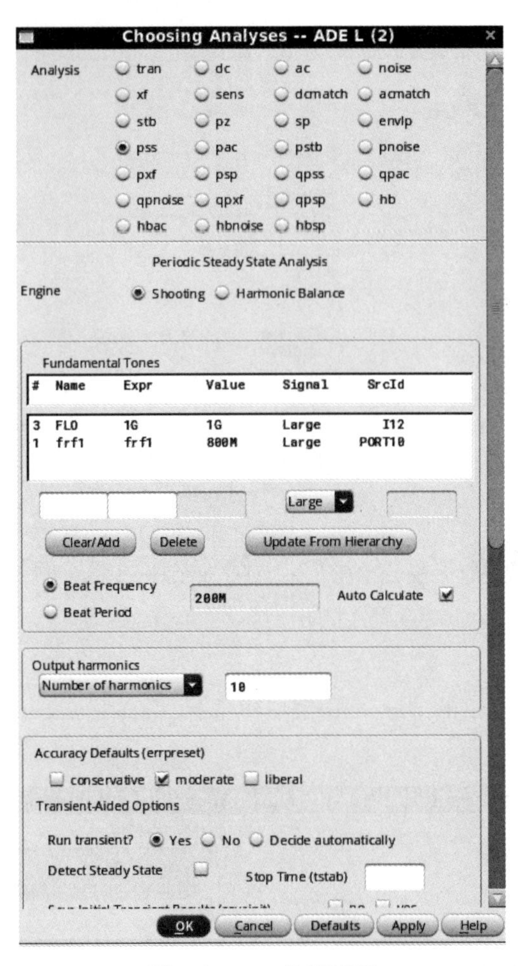


图 9-77 pss 仿真设置

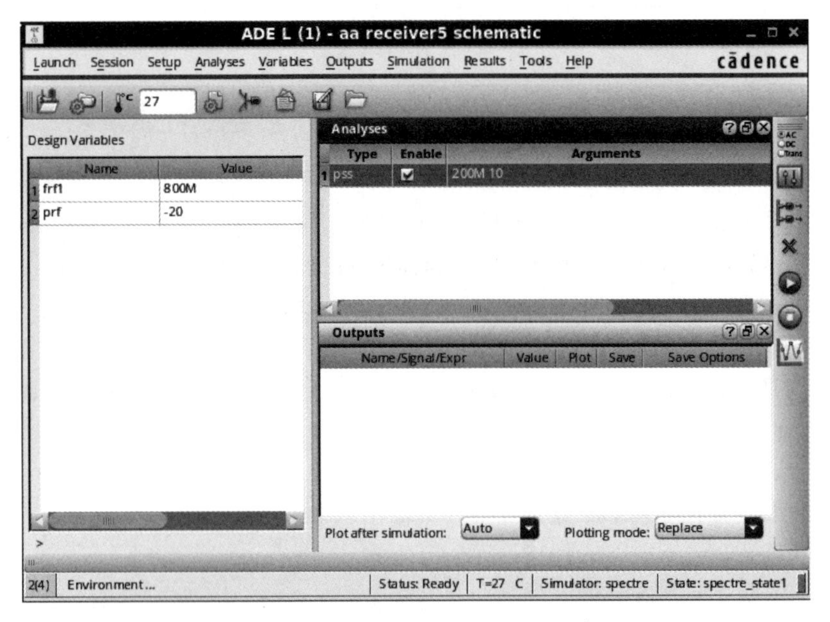


图 9-78 analog design environment 窗口

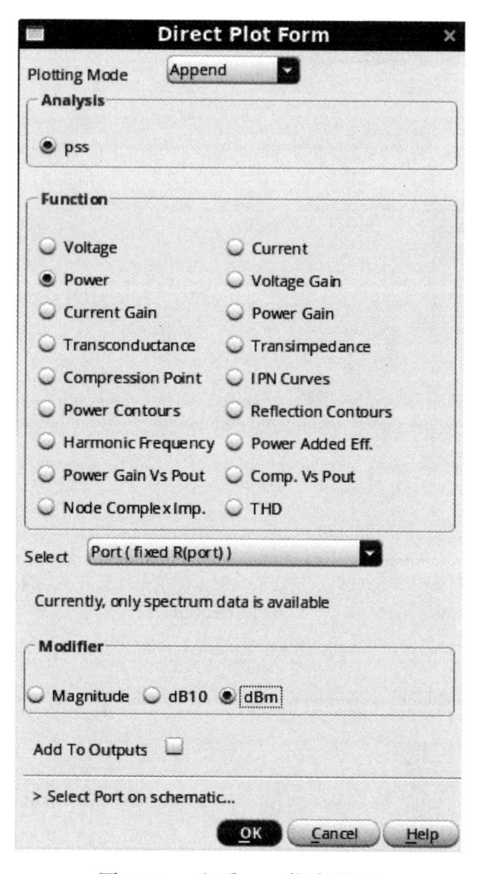


图 9-79 查看 pss 仿真结果

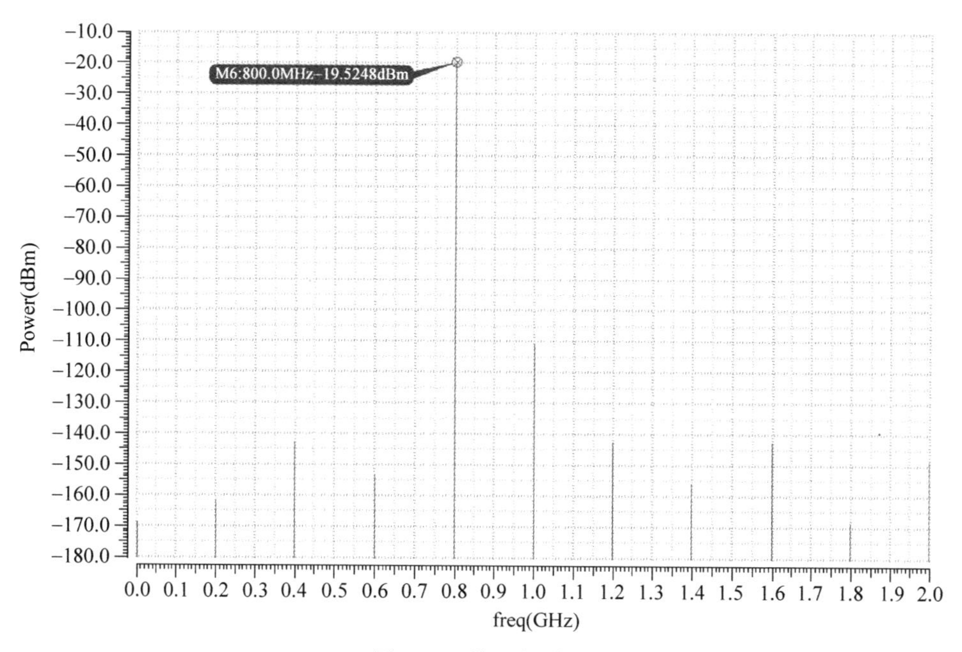


图 9-80 输入频谱图

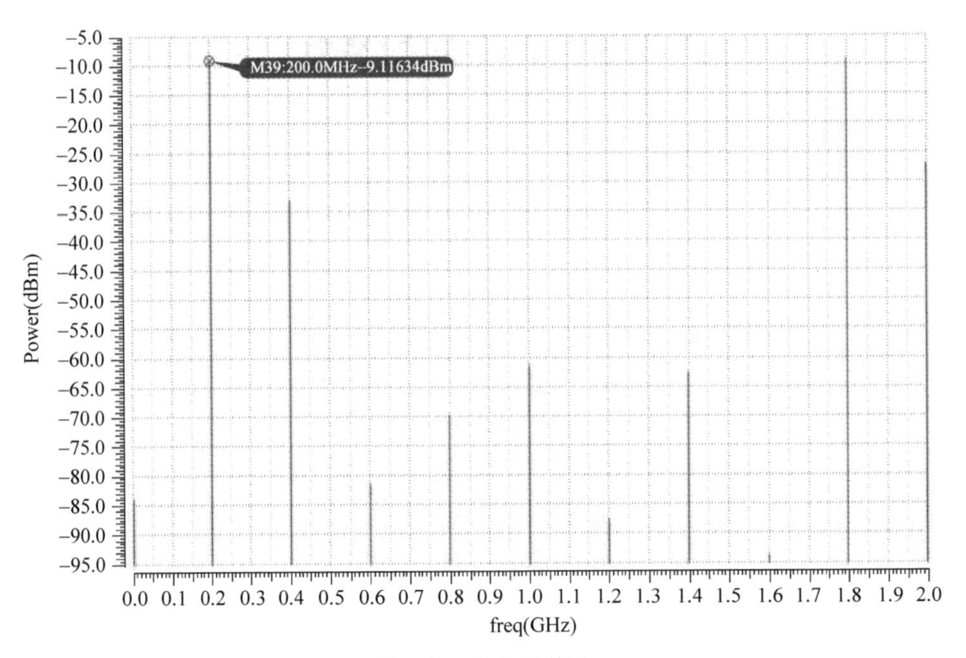


图 9-81　输出频谱图

输入射频功率 prf，−30～0 线性扫描，步进为 5dBm。单击 OK 结束设置。

运行仿真，仿真结束后单击菜单 Result-Direct plot-Main form，弹出如图 9-83 所示窗口。

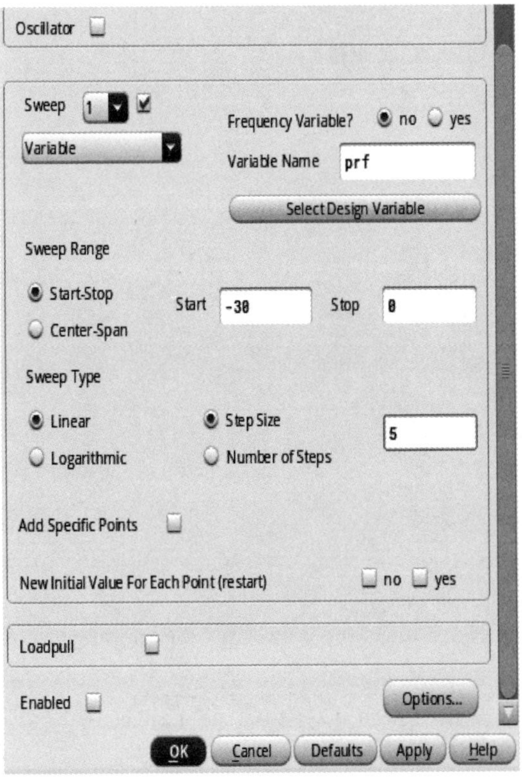

图 9-82　输入功率扫描

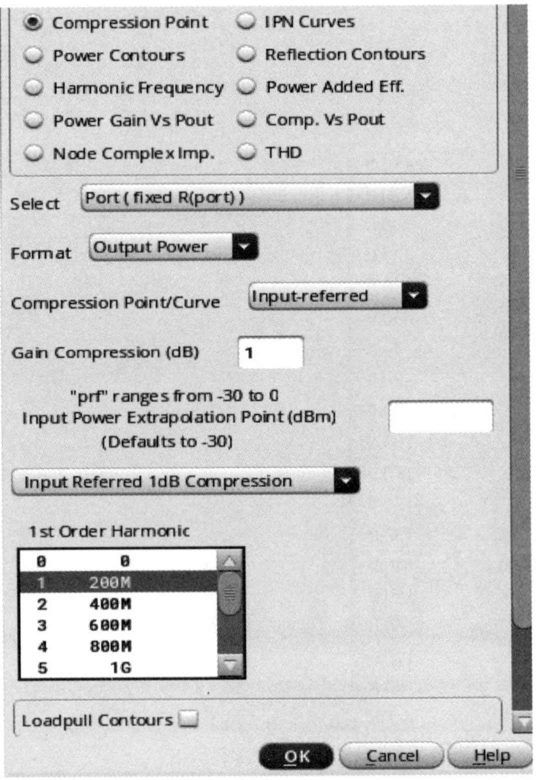

图 9-83　P1dB 查看界面

在 Function 项选择 Compression Point,Select 栏选择 Port,Format 栏选择 Output Power,1dB 压缩点有输入输出两种选择。Gain compression 栏为 1,谐波选择 1 阶谐波 200M。然后在原理图中选择输出 port,输入 1dB 压缩点为 −7.87484dB,输出 1dB 压缩点为 −2.49955dB,得到的波形如图 9-84、图 9-85 所示。

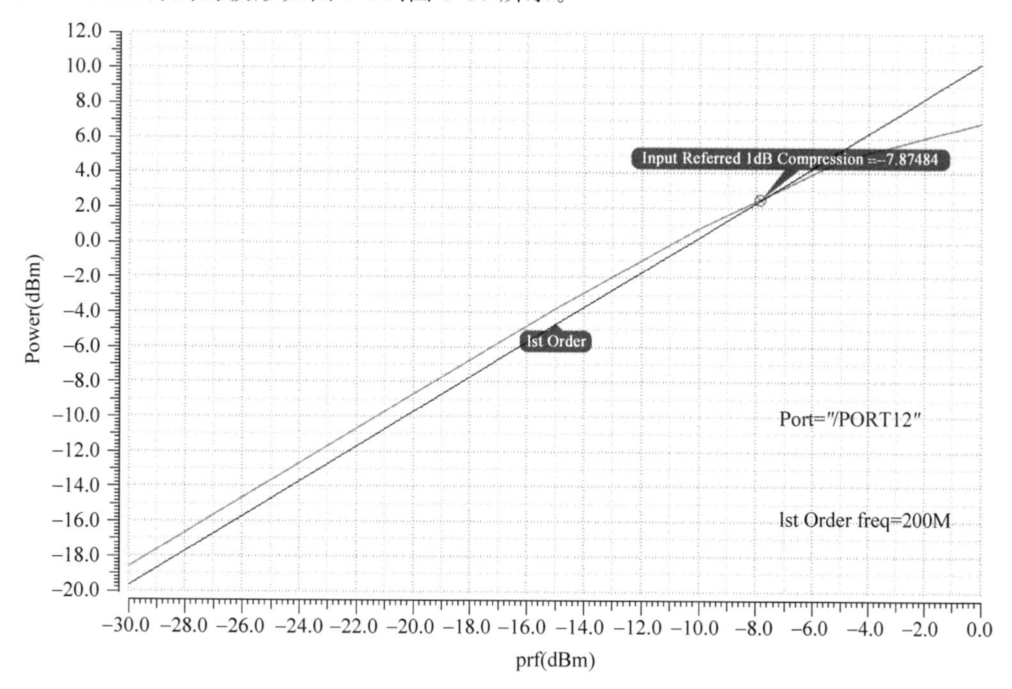


图 9-84　输入 P1dB

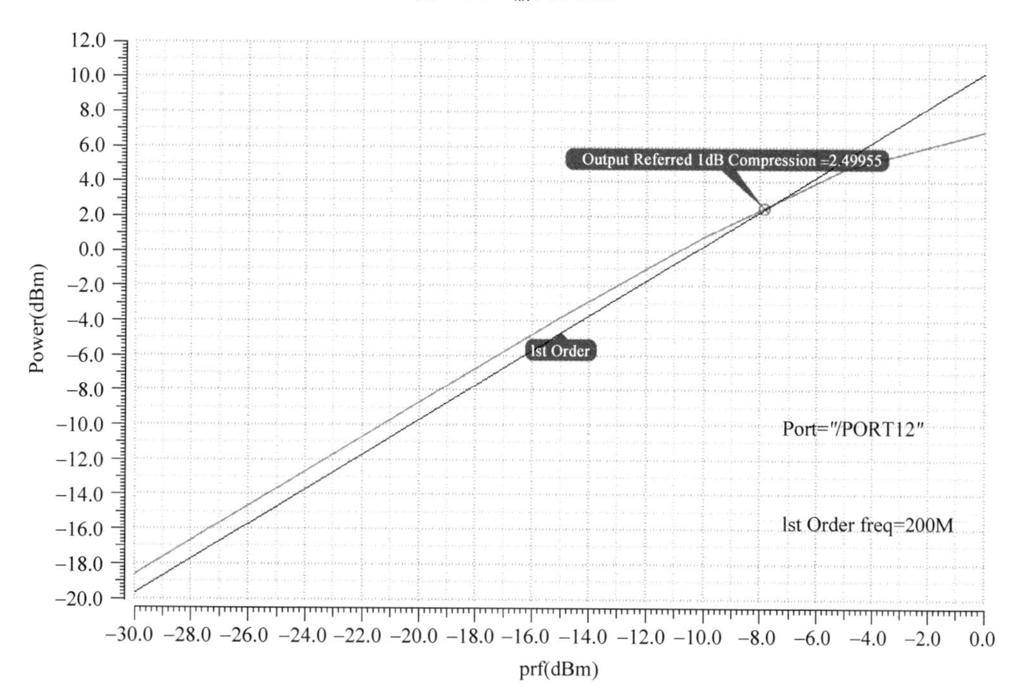


图 9-85　输出 P1dB

**pnoise 仿真**

在进行噪声仿真之前，先将 RF port 设置为与 IF 口的 port 相同，Resistance 设为 50Ω，Source type 为 dc，其他为默认设置。

在仿真选择窗口中选中 pss 仿真，设置如仿真增益时的设置。完成 pss 仿真器设置后，再选择 pnoise 仿真器对其进行设置，频率从 150M 到 250M，线性扫描，步数为 20，Maximum Sidebands 设为 10，输入和输出端口分别在原理图选择 RF port 和 IF port，如图 9-86 和图 9-87 所示，单击 OK 按钮结束设置。

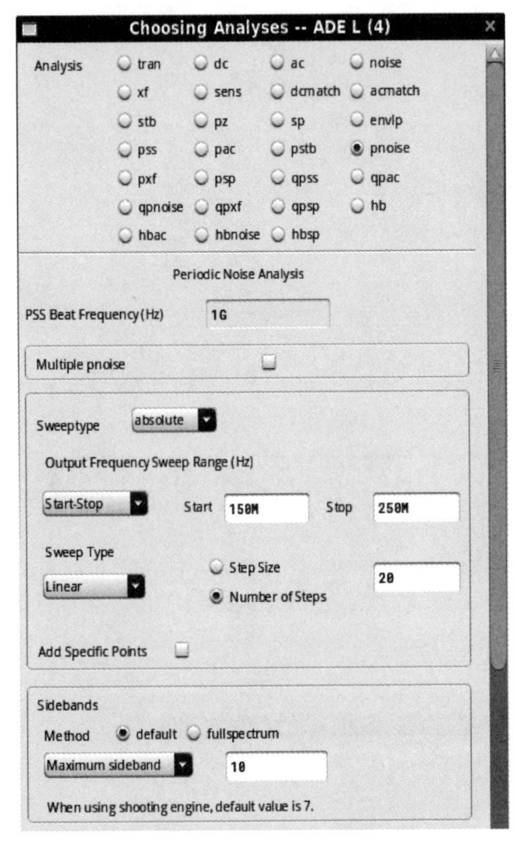

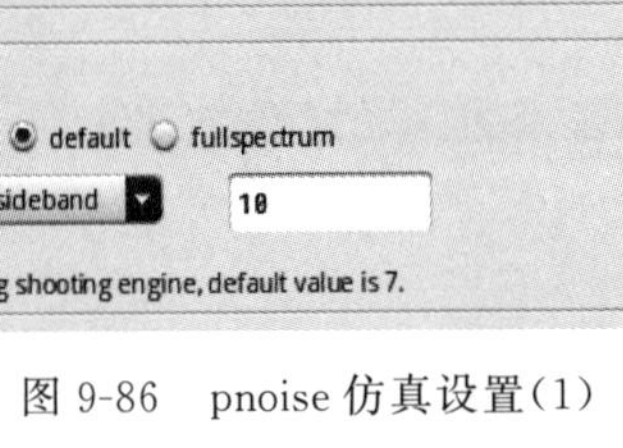
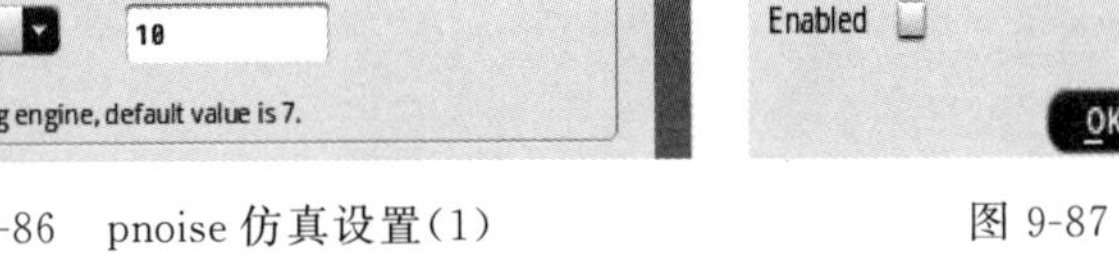

图 9-86　pnoise 仿真设置(1)

图 9-87　Pnoise 仿真设置(2)

运行仿真，仿真结束后单击菜单 Result—Direct plot-Main form，弹出如图 9-88 所示窗口。

Analysis 项选择 pnoise，Function 项选择 Output Noise，Modifier 栏选择 Magnitude，单击 plot，得到输出噪声的波形。

Analysis 项选择 pnoise，Function 项选择 Noise Figure。单击 Plot，得到噪声系数的波形(见图 9-89)，单击波形窗口中的 Split All Trips 将两个波形分开，得到结果如图 9-90 所示。由图可得 NF=40.52362dB。

发现整个前端的噪声很大，考虑可以通过增加混频器的隔离度和降低本振的功率输出来实现噪声的降低。现通过增加混频器的隔离度，观察隔离度对系统噪声的影响，对混频器的参数进行修改，如图 9-91 所示。

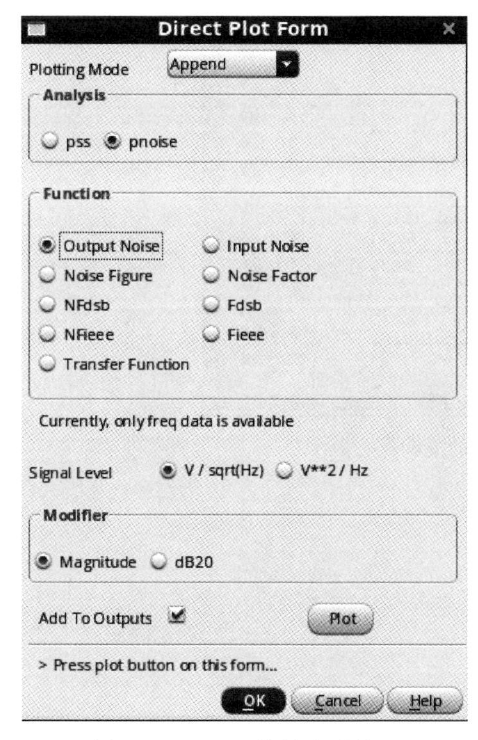


图 9-88 pnoise 结果查看界面

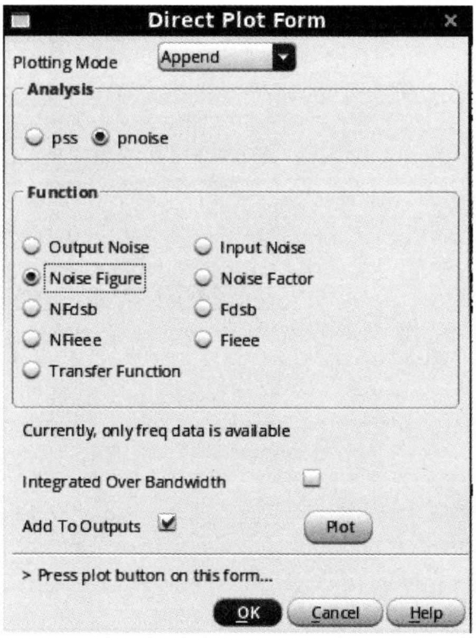

图 9-89 pnoise 查看界面

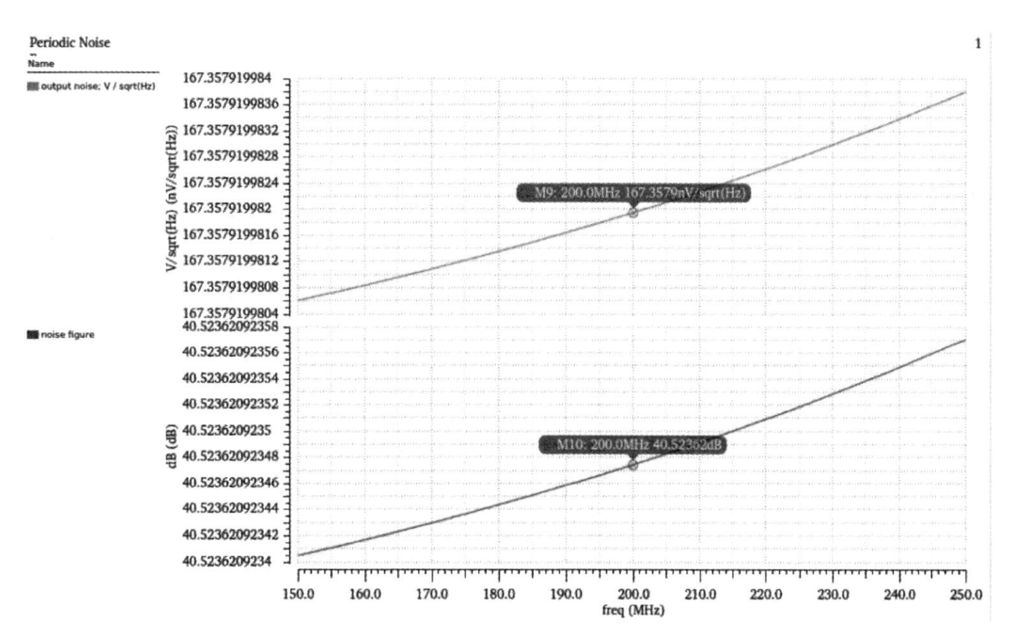


图 9-90 输出噪声和噪声系数的波形结果

再一次运行仿真后，输出噪声和噪声系数得到改善，如图 9-92 和图 9-93 所示，由图可得噪声系数 NF=12.20465dB。

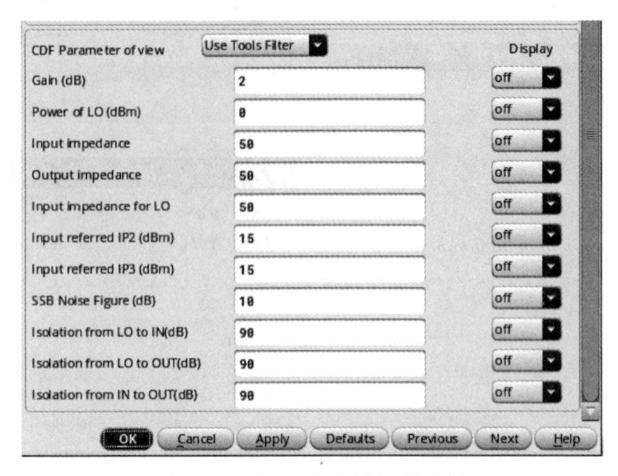


图 9-91　修改后的混频器参数

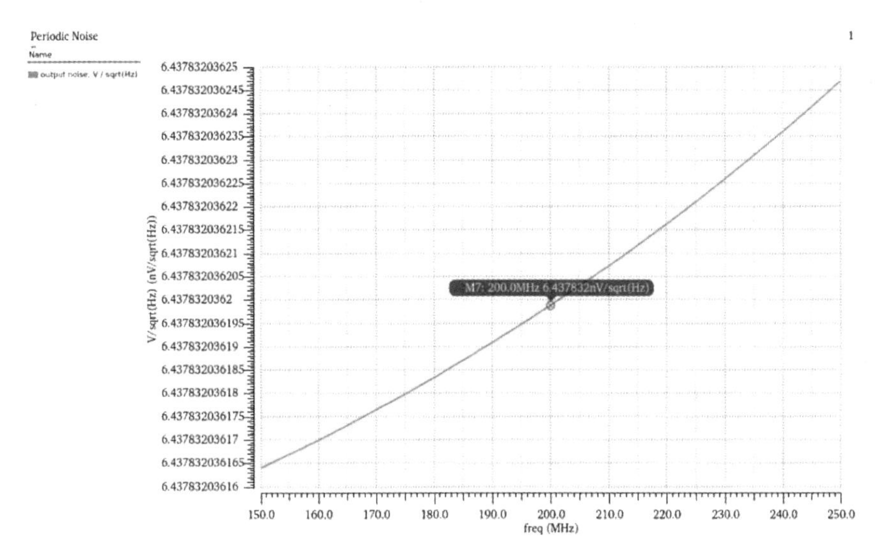


图 9-92　输出噪声波形结果

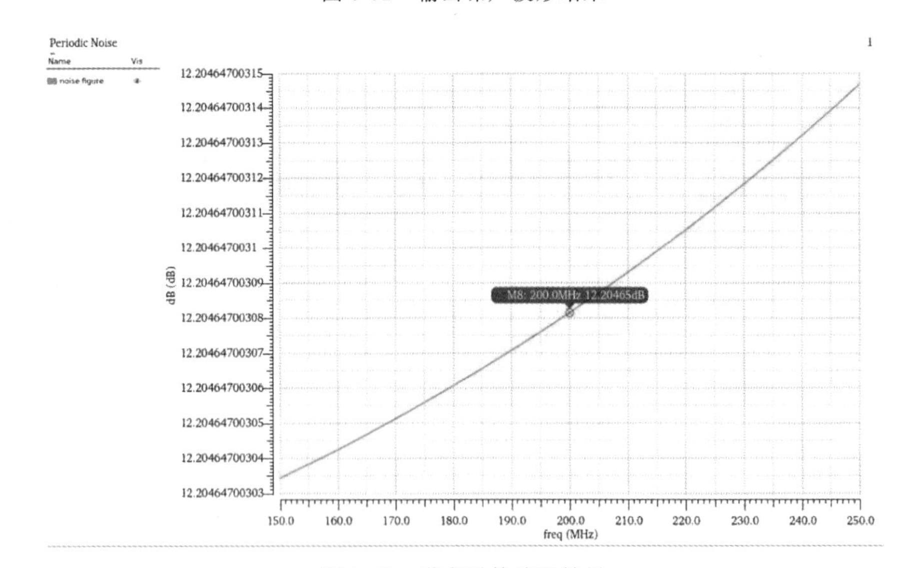


图 9-93　噪声系数波形结果

# 参考文献

[1] 池保勇，余志平，石秉学. CMOS射频集成电路分析与设计[M]. 北京：清华大学出版社，2006.
[2] 韩科峰. 应用于2G/3G移动通信的多模发射机芯片的研究[D]. 上海：复旦大学，2011.
[3] 李一雷. 用于多模发射机的线性功率预放大器研究与设计[D]. 上海：复旦大学，2012.
[4] 李志群，王志功. 射频集成电路与系统[M]. 北京：科学出版社，2008.
[5] 唐旭升. 应用于宽带无线通信系统的可重构射频接收前端芯片研究[D]. 南京：东南大学，2019.
[6] 高琳钧. 抗干扰卫星导航终端射频接收前端芯片设计[D]. 成都：电子科技大学，2021.
[7] 邹信果. 多模卫星导航终端接收射频前端芯片设计[D]. 成都：电子科技大学，2022.